“十三五”国家重点出版物出版规划项目
现代机械工程系列精品教材

工业机器人及其应用

主　编　袁夫彩
副主编　翟雪琴　王才东
主　审　刘保国

机械工业出版社

本书共八章，主要内容包括：绪论、机器人机械系统、机器人数学基础、机器人运动学、机器人动力学、机器人控制系统、机器人轨迹规划、机器人设计方法和应用及其发展。各章后备有习题，便于读者自学。

全书在系统地介绍机器人的基础理论、关键技术和应用的基础上，加强了机器人机械本体设计方法等的讲解，重点介绍机器人在机构设计、规划、控制和应用等方面近期所取得的成果，以及机器人的应用和发展。本书由浅入深，在体系上符合认知规律，注重采用新的国家标准，并结合现代机器人的新发展，融入编者近年来的教学和科研成果，具有一定的科学性和先进性。

本书可作为高等工科院校机械设计制造及其自动化专业和电气自动化专业及相关专业的教材，也可供高职高专学校、职工大学、电视大学、业余进修的学生作为教材或参考书，同时还可作为有关工程技术人员的参考用书。

图书在版编目（CIP）数据

工业机器人及其应用/袁夫彩主编. —北京：机械工业出版社，2017.12
“十三五”国家重点出版物出版规划项目　现代机械工程系列精品教材
ISBN 978-7-111-58485-8

Ⅰ.①工…　Ⅱ.①袁…　Ⅲ.①工业机器人-高等学校-教材
Ⅳ.①TP242.2

中国版本图书馆 CIP 数据核字（2017）第 280033 号

机械工业出版社（北京市百万庄大街 22 号　邮政编码 100037）
策划编辑：余　皞　责任编辑：余　皞　安桂芳
责任校对：佟瑞鑫　封面设计：张　静
责任印制：常天培
北京京丰印刷厂印刷
2018 年 4 月第 1 版第 1 次印刷
184mm×260mm · 13.25 印张 · 321 千字
标准书号：ISBN 978-7-111-58485-8
定价：34.00元

凡购本书，如有缺页、倒页、脱页，由本社发行部调换

电话服务
服务咨询热线：010-88379833
读者购书热线：010-88379649

网络服务
机 工 官 网：www.cmpbook.com
机 工 官 博：weibo.com/cmp1952
教育服务网：www.cmpedu.com
金 书 网：www.golden-book.com

前 言

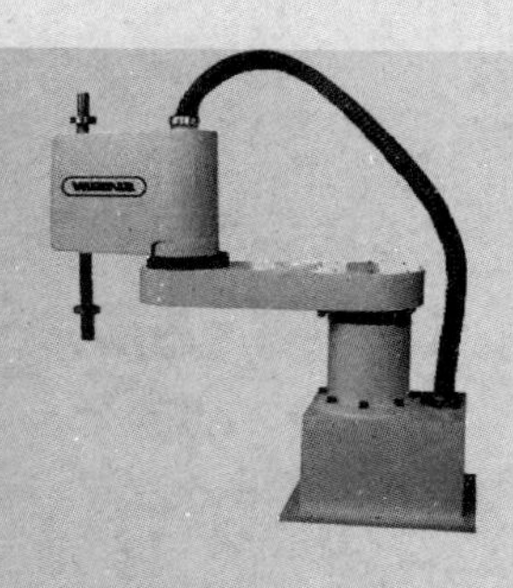

“工业机器人及其应用”是高等工科院校机械设计制造及其自动化专业、电气自动化专业及相关专业课程体系中一门重要的课程。随着科学技术的迅猛发展，传统的机器人技术的内涵正在不断地发生变化，同时各院校课程体系改革深入展开，对外交流也日益增加，这使得本课程面临着新的挑战。为了更好地适应机械设计制造及其自动化专业、电气自动化专业的发展，以及培养人才的需要，按照专业教学指导委员会推荐的指导性教学计划要求，结合编者多年来的教学实践，参考了大量的国内外相关文献，由此编写而成本书。本书具有如下特点：

1. 在名词术语、符号代号、单位量纲等方面，全书始终贯彻执行新的国家标准。描述规范、科学统一。

2. 将工业机器人的结构设计、运动学和动力学分析、控制技术、总体设计和应用等方面的理论知识有机统一，阐述由浅入深，形成了工业机器人技术的知识体系，符合认知规律。

3. 注重对基本概念和基本知识的理解和掌握，突出原理的应用，注重工程实际问题的分析和解决，贴近实际应用。

4. 本书适应面广，既可作为本科生教材，也可作为高职高专学生教材；既适用于机械设计制造及其自动化专业、电气自动化专业的学生，也可供相关工程技术人员参考。

全书共八章，主要内容包括：绪论、机器人机械系统、机器人数学基础、机器人运动学、机器人动力学、机器人控制系统、机器人轨迹规划、机器人设计方法和应用及其发展。各章后备有习题，便于读者自学。

参加本书编写的有袁夫彩（第 1 章、第 2 章、第 8 章）、翟雪琴（第 3 章、第 4 章、第 5 章第 1~3 节）、王才东（第 5 章第 4~9 节、第 6 章、第 7 章）。本书由袁夫彩任主编，翟雪琴和王才东任副主编。全书由袁夫彩统稿。河南工业大学刘保国教授担任主审。

教材编写是一项艰巨而又细致的工作。本书的编写得到了河南工业大学、郑州轻工业学院、哈尔滨工业大学、哈尔滨工程大学等单位有关方面的大力支持和帮助，对此表示衷心的感谢！本书参考了大量的国内外相关文献资料，凝结着众多师长、朋友和亲人的心血，在此向书中提到的，以及未一一列出的，为该书编写做出了无私帮助与支持的各位，表示最真诚的谢意！

由于编者水平有限，书中不足之处在所难免，敬请读者予以指正。

编　者

目 录

第 1 章

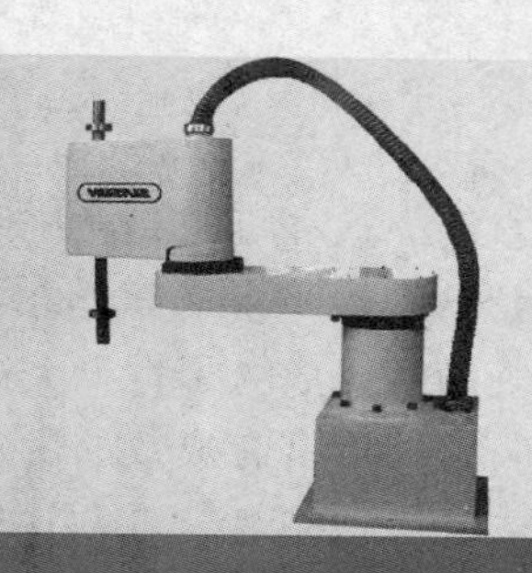

绪　论

本章主要介绍机器人的由来、定义、分类、结构特点和国内外的发展情况，分析机器人涉及的相关理论及技术。通过本章的学习，希望读者对机器人有一个初步的认识。

1.1　机器人的发展

机器人涉及了机械工程、电子技术、计算机技术、自动控制理论及人工智能等多学科知识，代表了机电一体化的新成就，是当代科学技术发展较活跃的领域之一。“机器人”一词虽出现得较晚，但这一概念在人类的想象中却早已出现。研制和使用机器人是人们多年的梦想，这体现了人类重塑自身、了解自我的一种强烈愿望。

自古以来，有不少学者和杰出工匠都曾研制出具有人类特点或具有模拟动物特征的机器人雏形。在中国，西周时期的能工巧匠偃师就研制出了能歌善舞的伶人，这是我国较早的涉及机器人概念的文字记载；春秋后期，著名的木匠鲁班曾制造过一只木鸟，能在空中飞行“三日而不下”。

“机器人”（Robot）一词，是 1920 年由捷克剧作家卡雷尔·卡佩克（Karel Capek）在他的讽刺剧本“罗莎姆的万能机器人”中首先提出的。剧中描述了一个与人类相似，但能不知疲倦工作的机器奴仆（Robot）。从那时起，“Robot”一词就被沿用下来，中文译成机器人。

1942 年美国科幻作家阿西莫夫（Isaac Asimov），在他的科幻小说《我，机器人》中提出了“机器人三原则”：①机器人不能危害人类，不能眼看人类受伤害而袖手旁观；②机器人必须服从于人类，除非违背第一条原则；③机器人应该能够保护自身不受伤害，除非违背第一条和第二条原则。虽然这三条原则，只是科幻小说里的创造，但后来成为学术界默认的机器人研发准则，因为它给机器人赋予了伦理观。

现代机器人出现于 20 世纪中期，当时数字计算机已经出现，电子技术也有了长足的发展，在产业领域出现了受计算机控制的可编程的数控机床，与机器人技术相关的控制技术和机械加工技术也已有了一定的基础。另外，从主观方面来看，人类需要开发机器人，替代人去从事一些恶劣环境下的作业。正是在这一背景下，机器人技术的研究与应用得到了快速发展。下面列举一些现代机器人工业史上的标志性事件，以展示机器人的发展历程。

1954 年，美国人戴沃尔（G. C. Devol）获得了世界上第一台可编程的机械手的注册专利。这种机械手能按照一定的程序从事工作，因此具有通用性和灵活性。

1959 年，戴沃尔与美国发明家英格伯格联手制造出具有实用价值的第一台工业机器人。随后，成立了世界上第一家机器人制造工厂——“Unimation”公司。由于英格伯格对工业机器人富有成效的研发和宣传，他被称为“工业机器人之父”。

1962 年，美国 AMF 公司生产出万能搬运（Versatran）机器人，与 Unimation 公司生产的万能伙伴（Unimate）机器人一样成为真正商业化的工业机器人，并出口到世界各国，掀起了全世界对机器人的热潮。

1967 年，日本川崎重工公司和丰田公司分别从美国购买了工业机器人 Unimate 和 Versatran 的生产许可证，日本从此开始了对机器人的研究和制造。20 世纪 60 年代后期，喷涂弧焊机器人问世并逐步开始应用于工业生产。

1979 年，美国 Unimation 公司推出通用工业机器人 PUMA，如图 1-1 所示。这标志着工业机器人技术已经基本成熟。PUMA 至今仍然工作在生产第一线，许多机器人技术的研究都以该机器人为模型和对象。

1979 年，日本山梨大学牧野洋发明了平面关节型 SCARA 机器人，如图 1-2 所示。在此后的装配作业中得到了广泛应用。

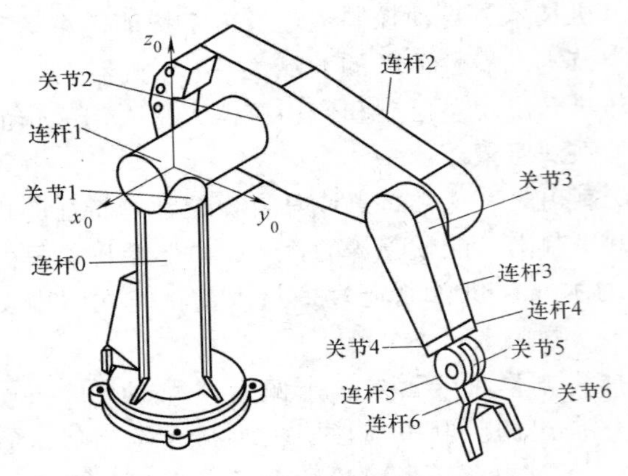

图 1-1　PUMA 机器人示意图

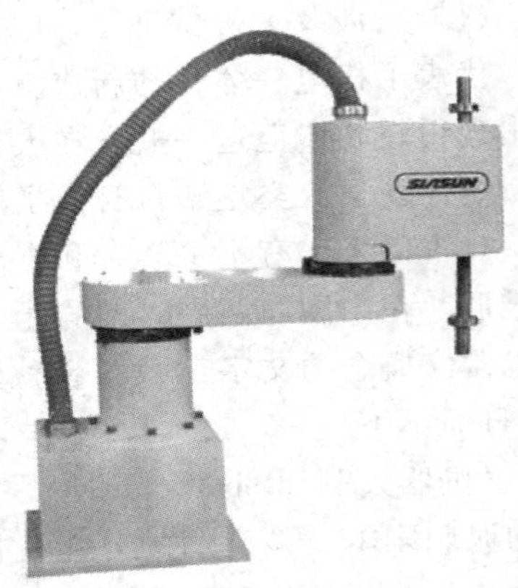

图 1-2　SCARA 机器人示意图

1980 年，日本定为机器人普及元年，赢得了“机器人王国”的美称。

1996 年，日本本田公司推出仿人型机器人 P2，使双足行走机器人的研究达到了一个新的水平。随后许多国际著名企业争相研制代表自己公司形象的仿人型机器人，以展示公司的科研实力。

1998 年，丹麦 Lego 公司推出机器人（Mind-storms）套件，使机器人制造变得跟搭积木一样，相对简单又能任意拼装，使机器人开始走入个人家庭世界。

1999 年，日本索尼公司推出机器狗——爱宝（AIBO），当即销售一空，从此娱乐机器人成为目前机器人迈进普通家庭的途径之一。

2002 年，美国 iRobot 公司推出了吸尘器机器人 Roomba，是目前世界上销量较大、极具商业化的家用机器人。

2006 年，微软公司推出 Microsoft Robotics Studio，机器人模块化、平台统一化的趋势越来越明显。比尔·盖茨预言，家用机器人很快将席卷全球。

中国的机器人技术起步较晚，从20世纪70年代初才开始。我国在“七五”计划中把机器人列入国家重点科研规划内容；在“863”计划的支持下，机器人基础理论与技术研究全面展开。我国第一个机器人研究示范工程于1986年在沈阳建立。目前我国已基本掌握了机器人的设计制造技术、控制系统硬件和软件设计技术、运动学和轨迹规划技术，生产了机器人关键元器件，开发出了喷涂、弧焊、点焊、装配和搬运等机器人。截至2007年年底，已有130多台（套）喷涂机器人在20余家企业的近30条自动喷涂生产线（站）上获得规模应用。弧焊机器人已应用在汽车制造厂的焊装线上。20世纪90年代中期，我国6000m以浅的深水作业水下机器人试验成功。以后的近10年中，在步行机器人、精密装配机器人和多自由度关节机器人等国际前沿领域，我国逐步缩小了与世界先进水平的差距。

2012年6月，在马里亚纳海沟，我国的“蛟龙”号载人潜水器（水下机器人）完成了7000m级海试任务，首次到达7000m深的海底开展作业和科学研究试验；也是在2012年6月，我国天宫一号与神舟九号载人交会对接成功，标志着我国载人航天工程的一个重大突破。这些表明，我国在水下机器人和空间机器人等领域已经达到了世界先进水平。

1.2 机器人的定义、特征、结构和技术参数

1.2.1 机器人的定义和特征

虽然机器人问世已有几十年，但目前关于机器人仍然没有一个统一、严格、准确的科学定义。其原因之一是机器人还在发展，新的机型不断涌现，机器人可实现的功能不断增多；而根本原因则是机器人涉及了人的概念，这就使什么是机器人成为一个难以回答的哲学问题。就像“机器人”一词最早诞生于科幻小说中一样，人们对机器人充满了幻想。也许正是目前机器人定义的模糊性，才给予了人们充分的想象和创造的空间。

目前大多数国家倾向于美国机器人工业协会（RIA）给出的定义：机器人是一种用于移动各种材料、零件、工具或专用装置，通过可编程序动作来执行各种任务，并具有编程能力的多功能机械手。这个定义实际上表述的是工业机器人。

日本工业机器人协会（JIRA）给出的定义：一种带有存储器件和末端操作器的通用机械，它能够通过自动化的动作替代人类劳动。

我国学者对机器人的定义是：机器人是一种自动化的机器，所不同的是这种机器具备一些与人或生物相似的智能能力，如感知、规划、动作和协同等能力，是一种具有高度灵活性的自动化机器。

通常，机器人应该具有以下三大特征：

（1）拟生物功能　机器人是模仿人或其他生物动作的机器，能像人那样使用工具。因此，数控机床和汽车不是机器人。

（2）可编程　机器人具有智力或具有感觉与识别能力，可随工作环境变化的需要而再编程。一般的电动玩具没有感觉和识别能力，不能再编程，因此不能称为真正的机器人。

（3）通用性　一般机器人在执行不同作业任务时，具有较好的通用性。例如，通过更换机器人手部末端操作器（手爪或工具等），便可执行不同的作业任务。

1.2.2 机器人的结构

机器人系统是由机器人、作业对象、环境和任务等组成的。其中包括机器人机械系统、驱动系统、控制系统和检测系统等，它们之间的关系如图 1-3 所示。由图可见，机器人通过人机交互系统接收作业任务，控制系统发出控制命令；驱动系统接收命令后驱动机械系统执行任务，从而改变作业对象；检测系统可以感知机器人内部及外部信息，将检测的信息与给定的信息进行比较，从而修正控制信号，保证机器人的正确作业。

（1）控制系统　该系统的任务是根据机器人的作业指令程序，以及从传感器反馈回来的信号，控制机器人的执行机构，使其完成规定的运动和功能。如果机器人不具备信息反馈环节，则该控制系统称为开环控制系统；如果机器人具备信息反馈特征，则该控制系统称为闭环控制系统。该控制系统部分主要由控制系统硬件和软件组成。软件主要由人与机器人进行联系的人机交互系统和控制算法等组成。该控制系统部分的作用相当于人的大脑。

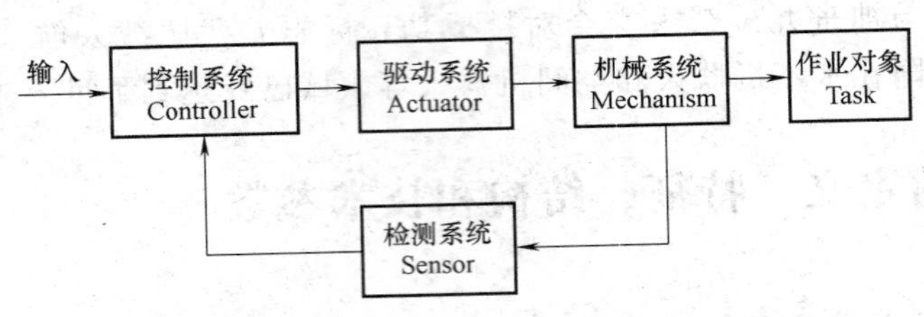

图 1-3　机器人系统结构示意图

（2）驱动系统　主要指驱动机械系统动作的动力装置。根据驱动源的不同，驱动可分为电气、液压和气压等驱动方式，以及把它们结合起来应用的综合驱动系统。该部分的作用相当于人的肌肉。

（3）机械系统　该系统一般包括机身、臂部、手腕、末端操作器（也称为手部）和行走机构等部分，每一部分都有若干自由度，构成一个多自由度的机械系统。若机器人具备行走机构，则构成行走机器人；若机器人不具备行走机构，则构成固定式机器人。末端操作器是装在手腕上的一个重要部件，它可以是两手指或多手指的手爪，也可以是喷涂枪、焊枪等作业工具。机械系统的作用相当于人的身体（骨骼、手、臂和腿等）。

（4）检测系统　该系统由内部传感器和外部传感器等组成，其作用是获取机器人内部和外部环境信息，并把这些信息反馈给控制系统。内部状态传感器用于检测各关节的位置、速度等信息。外部状态传感器用于检测机器人与周围环境之间的一些状态信息，如距离、接近程度和接触情况等，用于引导机器人，便于其识别物体并做出相应处理，赋予机器人一定的智能。该部分的作用相当于人的五官。

1.2.3 机器人的技术参数

技术参数是机器人制造商在产品供货时所提供的技术数据，反映了机器人可胜任的工作、具有的操作性能等情况，是选择、设计、应用机器人时必须考虑的数据。机器人的主要技术参数一般有自由度、定位精度、重复定位精度、工作空间、承载能力及最大工作速度等。

（1）自由度　机器人自由度是指其所具有的独立运动的数目，一般不包括末端操作器的开合自由度。机器人的一个自由度通常对应一个关节的独立运动。自由度是表示机器人动作灵活程度的参数，自由度越多机器人就越灵活，但结构也就越复杂，控制难度越大，所以机器人的自由度要根据其用途设计，一般在3~6个之间。大于6个的自由度称为冗余自由度。冗余自由度增加了机器人的灵活性，可方便机器人躲避障碍物和改善机器人的动力性能。人类的手臂（大臂、小臂和手腕）共有7个自由度，一个人的一只手5个手指共有24个自由度，所以工作起来很灵巧，可回避障碍物，并可从不同方向到达同一个目的点。

（2）定位精度和重复定位精度　定位精度和重复定位精度是机器人的两个精度指标。定位精度是指机器人末端操作器的实际位置与目标位置之间的偏差，由机械误差、控制算法误差与系统分辨率等部分组成。

重复定位精度是指在环境、条件、目标动作和命令等相同的条件下，机器人连续重复运动若干次时，其位置的分散情况。因重复定位精度不受工作载荷变化的影响，故通常用重复定位精度指标作为衡量示教—再现式机器人水平的重要指标。

（3）工作空间　工作空间表示机器人的工作范围，它是机器人运动时手腕中心点所能达到的所有点的集合，也称为工作区域。由于末端操作器的形状和尺寸是多种多样的，为真实反映机器人的特征参数，故工作空间是指不安装末端操作器时的工作区域。工作空间的大小不仅与机器人各连杆的尺寸有关，而且与机器人的总体结构形式有关。工作空间的形状和大小是十分重要的，机器人在执行某作业时可能会因存在手部不能到达的作业死区而不能完成任务。

（4）最大工作速度　生产机器人的厂家不同，其所指的最大工作速度也不同。有的厂家指机器人主要自由度上最大的稳定速度，有的厂家指手臂末端最大的合成速度，通常都会在技术参数中加以说明。最大工作速度越高，工作效率越高。但是，工作速度越高就要花费较多的时间加速或减速，或者对机器人的最大加速率或最大减速率的要求更高。

（5）承载能力　承载能力是指机器人在工作范围内的任意位姿上，所能承受的最大载荷。承载能力不仅取决于负载的大小，而且与机器人运行的速度和加速度有关。为保证安全起见，将承载能力这一技术指标确定为高速运行时的承载能力。通常，承载能力不仅指负载载荷，而且包括机器人末端操作器的重力。

1.3 机器人的分类

机器人的分类方法很多，下面依据几个有代表性的分类方法列举机器人的分类。

1. 按照应用类型分类

机器人按应用类型可分为工业机器人、极限作业机器人和娱乐机器人。

（1）工业机器人　是指用于工业领域的机器人，如搬运、焊接、装配、喷涂和检查等机器人。

（2）极限作业机器人　主要是指在人们难以进入的核电站、海底和宇宙空间等进行作业的机器人。

（3）娱乐机器人　主要是指用于娱乐的机器人。包括弹奏乐器的机器人、舞蹈机器人和玩具机器人等（具有某种程度的通用性）。

2. 按机器人发展的程度分类

按照从低级到高级的发展程度来分，机器人一般可分为以下几类。

（1）第一代机器人　是指只能以“示教—再现”方式工作的机器人。

（2）第二代机器人　带有一些可感知环境的检测装置，可通过反馈控制，使其在一定程度上适应变化的环境。

（3）第三代机器人　属于智能机器人。它具有多种感知功能，可进行复杂的逻辑推理、判断及决策，可在作业环境中独立行动，具有发现问题，并能自主地解决问题的能力。这类机器人具有高度的适应性和自治能力。

（4）第四代机器人　为情感型机器人。它具有人类式的情感。具有情感是机器人发展的较高层次，也是机器人科学家的梦想。

3. 按照控制方式分类

机器人按控制方式可分为操作机器人、程序机器人、示教再现机器人、智能机器人和综合机器人。

（1）操作机器人　操作机器人的典型代表是在核电站处理放射性物质时远距离进行操作的机器人。在这种场合，相当于人手操纵的部分称为主动机械手，而从动机械手基本上与主动机械手类似，只是从动机械手要比主动机械手大一些，作业时的力量也更大。

（2）程序机器人　程序机器人按预先给定的程序、条件和位置进行作业，目前大部分机器人都采用这种控制方式工作。

（3）示教再现机器人　示教再现机器人与盒式磁带的录放一样，将所教的操作过程自动记录在软盘、磁带等存储器中，当需要再现操作时，可重复所教过的动作过程。示教方法有手把手示教、有线示教和无线示教。

（4）智能机器人　智能机器人不仅可以进行预先设定的动作，还可以按照工作环境的变化改变动作。

（5）综合机器人　综合机器人是由操作机器人、示教再现机器人、智能机器人组合而成的机器人，如火星探测机器人。

4. 按机器人关节连接布置形式分类

按机器人关节连接布置的形式，机器人可分为串联机器人和并联机器人两类。

串联机器人的杆件和关节是采用串联方式进行连接（开链式）的，并联机器人的杆件和关节是采用并联方式进行连接（闭链式）的。

并联机器人是指运动平台和基座间至少由两根活动连杆连接，具有两个或两个以上自由度闭环机构的机器人。并联机器人具有刚度和精度高、响应速度快、结构简单等特点，其不足之处在于工作空间小和控制较复杂。并联机器人广泛用于产品包装、飞行员训练模拟及外科手术设备的精确定位等。

5. 按照机器人坐标形式分类

通常将机器人机身、臂部、手腕和末端操作器（如手爪）称为机器人的操作臂，它由一系列的连杆通过关节顺序串联而成。关节决定两相邻连杆副之间的连接关系，也称为运动副。机器人最常用的两种关节是移动关节（Prismatic joint）和转动关节（Revolute joint），通常用 P 表示移动关节，用 R 表示转动关节。

机器人要完成任一空间作业，通常需要 6 个自由度。机器人的运动由臂部和手腕的运动组合而成。通常臂部有 3 个关节，用于改变手腕参考点的位置，称为定位机构；手腕部分也有 3 个关节，通常这 3 个关节的轴线相互垂直相交，用来改变末端操作器的姿态，称为定向机构。整个操作臂可以看成是由定位机构连接定向机构组成的。

机器人操作臂的关节通常为单自由度主动运动副，即每一个关节均由一个驱动器驱动。

机器人臂部3个关节的种类决定了操作臂工作空间的形式。按照臂部关节沿坐标轴的运动形式，即按移动和转动的不同组合，可将机器人分为直角坐标型、圆柱坐标型、球（极）坐标型、关节坐标型和平面关节型五种类型。机器人的结构形式由用途决定，即由所完成工作的性质选取。

（1）直角坐标型机器人　直角坐标型机器人的外形与数控镗铣床和三坐标测量机相似，如图1-4a所示。其中3个关节都是移动关节（3P），关节轴线之间相互垂直，相当于笛卡儿坐标系的X轴、Y轴和Z轴。其优点是刚度好。大多做成大型龙门式或框架式结构，位置精度高、运动学求解简单、控制无耦合；但其结构较庞大、动作范围小、灵活性差，并且占地面积较大。因其稳定性好，适用于大负载搬送作业。

（2）圆柱坐标型机器人　圆柱坐标型机器人具有2个移动关节（2P）和1个转动关节（1R），工作范围为圆柱形状，如图1-4b所示。其特点为位置精度高、运动直观、控制方便、结构简单、占地面积小和价格低廉，因此应用广泛；但其不易抓取靠近立柱或地面上的物体。

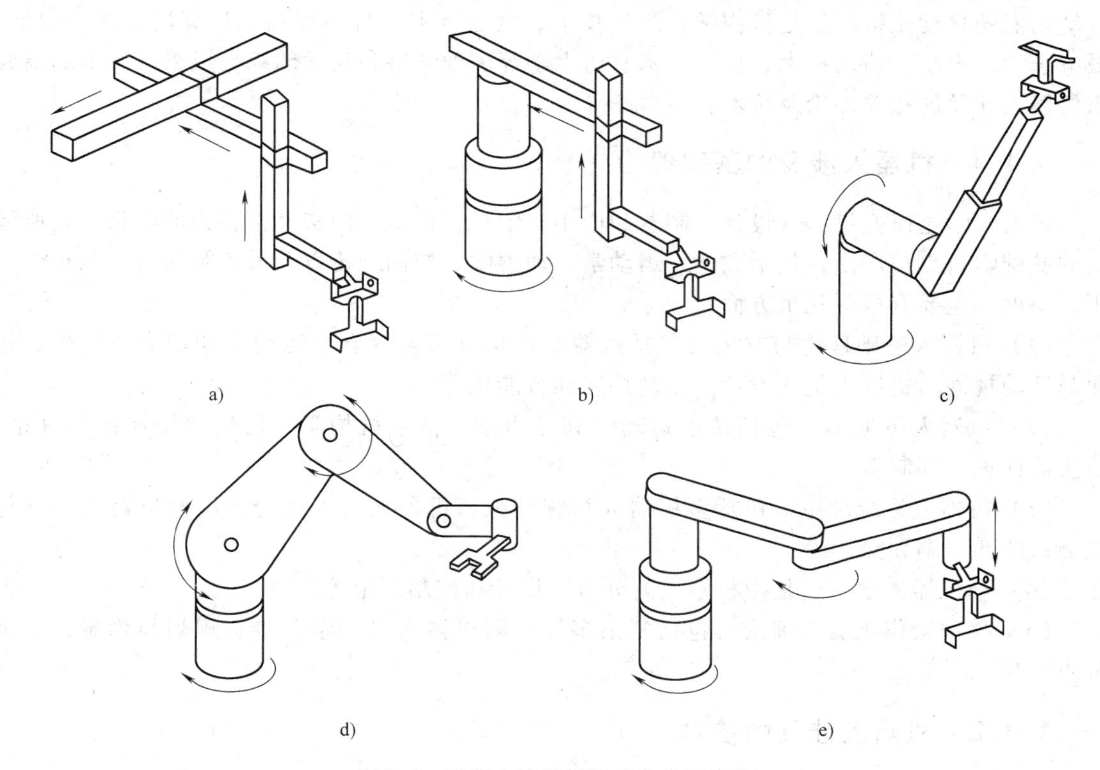

图1-4　机器人按坐标形式分类示意图

a）直角坐标型　b）圆柱坐标型　c）球（极）坐标型　d）关节坐标型　e）平面关节型

（3）球（极）坐标型机器人　球（极）坐标型机器人具有1个移动关节（1P）和2个转动关节（2R），工作范围为球体形状，如图1-4c所示。其优点是结构紧凑、动作灵活、占地面积小，但其结构复杂、定位精度低、运动直观性差。

（4）关节坐标型机器人　关节坐标型机器人由立柱、大臂和小臂组成。其具有拟人的机械结构，即大臂与立柱构成肩关节，大臂与小臂构成肘关节。具有3个转动关节（3R），可进一步分为1个转动关节和2个俯仰关节，工作范围为球体形状，如图1-4d所示。该类机器人的特点是工作范围大、动作灵活、能抓取靠近机身的物体；运动直观性差，要得到高定位精度较困难。由于该类机器人灵活性高，其应用较广泛。

（5）平面关节型机器人　该机器人有3个转动关节，其轴线相互平行，可在平面内进行定位和定向；该机器人还有1个移动关节，用于完成手爪在垂直于平面方向的运动，如图1-4e所示。手腕中心的位置由2个转动关节及1个移动关节来决定，手爪的方向由转动关节的角度来决定。该类机器人的特点是在垂直平面内具有很好的刚度，在水平面内具有较好的柔顺性，动作灵活、速度快、定位精度高。该机器人较适宜于平面定位，在垂直方向进行装配，所以又称为装配机器人。

1.4　机器人涉及的相关理论及技术

机器人技术属于一个多学科和技术交叉融合的高技术领域。机器人是具有感知、思维和行动功能的自动化机器，是机构学、测试技术、制造技术、自动控制、计算机、人工智能、微电子学、光学、通信技术、传感技术、仿生学等多种学科和技术的综合成果。本节简要介绍机器人涉及的相关理论及技术。

1.4.1　机器人涉及的基础理论

机器人学是研究机器人设计、制造和应用的学科，也是一门交叉性很强的学科。它所涉及的基础学科也很广泛，包括数学、运动学、动力学、控制理论以及人工智能等。从理论应用的角度，主要有以下几个方面。

（1）机器人基础理论与方法　包括机器人机构分析与综合、运动学和动力学建模、作业与运动规划、机器人优化设计、自动控制和智能化等。

（2）机器人仿生学　包括仿生运动学和动力学、仿生机构学、仿生感知和控制理论、仿生器件设计和制造等。

（3）机器人系统理论　包括多机器人系统理论、机器人与人融合，以及机器人与其他机械系统的协调和交互。

（4）微机器人学　包括微机器人的分析、设计和控制理论等。

（5）移动操作机器人理论　包括复杂多链空间机器人机构学、步态规划与稳定性、多链协调与控制等。

1.4.2　机器人涉及的技术

机器人同时也是一门实践性很强的学科，所涉及的技术主要有机器人结构设计与制造技术、操作和执行技术、驱动和控制技术、检测和感知技术、机器人智能技术、试验和评价技术、人机交互和融合技术、通信技术等。

1.5　课程学习导引

本书共分为8章。

第1章为绪论，介绍机器人及其技术的发展、定义、特征、结构、技术参数和分类，以及机器人涉及的主要理论和技术等内容。

第2章为机器人机械系统。该章主要介绍机器人的机座、手部、腕部、臂部、驱动和传动机构等的工作原理、结构特点和设计要求。通过本章的学习，能够了解和掌握机器人的机械系统一般结构、工作原理和设计要点。

第3章为机器人数学基础。该章首先介绍关于位置、姿态和齐次坐标的概念，然后介绍平移和旋转的定义，以及平移和旋转的相关知识；还介绍了齐次变换矩阵，给出了齐次变换矩阵的相关定义。

第4章为机器人运动学。该章介绍几种典型机器人的正逆运动方程建立及分析；还介绍机器人的雅可比矩阵的建立，包括速度雅可比矩阵和力雅可比矩阵；同时对机器人奇异点和奇异位形进行分析和研究。

第5章为机器人动力学。该章主要介绍机器人的静力学问题、动力学问题，以及动力学建模和仿真。为了建立机器人动力学方程，首先讨论机器人运动的瞬时状态，对其进行速度分析和加速度分析，研究连杆的受力状态，然后利用达朗贝尔等原理，解决动力学分析问题。

第6章为机器人控制系统。该章首先介绍机器人控制系统的一般形式和特点，分析机器人控制中较基本的位置控制问题；从分析单关节位置控制的传递函数入手，建立了单关节位置控制器，分析控制器参数确定及系统的误差问题；在机器人运动控制系统一节，以LM629控制卡为例，对机器人的运动控制做了分析；以基于PC的教学机器人控制系统为例，介绍了该教学机器人实验平台的总体控制方案。

第7章为机器人轨迹规划。该章讲述关于轨迹规划的一般性问题，并且对关节轨迹规划的插值和笛卡儿空间的规划方法做了介绍。

第8章为机器人设计方法和应用及其发展。该章主要介绍了机器人设计的一般原则、方法和步骤，分析了工业机器人和特种机器人的设计实例。简要地介绍了机器人的应用和发展现状，分析了机器人与人类之间的关系。本章的目的在于使读者对机器人的应用和发展有一个整体的认识，为应用和研究机器人提供理论支撑。

1.6　本章小结

本章介绍了机器人发展历程，阐述了机器人的定义、特征、结构组成、分类及技术参数等问题，其目的在于使读者对机器人的基本知识有一个初步的了解，为后续学习、应用和研究机器人打下一个良好的基础。

习　　题

1-1　简述机器人的发展现状。

1-2　机器人设计的三原则是什么？

1-3　机器人按应用类型来分，可分为哪几类？机器人的技术参数主要有哪些？

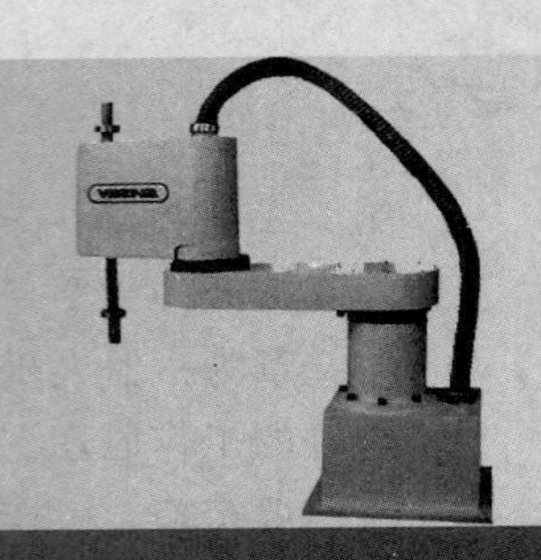

第 2 章

机器人机械系统

机器人的机械系统是机器人的支承基础和执行机构，主要包括末端操作器（手部）1、腕部 2、臂部 3、腰部 4 和机座 5 等，如图 2-1 所示。其机械系统是机器人设计的重要内容之一。使用要求是机器人机械系统设计的出发点，优质、高效和低成本是其设计追求的目标。

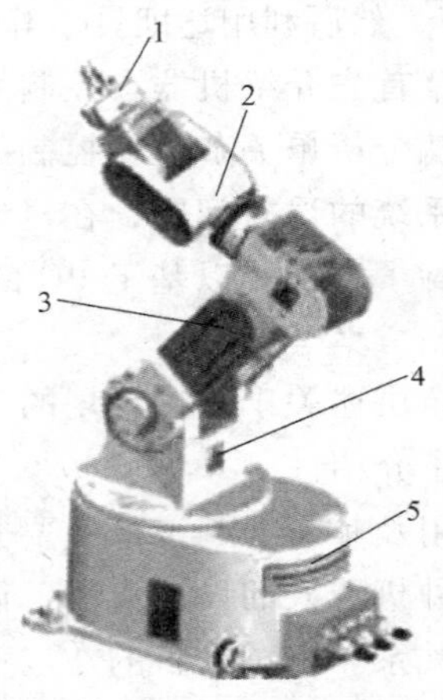

图 2-1　工业机器人结构示意图

1—末端操作器（手部）　2—腕部

3—臂部　4—腰部　5—机座

本章主要介绍机器人的机座、末端操作器（手部）、腕部、臂部、驱动和传动机构等的工作原理、结构特点和设计要求。通过本章的学习，使读者能够了解和掌握机器人的机械系统一般结构、工作原理和设计要点。

2.1　机器人的机座

2.1.1　概述

机器人的机座，可以分为固定式和行走式两种。一般的机器人机座大多是固定式的，还有一部分是移动式的。随着科学技术发展的需要，具有一定智能的可移动的行走式机器人将是今后机器人发展的方向之一，并将得到广泛地应用。

根据机器人的行走环境，可将机器人所具备的移动机能分为以下几类：①地面移动机能；②水中移动机能；③空中移动机能；④地中移动机能等。本节主要介绍具有地面行走机能的行走机构。根据地面行走机构的特点可以将其分为车轮式、履带式和步行式三种行走机构，它们在行走过程中，前两者与地面连续接触，且形态为运行车式，后者为间断接触，形态为类人或动物的腿脚式。

2.1.2　车轮式行走机构

车轮式行走机构具有运动平稳、能耗小，以及容易控制移动速度和方向等优点，因此得到普遍的应用。目前应用较广的主要是三轮式和四轮式行走机构。

三轮式行走机构具有一定的稳定性，其设计难点是移动方向的控制。典型车轮的配置方法是一个前轮和两个后轮，由前轮作为操纵舵来改变方向，后轮（或前轮）驱动；另一种配置方法是，用后面两轮独立驱动，前轮仅起支承作用，并靠两后轮的转速差来改变运动方向。图 2-2 所示为三轮式行走和转弯机构示意图，图 2-2a 所示为由一个驱动轮和转向机构来转弯，图 2-2b 所示为由两个驱动轮转速差来转弯。

四轮式行走机构也是一种应用较广的移动方式，其优点是承重量大、稳定性好，四个轮子要求同时着地。图 2-3 所示为四轮式行走和转弯机构示意图。图 2-3a、b 所示是两个驱动轮和两个自位轮的机构；图 2-3c 所示是和汽车类型相同的移动机构，为了转向，采用四连杆机构，回转中心大致在后轮车轴的延长线上；图 2-3d 所示可以独立地进行左右转向，因而可以提高回转精度；图 2-3e 所示为全部轮子都可以进行转向，能够减小转弯半径。

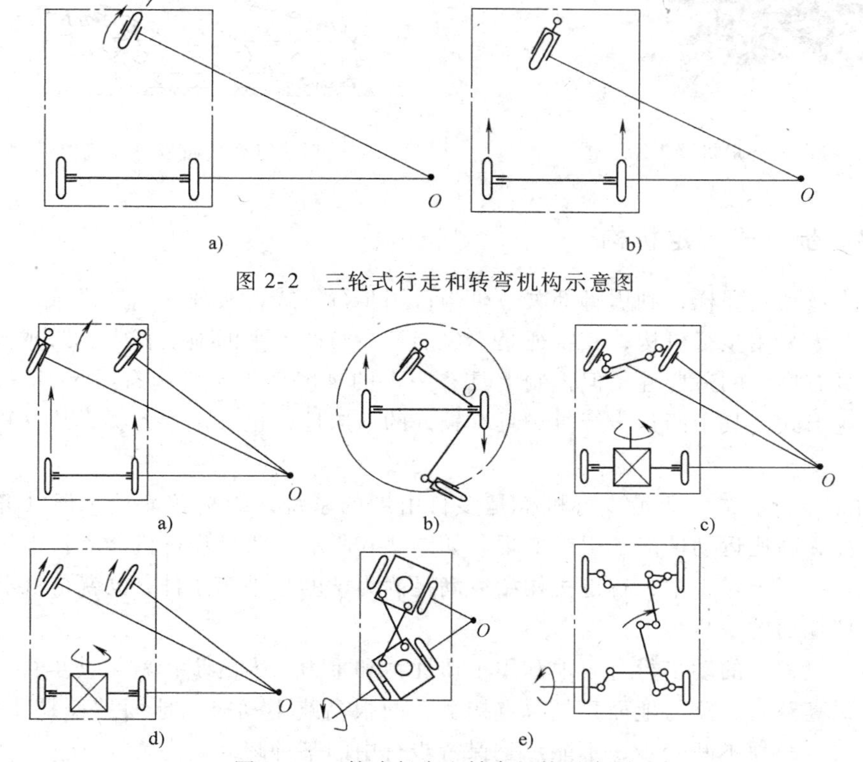

图 2-2　三轮式行走和转弯机构示意图

图 2-3　四轮式行走和转弯机构示意图

a）两个驱动轮和两个自位轮　b）两个驱动轮和两个自位轮　c）一个驱动系统和转向轮

d）一个驱动系统和两个转向轮　e）全部轮都装有转向机构

在四轮式行走机构中，自位轮沿回转轴线回转，直到转到转弯方向为止，这期间驱动轮产生滑动，因而很难求出正确的移动量。另外，在用转向机构改变运动方向时，缺点是在静止状态下会产生较大的阻力。

2.1.3 履带式行走机构

履带式行走机器人如图 2-4 所示。它不仅可以在凸凹不平的地面上行走，而且可以跨越障碍物，能爬一定的台阶等。

类似于坦克式的履带式机器人，由于没有自位轮，没有转向机构，要转弯只能靠左右两个履带的速度差，所以不仅在横向，而且在前进方向也会产生滑动，转弯阻力大，不能准确地确定回转半径等。

形状可变式履带行走机构如图 2-5 所示。该履带形状可以适应台阶形状而改变，比一般履带式机器人的动作更为灵活。

图 2-4 履带式行走机器人示意图

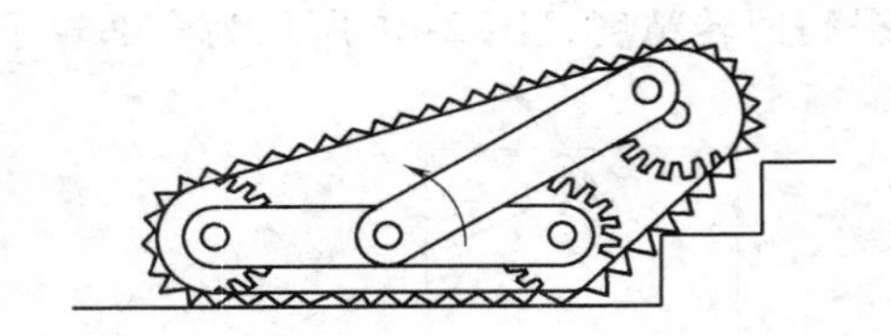

图 2-5 形状可变式履带行走机构示意图

2.1.4 步行式行走机构

类似于人或动物那样，利用脚部关节机构，用步行方式，实现移动的机械，称为步行机构。步行机器人采用步行机构，其特征是不仅能够在凸凹不平的地上行走、跨越沟壑、上下台阶，而且具有广泛的适应性，但控制上具有一定的难度。步行机构有两足、三足、四足、六足和八足等形式，其中两足步行机构具有较好的适应性，也最接近人类，故又称为类人双足行走机构。

（1）两足步行机构　两足步行机构是多自由度的系统，结构较简单，但其静、动行走性能及稳定性和高速运动性能都很难实现。如图 2-6 所示，两足步行机器人行走机构是一空间连杆机构。在行走过程中，行走机构始终满足静力学的静平衡条件，也就是机器人的重心始终落在支持地面的一只脚上。

两足步行机器人的动步行有效地利用了惯性力和重力。人的步行就是动步行，动步行的典型例子是踩高跷。高跷与地面只是单点接触，两根高跷不动时在地面站稳是非常困难的，要想原地停留，必须不断踏步，不能总是保持步行中的某种瞬间姿态。

从国内外研究的较为成熟的两足步行机器人来看，几乎所有的两足步行机器人腿部都选择 6 自由度的方式（见图 2-7），其分配方式为：髋关节 3 个自由度、膝关节 1 个自由度、踝关节 2 个自由度。由于踝关节缺少了一个旋转自由度，当机器人行走中进行转弯时，只能依靠大腿与上身连接处的旋转来实现，需要先决定转过的角度，并且需要更多的步数来完成行走转弯这个动作。但是这样的设计可以降低踝关节的设计复杂程度，有利于踝关节的机构布置，从而减小机构的空间体积，减小下肢的质量。几种两足步行机器人下肢关节驱动方式比较见表 2-1。

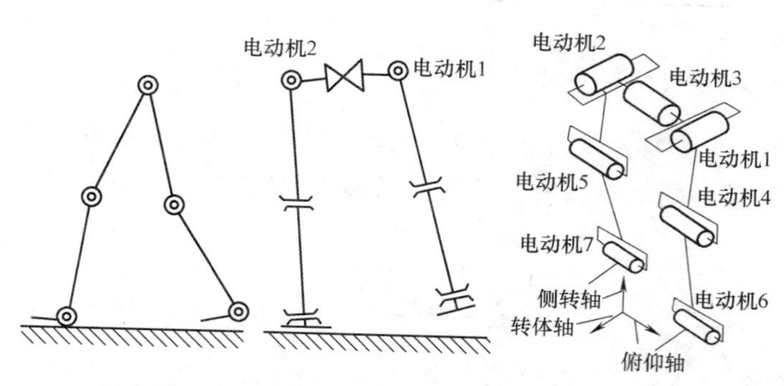

图 2-6 两足步行机器人行走机构示意图

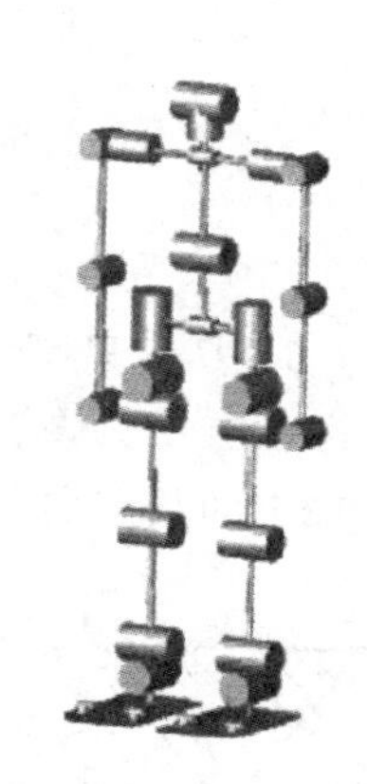

图 2-7 腿部 6 个自由度的分配示意图

表 2-1 几种两足步行机器人下肢关节驱动方式比较

机器人名称	研究机构	驱动方式	机器人质量	动力源
ASIMO	Honda 公司	伺服电动机、谐波减速器	43kg	38V/10A 电池
HRP-2	日本 METI	伺服电动机、谐波减速器	58kg	48V/18AH
WABIAN	早稻田大学	直流伺服电动机	50kg	NI-H 电池
BIP2000	法国	直流电动机、滚动丝杠连杆结构	40kg	不详
M2	MIT	直流电动机、平行弹簧阻尼滚动丝杠结构	不详	不详
THBIP-1	清华大学	直流电动机、滚珠丝杠和曲柄连杆减速机构	不详	Ni-MH 蓄电池

（2）四足步行机构　四足步行机构静止状态是稳定的，具备一切步行机器人的优点，所以它和六足步行机构一样具有一定的实用性。四足步行机构在步行中，当一只脚抬起，三只脚支承自重时，有必要移动身体，让重心移动到三只脚着地点所组成的三角形内。各脚相应其支点提起、向前伸出、接地、水平向后返回，像这样一连串动作均可由连杆机构来完成，不需要特别的控制。然而为了适应凸凹不平的地面，每只脚至少要有 2 个自由度，图 2-8a所示是四足步行机构的例子。图 2-8b 是平移与平移间的变换，由于是缩放机构，脚尖的位置容易计算。要实现步行方向的改变和上下台阶，各只脚只要有 3 个自由度就足够了。

（3）六足步行机构　六足步行机构的静稳定步行图如图 2-9 所示。从图中可以看到，为了保持机体以静稳定性的状态向前移动，首先由 A、B、C 三只脚处于立脚相，支承着机体的重量，使重心 G 在 $\triangle ABC$ 内，如图 2-9a 所示；而 D、E、F 三只脚处于游脚相，向前方位置移动；当 D、E、F 三只脚移动预定步长，到达位置 D'、E'、F'，并接触地面时，与 A、B、C 三只脚同时支持着体重，重心自然前移，如图 2-9b 所示；随着 A、B、C 三只脚的提起，变为游脚相时，体重完全由 D、E、F 三只脚支承，如图 2-9c 所示；重心 G 继续向前

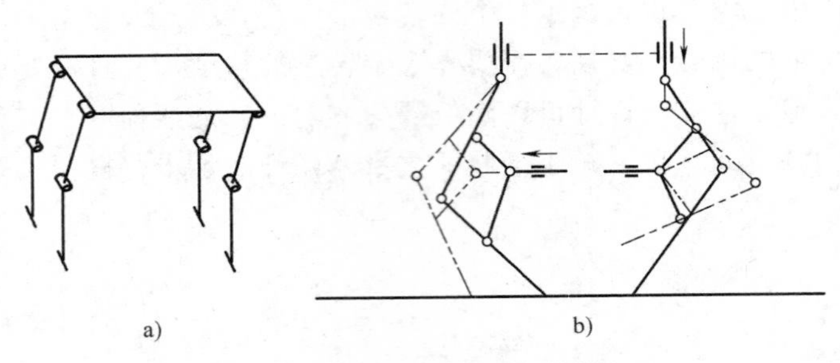

图 2-8　四足步行机构举例

移，而 A、B、C 三只脚则向 A'、B'、C'处移动，如图 2-9d 所示。这样六只脚交替着步行，始终保持最少有三只脚着地，而机体重心则始终在所支承的三只脚所形成的三角形内，从而保持着静稳定的状态向前行走。

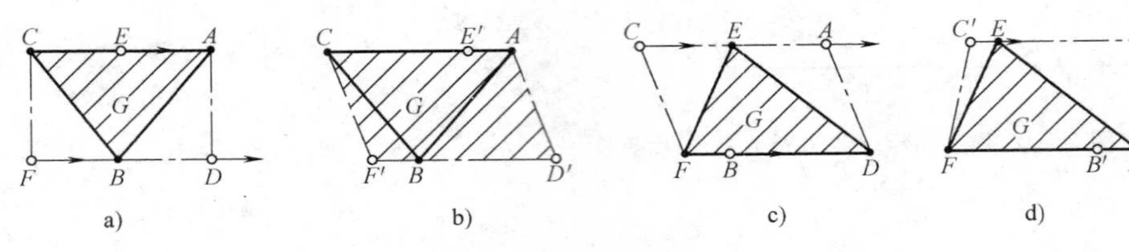

图 2-9　六足步行机构的静稳定步行图

如果各只脚有 2 个自由度，就可以在凸凹不平的地面上行走。为了能够转变方向，各脚需有 3 个自由度就足够了，如图 2-10 所示的 18 个自由度的六足步行机器人。该机器人可能有相当从容的步态，但总共要有 18 个自由度，包含力传感器和接触传感器和倾斜传感器等在内的稳定的步行控制也是相当复杂的。

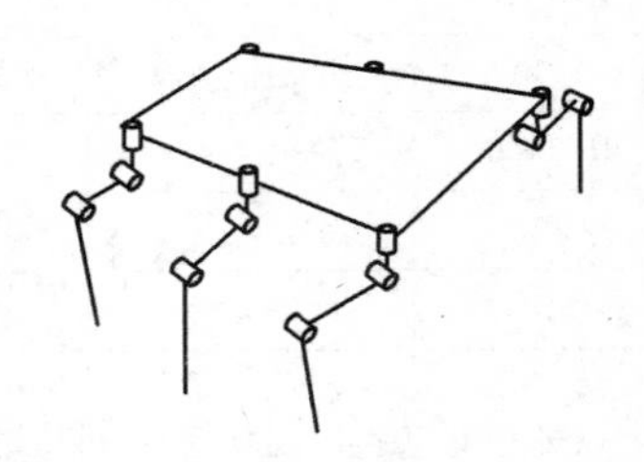

图 2-10　18 个自由度的六足步行机器人

综上所述可知，机器人行走机构按移动功能来分有车轮式、履带式和步行式三种。这三种移动方式的原理、优缺点比较见表 2-2。从运动的灵活性和快速性来考虑，可优先选用车轮式的移动方式；从越障和带载能力来考虑，可优先选用步行式的移动方式；从负重能力和对地面的适应性方面来看，可优先选用履带式的移动方式。

表 2-2　机器人移动方式的比较

移动方式	原　理	优　点	缺　点
车轮式	配置多个轮子，由电动机独立驱动	移动速度快，转弯容易	着地面积小
履带式	由电动机驱动两个无轨道履带	着地面积大，对地面的适应性强	体积较大，不易实现转弯
步行式	由多个脚或框架的反复着地进行移动	可越障，带载能力较强	移动较困难，行走速度慢

2.2　机器人末端操作器

机器人的手，一般称之为末端操作器（也称为夹持器）。它是机器人直接用于抓取和握紧（吸附）专用工具（如喷枪、扳手、焊炬和喷头等），并进行操作的部件。它具有模仿人手动作的功能，并安装于机器人手臂的前端。由于被握工件的形状、尺寸、重量、材质及表面状态等不同，因此机器人末端操作器是多种多样的，并大致可分为以下几类：①夹钳式取料手；②吸附式取料手；③专用操作器及转换器；④仿生多指灵巧手；⑤其他手。

2.2.1　夹钳式取料手

夹钳式手部与人手相似，是机器人广为应用的一种手部形式。按夹取的方式不同，可分为内撑式和外夹式两种，分别如图 2-11a、b 所示。两者的区别在于夹持工件的部位不同，手爪动作的方向相反。

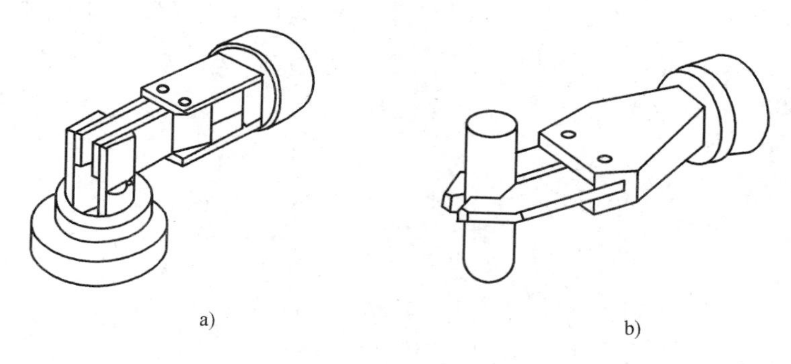

图 2-11　夹钳式手爪的夹取方式
a）内撑式　b）外夹式

夹钳式手部一般由手指（手爪）和驱动机构、传动机构及连接与支承元件组成，如图 2-12 所示，并能通过手爪的开闭动作实现对物体的夹持。

1. 手指

手指是直接与工件接触的构件。手部松开和夹紧工件，就是通过手指的张开和闭合来实现的。机器人的手部一般只有两个手指，少数有三个或多个。手指的结构形式常取决于工件的形状和特性。

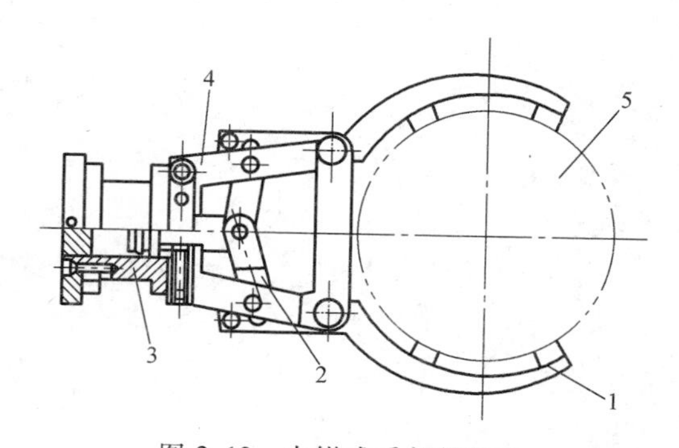

图 2-12　夹钳式手部的组成
1—手指　2—传动机构　3—驱动机构　4—支架　5—工件

指端的形状通常有两类：V 形指和平面指。V 形指由于定心性好，用于夹持圆柱形工件。平面指一般用于夹持方形工件（具有两个平行平面）、板形或细小棒料。另外，尖指和薄、长指一般用于夹持小型或柔性工件。其中，薄指一般用于夹持位于狭窄工作场地的细小工件，以避免和周围障碍物相碰；长指一般用于夹持炽热的工件，以免热辐射对手部传动机构的影响。

指面的形状常有光滑指面、齿形指面和柔性指面等。光滑指面平整光滑，用来夹持已加工表面，可避免已加工表面受损。齿形指面的指面刻有齿纹，可增加夹持工件的摩擦力，以确保夹紧牢靠，多用于夹持表面粗糙的毛坯或半成品。柔性指面内镶橡胶、泡沫、石棉等物，有增加摩擦力、保护工件表面、隔热等作用，一般用于夹持已加工表面、炽热件，也适于夹持薄壁件和脆性工件。

2. **手指传动机构**

传动机构是向手指传递运动和动力，从而实现夹紧和松开动作的机构。该机构根据手指开合的动作特点分为回转型和平移型两种。其中回转型又分为一支点回转和多支点回转；根据手爪夹紧是摆动还是平动，回转型又可分为摆动回转型和平动回转型。

（1）回转型传动机构　夹钳式手部中使用较多的是回转型手部，其手指就是一对杠杆，一般同斜楔、滑槽、连杆、齿轮、蜗轮蜗杆或螺杆等机构组成复合式杠杆传动机构，用以改变传动比和运动方向等。

图 2-13a 所示为单作用斜楔式回转型手部结构简图。斜楔向下运动，克服弹簧拉力，使杠杆手指装着滚子的一端向外撑开，从而夹紧工件；斜楔向上移动，则在弹簧拉力作用下使手指松开。手指与斜楔通过滚子接触可以减少摩擦力，提高机械效率。有时为了简化，也可让手指与斜楔直接接触，如图 2-13b 所示。

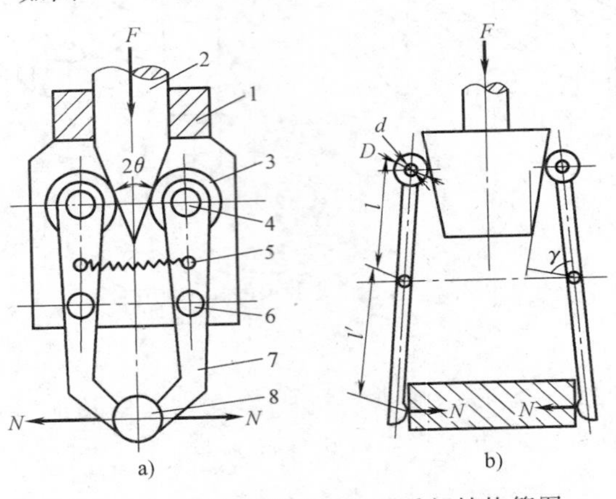

图 2-13　斜楔杠杆式回转型手部结构简图

1—壳体　2—斜楔驱动杆　3—滚子　4—圆柱销　5—拉簧　6—铰销　7—手指　8—工件

图 2-14 所示为滑槽式杠杆回转型手部简图。杠杆形手指 4 的一端装有 V 形块 5，另一端则开有长滑槽。驱动杆 1 上的圆柱销 2 在滑槽内，当驱动连杆同圆柱销一起做往复运动时，即可拨动两个手指各绕其支点（铰销 3）做相对回转运动，从而实现手指的夹紧与松开动作。

图 2-15 所示为连杆式杠杆回转型手部简图。驱动杆 2 末端与连杆 4 由铰销 3 铰接，当驱动杆 2 做直线往复运动时，则通过连杆推动两手指各绕其支点做回转运动，从而使手指松开或闭合。

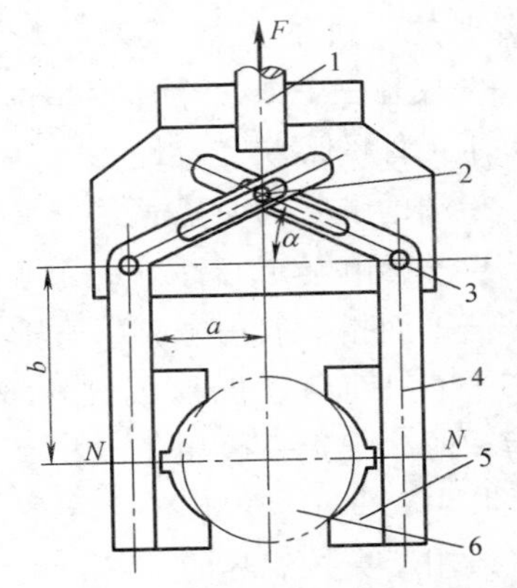

图 2-14　滑槽式杠杆回转型手部简图

1—驱动杆　2—圆柱销　3—铰销　4—杠杆形手指　5—V 形块　6—圆形工件

图 2-16 所示为齿轮齿条直接传动的齿轮杠杆式手部的结构简图。驱动杆 2 末端制成双面齿条，与扇形齿轮 4 相啮合，而扇形齿轮 4 与手指 5 固连在一

起，可绕支点回转。驱动力推动齿条做直线往复运动，带动扇形齿轮回转，从而使手指松开或闭合。

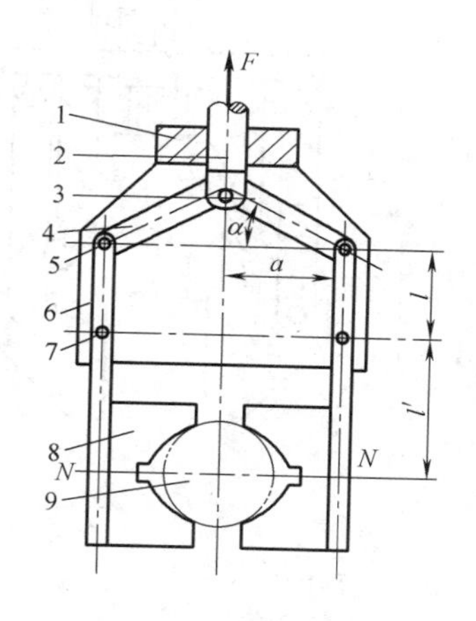

图 2-15　连杆式杠杆回转型手部简图
1—壳体　2—驱动杆　3—铰销　4—连杆
5、7—圆柱销　6—手指　8—V 形块　9—工件

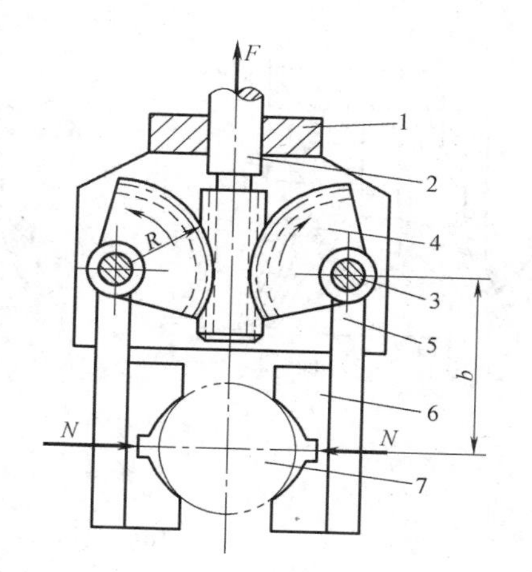

图 2-16　齿轮杠杆式手部的结构简图
1—壳体　2—驱动杆　3—圆柱销
4—扇形齿轮　5—手指　6—V 形块　7—工件

（2）平移型传动机构　平移型夹钳式手部是通过手指的指面做直线往复运动，或平面移动来实现张开或闭合动作的，常用于夹持具有平行平面的工件（如钢板等）。其结构较复杂，不如回转型手部应用广泛。

1）直线往复移动机构。实现直线往复移动的机构很多，常用的有斜楔传动、齿条传动和螺旋传动等，均可应用于手部结构。在图 2-17 中，图 2-17a 为斜楔平移机构，图 2-17b 为连杆杠杆平移结构，图 2-17c 为螺旋斜楔平移结构。它们既可是双指型的，也可是三指（或多指）型的；既可自动定心，也可非自动定心。

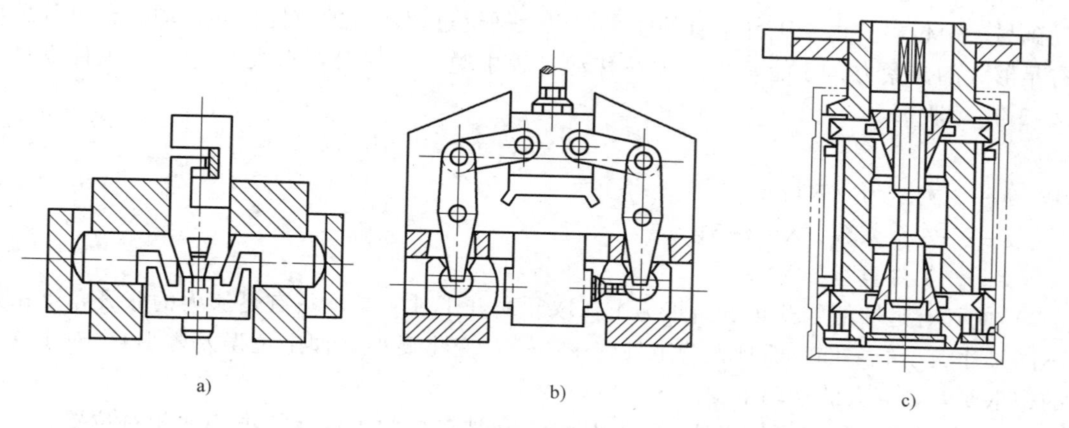

图 2-17　直线半移型手部结构简图
a）斜楔平移结构　b）连杆杠杆平移结构　c）螺旋斜楔平移结构

2）平面平行移动机构。图 2-18 所示为几种平面平行平移型夹钳式手部结构简图。它们的共同点是：都采用平行四边形的铰链机构——双曲柄铰链四连杆机构，以实现手指平移。

其差别在于分别采用齿条齿轮、蜗杆蜗轮和连杆斜滑槽的传动方式。

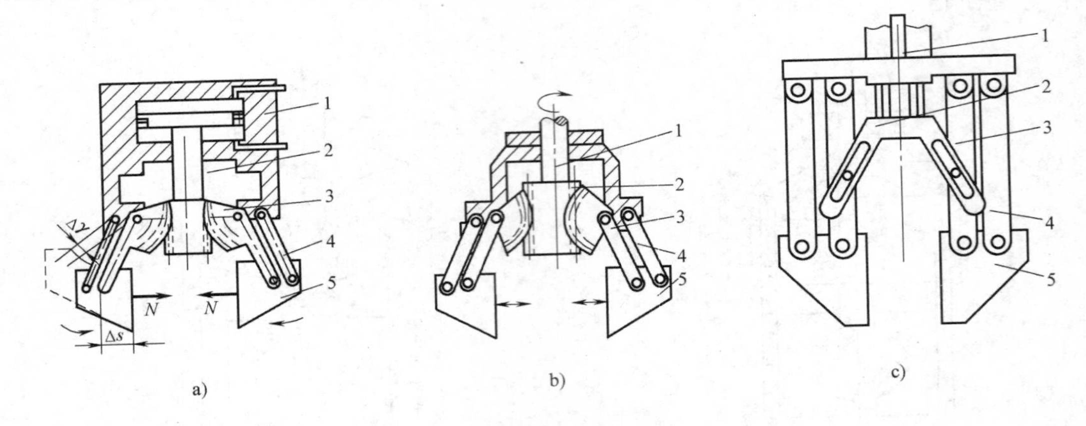

图 2-18 四连杆机构平移型夹钳式手部结构简图

a）齿条齿轮传动的手部结构 b）蜗杆蜗轮传动的手部结构

c）连杆斜滑槽传动的手部结构

1—驱动器 2—驱动元件 3—驱动摇杆 4—从动摇杆 5—手指

3. 手指驱动机构

它是向传动机构提供动力的装置。按驱动方式的不同，可有液压、气动和电动等几种。按实现的运动方式不同，可分为直线驱动机构和旋转驱动机构两种。

4. 手指其他机构

夹钳式手部不仅有上面所述的手指、传动机构和驱动机构，还有连接和支承元件，将上述各部分连接成一个整体，并实现手部与机器人的腕部的连接。

夹钳式手部的设计要注意下面七个问题。

1）应具有足够的夹紧力。机器人的手部机构靠钳爪夹紧工件，以便把工件从一个位置移动到另一个位置。由于工件本身的重量，以及搬运过程产生的惯性力和振动等，钳爪必须具有足够大的夹紧力，才能防止工件在移动过程中脱落。一般要求夹紧力 F 为工件重量 G 的 2~3 倍，即

$$F=KG \tag{2-1}$$

式中 F——夹紧力（N）；

K——安全系数，$K=2\sim3$；

G——工件重量（N）。

2）应具有足够的张开角。钳爪为了抓取和松开工件，必须具有足够大的张开角度来适应不同尺寸大小的工件，而且夹持工件的中心位置变化要小（即定位误差要小）。对于移动式的钳爪要有足够大的移动范围。

3）应能保证工件的可靠定位。为了使钳爪和被夹持的工件保持准确的相对位置，必须根据被抓取工件的形状，选取相应的手指形状来定位，如圆柱形工件多数采用具有“V”形钳口的手指，以便自动定心。

4）应具有足够的强度和刚度。钳爪除受到被夹持工件的反作用力外，还受到机器人手部在运动过程中产生的惯性力和振动的影响。如果没有足够的强度和刚度，钳爪会发生折断

或弯曲变形，因此对于受力较大的钳爪应进行必要的强度、刚度的校核计算。

5）应适应被抓取对象的要求。①适应工件的形状：工件为圆柱形，则采用带“V”形钳口的手爪；工件为圆球形状，则选用圆弧形二指或三指手爪；对于特殊形状的工件应设计与工件相适应的手爪。②适应被抓取部位的尺寸：工件被抓取部位的尺寸尽可能是不变的，若加工尺寸略有变化，那么钳爪应能适应尺寸变化的要求。工件表面质量要求高的，对钳爪应采取相应的措施，如加软垫等。③要适应工作位置状况：如工作位置较窄小时可用薄片形状的手爪。

6）应尽量做到结构紧凑、重量轻和效率高。手部处于腕部和臂部的最前端，运动状态变化显著。其结构和重量，以及惯性负荷将直接影响到腕部和臂部的结构，因此，在手部设计时，必须力求结构紧凑、重量轻和效率高。

7）应具有一定的通用性和互换性。一般情况下的手部都是专用的，为了扩大它的使用范围，提高通用化程度，以适应夹持不同尺寸和形状的工件的需要，常采用可调整的方法，如更换手指，甚至更换整个手部。也可为手部设计专门的过渡接头，以便迅速准确地更换工具。

2.2.2　吸附式取料手

根据吸附力的种类不同，吸附式取料手可以分为磁吸式和气吸式两种。

1. 磁吸式手部

（1）工作原理　磁吸式手部是利用永久磁铁或电磁铁通电后产生磁力来吸取铁磁性材料工件的装置。采用电磁吸盘的磁吸式手部结构如图2-19所示。当线圈通电瞬时，由于空气隙的存在，磁阻很大，线圈的电感和起动电流很大，这时产生磁性吸力可将工件吸住；一旦断电后，磁吸力消失，即将工件松开。若采用永久磁铁作为吸盘，则需要强迫将工件取下。

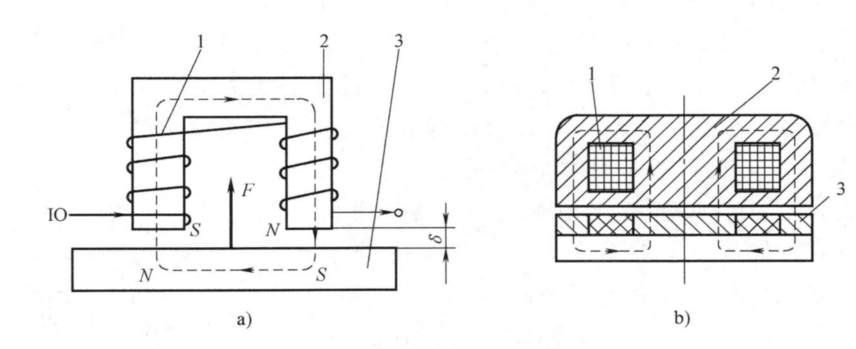

图2-19　电磁吸盘的结构示意图

a）电磁铁工作原理　b）盘状电磁铁

1—线圈　2—铁心　3—衔铁

（2）磁吸式手部的设计要点

1）应具有足够的吸力。电磁吸引力应根据工件的重量而定。电磁吸盘的形状、尺寸以及线圈一旦确定，其吸力的大小也就基本上确定，吸力的大小可通过改变施加电压进行微调。

2）应根据被吸附工件的形状、大小来确定电磁吸盘的形状、大小，吸盘的吸附面应与工件的被吸附表面形状一致。

（3）电磁吸力的计算

1）直流电磁铁的吸力计算。以“Π”形电磁铁为例，如图 2-19 所示。当通入直流电时，根据麦克斯韦理论，电磁吸力为

$$F=2\left(\frac{B_0}{500}\right)^2 S \tag{2-2}$$

式中 F——电磁吸力（N）；

B_0——空气隙中的磁感应强度（T）；

S——气隙的横截面积，也就是铁心的横截面积（cm^2）。

2）交流电磁铁的吸力计算。对于交流电磁铁，由于通电后磁路中的磁通量是波动的，所以吸力是波动的，其平均吸力为

$$F_{平均}=\left(\frac{B_m}{500}\right)^2 S \tag{2-3}$$

式中 $F_{平均}$——平均电磁吸力（N）；

B_m——空气隙中波动的磁感应强度的最大值（T）；

S——铁心横截面积（cm^2）。

2. 气吸式手部

（1）工作原理　气吸式手部是利用橡胶皮碗或软塑料碗中所形成的负压把工件吸住的装置。适用于薄铁片、板材、纸张、薄而易脆的玻璃器皿和弧形壳体零件等的抓取。按形成负压的方法，可以将气吸式手部分为：真空式、气流负压式和挤气负压式三种吸盘。

1）真空式吸盘。这种吸盘吸附可靠、吸力大、结构简单，但是需要有真空控制系统，故成本较高。图 2-20 所示为真空吸附取料手结构图。其真空的产生是利用真空泵，真空度较高。主要零件为碟形橡胶吸盘 1，通过固定环 2 安装在支承杆 4 上，支承杆由螺母 6 固定在基板 5 上。取料时，碟形橡胶吸盘与物体表面接触，橡胶吸盘的边缘既起到密封作用，又起到缓冲作用，然后真空抽气，吸盘内腔形成真空，吸取物料；放料时，管路接通大气，失去真空，物体放下。为避免在取、放料时产生撞击，有的还在支承杆上配有弹簧缓冲。

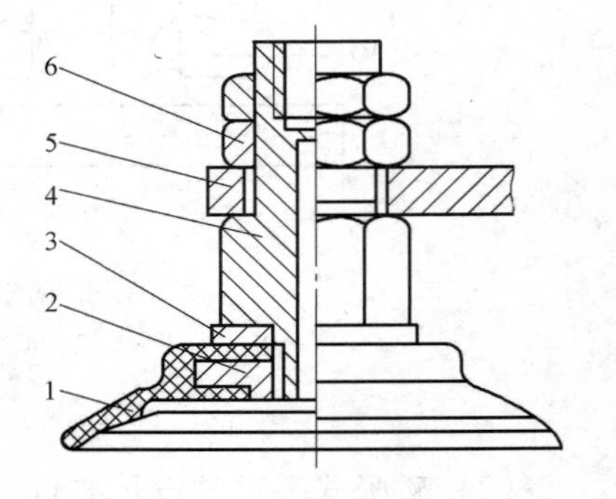

图 2-20　真空吸附取料手结构图

1—橡胶吸盘　2—固定环　3—垫片　4—支承杆　5—基板　6—螺母

2）气流负压式吸盘。工业现场有压缩空气站时，采用气流负压式吸盘比较方便，并且成本低，因此应用较广。图 2-21 所示为气流负压吸附取料手结构图。气流负压吸附取料手是利用流体力学的原理，当需要取物时，压缩空气高速流经喷嘴 5 时，其出口处的气压低于吸盘腔内的气压，于是腔内的气体被高速气流带走形成负压，完成取物动作；当需要释放时，切断压缩空气即可。图 2-22 所示为气流负压吸附取料机器人。

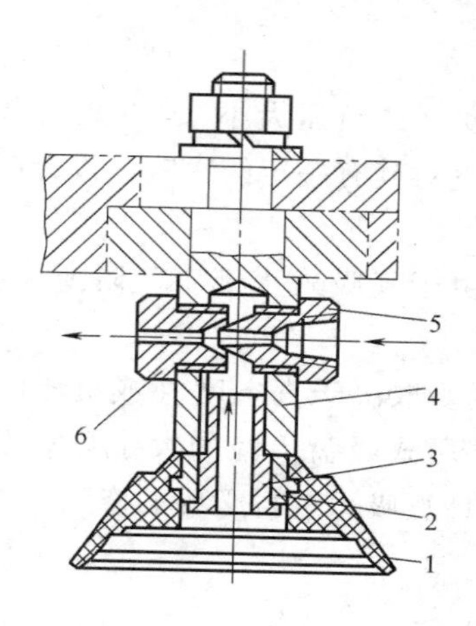

图 2-21　气流负压吸附取料手结构图
1—橡胶吸盘　2—心套　3—透气螺钉
4—支承杆　5—喷嘴　6—喷嘴套

图 2-22　气流负压吸附取料机器人

如图 2-23 所示，当气源工作，电磁阀 2 的左位工作时，压缩空气从真空发生器 3 左侧进入，并产生主射流，主射流卷吸周围静止的气体一起向前流动，从真空发生器 3 的右口流出。于是在射流的周围形成了一个低压区，接收气爪 6 室内的气体被吸进来与其相融合在一起流出，在接收室内及吸头处形成负压，当负压达到一定值时，可将工件吸起来，此时压力开关 5 可发出一个工件已被吸起的信号。

3）挤气负压式吸盘。该吸盘不需要配备复杂的进、排气系统，因此系统构成较简单，成本也较低。但由于吸力不大，仅适用于吸附轻小的片状工件。

图 2-24 所示为挤压式取料手结构图。其工作原理为：取料时吸盘压紧物体，橡胶吸盘 1 变形，挤出腔内多余的空气，取料手上升，靠橡胶吸盘的恢复力形成负压，将物体吸住；释放时，压下拉杆 3，使吸盘腔与大气相连通而失去负压。该取料手结构简单，但吸附力小，吸附状态不易长期保持。

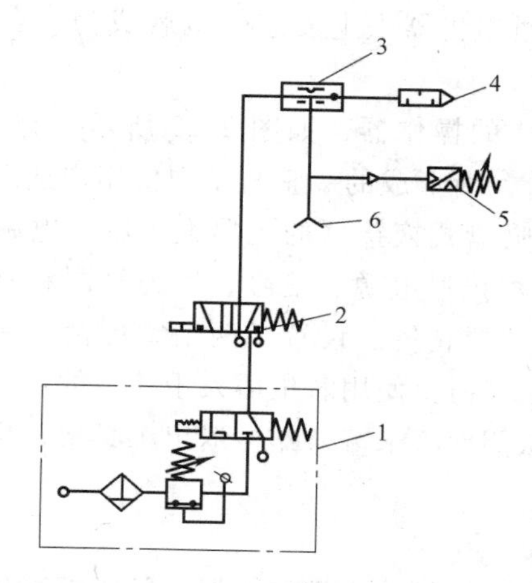

图 2-23　气流负压吸附取料手气路原理图
1—气源　2—电磁阀　3—真空发生器
4—消声器　5—压力开关　6—气爪

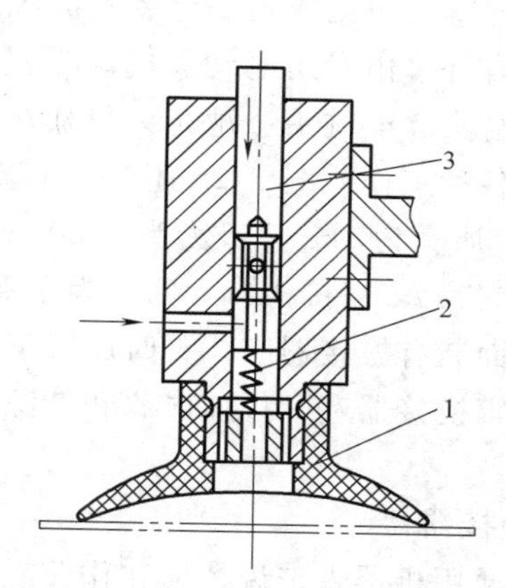

图 2-24　挤压式取料手结构图
1—吸盘　2—弹簧　3—拉杆

（2）气吸式手部的设计要点

1）吸力大小与吸盘的直径大小、吸盘内的真空度（或负压大小），以及吸盘的吸附面积的大小有关。工件被吸附表面的形状和表面不平度也对其有一定的影响，设计时要充分考虑上述各种因素，以保证有足够的吸附力。

2）应根据被抓取工件的要求确定吸盘的形状。由于气吸式手部多吸附薄片状的工件，故可用耐油橡胶压制成不同尺寸的盘状吸头。

（3）气吸式手部的吸力计算　吸盘吸力的大小主要取决于真空度（或负压的大小）与吸附面积的大小。气流负压式的气流压力与流量、挤压式吸盘内腔的大小等对吸盘均有影响。在计算吸盘吸力时，应根据实际的工作状态，对计算吸力进行必要的修正。

对于真空吸盘来说，其吸力 F 可近似计算为

$$F=\frac{nD^2\pi}{4K_1K_2K_3}\left(\frac{H}{76}\right) \tag{2-4}$$

式中　F——盘吸力（N）；

H——真空度（mmHg）；

n——吸盘数量；

D——吸盘直径（cm）；

K_1——安全系数，一般取 1.2~2；

K_2——工况系数，一般可取 1.1~2.5；

K_3——方位系数。吸附水平放置的工件时，可取 $K_3=1$；吸附垂直放置的工件时，$K_3=1/\mu$（μ 为摩擦因数），吸盘材料为橡胶，工件材料为金属时，可取 $\mu=0.5\sim0.8$。

2.2.3　专用操作器及转换器

1. 专用末端操作器

机器人是一种通用性很强的自动化设备，可根据作业要求完成各种动作，再配上各种专用的末端操作器后，就能完成各种动作。如在通用机器人上安装焊枪就成为一台焊接机器人，安装拧螺母机则成为一台装配机器人。

目前有许多由专用电动、气动工具改型而成的操作器，如图 2-25 所示，有拧螺母机、焊枪、电磨头、电铣头、抛光头和激光切割机等，所形成的一整套系列供用户选用，使机器人能胜任各种工作。图 2-25 还有一个装有电磁吸盘式换接器的机器人手腕，电磁吸盘直径为 60mm，质量为 1kg，吸力为 1100N，换接器可接通电源、信号、压力气源和真空源，电插头有 18 芯，气路接头有 5 路。为了保证连接位置精度，设置了两个定位销。在各末端操作器的端面装有换接器座，平时放置于工具架上，需要使用时机器人手腕上的换接器吸盘可从正面吸牢换接器座，接通电源和气源，然后从侧面将末端操作器退出工具架，机器人便可进行作业。

2. 换接器

对于通用机器人来说，要在作业时能自动更换不同的末端操作器，就需要配置具有快速装卸功能的换接器。换接器通常由两部分组成：换接器插座和换接器插头，分别装在机器人腕部和末端操作器上，能够实现机器人对末端操作器的快速自动更换。

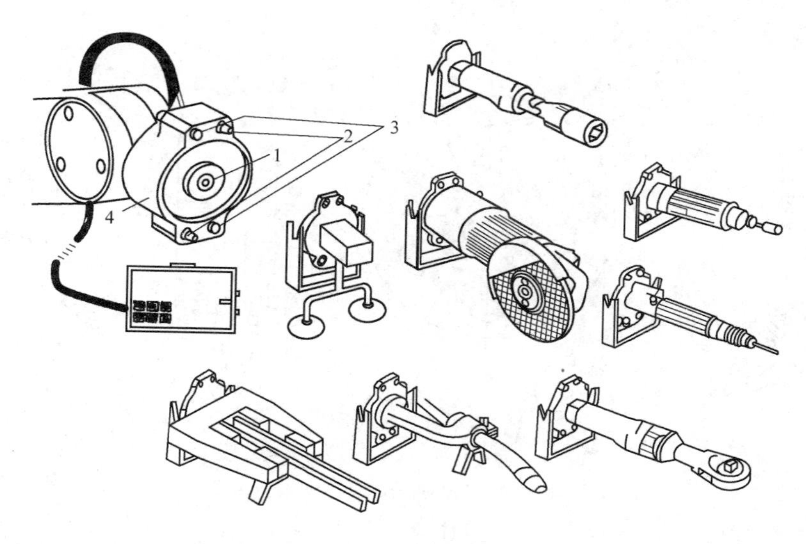

图 2-25 各种专用末端操作器和电磁吸盘式换接器

1—气路接口 2—定位销 3—电接头 4—电磁吸盘

对换接器的要求主要有：同时具备气源、电源及信号的快速连接与切换；能承受末端操作器的工作载荷；在失电、失气情况下，机器人停止工作时不会自行脱离；具有一定的换接精度等。

图 2-26 所示为气动换接器与专用末端操作器库。该换接器也分成两部分：一部分装在手腕上，称为换接器；另一部分装在末端操作器上，称为配合器。利用气动锁紧器将两部分进行连接，并具有就位指示信号以表示电路、气路是否接通。

3. 多工位换接装置

某些机器人的作业任务相对较为集中，需要换接一定量的末端操作器，又不必配备数量较多的末端操作器库。这样可以在机器人手腕上设置一个多工位换接装置。例如，在机器人柔性装配线某个工位上，机器人要依次装配如垫圈、螺钉等几种零件，装配采用多工位换接装置，可以从几个供料处依次抓取几种零件，然后逐个进行装配，既可以节省几台专用机器人，又可以避免通用机器人频繁换接操作器和节省装配作业时间。

多工位换接装置示意图如图 2-27 所示，就像数控加工中心的刀库一样，有棱锥型和棱柱型两种形式。棱锥型换接装置可保证手爪轴线和手腕轴线一致，受力较合理，但其传动机构较为复杂；棱柱型换接器传动机构较为简单，但其手爪轴线和手腕轴线不

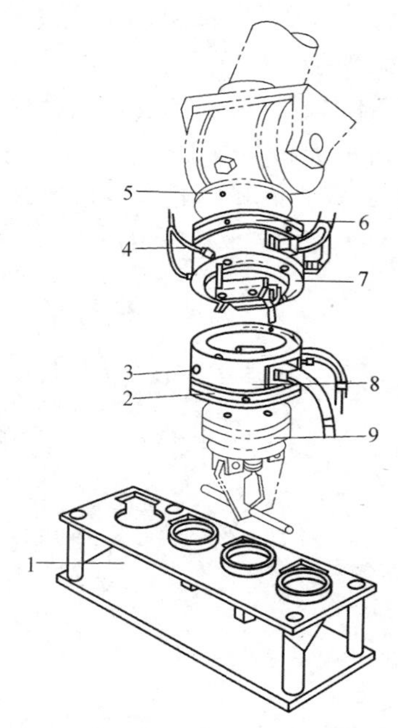

图 2-26 气动换接器与专用末端操作器库

1—末端操作器库 2、6—过渡法兰 3—位置指示灯 4—气路 5—连接法兰 7—换接器 8—换拉接器配合端 9—末端操作器

能保持一致，受力不均。

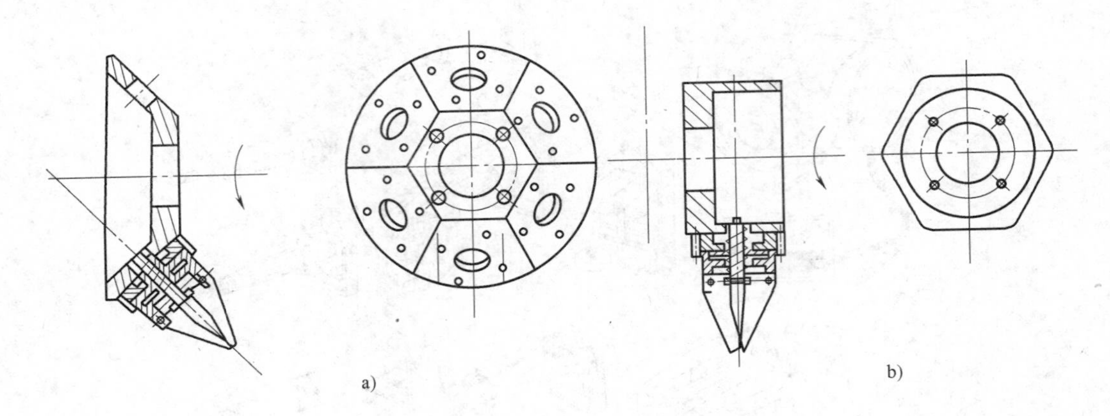

图 2-27　多工位换接装置示意图

a）棱锥型　b）棱柱型

2.2.4　仿生多指灵巧手

夹钳式取料手不能适应物体外形变化，不能使物体表面承受比较均匀的夹持力，因此无法对复杂形状、不同材质的物体实施夹持和操作。为了提高机器人手爪和手腕的操作能力、灵活性和快速反应能力，使机器人能像人手那样进行各种复杂的作业，如装配作业、维修作业和设备操作等，就必须有一个运动灵活、动作多样的灵巧手。

1. 柔性手

为了能对不同外形的物体实施抓取，并使物体表面受力比较均匀，因此研制出了柔性手。图 2-28 所示为多关节柔性手，每个手指由多个关节串联而成。手指传动部分由牵引钢丝绳及摩擦滚轮组成，每个手指由两根钢丝绳牵引，一侧为握紧，另一侧为放松。驱动源可采用电动机驱动或液压、气动元件驱动。柔性手可抓取凹凸不平的物体，并使物体受力较为均匀。

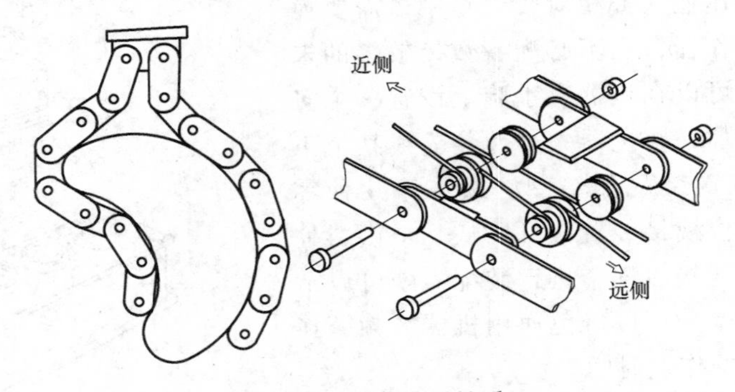

图 2-28　多关节柔性手

如图 2-29 所示为用柔性材料做成的柔性手，由工件 1、手指 2、电磁阀 3 和液压缸 4 等构成。该手一端固定，另一端为自由端的双管合一的柔性管状手爪；当一侧管内充液、另一侧管内抽液时形成压力差，柔性手爪就向抽空侧弯曲。此种柔性手适用于抓取轻型、圆形物体，如玻璃器皿等。

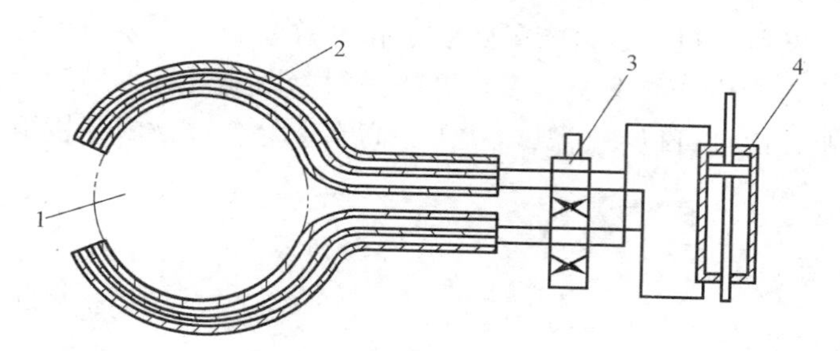

图 2-29　柔性手

1—工件　2—手指　3—电磁阀　4—液压缸

2. 多指灵巧手

多指灵巧手是指具有 3 个及其以上数目的机械手。它的较完美的形式是模仿人类的 5 指手。多指灵巧手作为人类活动肢体的有效延伸，能够完成灵活、精细的抓取操作。从 20 世纪后半期开始，多指灵巧手作为机器人领域的热门研究方向之一，被各国的科技人员所研究。例如，日本 Gifu 大学于 2002 年研制的 GifuII，如图 2-30 所示，有 5 个手指、16 个自由度。每个手指有 3 个自由度，末端的两个关节通过连杆耦合运动，拇指另有一个相对手掌和其余 4 指开合的自由度，类似人手的拇指。采用集成在手内部的微型直流电动机驱动，具有指尖 6 维力/力矩、触觉等感知功能。

HIT/DLR 手（多指手）是哈尔滨工业大学（HIT）和德国宇航中心（DLR）合作开发的多指多感知机器人灵巧手，分别于 2004 年和 2008 年研制成功了 HIT/DLRⅠ手（图 2-31a）和 HIT/DLRⅡ手（图 2-31b）。HIT/DLR Ⅰ手由 4 个相同的模块化手指组成，每个手指有 4 个关节、3 个自由度，拇指另有一个相对手掌开合的自由度，共有 13 个自由度，采用商业化的直流无刷电动机驱动，具有位置（电动机/关节）、关节力矩、指尖 6 维力/力矩、温度等多种感知功能，所有的驱动、减速、传感及电气等都集成在手掌或手指内，图 2-31 所示的 HIT/DLRⅠ多指灵巧手具有拟人手形的外观，基于多层 FPGA 和 DSP 实现了灵巧手的高速串行通信和实时控制，质量为 1.8kg，体积大约是人手的 1.5 倍。HIT/DLRⅡ手由 5 个相同的模块化手指组成，共具有 15 个自由度，采用体积小、重量轻的盘式电动机驱动和谐波减速器及同步带的传动方案，具有 CAN 、PPSECO（点对点高速串行通信）、Internet 等多种通信接口，将 PCI-DSP 控制卡集成到手掌内，利用更高容量的 FPGA 芯片和 NIOS 双核处理器，实现灵巧手的实时通信和多种通信接口，质量为 1.5kg，体积与人手相当，在手指数目、体积、重量、集成度、电气接口等方面，相对Ⅰ型手有较大的提高，更加仿人手化。

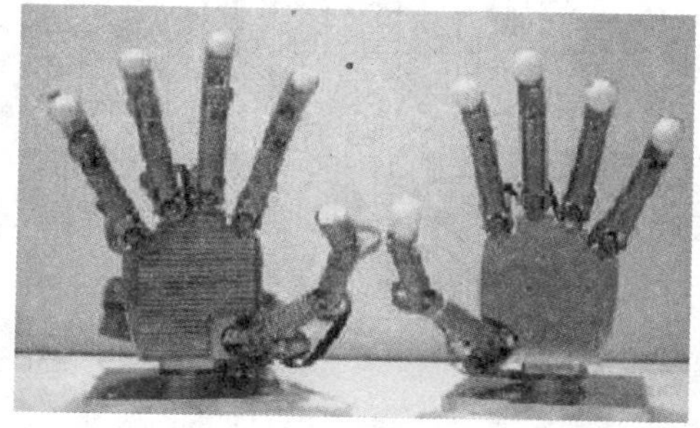

图 2-30　日本 Gifu 大学研制的多指灵巧手

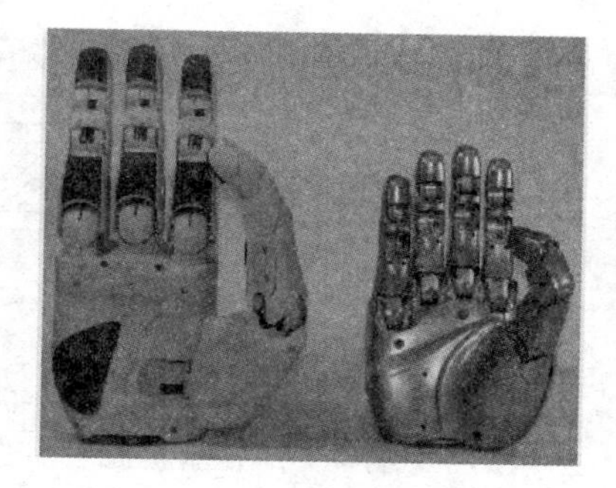

图 2-31　哈工大研制的多指灵巧手

随着世界科技的发展，机器人多指灵巧手正在日益朝着具有柔顺灵巧的操作功能，具有力觉、触觉、视觉等智能化方向发展。多指灵巧手的应用前景将更加广泛，不仅可在核工业领域和宇宙空间作业，而且可以在高温、高压、高真空等各种极限环境下完成人无法实现的操作。

2.2.5 其他手

1. 弹性力手爪

弹性力手爪的特点是其夹持物体的抓力是由弹性元件提供的，不需要专门的驱动装置，在抓取物体时需要一定的压力，而在卸料时，则需要一定的拉力。

图 2-32 所示为一种弹性力手爪的结构原理图，图中的手爪有一个固定爪 1 和另一个活动爪 6，靠压簧 4 提供抓力，活动爪绕轴 5 回转，空手时其回转角度由接触面 2、3 限制。抓物时，活动爪 6 在推力作用下张开，靠爪上的凹槽和弹性力抓取物体；卸料时，需固定物体的侧面，手爪用力拔出即可。

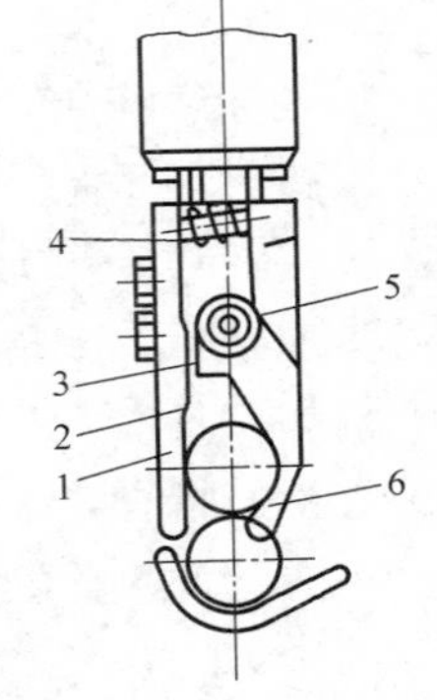

图 2-32　弹性力手爪

1—固定爪　2、3—接触面　4—压簧　5—轴　6—活动爪

2. 摆动式手爪

摆动式手爪的特点是在手爪的开合过程中，其手爪的运动状态是绕固定轴摆动的，结构简单，使用较广，适合于圆柱表面物体的抓取。图 2-33 所示为一种摆动式手爪的结构原理图。这是一种连杆摆动式手爪，活塞杆移动，并通过连杆带动手爪回绕同一轴摆动，完成开合动作。

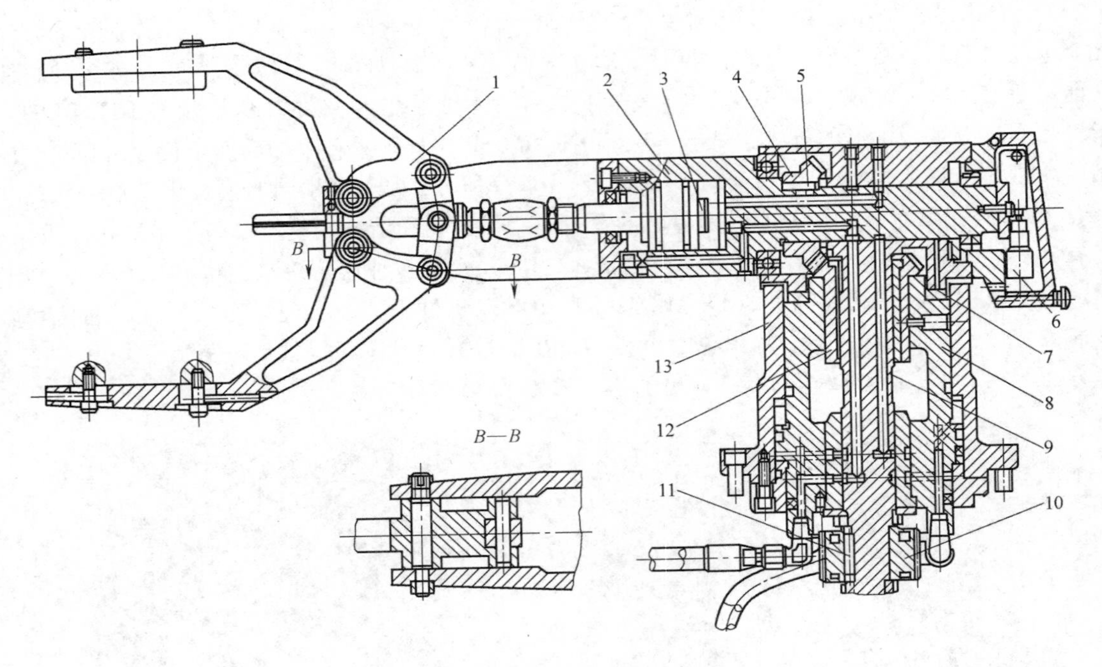

图 2-33　摆动式手爪

1—手爪　2—夹紧液压缸　3—活塞杆　4、12—锥齿轮　5、11—键　6—行程开关　7—推力轴承垫　8—活塞套　9—主体轴　10—圆柱齿轮　13—升降液压缸体

3. 钩托式手

图 2-34 所示为钩托式手部结构示意图。钩托式手部不是靠外部施加的夹紧力来夹持工件，而是利用工件本身的重量，通过手指对工件的钩、托、捧等动作来托持工件。应用钩托方式可降低对驱动力的要求，简化手部结构，甚至可以省略手部驱动装置。该手部适用于在水平面内和垂直面内搬运大型笨重的工件或结构粗大而重量较轻且易变形的物体。钩托式手部又分为无驱动装置的手部和有驱动装置的手部两种类型。

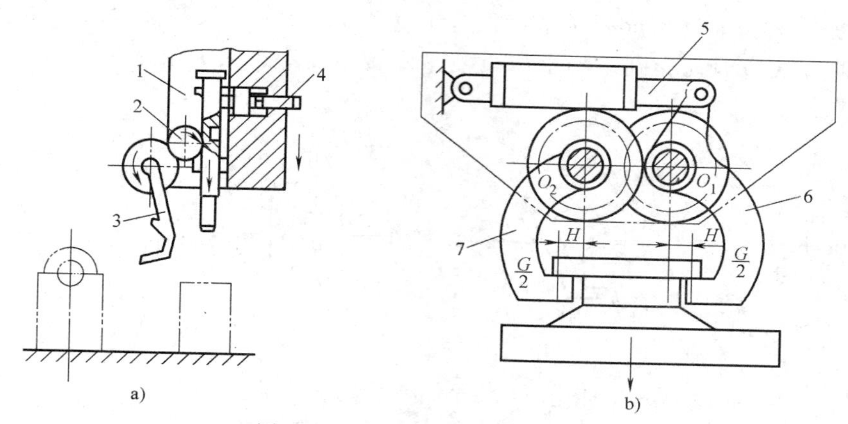

图 2-34　钩托式手部结构示意图

a）无驱动装置的手部　b）有驱动装置的手部

1—齿条　2—齿轮　3—手指　4—销子　5—驱动液压缸　6、7—杠杆手指

2.3　机器人手腕

机器人手腕是连接末端操作器和手臂的部件。它的作用是调节或改变工件的方位，因而它具有独立的自由度，以使机器人末端操作器适应复杂的动作要求。

机器人一般需要 6 个自由度才能使手部达到目标位置并处于期望的姿态。为了使手部能处于空间任意方向，要求腕部能实现对空间 3 个坐标轴 x、y、z 的转动，即具有翻转、俯仰和偏转 3 个自由度，如图 2-35 所示。通常也把手腕的翻转称为 Roll，用 R 表示；把手腕的俯仰称为 Pitch，用 P 表示；把手腕的偏转称为 Yaw，用 Y 表示。

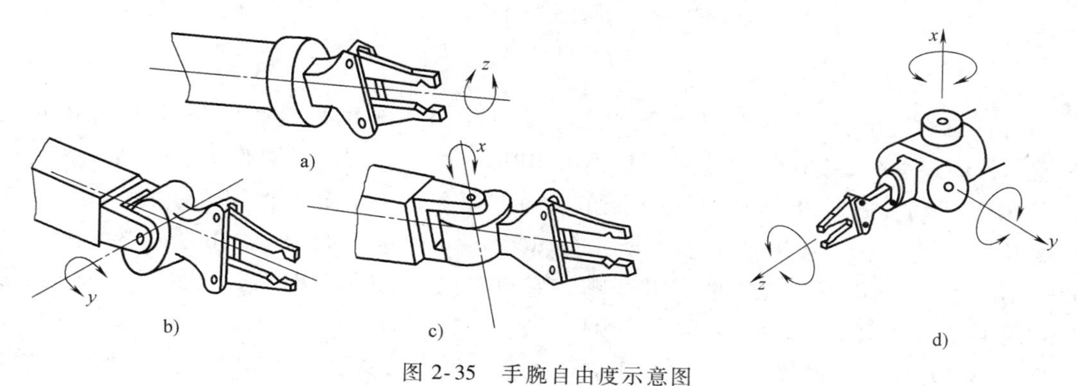

图 2-35　手腕自由度示意图

a）绕 z 轴转动　b）绕 y 轴转动　c）绕 x 轴转动　d）绕 x、y、z 轴转动

2.3.1 手腕的分类

1. 按自由度数目来分

手腕按自由度数目来分，可分为单自由度手腕、双自由度手腕和三自由度手腕。

（1）单自由度手腕 单自由度手腕如图 2-36 所示。图 2-36a 是一种翻转（Roll）关节，它把手臂纵轴线和手腕关节轴线构成共轴形式。这种 R 关节旋转角度大，可达到 360°以上。图 2-36b、c 是一种折曲（Bend）关节（简称 B 关节），关节轴线与前后两个连接件的轴线相垂直。这种 B 关节因为受到结构上的干涉，旋转角度小，大大限制了方向角。图 2-36d 所示为移动关节。

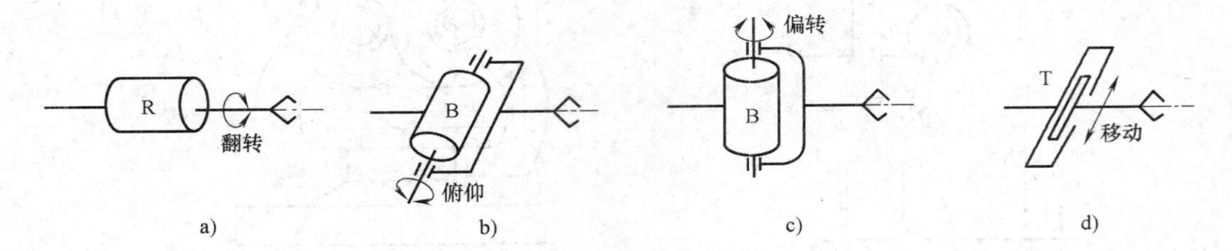

图 2-36 单自由度手腕示意图

a）R 手腕 b）、c）B 手腕 d）T 手腕

（2）双自由度手腕 双自由度手腕如图 2-37 所示。双自由度手腕可以由一个 B 关节和一个 R 关节组成 BR 手腕（见图 2-37a）；也可以由两个 B 关节组成 BB 手腕（见图2-37b）。但是，不能由两个 R 关节组成 RR 手腕，因为两个 R 关节共轴线，所以退化了一个自由度，实际只构成了单自由度手腕（见图 2-37c）。

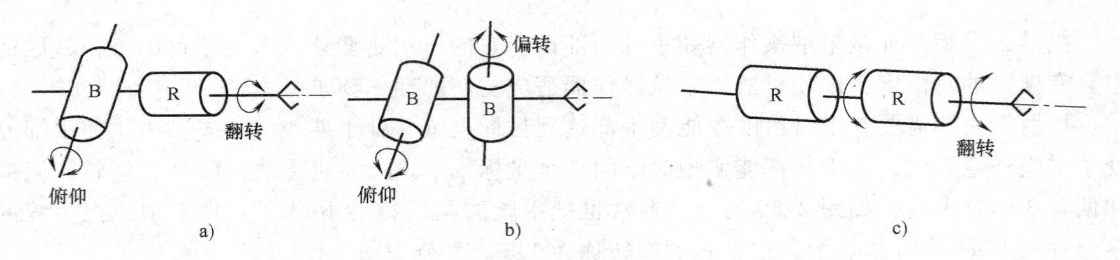

图 2-37 双自由度手腕示意图

a）BR 手腕 b）BB 手腕 c）RR 手腕

（3）三自由度手腕 三自由度手腕如图 2-38 所示。三自由度手腕可以由 B 关节和 R 关节组成多种形式。图 2-38a 所示是通常见到的 BBR 手腕，使手部具有俯仰、偏转和翻转运动，即 RPY 运动。图 2-38b 所示是由一个 B 关节和两个 R 关节组成的 BRR 手腕，为了不使自由度退化，使手部产生 RPY 运动，第一个 R 关节必须进行如图 2-38b 所示的偏置。图 2-38c所示是由 3 个 R 关节组成的 RRR 手腕，它也可以实现手部 RPY 运动。图 2-38d 所示是 BBB 手腕，很明显，它已退化为双自由度手腕，只有 PY 运动，实际上并不采用这种手腕。此外，B 关节和 R 关节排列的次序不同，也会产生不同的效果，同时产生了其他形式的三自由度手腕。为了使手腕结构紧凑，通常把两个 B 关节安装在一个十字接头上，这对于

BBR 手腕来说，大大减小了手腕纵向尺寸。

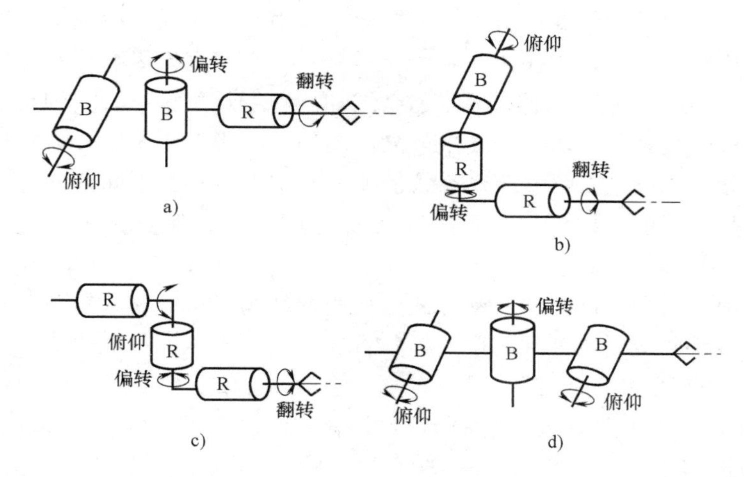

图 2-38　三自由度手腕示意图

a）BBR 手腕　b）BRR 手腕　c）RRR 手腕　d）BBB 手腕

2. 按驱动位置来分

手腕按驱动位置来分，可分为直接驱动手腕和间接远距离传动手腕。

图 2-39 所示为 Moog 公司的一种液压直接驱动 BBR 手腕，设计紧凑巧妙。M_1、M_2、M_3 是液压马达，直接驱动手腕的偏转、俯仰和翻转三个自由度。

图 2-40 所示为一种远距离传动的 RBR 手腕。Ⅲ轴的转动使整个手腕翻转，即第一个 R 关节运动；Ⅱ轴的转动使手腕获得俯仰运动，即第二个 B 关节运动；Ⅰ轴的转动即第三个 R 关节运动。当 c 轴离开纸平面后，RBR 手腕便在三个自由度轴上输出 RPY 运动。这种远距离传动的好处是可以把尺寸、重量都较重的驱动源放在远离手腕处，有时放在手臂的后端做平衡重量用，这样不仅减轻了手腕的整体重量和转动惯量，而且改善了机器人的整体结构的平衡性。

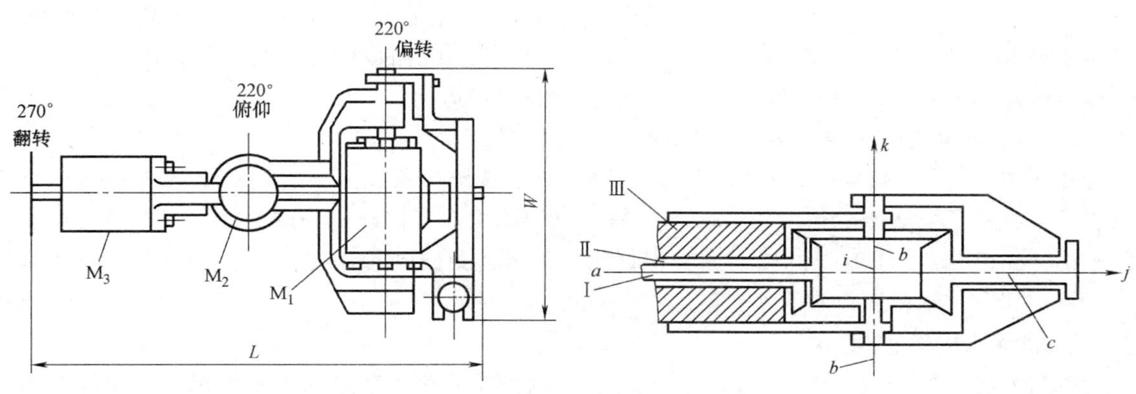

图 2-39　直接驱动型“BBR”手腕示意图　　图 2-40　远距离传动“RBR”手腕示意图

2.3.2　腕部的设计要点

腕部设计时一般要注意下列几个要点：

1）结构应尽量紧凑、重量轻。因为手腕处于手臂的端部，并连接手部，所以，机器人手臂在携带工具或抓取工件，并进行作业或搬运过程中，所受动、静载荷，以及被夹持物体及手部、腕部等机构的重量，均作用在手臂上。显然，它们直接影响着臂部的结构尺寸和性能，所以在设计手腕时，尽可能使结构紧凑及重量轻，不要盲目追求手腕具有较多的自由度。对于自由度数目较多以及驱动力要求较大的腕部，结构设计矛盾较为突出，因为对于腕部每一个自由度就要相应配有一套驱动系统。要使腕部在较小的空间内同时容纳几套动力元件，困难较大。从现有的结构来看，用液压（或气）缸直接驱动的腕部，一般具有两个自由度，用机械传动的腕部可具有三个自由度。

总之，合理地决定自由度数和驱动方式，使腕部结构尽可能紧凑轻巧，对提高手腕的动作精度和整个机械手的运动精度和刚度是极其重要的。

2）要适应工作环境的要求。

当机械手用于高温作业，或在腐蚀性介质中工作，以及多尘、多杂物黏附等环境中时，机械手的腕部与手部等的机构经常处于恶劣的工作条件，在设计时必须充分考虑它们对手腕的不良影响（如热膨胀，对驱动的液压油的黏度以及其他物理化学性能的影响；对机械构件之间配合、材料性能的影响；对电测电控元件的耐热耐蚀性的影响；对活动部分的摩擦状态的影响等），并预先采取相应的措施，以保证手腕有良好的工作性能和较长的使用寿命。

3）要综合考虑各方面要求，合理布局。手腕除了应保证动力和运动性能的要求，具有足够的刚度和强度，动作灵活准确以及较好地适应工作条件等的影响外，在结构设计中还应全面地考虑所采用的各元器件和机构的特点、作业和控制要求，进行合理布局，处理具体结构。例如，注意解决好腕部与手部、臂部的连接，以及各个自由度的位置检测、管线布置，尤其是通向手部的管线布置，另外还要考虑润滑、维修、调整等问题。

2.3.3 典型腕部的结构介绍

1. 液压驱动的回转或摆动的机器人手腕

图 2-41 所示为双手悬挂式机器人实现手腕回转和左右摆动的结构示意图。其中，*A—A* 剖面所表示的是液压缸外壳转动而中心轴不动，以实现手腕的左右摆动；*B—B* 剖面所表示的是液压缸外壳不动而中心轴回转，以实现手腕的回转运动。

2. 电动机驱动的机器人手腕

图 2-42 所示为 KUKA IR 662/100 型机器人的手腕传动原理图。这是一个具有三个自由度的手腕结构，关节配置形式为臂转、腕摆、手转结构。其传动链分成两部分：一部分在机器人小臂壳内，3 个电动机的输出通过带传动分别传递到同轴传动的心轴、中间套、外套筒上；另一部分传动链安排在手腕部。

3. 机器人柔顺手腕

机器人进行精密装配作业，当被装配零件之间的配合精度较高时，由于被装配零件的不一致性，工件的定位夹具、机器人手爪的定位精度无法满足装配要求，会导致装配困难，因而就提出了装配动作的柔顺性要求。

柔顺性装配技术有两种。一种是从检测、控制的角度出发，采取各种不同的搜索方法，实现边校正边装配；有的手爪还配有检测元件，如视觉传感器、力传感器等，这就是所谓的

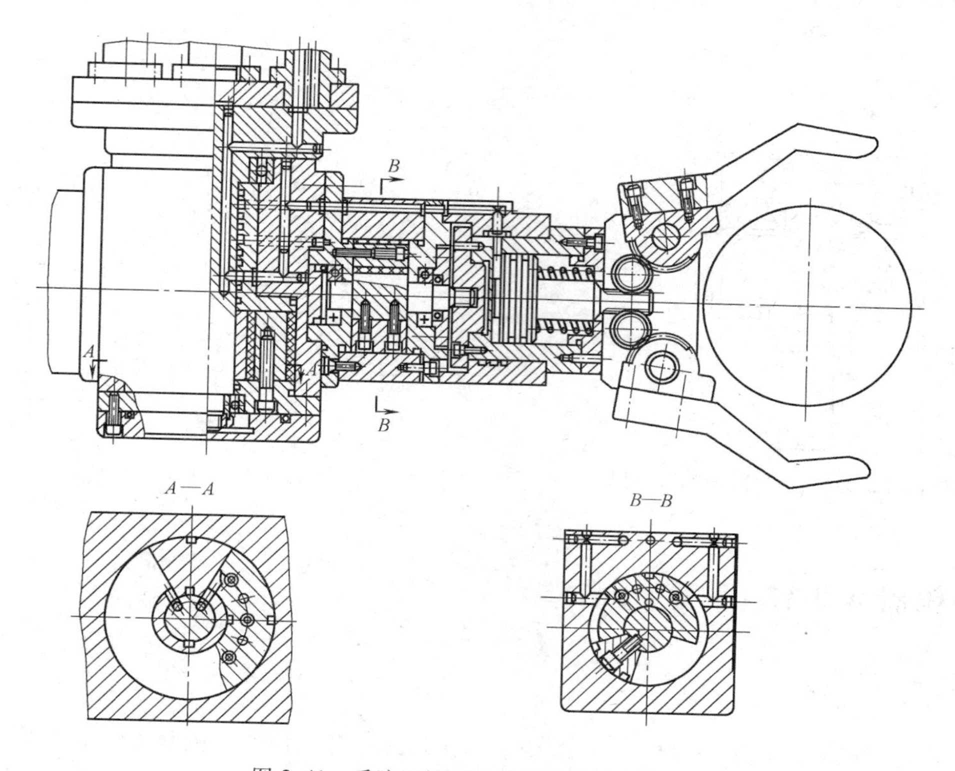

图 2-41　手腕回转和左右摆动结构示意图

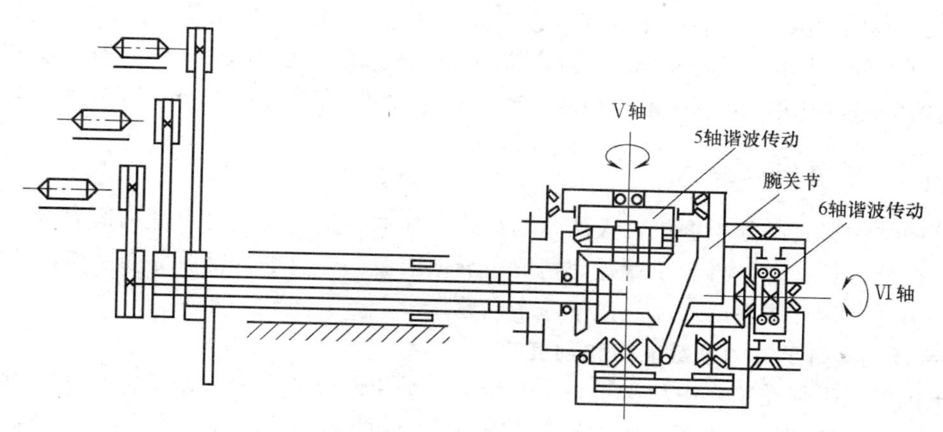

图 2-42　KUKA IR 662/100 型机器人的手腕传动原理图

主动柔顺装配。另一种是从结构的角度出发，在手腕部配置一个柔顺环节，以满足柔顺装配的需要，这种柔顺装配技术称为被动柔顺装配。

图 2-43 所示为具有移动和摆动浮动机构的柔顺手腕。水平浮动机构由平面、钢球和弹簧构成，实现在两个方向上进行浮动；摆动浮动机构由上、下球面和弹簧构成，实现两个方向的摆动。在装配作业中，如遇夹具定位不准或机器人手爪定位不准时，可自行校正。其动作过程如图 2-44 所示，在插入装配中工件局部被卡住时，将会受到阻力，促使柔顺手腕起作用，使手爪有一个微小的修正量，工件便能顺利插入。

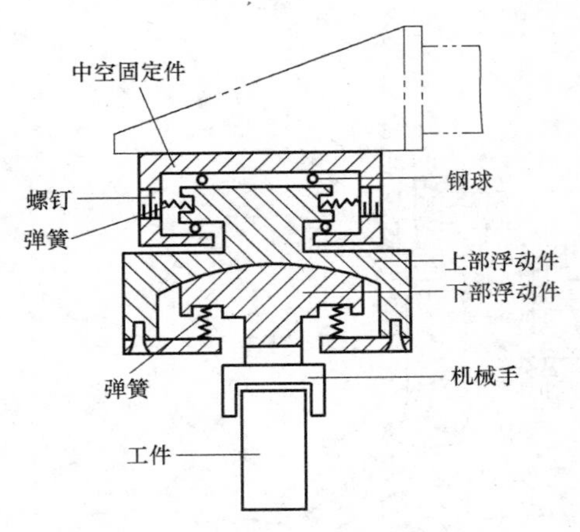

图 2-43　具有移动和摆动浮动机构的柔顺手腕

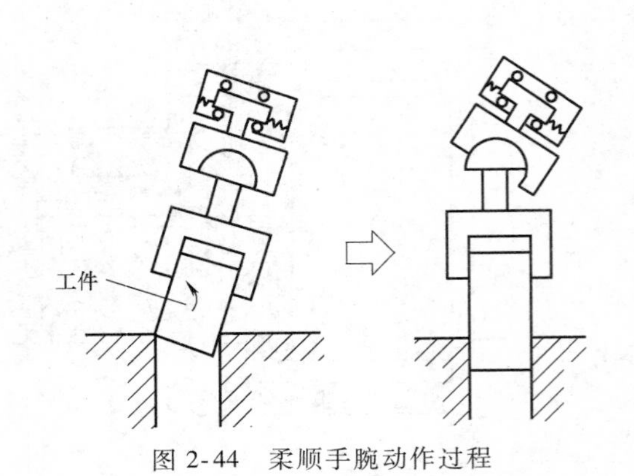

图 2-44　柔顺手腕动作过程

2.4　机器人手臂

2.4.1　概述

机器人手臂是支承手部和腕部，并改变手部空间位置的机构，是机器人的主要部件之一。一般有 2~3 个自由度，即伸缩、回转、俯仰或升降。臂部的重量较重，受力一般也比较复杂。在运动时，直接承受腕部、手部和工件（或工具）的静、动载荷。尤其在高速时，将产生较大的惯性力或惯性力矩，引起冲击，影响定位的准确性。臂部运动部分零件的重量直接影响着臂部结构的刚度和强度。臂部一般与控制系统和驱动系统一起安装在机身（即机座）上。

2.4.2　手臂设计要点

手臂的结构形式必须根据机器人的运动形式、抓取重量、动作自由度和运动精度等因素来确定；设计时，必须考虑到手臂受力情况、导向装置的布置、内部管路与手腕的连接形式等情况。为此，设计手臂时应注意以下几个问题。

1. 手臂应具有足够的承载能力和刚度

由于机器人手部在工作中相当于一个悬臂梁，如果刚度差，会引起手臂在垂直面内的弯曲变形和侧向扭转变形，从而导致臂部产生颤动，以致无法工作。手臂的刚度直接影响到手臂在工作中允许承受的载荷、运动的平稳性、运动速度和定位精度。因此必要时手臂要进行刚度校核。为防止臂部在运动过程中产生过大的变形，手臂的截面形状的选择要合理。工字形截面的弯曲刚度比圆截面要大，空心管的弯曲刚度和扭转刚度比实心轴要大得多，所以常选用钢管做臂的运动部分（臂杆）和导向杆，用工字钢和槽钢做支承板。

2. 导向性好

为了在直线移动过程中，不致发生相对转动，以保证手部的正确方向，应设置导向装置，或设计成方形、花键等形式的臂杆。导向装置的具体结构形式，一般应根据负载大小、手臂长度、行程以及手臂的安装形式等情况来决定。导轨的长度不宜小于其间距的两倍，以保证导向，而不致歪斜。

3. 运动要平稳、定位精度要高，应注意减轻重量和运动惯量

要使运动平稳、定位精度高，应注意减小偏重力矩。所谓偏重力矩，就是指臂部（包括手部和被夹物体）的重量对机身立柱（即对其支承回转轴）所产生的静力矩。偏重力矩过大，易使臂部在升降时发生卡死或爬行，因此应注意减轻偏重力矩，尽量减轻臂部运动部分的重量，使臂部的重心与立柱中心尽量靠近，此外还可以采取“配重”的方法来减轻和消除偏重力矩。

2.4.3　手臂的典型结构形式

一般机器人手臂有三个自由度，即手臂的伸缩、左右回转和升降（或俯仰）运动。手臂回转和升降运动是通过机座的立柱实现的，立柱的横向移动即为手臂的横移。手臂的各种运动通常由驱动机构和各种传动机构来实现，因此它不仅承受被抓取工件的重量，而且承受末端操作器、手腕和手臂自身的重量。手臂的结构、工作范围、灵活性、抓重大小（即臂力）和定位精度都直接影响机器人的工作性能。

1. 手臂直线运动机构

机器人手臂的伸缩、升降及横向（或纵向）移动均属于直线运动，而实现手臂直线往复运动的机构形式较多，常用的有活塞液压（气）缸、齿轮齿条机构、丝杠螺母机构等。直线往复运动可采用液压或气压驱动的活塞缸。由于活塞液压（气）缸的体积小、重量轻，因而在机器人手臂结构中应用较多。图 2-45 所示为双导向杆手臂伸缩结构示意图。手臂和手腕是通过连接板安装在升降液压缸的上端，当双作用液压缸 1 的两腔分别通入液压油时，则推动活塞杆 2（即手臂）做直线往复移动。导向杆 3 在导向套 4 内移动，以防手臂伸缩时的转动（并兼作手腕回转缸 6 及手部的夹紧液压缸 7 的输油管道）。由于手臂的伸缩液压缸安装在两根导向杆之间，由导向杆承受弯曲作用，活塞杆只受拉压作用，故受力简单，传动平稳，外形整齐美观，结构紧凑。

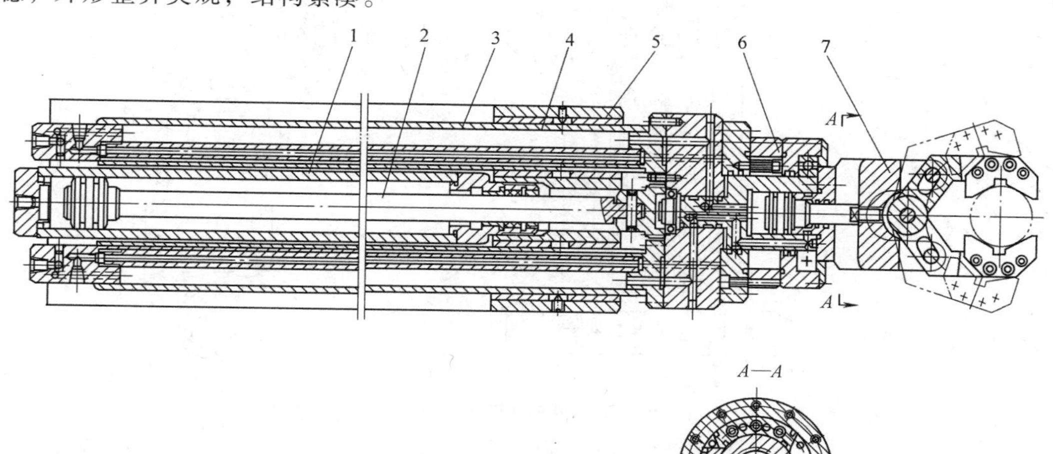

图 2-45　双导向杆手臂伸缩结构示意图

1—双作用液压缸　2—活塞杆　3—导向杆　4—导向套　5—支承座　6—手腕回转缸　7—手部的夹紧液压缸

2. 手臂回转运动机构

实现机器人手臂回转运动的机构形式是多种多样的，常用的有叶片式回转缸、齿轮传动机构、链轮传动机构和连杆机构。下面以齿轮传动机构中活塞缸和齿轮齿条机构为例说明手臂的回转。

齿轮齿条机构是通过齿条的往复移动，带动与手臂连接的齿轮做往复回转，即可实现手臂的回转运动。带动齿条往复移动的活塞缸可以由液压油或压缩气体驱动。图 2-46 所示为手臂做升降和回转运动的结构示意图。活塞液压缸两腔分别进液压油推动齿条活塞 7 做往复移动（见 *A—A* 剖面），与齿条活塞 7 啮合的齿轮 4 即做往复回转。由于齿轮 4、升降缸体 2、连接板 8 均用螺钉连接成一体，连接板又与手臂固连，从而实现手臂的回转运动。升降缸体的活塞杆通过连接盖 5 与机座 6 连接而固定不动，升降缸体 2 沿导向套 3 做上下移动，因升降缸体外部装有导向套，故刚性好，传动平稳。

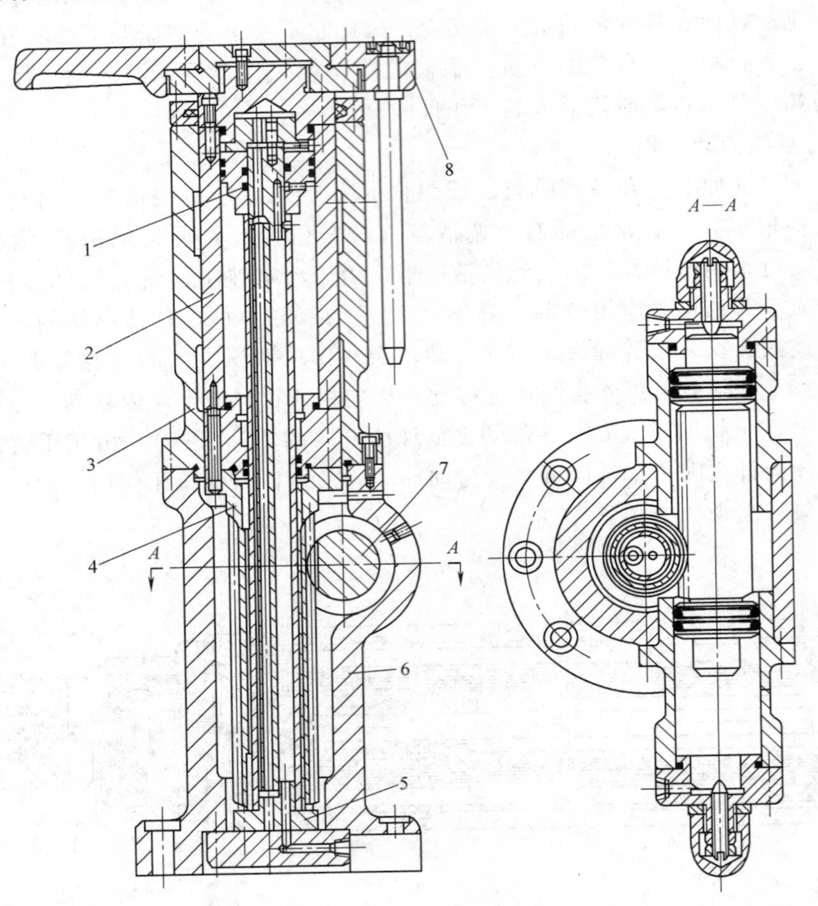

图 2-46　手臂做升降和回转运动的结构示意图

1—活塞杆　2—升降缸体　3—导向套　4—齿轮
5—连接盖　6—机座　7—齿条活塞　8—连接板

图 2-47 所示为采用活塞缸和连杆机构的一种双臂机器人手臂结构示意图，手臂的上下摆动由铰接活塞液压缸和连杆机构来实现。当铰接活塞液压缸 1 的两腔通液压油时，通过连

杆 2 带动曲杆 3（即手臂）绕轴心做 90°的上下摆动（如图中细双点画线所示位置）。手臂下摆到水平位置时，其水平和侧向的定位由支承架 4 上的定位螺钉 6 和 5 来调节。此手臂结构具有传动结构简单、紧凑和轻巧等特点。

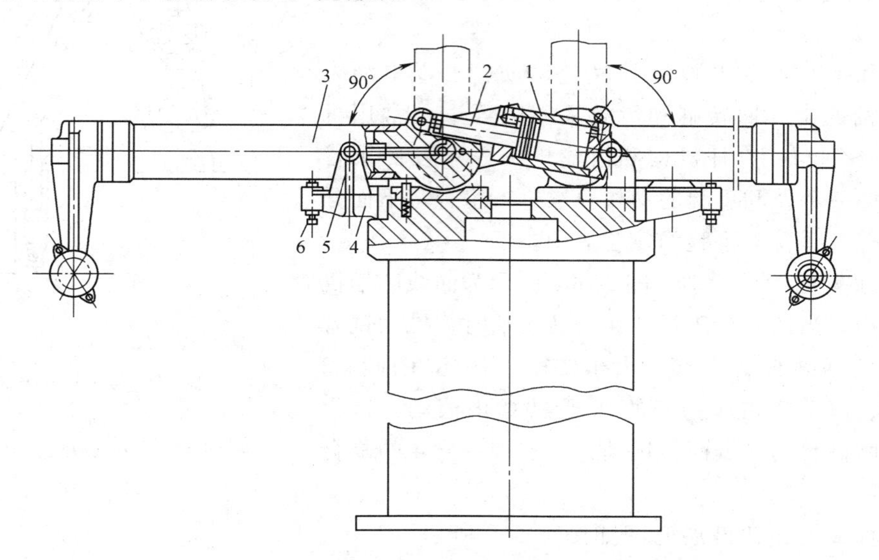

图 2-47　双臂机器人手臂结构示意图

1—铰接活塞液压缸　2—连杆（即活塞杆）　3—曲杆（即手臂）　4—支承架　5、6—定位螺钉

3. 手臂俯仰运动机构

机器人手臂的俯仰运动一般采用活塞液压（气）缸与连杆机构联用来实现。手臂的俯仰运动使用的活塞缸位于手臂的下方，其活塞杆和手臂用铰链连接，缸体采用尾部耳环或中部销轴等方式与立柱连接，如图 2-48 和图 2-49 所示。此外，还有采用无杆活塞缸驱动齿轮齿条或四连杆机构实现手臂俯仰运动的。

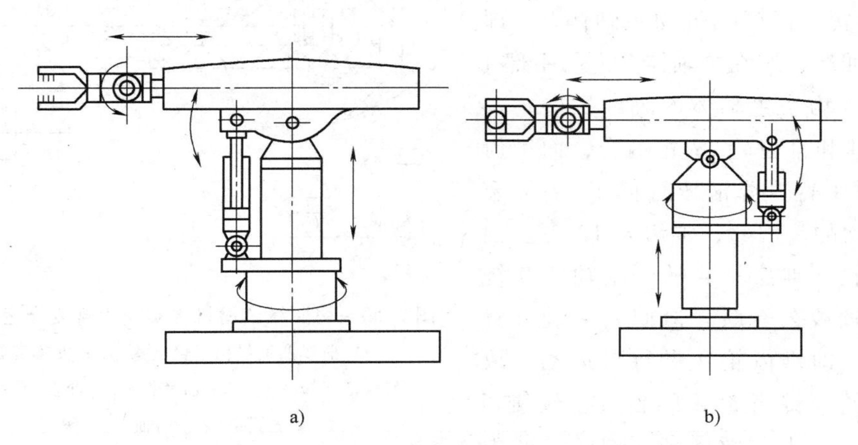

a)　　　　b)

图 2-48　驱动缸带动手臂俯仰运动结构示意图

a）驱动缸前置式结构　b）驱动缸后置式结构

4. 手臂复合运动机构

手臂的复合运动机构，不仅使机器人的传动结构简单，而且可简化驱动系统和控制

系统，并使机器人传动准确，工作可靠，因而在动作程序固定不变的专用机器人上应用的比较多。除手臂能实现复合运动外，手腕与手臂的运动也能组成复合运动。

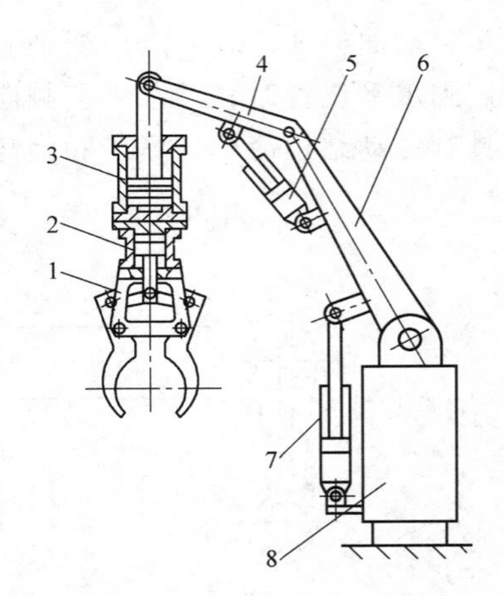

图 2-49 铰接活塞缸实现手臂俯仰运动结构示意图

1—手臂 2—夹置缸 3—升降缸 4—小臂 5、7—铰接缸 6—大臂 8—立柱

手臂和手臂（或手腕）的复合运动，可以由动力部件（如活塞缸、回转缸和齿条活塞缸等）与常用机构（如凹槽机构、连杆机构和齿轮机构等）按照手臂的运动轨迹或手臂和手腕的动作要求进行组合。下面分别介绍手臂及手臂与手腕的复合运动。

（1）手臂的复合运动 图 2-50a 所示为曲线凹槽机构手臂结构。当活塞液压缸 1 通入液压油时，推动铣有 N 形凹槽的活塞杆 2 右移，由于销轴 6 固定在前盖 3 上，因此，滚套 7 在活塞杆的 N 形凹槽内滚动，迫使活塞杆 2 既做移动又做回转运动，以实现手臂 4 的复合运动。

活塞杆 2 上的凹槽展开图如图 2-50b 所示。其中，L_1 直线段为机器人取料过程；L 曲线段为机器人送料回转过程；L_2 直线段为机器人向卡盘内送料过程。当机床扣盘夹紧工件后立即发出信号，使活塞杆反向运动，退至原位等待上料，从而完成自动上料。

（2）手臂与手腕的复合运动 图 2-51所示为由行星齿轮机构组成手臂和手腕回转运动的结构图和运动简图。如图 2-51a 所示，齿条活塞液压缸驱动圆柱齿轮 10 回转，经键 5 带动主轴体 9（即行星架）回转，装在主轴体 9 上的手部 1 和锥齿轮 4 均绕主轴体的轴线回转，其中锥齿轮 4 和锥齿轮 12 相啮合，而锥齿轮 12 相对手臂升降液压缸体 13 的活塞套 8 是不动的，因此，锥齿轮 12 是“固定”太阳轮。锥齿轮 4 随同主轴体 9 绕主轴体的轴线公转时，迫使它又绕自身轴线自转，即锥齿轮 4 做行星运动，故称为行星轮。锥齿轮 4 的自转，经键 5 带动手部 1 的夹紧液压缸 2 回转，即为手腕回转运动。由于手臂的回转，通过锥齿轮行星机构使手腕回转。图 2-51b、c、d 所示分别为手臂的结构图、运动简图和矢量图。

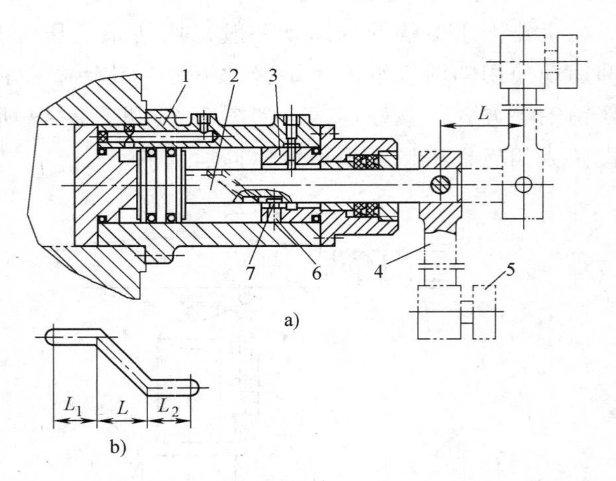

图 2-50 用曲线凹槽机构实现手臂复合运动的结构

a）曲线凹槽机构手臂结构 b）凹槽展开图

1—活塞液压缸 2—活塞杆 3—前盖 4—手臂 5—手部 6—销轴 7—滚套

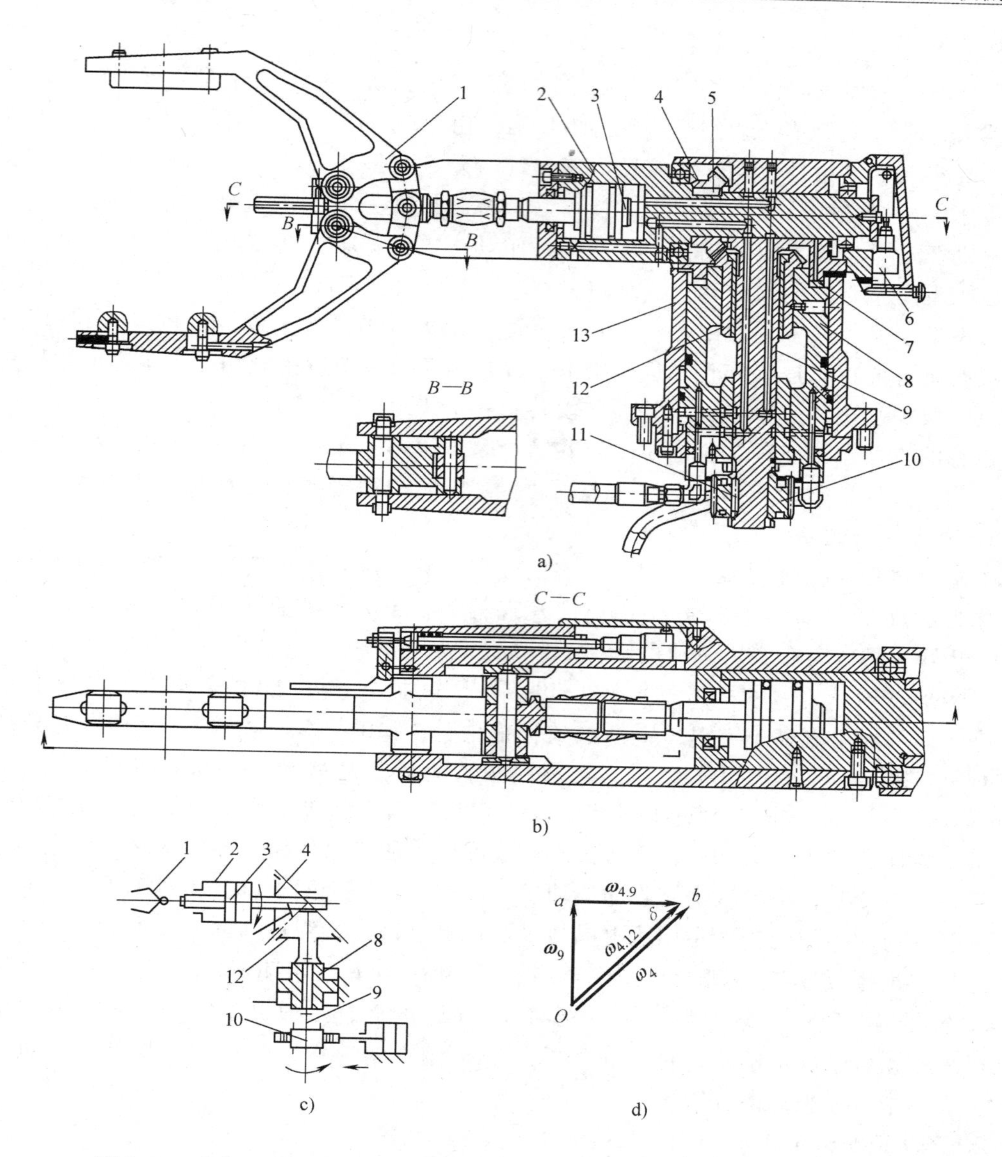

图 2-51　由行星齿轮机构组成手臂和手腕回转运动的机构结构图和运动简图

a）手臂和手腕的结构图　b）手臂的结构图　c）手臂运动简图　d）手臂矢量图

1—手部　2—夹紧液压缸　3—活塞杆　4、12—锥齿轮　5、11—键

6—行程开关　7—轴承垫　8—活塞套　9—主轴体　10—圆柱齿轮　13—升降液压缸体

2.5　机器人的驱动与传动

2.5.1　机器人常规和新型的驱动方式

机器人常规的驱动方式为：液压驱动、气压驱动、电动驱动和混合驱动等。液压驱动以液压油为工作介质。液压驱动机器人的抓取能力较大，液压力可达 7MPa，传动平稳，但对

密封性要求高。

气压驱动的原理与液压相似，主要不同在于气压驱动是靠空气介质进行工作的。气压驱动机器人通常结构简单、动作迅速和价格低廉。由于空气具有可压缩性，因此这种机器人的工作力具有一定的柔性，但速度较慢，稳定性较差；其气压一般为 0.7MPa，因而抓取力较小。由于气压驱动的特点，机器人夹持器（或称为机械手）大多采用气压驱动。

电动驱动是机器人目前用得较多的一种驱动方式。早期大多采用步进电动机（SM）驱动，后来发展了直流伺服电动机（DC），现在交流伺服电动机（AC）也开始广泛应用。直流伺服电动机用得较多的原因是因为它可以产生很大的力矩、精度高、反应快和可靠性高；在正反两个方向可以连续旋转，运动平滑，并且本身设有位置控制功能。步进电动机是通过脉冲电流实现步进的，每给一个脉冲，便转动一个步距。

也有的机器人将三种常规的驱动方式结合起来使用。还有的机器人采用新型的驱动方式驱动，如磁致伸缩驱动、形状记忆合金驱动、静电驱动和超声波电动机驱动等。

1. 磁致伸缩驱动

铁磁材料和亚铁磁材料由于磁化状态的改变，其长度和体积都要发生微小的变化，这种现象称为磁致伸缩。20 世纪 60 年代人们发现某些稀土元素在低温时磁伸率达 $3\times10^{-3}\sim1\times10^{-2}$，开始关注研究有实用价值的大磁致伸缩材料。研究发现，$TbFe_2$（铽铁）、$SmFe_2$（钐铁）、$DyFe_2$（镝铁）、$HoFe_2$（钬铁）和 $TbDyFe_2$（铽镝铁）等稀土—铁系化合物不仅磁致伸缩值高，而且居里点高于室温，室温磁致伸缩值为 $1\times10^{-3}\sim2.5\times10^{-3}$，是传统磁致伸缩材料（如铁、镍等）的 10~100 倍。这类材料被称为稀土超磁致伸缩材料（Rear Earth Giant Magneto Strictive Materials，RE-GMSM）。这一现象已用于制造具有微米量级位移能力的直线电动机。为使这种驱动器工作，要将被磁性线圈覆盖的磁致伸缩小棒的两端固定在两个架子上。当磁场改变时，会导致小棒收缩或伸展，这样其中一个架子就会相对于另一个架子产生运动。一个与此类似的概念是用压电晶体来制造具有微米量级位移的直线电动机。

美国波士顿大学已经研制出了一台使用压电微型电动机驱动的机器人——“机器蚂蚁”。“机器蚂蚁”的每条腿为长 1mm 或不到 1mm 的硅杆，通过不带传动装置的压电微型电动机来驱动各条腿运动。这种“机器蚂蚁”可用在实验室中收集放射性的尘埃以及从活着的病人体中收取患病的细胞。

2. 形状记忆合金驱动

有一种特殊的形状记忆合金称为生物金属（Biometal），它可在达到特定温度时缩短大约 4%。通过改变合金的成分可以设计合金的转变温度，但标准样品都将温度设在 90℃ 左右。在这个温度附近，合金的晶格结构会从马氏体状态变化到奥氏体状态，并因此变短。然而，与许多其他形状记忆合金不同的是，它变冷时能再次回到马氏体状态。如果线材上负载低的话，上述过程能够持续变化数十万个循环。实现这种转变的常用热源来自于当电流通过金属时，金属因自身的电阻而产生的热量。结果是，来自电池或者其他电源的电流轻易就能使生物金属线缩短。这种金属线的主要缺点在于它的总应变仅发生在一个很小的温度范围内，因此除了在开关情况下以外，要精确控制它的拉力很困难，同时也很难控制位移。

根据以往的经验，尽管生物金属线并不适合用作驱动器，但人们常常期望它在将来有可能会变得有用。如果那样的话，机器人的胳膊就会安上类似人或动物肌肉的物质，并由电流来操纵。

3. 静电驱动

静电驱动是利用电荷间的吸力和排斥力的相互作用来驱动电极，从而产生平移或旋转的运动。因静电作用属于表面力，它和元件尺寸的二次方成正比，在尺寸微小化时能够产生很大的能量。

图 2-52 是三相静电驱动器工作原理示意图。从图 2-52a 可知，静电驱动器主要由定子、移动子和绝缘子等组成。当把电压施加到定子的电极上时，在移动子中会感应出极性与其相反的电荷来，如图 2-52b 所示。在图 2-52c 中，当定子外加电压变化时，因为移动子上的电荷不能立即变化，所以由于电极的作用，移动子会受到右上方向的合力作用，驱动其向右方移动，达到图 2-52d 所示的相对稳定状态。反复进行上述操作，移动子就会连续地向右方移动。

这种驱动器有下列特征：

1）因为移动子中没有电极，所以不必确定与定子的相对位置，定子电极的间距可以非常小。

2）因为驱动时会产生浮力，所以摩擦力小。在停止时由于存在着吸引力和摩擦力，因此可以获得比较大的保持力。

3）因为该种机构构造简单，所以可以实现以薄膜为基础的大面积多层化结构。

基于上述特征，把这种驱动器作为实现人工筋肉的一种方法，受到了人们的关注。

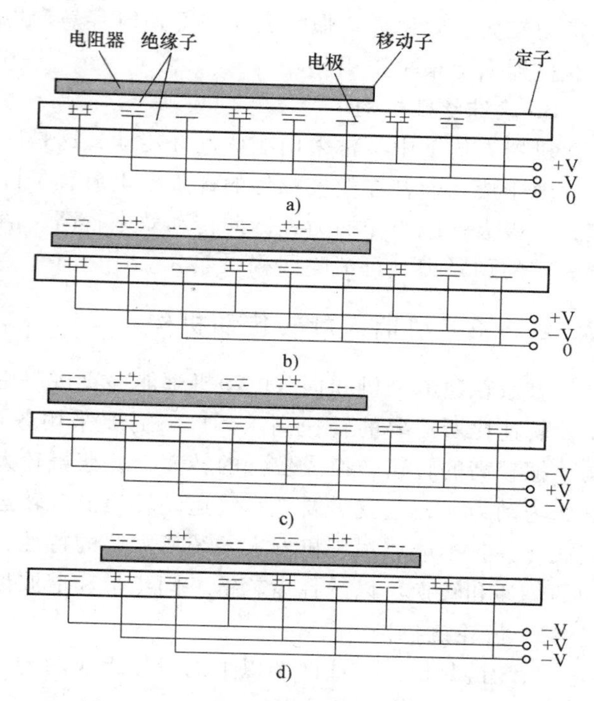

图 2-52　三相静电驱动器工作原理示意图

4. 超声波电动机驱动

超声波电动机的工作原理是用超声波激励弹性体定子，使其表面形成椭圆运动，由于其上与转子（或滑块）接触，在摩擦的作用下转子获得推力输出。如图 2-53 所示，可以认为定子按照角频率 ω_0 进行超声波振动，在预压力 W 作用下，转子被推动。超声波电动机的负载特性与直流电动机相似，相对于负载增加，转速有垂直下降的趋势，将超声波电动机与直流电动机进行比较，其特点为：①可望达到低速和高效率；②同样的尺寸，能得到较大的转矩；③能保持较大的转矩；④无电磁噪声；⑤易控制；⑥外形的自由度大。

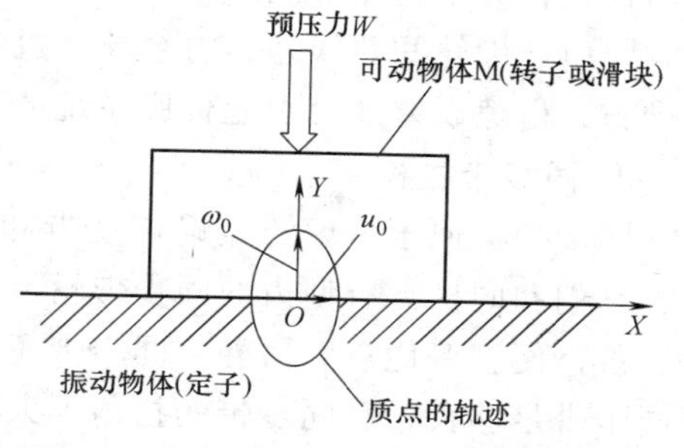

图 2-53　超声波电动机工作原理示意图

2.5.2　机器人直线传动机构

机器人的机械传动是指利用机械方式传递动力和运动，即将动力和运动从一个位置传递到另一个位置的过程。机器人的传动方式主要有三种：直线传动、旋转传动和混合传动等。

机器人采用的直线传动方式包括直角坐标结构的 X、Y、Z 向运动，圆柱坐标结构的径向运动和垂直升降运动，以及极坐标结构的径向伸缩运动。直线运动可以直接由气缸或液压缸的活塞产生，也可以采用齿轮齿条、丝杠和螺母等传动机构及元件把旋转运动转换成直线运动。

1. 齿轮齿条装置

通常，齿条是固定不动的，当齿轮转动时，齿轮轴连同拖板沿齿条方向做直线运动。这样，齿轮的旋转运动就转换成为拖板的直线运动。

2. 丝杠螺母机构

普通丝杠驱动是由一个旋转的精密丝杠驱动一个螺母沿丝杠轴向移动。由于普通丝杠的摩擦力较大、效率低、惯性大，在低速时容易产生爬行现象，而且精度低，回程误差大，因此在机器人上很少采用。

3. 滚珠丝杠机构

机器人传动中经常采用滚珠丝杠传动，这是因为滚珠丝杠的摩擦力很小且运动响应速度快。由于滚珠丝杠在丝杠螺母的螺旋槽里放置了许多滚珠，传动过程中所受的摩擦是滚动摩擦，可极大地减小摩擦力，因此传动效率较高，消除了低速运动时的爬行现象。在装配时施加一定的预紧力，可消除回程误差。

2.5.3 机器人旋转传动机构

多数普通电动机和伺服电动机都能够直接产生旋转运动，但其输出转矩比所需要的转矩小，转速比所需要的转速高。因此，需要采用各种齿轮链、带传动装置或其他运动传动机构，把较高的转速转换成较低的转速，并获得较大的转矩。有时也采用直线液压缸或直线气缸作为动力源，这就需要把直线运动转换成旋转运动。这种运动的传递和转换必须高效率地完成，并且不能有损于机器人系统所需要的特性，特别是定位精度、重复精度和可靠性。运动的传递和转换可以选择齿轮链、同步带和谐波齿轮等方式。

1. 齿轮链机构

齿轮链是由两个或两个以上的齿轮组成的传动机构。它不但可以传递运动角位移和角速度，而且可以传递力和转矩。

使用齿轮链机构应注意两个问题：一是齿轮链的引入会改变系统的等效转动惯量，从而使驱动电动机的响应时间缩短，这样伺服系统就更加容易控制。输出轴转动惯量转换到驱动电动机上，等效转动惯量的下降与输入/输出齿轮齿数的平方成正比。二是在引入齿轮链的同时，由于齿轮间隙误差，将会导致机器人手臂的定位误差增加；而且，假如不采取一些补救措施，齿隙误差还会引起伺服系统的不稳定性。

2. 同步带机构

同步带类似于工厂的风扇传动带和其他传动带，所不同的是这种同步带上具有许多型齿，它们和同样具有型齿的同步带轮齿相啮合。工作时，它们相当于柔软的齿轮，具有柔性好、价格便宜等优点。另外，同步带还被用于输入轴和输出轴方向不一致的情况。这时，只要同步带足够长，且同步带的扭角不太大，则同步带仍能够正常工作。在伺服系统中，如果输出轴的位置采用码盘测量，则输入传动的同步带可以放在伺服环外面，这对系统的定位精度和重复精度不会有影响，重复精度可以达到 1mm 以内。此外，同步带比齿轮链价格低得多，加工也容易得多。有时，齿轮链和同步带结合起来使用更为方便。

3. 谐波齿轮机构

目前，机器人的旋转关节大多都采用谐波齿轮传动。谐波齿轮传动机构主要由刚轮 1、柔轮 2 和谐波发生器 3 等零件组成，如图 2-54 所示。工作时，刚轮固定安装，各齿均布于圆周，具有外齿形的柔轮沿刚轮的内齿转动。当柔轮比刚轮少两个齿时，柔轮沿刚轮每转一圈就相当于反方向转过两个齿的相应转角。谐波发生器具有椭圆形轮廓，装在谐波发生器上的滚珠用于支承柔轮，谐波发生器驱动柔轮旋转并使之发生变形。转动时，柔轮的椭圆形端部只有少数齿与刚轮啮合，只有这样，柔轮才能相对于刚轮自由地转过一定的角度。

假设刚轮有 100 个齿，柔轮比它少 2 个齿，则当谐波发生器转 50 圈时，柔轮转 1 圈，这样只占用很小的空间就可得到 1∶50 的减速比。由于同时啮合的齿数较多，因此谐波发生器的转矩传递能力很强。在刚轮、柔轮和谐波发生器中，尽管任何两个都可以选为输入元件和输出元件，但通常总是把谐波发生器装在输入轴上，把柔轮装在输出轴上，以获得较大的齿轮减速比。

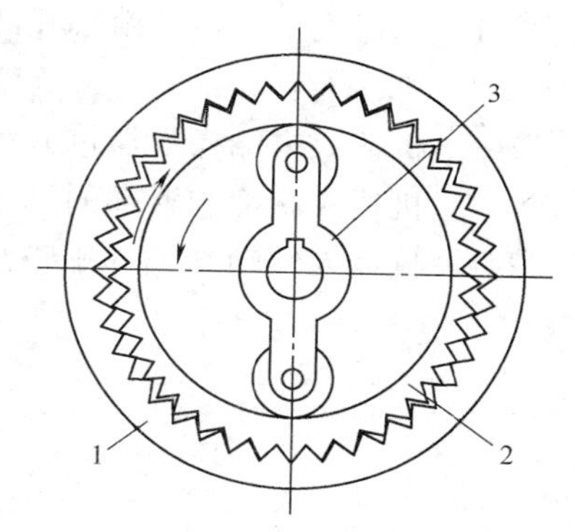

图 2-54　谐波齿轮传动示意图
1—刚轮　2—柔轮　3—谐波发生器

由于自然形成的预加载谐波发生器啮合齿数较多，以及齿的啮合比较平稳，谐波齿轮传动的齿隙几乎为零，因此谐波齿轮传动精度高，回程误差小。但是，柔轮的刚性较差，承载后会出现较大的扭转变形，引起一定的误差，对于多数应用场合，这种变形不会引起太大的问题，不影响工程上的使用。

2.5.4　机器人制动装置

机器人的机械臂大多需要在各关节处安装制动装置（简称为制动器）。其作用为：在机器人停止工作时，保持机械臂的位置不变；在电源发生故障时，保护机械臂和它周围的物体不发生碰撞。假如齿轮链、谐波齿轮机构和滚珠丝杠等元件的质量较高，一般其摩擦力都很小，在驱动器停止工作时，它们是不能承受负载的。如果不采用某种外部固定装置，如制动器、夹紧器或止挡装置等，一旦电源关闭，机器人的各个部件就会在重力的作用下滑落。因此，为机器人设计制动装置是十分必要的。

制动器通常是按失效抱闸方式工作的，即要松开制动器就必须接通电源，否则，各关节不能产生相对运动。这种方式的主要目的是在电源出现故障时起保护作用，其缺点是在工作期间要不断通电使制动器松开。假如有需要，也可以采用一种省电的方法，其原理是：需要各关节运动时，先接通电源，松开制动器，然后接通另一电源，驱动一个挡销将制动器锁在放松状态。这样，所需要的电力仅仅是把挡销放到位所花费的电力。

为了使关节定位准确，制动器必须有足够的定位精度。制动器应当尽可能地放在系统的驱动输入端，这样利用传动链速比，能够减小制动器的轻微滑动所引起的系统振动，保证在承载条件下仍具有较高的定位精度。在实际应用中，许多机器人都采用了制动器。

2.6 本章小结

本章介绍了机器人机械系统的组成，分析了机器人的机座、手部、腕部、臂部、驱动和传动机构等的工作原理、结构特点和设计要求。通过本章机器人机械系统的学习，使读者能够了解和掌握机器人机械系统的一般结构和工作原理，为机器人后续的运动学、动力学和控制系统等的学习提供了理论基础。

习 题

2-1 机器人机械系统由哪几部分组成？各部分具有哪些作用？

2-2 机器人移动机座可分为哪几类？

2-3 机器人末端操作器可分为哪几类？

2-4 机器人腕部和臂部的设计要点各有哪些？

2-5 机器人驱动方式有哪些？

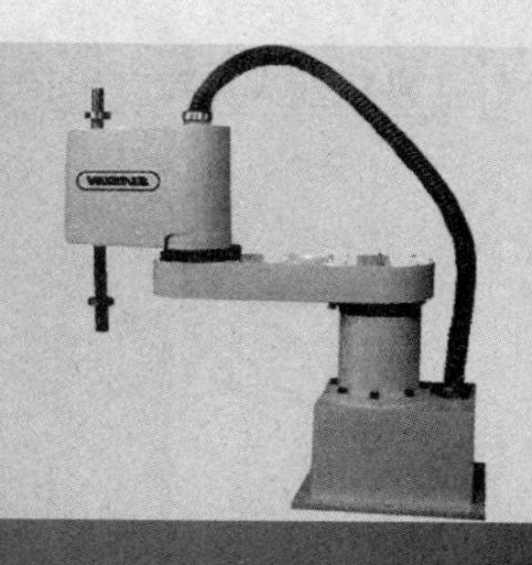

第 3 章

机器人数学基础

早在 1955 年，J. Denavit 和 R. S. Hartenberg 首次提出了一种采用矩阵代数的方法，即用齐次矩阵（D-H 矩阵）来描述机构连杆之间的空间几何关系。齐次矩阵是一个 4×4 矩阵，它可把一个矢量从一个坐标系转换到另一个坐标系之中。该矩阵可同时实现旋转和平移的变换。在机器人空间机构的运动学和动力学分析方法中，齐次变换是较直观和方便的一种方法，它为机器人的分析和控制提供了一种有效的手段。

3.1 机器人位置和姿态的表示

机器人操作臂，通常由一系列连杆和相应的运动附件组成，实现复杂的运动，完成规定的操作。若要研究机器人的运动和操作，就要描述这些连杆之间，以及它们和操作对象（或运动目标）之间的相对运动关系。在描述机器人位置和姿态（简称位姿）时，要建立一个坐标系；在该坐标系中，机器人的位姿可用齐次变换来描述。齐次变换既有较直观的几何意义，又可描述各杆件之间的关系，因此常用于解决机器人运动学问题。

3.1.1 点的位置描述

在关节型机器人的位姿控制中，首先要描述各连杆的位置，为此先定义一个固定坐标系。一旦建立了坐标系，就能用一个 3×1 的位置矢量对坐标系中的任何一点进行定位，如图 3-1 所示。在直角坐标系中，空间任一点 P 的位置可用 3×1 的位置矢量 $\boldsymbol{p}$ 表示。

$$\boldsymbol{p}=\begin{bmatrix}a_x\\b_y\\c_z\end{bmatrix} \tag{3-1}$$

其中，a_x、b_y、c_z是点 P 的三个位置坐标分量。

3.1.2 物体姿态描述

为了描述空间物体的姿态，需在物体上建立一个坐标系，并且给出此坐标系相对于参考坐标系的表达。在图 3-2 中，已知坐标系 $\{B\}$ 以某种方式固定在物体上，则 $\{B\}$ 相对于固定参考坐标系 $\{A\}$ 中的描述，可以表示出物体相对固定参考坐标系 $\{A\}$ 的姿态。

上述表明，点的位置可用矢量描述。同样，物体的姿态可用固定在物体上的坐标系来描

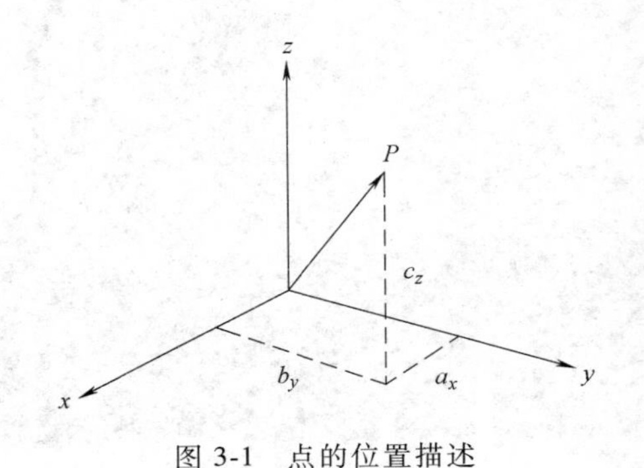

图 3-1　点的位置描述

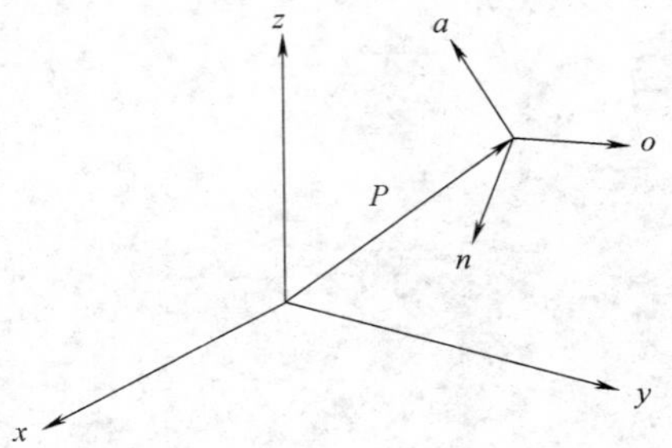

图 3-2　物体姿态的描述

述。设 $\{B\}$ 中的单位主矢量为 $\boldsymbol{n}$、$\boldsymbol{o}$、$\boldsymbol{a}$，当用坐标系 $\{A\}$ 的坐标来表达时，它们写成 ${}^{A}\boldsymbol{n}$、${}^{A}\boldsymbol{o}$、${}^{A}\boldsymbol{a}$。则这三个单位矢量可排列组成一个 3×3 矩阵，称这个矩阵为旋转矩阵，用符号 ${}_{B}^{A}\boldsymbol{R}$来表示。

$$
{}_{B}^{A}\boldsymbol{R}=[{}^{A}\boldsymbol{n}\quad {}^{A}\boldsymbol{o}\quad {}^{A}\boldsymbol{a}]=\begin{bmatrix} n_x & o_x & a_x \\ n_y & o_y & a_y \\ n_z & o_z & a_z \end{bmatrix} \tag{3-2}
$$

这样一组矢量可以用来描述一个物体的姿态。

旋转矩阵${}_{B}^{A}\boldsymbol{R}$ 是单位正交的，并且${}_{B}^{A}\boldsymbol{R}$ 的逆与它的转置相同，其行列式值等于 1，即

$$
{}_{B}^{A}\boldsymbol{R}^{-1}={}_{B}^{A}\boldsymbol{R}^{\mathrm{T}}\;|{}_{B}^{A}\boldsymbol{R}|=1 \tag{3-3}
$$

在运动学分析中，经常用到的旋转变换矩阵是绕 x 轴、绕 y 轴或绕 z 轴旋转某一角度 θ 的变换矩阵，分别可以用式（3-4）、式（3-5）和式（3-6）表示。

$$
\boldsymbol{R}(x,\theta)=\begin{bmatrix} 1 & 0 & 0 \\ 0 & \cos\theta & -\sin\theta \\ 0 & \sin\theta & \cos\theta \end{bmatrix} \tag{3-4}
$$

$$
\boldsymbol{R}(y,\theta)=\begin{bmatrix} \cos\theta & 0 & \sin\theta \\ 0 & 1 & 0 \\ -\sin\theta & 0 & \cos\theta \end{bmatrix} \tag{3-5}
$$

$$
\boldsymbol{R}(z,\theta)=\begin{bmatrix} \cos\theta & -\sin\theta & 0 \\ \sin\theta & \cos\theta & 0 \\ 0 & 0 & 1 \end{bmatrix} \tag{3-6}
$$

3.1.3　坐标系的描述

如图 3-2 所示，为了描述物体在空间的位姿，需要规定它的位置和姿态。通常将物体与坐标系 $\{B\}$ 固连。坐标系 $\{B\}$ 的原点一般选在物体的特征点上，如质心或对称中心等。相对参考坐标系 $\{A\}$ 用位置矢量 $\boldsymbol{p}$ 来描述坐标系 $\{B\}$ 原点的位置，而用旋转矢量${}_{B}^{A}\boldsymbol{R}$ 来描述坐标系 $\{B\}$ 的姿态（方位），因此坐标系 $\{B\}$ 可由 $\boldsymbol{p}$ 和${}_{B}^{A}\boldsymbol{R}$ 来描述。

$$
\{B\}=\{{}_{B}^{A}\boldsymbol{R},\boldsymbol{p}\} \tag{3-7}
$$

坐标系的描述概括了物体位置和姿态的描述。当表示位置时，式（3-7）中的旋转矩

阵${}_{B}^{A}\boldsymbol{R}=1$（单位矩阵）；当表示姿态时，式（3-7）中的位置矢量$\boldsymbol{p}=0$。

由式（3-1）和式（3-2）可知，坐标系$\{B\}$就可以由三个表示方向的单位矢量以及第四个位置矢量来表示。

$$\{B\}=\begin{bmatrix} n_x & o_x & a_x & a_x \\ n_y & o_y & a_y & b_y \\ n_z & o_z & a_z & c_z \end{bmatrix} \tag{3-8}$$

在式（3-8）中，前三个矢量是方向矢量，表示该坐标系$\{B\}$的三个单位矢量$\boldsymbol{n}$、$\boldsymbol{o}$、$\boldsymbol{a}$的方向，而第四个矢量表示该坐标系$\{B\}$的原点相对于参考坐标系$\{A\}$的位置。此坐标系是由一个3×4矩阵表示。

例3-1　在图3-3中，$\boldsymbol{F}$坐标系位于参考坐标系中（3，5，7）的位置，它的n轴与x轴平行，o轴相对于y轴的角度为45°，a轴相对于z轴的角度为45°。试用一个3×4矩阵来表示该$\boldsymbol{F}$坐标系。

解：由式（3-8）知，该$\boldsymbol{F}$坐标系可表示为

$$\boldsymbol{F}=\begin{bmatrix} 1 & 0 & 0 & 3 \\ 0 & 0.707 & -0.707 & 5 \\ 0 & 0.707 & 0.707 & 7 \end{bmatrix}$$

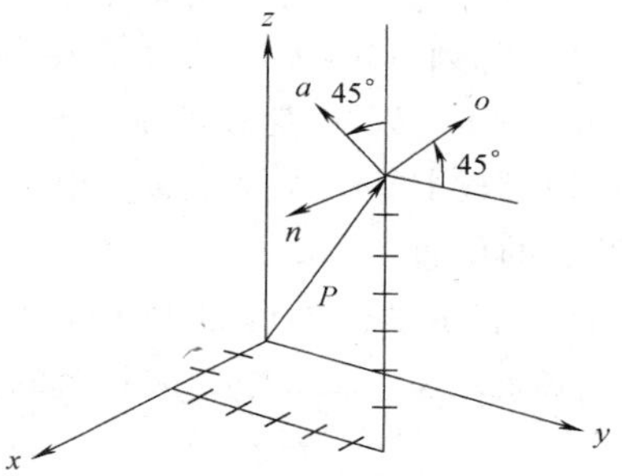

图3-3　坐标系在空间的示意图

3.2　齐次坐标与动系的位姿表示

3.2.1　点的齐次坐标

将一个n维空间的点用$n+1$维坐标表示，则该$n+1$维坐标即为n维空间的齐次坐标。一般情况下，设ω为该齐次坐标的比例因子，当取$\omega=1$时，其表示方法称为齐次坐标的规格化形式。

若用四个数组成的4×1阵列表示图3-1中点P，则该阵列称为三维空间点P的齐次坐标。

$$\boldsymbol{P}=\begin{bmatrix} a_x \\ b_y \\ c_z \\ 1 \end{bmatrix}=\begin{bmatrix} x \\ y \\ z \\ \omega \end{bmatrix} \tag{3-9}$$

其中，$x=\omega a_x$，$y=\omega b_y$，$z=\omega c_z$。

显然，齐次坐标表达并不是唯一的，随ω值的不同而不同。如果ω是1，各分量的大小保持不变。但是，如果$\omega=0$，则a_x，b_y，c_z为无穷大。在这种情况下，x，y和z（以及a_x，b_y，c_z）表示一个长度为无穷大的矢量，它的方向即为该矢量所表示的方向。这就意味着方向矢量可以由比例因子$\omega=0$的矢量来表示，这里矢量的长度并不重要，而其方向由该矢量的三个分量来表示。在计算机图学中，ω作为通用比例因子，可取任意正值，但在机器人的运动分析中，总是取$\omega=1$。

3.2.2 坐标轴方向的描述

如图 3-4 所示，用 $\boldsymbol{i}$、$\boldsymbol{j}$、$\boldsymbol{k}$ 来表示直角坐标系中 x、y、z 坐标轴的单位矢量，用齐次坐标来描述 x、y、z 轴的方向，则有

$$\boldsymbol{i}=\begin{bmatrix}1\\0\\0\\0\end{bmatrix},\boldsymbol{j}=\begin{bmatrix}0\\1\\0\\0\end{bmatrix},\boldsymbol{k}=\begin{bmatrix}0\\0\\1\\0\end{bmatrix}$$

图 3-4 中所示矢量 $\boldsymbol{v}$ 的单位矢量 $\boldsymbol{h}$ 的方向阵列为

$$\boldsymbol{h}=[a\quad b\quad c\quad 0]^{\mathrm{T}}=[\cos\alpha\quad \cos\beta\quad \cos\gamma\quad 0]^{\mathrm{T}}\tag{3-10}$$

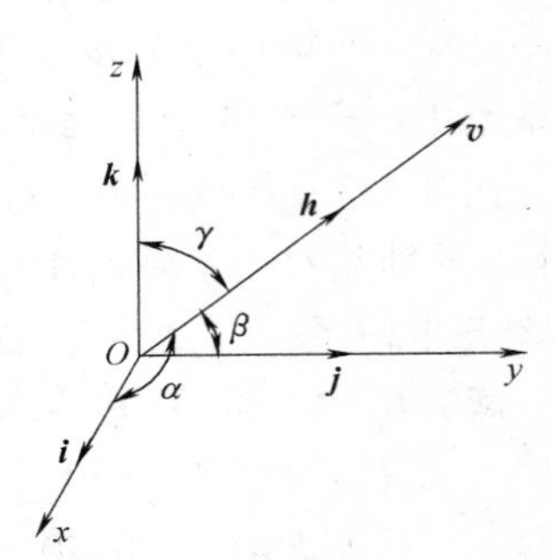

图 3-4 坐标轴的描述

其中，α、β、γ 分别是矢量 $\boldsymbol{v}$ 与坐标轴 x、y、z 的夹角，$0°\leqslant\alpha\leqslant180°$，$0°\leqslant\beta\leqslant180°$，$0°\leqslant\gamma\leqslant180°$。$\cos\alpha$、$\cos\beta$、$\cos\gamma$ 称为矢量 $\boldsymbol{v}$ 的方向余弦，且满足 $\cos^2\alpha+\cos^2\beta+\cos^2\gamma=1$。

综上所述，可得如下结论：

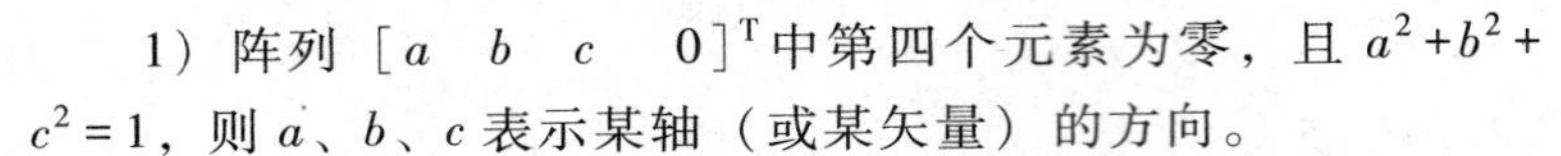

1）阵列 $[a\quad b\quad c\quad 0]^{\mathrm{T}}$ 中第四个元素为零，且 $a^2+b^2+c^2=1$，则 a、b、c 表示某轴（或某矢量）的方向。

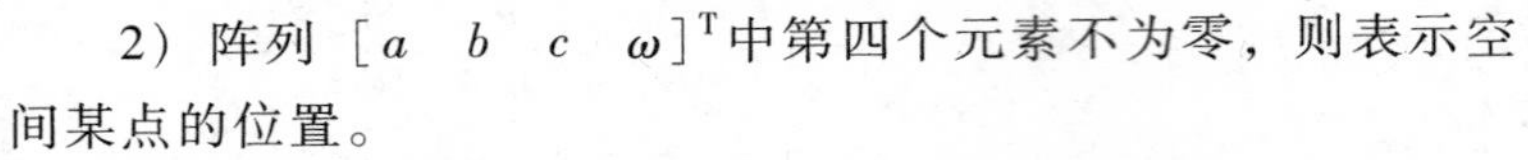

2）阵列 $[a\quad b\quad c\quad \omega]^{\mathrm{T}}$ 中第四个元素不为零，则表示空间某点的位置。

3）表示坐标原点的 4×1 阵列定义为：$\boldsymbol{o}=[0\ 0\ 0\ \alpha]^{\mathrm{T}}(\alpha\neq0)$。

例如，在图 3-2 中，矢量 $\boldsymbol{v}$ 的方向用 4×1 列阵表示为

$$\boldsymbol{v}=[a\quad b\quad c\quad 0]^{\mathrm{T}}$$

其中，$a=\cos\alpha$，$b=\cos\beta$，$c=\cos\gamma$。

矢量 $\boldsymbol{v}$ 的起点 O 为坐标原点，用 4×1 阵列可表示为

$$\boldsymbol{o}=[0\quad 0\quad 0\quad 1]^{\mathrm{T}}$$

当 $\alpha=30°$，$\beta=60°$，$\gamma=45°$时，矢量为

$$\boldsymbol{v}=[0.866\quad 0.5\quad 0.707\quad 0]^{\mathrm{T}}$$

3.2.3 齐次坐标与三维直角坐标的区别

P 点在 $Oxyz$ 坐标系中表示是唯一的（x，y，z），而在齐次坐标中表示可以是多值的。几个特定意义的齐次坐标表示如下：

$[0\quad 0\quad 0\quad n]^{\mathrm{T}}$——坐标原点矢量的齐次坐标，$n$ 为任意非零比例系数；

$[1\quad 0\quad 0\quad 0]^{\mathrm{T}}$——指向无穷远处的 Ox 轴；

$[0\quad 1\quad 0\quad 0]^{\mathrm{T}}$——指向无穷远处的 Oy 轴；

$[0\quad 0\quad 1\quad 0]^{\mathrm{T}}$——指向无穷远处的 Oz 轴。

3.2.4 动系的位姿表示

在坐标系中，相对连杆不动的坐标系称为静坐标系（简称静系）；跟随连杆运动的坐标系称为动坐标系（简称动系）。动坐标系位姿的描述就是用位姿矩阵对动坐标系原点位置和坐标系各坐标轴方向进行描述。

1. 刚体的位姿描述

机器人的每一个连杆均可视为一个刚体，若给定了刚体上某一点的位置和该刚体在空中的姿态，则这个刚体在空间上是唯一确定的，可用唯一一个位姿矩阵进行描述。

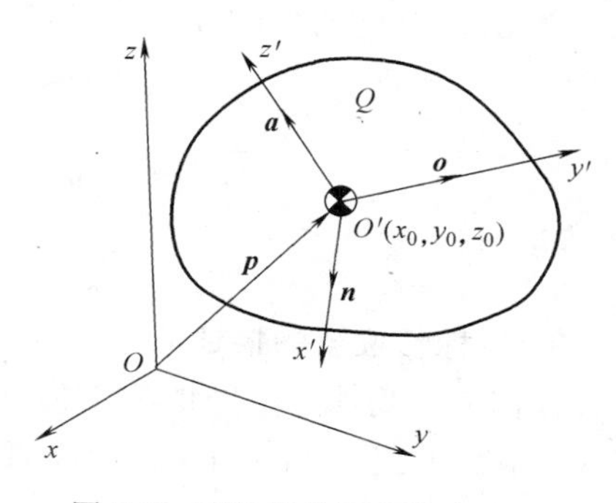

图 3-5 刚体的位置和姿态描述

如图 3-5 所示，固连在刚体上的空间坐标系（动系）$O'x'y'z'$可以用矩阵表示，其中坐标原点 O'以及相对于参考坐标系表示该坐标系姿态的三个矢量也可以用矩阵表示出来。

由此，刚体在固定坐标系中的位置可用一齐次坐标表示为

$$\boldsymbol{p}=\begin{bmatrix} x_0 \\ y_0 \\ z_0 \\ 1 \end{bmatrix}$$

刚体的姿态可用动系坐标轴方向来表示。令 $\boldsymbol{n}$、$\boldsymbol{o}$、$\boldsymbol{a}$ 分别为 x'、y'、z'坐标轴的单位方向矢量，即

$$\boldsymbol{n}=\begin{bmatrix} n_x \\ n_y \\ n_z \\ 0 \end{bmatrix},\boldsymbol{o}=\begin{bmatrix} o_x \\ o_y \\ o_z \\ 0 \end{bmatrix},\boldsymbol{a}=\begin{bmatrix} a_x \\ a_y \\ a_z \\ 0 \end{bmatrix} \tag{3-11}$$

由此可知，刚体的位姿矩阵可用式（3-12）表示。

$$\boldsymbol{T}=[\boldsymbol{n} \quad \boldsymbol{o} \quad \boldsymbol{a} \quad \boldsymbol{p}]=\begin{bmatrix} n_x & o_x & a_x & x_0 \\ n_y & o_y & a_y & y_0 \\ n_z & o_z & a_z & z_0 \\ 0 & 0 & 0 & 1 \end{bmatrix} \tag{3-12}$$

2. 手部位姿的描述

机器人手部的位姿如图 3-6 所示，可用固连于手部的坐标系$\{B\}$的位姿来表示。

在图 3-6 所示坐标系中，$\{B\}$由原点位置和三个单位矢量唯一确定。

1）原点：取手部中心点为原点 O_B。

2）接近矢量：关节轴方向的单位矢量 $\boldsymbol{a}$。

3）姿态矢量：手指连线方向的单位矢量$\boldsymbol{o}$。

4）法向矢量：$\boldsymbol{n}$ 为法向单位矢量，同时垂直于 $\boldsymbol{a}$ 矢量和 $\boldsymbol{o}$ 矢量，即 $\boldsymbol{n}=\boldsymbol{o}\times\boldsymbol{a}$。

手部位姿矢量为从固定参考坐标系 $Oxyz$ 原点指向手部坐标系$\{B\}$原点的矢量 $\boldsymbol{p}$。

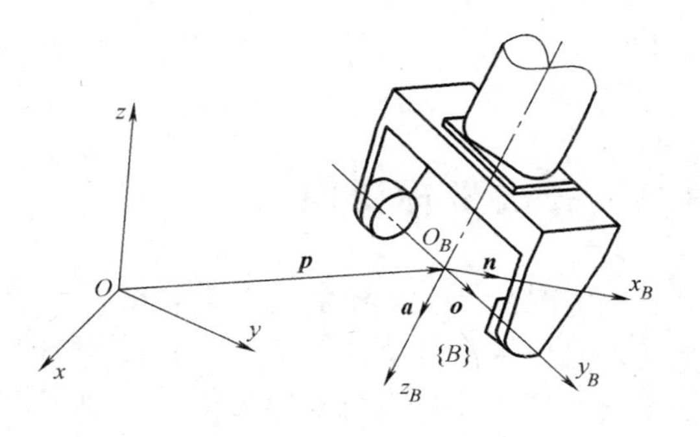

图 3-6 手部位姿的描述

手部位姿可由式（3-13）中的4×4矩阵表示，即

$$T=[\boldsymbol{n}\quad \boldsymbol{o}\quad \boldsymbol{a}\quad \boldsymbol{p}]=\begin{bmatrix} n_x & o_x & a_x & p_x \\ n_y & o_y & a_y & p_y \\ n_z & o_z & a_z & p_z \\ 0 & 0 & 0 & 1 \end{bmatrix} \tag{3-13}$$

3. 目标物位姿的描述

任何一个物体在空间的位姿都可以用齐次矩阵来表示，如图3-7所示。例如，楔块Q在图3-7中，可用6个点描述，矩阵表达式为

$$Q=\begin{bmatrix} 1 & -1 & -1 & 1 & 1 & -1 \\ 0 & 0 & 0 & 0 & 4 & 4 \\ 0 & 0 & 2 & 2 & 0 & 0 \\ 1 & 1 & 1 & 1 & 1 & 1 \end{bmatrix}_{(4\times6)} \tag{3-14}$$

若让楔块绕z轴旋转90°，即**Rot**（z，90°）；再绕y轴旋转90°，即**Rot**（y，90°），然后再沿x轴方向平移4，即**Trans**（4，0，0），则楔块成为图3-7b所示位姿，其齐次矩阵表达式为

$$Q=\begin{bmatrix} 4 & 4 & 6 & 6 & 4 & 4 \\ 1 & -1 & -1 & 1 & 1 & -1 \\ 0 & 0 & 0 & 0 & 4 & 4 \\ 1 & 1 & 1 & 1 & 1 & 1 \end{bmatrix}_{(4\times6)} \tag{3-15}$$

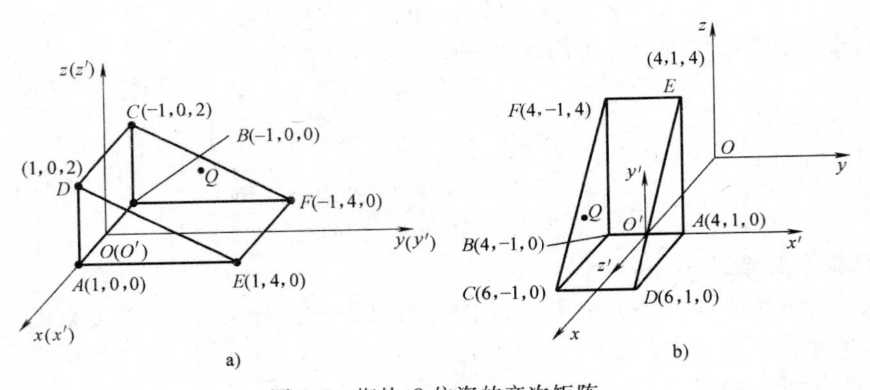

图3-7　楔块Q位姿的齐次矩阵

3.3　齐次坐标变换

当空间的一个坐标系（一个矢量、一个物体或一个运动坐标系）相对于固定参考坐标系运动时，这一运动可以用类似于坐标系的方式来表示。这是因为变换本身就是坐标系状态的变化（表示坐标系位姿的变化），因此变换可以用坐标系来表示。在机器人中，手臂、手腕等被视为刚体的连杆的运动，一般包括平移运动、旋转运动和平移加旋转运动。

3.3.1 平移变换

如果一坐标系（它也可能表示一个物体）在空间以不变的姿态运动，那么该坐标系就是做平移运动。在这种情况下，它的方向单位矢量保持同一方向不变。所有的改变只是坐标

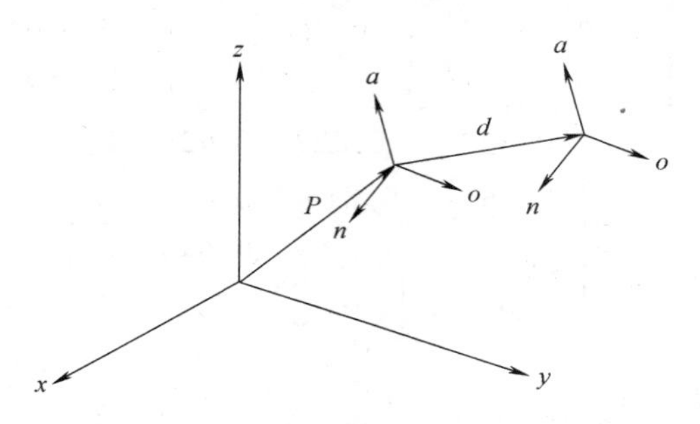

图 3-8 坐标平移变换的表示

系原点相对于参考坐标系的变化，如图 3-8 所示。相对于固定参考坐标系的新的坐标系的位置可以用原来坐标系的原点位置矢量加上表示位移的矢量求得。若用矩阵形式，新坐标系的表示可以通过坐标系左乘变换矩阵得到。由于在平移中方向矢量不改变，变换矩阵 $\boldsymbol{T}$ 可以简单地表示为

$$\textbf{Trans}(d_x,d_y,d_z)=\begin{bmatrix}1&0&0&d_x\\0&1&0&d_y\\0&0&1&d_z\\0&0&0&1\end{bmatrix} \tag{3-16}$$

其中，d_x，d_y，d_z 是平移矢量 $\boldsymbol{d}$ 分别相对于参考坐标系 x，y，z 轴的三个分量。可以看到，矩阵的前三列表示没有旋转运动，而最后一列表示平移运动。新的坐标系位置为

$$\boldsymbol{F}_{\text{new}}=\begin{bmatrix}1&0&0&d_x\\0&1&0&d_y\\0&0&1&d_z\\0&0&0&1\end{bmatrix}\times\begin{bmatrix}n_x&o_x&a_x&p_x\\n_y&o_y&a_y&p_y\\n_z&o_z&a_z&p_z\\0&0&0&1\end{bmatrix}=\begin{bmatrix}n_x&o_x&a_x&p_x+d_x\\n_y&o_y&a_y&p_y+d_y\\n_z&o_z&a_z&p_z+d_z\\0&0&0&1\end{bmatrix} \tag{3-17}$$

式（3-17）也可用符号写为

$$\boldsymbol{F}_{\text{new}}=\textbf{Trans}(d_x,d_y,d_z)\times\boldsymbol{F}_{\text{old}} \tag{3-18}$$

其中，**Trans**（d_x，d_y，d_z）称为平移算子（用于坐标系间变换的通用数学表达式称为算子），d_x，d_y，d_z 分别表示沿 x、y、z 轴的移动量。

若算子左乘，则表示点的平移是相对固定坐标系进行的坐标变换；若算子右乘，则表示点的平移是相对动坐标系进行的坐标变换。

例 3-2 坐标系 $\boldsymbol{F}$ 沿参考坐标系的 x 轴移动 9 个单位，沿 z 轴移动 5 个单位。求新的坐标系位置。

$$\boldsymbol{F}=\begin{bmatrix}0.527&-0.574&0.628&5\\0.369&0.819&0.439&3\\-0.766&0&0.643&8\\0&0&0&1\end{bmatrix}$$

解： 由式（3-17）或式（3-18）得

$$F_{new}=\mathbf{Trans}(d_x,d_y,d_z)\times F_{old}=\mathbf{Trans}(9,0,5)\times F_{old}$$

$$F_{new}=\begin{bmatrix}1&0&0&9\\0&1&0&0\\0&0&1&5\\0&0&0&1\end{bmatrix}\times\begin{bmatrix}0.527&-0.527&0.628&5\\0.369&0.819&0.439&3\\-0.766&0&0.643&8\\0&0&0&1\end{bmatrix}$$

$$=\begin{bmatrix}0.527&-0.527&0.628&14\\0.369&0.819&0.439&3\\-0.766&0&0.643&13\\0&0&0&1\end{bmatrix}$$

3.3.2 旋转变换

1. 绕坐标轴的旋转变换

为简化绕轴旋转的推导，首先假设该坐标系位于参考坐标系的原点并且与之平行，之后将结果推广到其他的旋转以及旋转的组合。

假设坐标系（n，o，a）初始位置和参考坐标系（x，y，z）重合，当坐标系（n，o，a）绕参考坐标系的 x 轴旋转一个角度 θ；再假设旋转坐标系（n，o，a）上有一点 P 相对于参考坐标系的坐标为（P_x，P_y，P_z），相对于运动坐标系的坐标为（P_n，P_o，P_a）。当坐标系（n，o，a）绕 x 轴旋转时，该坐标系上的点 P 也随坐标系一起旋转。在旋转之前，P 点在两个坐标系中的坐标是相同的（这时两个坐标系位置相同）。旋转后，该点坐标（P_n，P_o，P_a）在旋转坐标系（x，y，z）中保持不变，但在参考坐标系中（P_x，P_y，P_z）却改变了，如图 3-9 所示。现在要求找到运动坐标系旋转后，点 P 相对于固定参考坐标系的新坐标。

从 x 轴来观察在二维平面上的同一点的坐标，图 3-9 显示了点 P 在坐标系旋转前后的坐标。点 P 相对于参考坐标系的坐标是（P_x，P_y，P_z），而相对于旋转坐标系（点 P 所固连的坐标系）的坐标仍为（P_n，P_o，P_a）。

由图 3-9 可以看出，P_x 不随坐标系 x 轴的转动而改变，而 P_y 和 P_z 却改变了。

$$\begin{cases}P_x=P_n\\P_y=P_o\cos\theta-P_a\sin\theta\\P_z=P_o\sin\theta-P_a\cos\theta\end{cases}\tag{3-19}$$

写成矩阵形式为

$$\begin{bmatrix}P_x\\P_y\\P_z\\1\end{bmatrix}=\begin{bmatrix}1&0&0&0\\0&\cos\theta&-\sin\theta&0\\0&\sin\theta&\cos\theta&0\\0&0&0&1\end{bmatrix}\begin{bmatrix}P_n\\P_o\\P_a\\1\end{bmatrix}\tag{3-20}$$

可见，为了得到在参考坐标系中的坐标，旋转坐标系中的点 P（或矢量 $\boldsymbol{P}$）的坐标必须左乘旋转矩阵。这个旋转矩阵只适用于绕参考坐标系 x 轴做旋转变换的情况，它可表示为

$$P_{xyz}=\mathbf{Rot}(x,\theta)\times P_{noa}\tag{3-21}$$

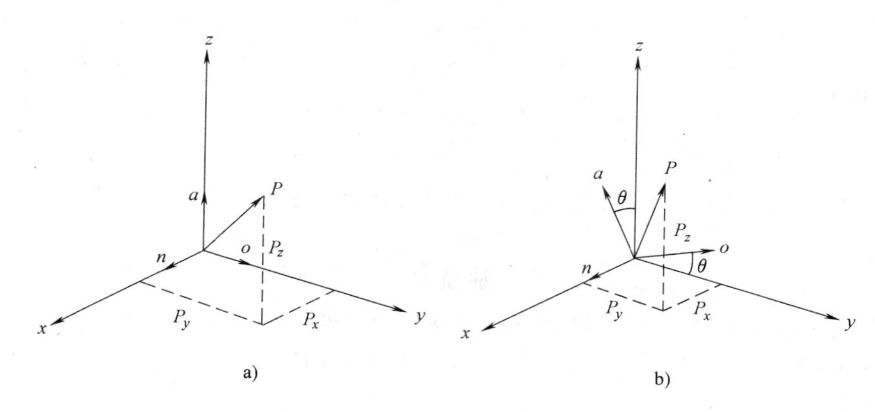

图 3-9　点的旋转变换

a）旋转前　b）旋转后

注意：在式（3-21）中，**Rot**（x，θ）表示坐标变换时绕 x 轴转动的齐次变换矩阵，称为旋转算子，旋转矩阵的第一列表示相对于 x 轴的位置，其值为（1，0，0），它表示沿 x 轴的坐标没有改变。

为简化书写，习惯用符号 $c\theta$ 表示 $\cos\theta$，以及用 $s\theta$ 表示 $\sin\theta$。因此，旋转矩阵也可写为

$$\mathbf{Rot}(x,\theta)=\begin{bmatrix}1 & 0 & 0 & 0\\0 & c\theta & -s\theta & 0\\0 & s\theta & c\theta & 0\\0 & 0 & 0 & 1\end{bmatrix}\tag{3-22}$$

可用同样的方法来分析坐标系绕参考坐标系 y 轴和 z 轴旋转的情况。

$$\mathbf{Rot}(y,\theta)=\begin{bmatrix}c\theta & 0 & s\theta & 0\\0 & 1 & 0 & 0\\-s\theta & 0 & c\theta & 0\\0 & 0 & 0 & 1\end{bmatrix}\tag{3-23}$$

$$\mathbf{Rot}(z,\theta)=\begin{bmatrix}c\theta & -s\theta & 0 & 0\\s\theta & c\theta & 0 & 0\\0 & 0 & 1 & 0\\0 & 0 & 0 & 1\end{bmatrix}\tag{3-24}$$

式（3-21）也可写为习惯的形式，以便于理解不同坐标系间的关系，为此，可将该变换表示为 ${}^{U}\boldsymbol{T}_{R}$［读作坐标系 R 相对于坐标系 U（Universe）的变换］，将 $\boldsymbol{P}_{noa}$ 表示为 ${}^{R}\boldsymbol{P}$（P 相对于坐标系 R），将 $\boldsymbol{P}_{xyz}$ 表示为 ${}^{U}\boldsymbol{P}$（P 相对于坐标系 U），式（3-21）可简化为

$${}^{U}\boldsymbol{P}={}^{U}\boldsymbol{T}_{R}\times{}^{R}\boldsymbol{P}\tag{3-25}$$

由式（3-25）可知，去掉 R 便得到了 P 相对于坐标系 U 的坐标。

2. 绕过原点任意轴的一般旋转变换（通用旋转变换）

图 3-10 所示为点 A 绕任意过原点的单位矢量 $\boldsymbol{k}$ 旋转 θ 角的情况。k_x、k_y、k_z 分别为 $\boldsymbol{k}$ 矢量在固定参考坐标轴 x、y、z 上的三个分量，且 $k_x^2+k_y^2+k_z^2=1$。其旋转齐次变换矩阵为

$$
\mathbf{Rot}(k,\theta)=\begin{bmatrix} k_xk_x(1-c\theta)+c\theta & k_yk_x(1-c\theta)-k_zs\theta & k_zk_x(1-c\theta)+k_ys\theta & 0 \\ k_xk_y(1-c\theta)+k_zs\theta & k_yk_y(1-c\theta)+c\theta & k_zk_y(1-c\theta)-k_xs\theta & 0 \\ k_xk_z(1-c\theta)-k_ys\theta & k_yk_z(1-c\theta)+k_xs\theta & k_zk_z(1-c\theta)+c\theta & 0 \\ 0 & 0 & 0 & 1 \end{bmatrix} \tag{3-26}
$$

注意：1）式（3-26）为一般旋转齐次变换通式，概括了绕 x、y、z 轴进行旋转变换的特殊情况。

当 $k_x=1$，$k_y=k_z=0$ 时，即为绕 x 轴旋转 θ，可得式（3-22）；当 $k_y=1$，$k_x=k_z=0$ 时，即为绕 y 轴旋转 θ，可得式（3-23）；当 $k_z=1$，$k_x=k_y=0$ 时，即为绕 z 轴旋转 θ，可得式（3-24）。

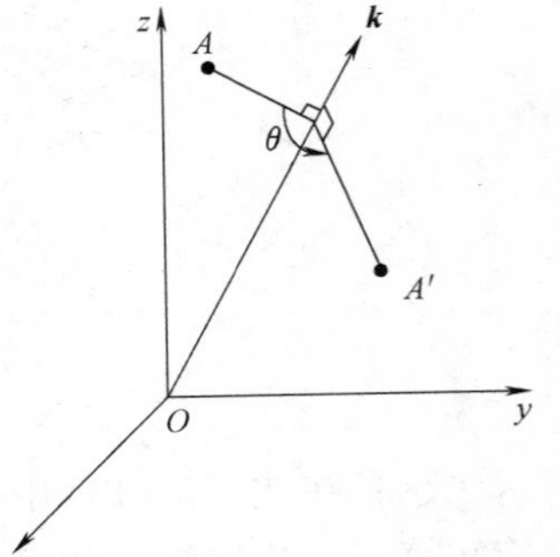

图 3-10　一般旋转变换

反之，若给出某个旋转齐次变换矩阵，则可求得 $\boldsymbol{k}$ 及转角 θ。

例如：若给出某个旋转矩阵 $\boldsymbol{R}=\begin{bmatrix} n_x & o_x & a_x & 0 \\ n_y & o_y & a_y & 0 \\ n_z & o_z & a_z & 0 \\ 0 & 0 & 0 & 1 \end{bmatrix}$

则根据式（3-26）可求出等效转角 θ 及等效转轴矢量 $\boldsymbol{k}$ 为

$$
\begin{cases} \sin\theta=\pm\dfrac{1}{2}\sqrt{(o_z-a_y)^2+(a_x-n_z)^2+(n_y-o_x)^2} \\ \tan\theta=\pm\dfrac{\sqrt{(o_z-a_y)^2+(a_x-n_z)^2+(n_y-o_x)^2}}{n_x+o_y+a_z-1} \end{cases} \tag{3-27}
$$

$$
k_x=\frac{o_z-a_y}{2\sin\theta},\ k_y=\frac{a_x-n_z}{2\sin\theta},\ k_z=\frac{n_y-o_x}{2\sin\theta} \tag{3-28}
$$

其中，当转角 θ 取 0°～180°时，式中的符号取“+”号；当转角 θ 很小时，公式很难确定转轴；当 θ 接近 0°或 180°时，转轴完全不确定。

2）旋转算子式（3-22）～式（3-24）和通用旋转算子式（3-26）不仅适用于点的旋转，也适用于矢量、坐标系和物体的旋转变换计算。

3）算子左乘是相对固定坐标系的变换，算子右乘是相对动坐标系的变换。

例 3-3　旋转坐标系中有一点 $P\,[2\quad 3\quad 4]^{\mathrm{T}}$，此坐标系绕参考坐标系 x 轴旋转 90°。求旋转后该点相对于参考坐标系的坐标。

解： 由于点 P 固连在旋转坐标系中，因此点 P 相对于旋转坐标系的坐标在旋转前后保持不变。该点相对于参考坐标系的坐标为

$$
\begin{bmatrix} P_x \\ P_y \\ P_z \\ 1 \end{bmatrix}=\begin{bmatrix} 1 & 0 & 0 & 0 \\ 0 & c\theta & -s\theta & 0 \\ 0 & s\theta & c\theta & 0 \\ 0 & 0 & 0 & 1 \end{bmatrix}\begin{bmatrix} P_n \\ P_o \\ P_a \\ 1 \end{bmatrix}=\begin{bmatrix} 1 & 0 & 0 & 0 \\ 0 & 0 & -1 & 0 \\ 0 & 1 & 0 & 0 \\ 0 & 0 & 0 & 1 \end{bmatrix}\begin{bmatrix} 2 \\ 3 \\ 4 \\ 1 \end{bmatrix}=\begin{bmatrix} 2 \\ -4 \\ 3 \\ 1 \end{bmatrix}
$$

根据前面的变换，得到旋转后 P 点相对于参考坐标系的坐标为（2，−4，3）。

3.3.3　复合变换

复合变换是由固定参考坐标系或当前运动坐标系的一系列沿轴平移和绕轴旋转变换所组成的。任何变换都可以分解为按一定顺序的一组平移和旋转变换。例如，为了完成所要求的变换，可以先绕 x 轴旋转，再沿 x，y，z 轴平移，最后绕 y 轴旋转。在后面将会看到，这个变换顺序很重要，如果颠倒两个依次变换的顺序，结果将会完全不同。

为了探讨如何处理复合变换，假定坐标系（n，o，a）相对于参考坐标系（x，y，z）依次进行了下面三个变换：①绕 x 轴旋转 α；②接着平移$[l_1 \quad l_2 \quad l_3]$（分别相对于 x，y，z 轴）；③最后绕 y 轴旋转 β。

例如，点 P_{noa} 固定在旋转坐标系，开始时旋转坐标系的原点与参考坐标系的原点重合。随着坐标系（n，o，a）相对于参考坐标系旋转或者平移，坐标系中的 P 点相对于参考坐标系也跟着改变。如前面所看到的，第一次变换后，P 点相对于参考坐标系的坐标可用下列方程进行计算。

$$\boldsymbol{P}_{1,xyz} = \mathbf{Rot}(x,\alpha) \times \boldsymbol{P}_{noa}$$

其中，$\boldsymbol{P}_{1,xyz}$是第一次变换后该点相对于参考坐标系的坐标。第二次变换后，该点相对于参考坐标系的坐标是

$$\boldsymbol{P}_{2,xyz} = \mathbf{Trans}(l_1, l_2, l_3) \times \boldsymbol{P}_{1,xyz} = \mathbf{Trans}(l_1, l_2, l_3) \times \mathbf{Rot}(x, \alpha) \times \boldsymbol{P}_{noa}$$

同样，第三次变换后，该点相对于参考坐标系的坐标为

$$\boldsymbol{P}_{xyz} = \boldsymbol{P}_{3,xyz} = \mathbf{Rot}(y, \beta) \times \boldsymbol{P}_{2,xyz} = \mathbf{Rot}(y, \beta) \times \mathbf{Trans}(l_1, l_2, l_3) \times \mathbf{Rot}(x, \alpha) \times \boldsymbol{P}_{noa}$$

可见，每次变换后该点相对于参考坐标系的坐标都是通过用每个变换矩阵左乘该点的坐标得到的。当然，矩阵的顺序不能改变。同时还应注意，对于相对于参考坐标系的每次变换，矩阵都是左乘的。因此，矩阵书写的顺序和进行变换的顺序正好相反。

例 3-4　固连在坐标系（n，o，a）上的点 $\boldsymbol{P}(7 \quad 3 \quad 2)^{\mathrm{T}}$ 经历如下变换：①绕 z 轴旋转 90°；②接着绕 y 轴旋转 90°；③接着再平移［4　−3　7］。求出经变换后，该点相对于参考坐标系的坐标。

解：表示该变换的矩阵方程为

$$\boldsymbol{P}_{xyz} = \mathbf{Trans}(4,-3,7) \times \mathbf{Rot}(y,90°) \times \mathbf{Rot}(z,90°) \times \boldsymbol{P}_{noa}$$

$$= \begin{bmatrix} 1 & 0 & 0 & 4 \\ 0 & 1 & 0 & -3 \\ 0 & 0 & 1 & 7 \\ 0 & 0 & 0 & 1 \end{bmatrix} \times \begin{bmatrix} 0 & 0 & 1 & 0 \\ 0 & 1 & 0 & 0 \\ -1 & 0 & 0 & 0 \\ 0 & 0 & 0 & 1 \end{bmatrix} \times \begin{bmatrix} 0 & -1 & 0 & 0 \\ 1 & 0 & 0 & 0 \\ 0 & 0 & 1 & 0 \\ 0 & 0 & 0 & 1 \end{bmatrix} \times \begin{bmatrix} 7 \\ 3 \\ 2 \\ 1 \end{bmatrix} = \begin{bmatrix} 6 \\ 4 \\ 10 \\ 1 \end{bmatrix}$$

例 3-5　根据上例，假定（n，o，a）坐标系上的点 $P(7 \quad 3 \quad 2)^{\mathrm{T}}$ 经历相同变换，但变换按如下不同顺序进行，求出变换后该点相对于参考坐标系的坐标。①绕 z 轴旋转 90°；②接着平移［4　−3　7］；③接着再绕 y 轴旋转 90°。

解：表示该变换的矩阵方程为

$$P_{xyz}=\mathbf{Rot}(y,90°)\times\mathbf{Trans}(4,-3,7)\times\mathbf{Rot}(z,90°)\times P_{noa}$$

$$=\begin{bmatrix}0&0&1&0\\0&1&0&0\\-1&0&0&0\\0&0&0&1\end{bmatrix}\times\begin{bmatrix}1&0&0&4\\0&1&0&-3\\0&0&1&7\\0&0&0&1\end{bmatrix}\times\begin{bmatrix}0&-1&0&0\\1&0&0&0\\0&0&1&0\\0&0&0&1\end{bmatrix}\times\begin{bmatrix}7\\3\\2\\1\end{bmatrix}=\begin{bmatrix}9\\4\\-1\\1\end{bmatrix}$$

不难发现，尽管所有的变换与例 3-4 完全相同，但由于变换的顺序变了，该点最终坐标与前例完全不同。

3.3.4 相对于旋转坐标系的变换

到目前为止，所讨论的所有变换都是相对于固定参考坐标系。也就是说，所有平移、旋转都是相对参考坐标系的。然而事实上，也有可能做相对于运动坐标系或当前坐标系的轴的变换。例如，可以相对于运动坐标系的 n 轴而不是参考坐标系的 x 轴旋转 90°。为计算当前坐标系中的点的坐标相对于参考坐标系的变化，需要右乘变换矩阵而不是左乘。由于运动坐标系中的点或物体的位置总是相对于运动坐标系测量的，所以总是右乘描述该点或物体的位置矩阵。

例 3-6 假设与例 3-5 中相同的点现在进行相同的变换，但所有变换都是相对于当前的运动坐标系，具体变换如下：①绕 a 轴旋转 90°；②然后沿 n，o，a 轴平移[4 −3 7]；③接着绕 o 轴旋转 90°。求出变换完成后该点相对于参考坐标系的坐标。

解： 在本例中，因为所作变换是相对于当前坐标系的，因此右乘每个变换矩阵，可得表示该坐标的方程为

$$P_{xyz}=\mathbf{Rot}(a,90°)\times\mathbf{Trans}(4,-3,7)\times\mathbf{Rot}(o,90°)\times P_{noa}$$

$$=\begin{bmatrix}0&-1&0&0\\1&0&0&0\\0&0&1&0\\0&0&0&1\end{bmatrix}\times\begin{bmatrix}1&0&0&4\\0&1&0&-3\\0&0&1&7\\0&0&0&1\end{bmatrix}\times\begin{bmatrix}0&0&1&0\\0&1&0&0\\-1&0&0&0\\0&0&0&1\end{bmatrix}\times\begin{bmatrix}7\\3\\2\\1\end{bmatrix}=\begin{bmatrix}0\\6\\0\\1\end{bmatrix}$$

可见，该例结果与其他各例完全不同。不仅因为所作变换是相对于当前坐标系的，而且也因为矩阵顺序的改变。

例 3-7 坐标系{B}绕 x 轴旋转 90°，然后沿当前坐标系 a 轴平移 3，然后再绕 z 轴旋转 90°，最后沿当前坐标系 o 轴平移 5。

（1）写出描述该运动的方程。

（2）求坐标系中的点 P（1，5，4）相对于参考坐标系的最终位置。

解： 相对于参考坐标系以及当前坐标系的运动是交替进行的。

（1）相应地左乘或右乘每个运动矩阵，得到

$${}^{U}T_{B}=\mathbf{Rot}(z,90°)\times\mathbf{Rot}(x,90°)\times\mathbf{Trans}(0,0,3)\times\mathbf{Trans}(0,5,0)$$

（2）代入具体的矩阵并将它们相乘，得到

$${}^{U}P={}^{U}T_{B}\times{}^{B}P=\begin{bmatrix}0&-1&0&0\\1&0&0&0\\0&0&1&0\\0&0&0&1\end{bmatrix}\times\begin{bmatrix}1&0&0&0\\0&0&-1&0\\0&1&0&0\\0&0&0&1\end{bmatrix}\times\begin{bmatrix}1&0&0&0\\0&1&0&0\\0&0&1&3\\0&0&0&1\end{bmatrix}\times\begin{bmatrix}1&0&0&0\\0&1&0&5\\0&0&1&0\\0&0&0&1\end{bmatrix}$$

$$=\begin{bmatrix}0&0&1&7\\1&0&0&1\\0&1&0&10\\0&0&0&1\end{bmatrix}$$

3.3.5 旋量的概念

旋量 **Screw**（k，r，φ）表示沿 k 轴移动 r，并绕 k 轴转动 φ 角的综合齐次变换。

旋量 **Screw**（k，r，φ）与移动和转动发生的先后次序无关，只要它们连续即可，即

$$\mathbf{Screw}(k,r,\varphi)=\mathbf{Rot}(k,\varphi)\mathbf{Trans}(k,r)=\mathbf{Trans}(k,r)\mathbf{Rot}(k,\varphi) \tag{3-29}$$

例如，沿 z 轴移动 r，并绕 z 轴转动 φ 角的综合变换为

$$\begin{bmatrix}c\varphi&-s\varphi&0&0\\s\varphi&c\varphi&0&0\\0&0&1&0\\0&0&0&1\end{bmatrix}\begin{bmatrix}1&0&0&0\\0&1&0&0\\0&0&1&r\\0&0&0&1\end{bmatrix}=\begin{bmatrix}c\varphi&-s\varphi&0&0\\s\varphi&c\varphi&0&0\\0&0&1&r\\0&0&0&1\end{bmatrix}=\begin{bmatrix}1&0&0&0\\0&1&0&0\\0&0&1&r\\0&0&0&1\end{bmatrix}\begin{bmatrix}c\varphi&-s\varphi&0&0\\s\varphi&c\varphi&0&0\\0&0&1&0\\0&0&0&1\end{bmatrix}$$

其中，c 表示 cos，s 表示 sin。

3.3.6 齐次变换矩阵（位姿矩阵）的写法及含义

如设坐标系 $\{j\}$ 是 $\{i\}$ 先沿矢量平移，再绕 z 轴旋转 θ 角，则其坐标变换写成矩阵形式为

$$\begin{bmatrix}x_i\\y_i\\z_i\\1\end{bmatrix}=\begin{bmatrix}\cos\theta&\sin\theta&0&p_x\\\sin\theta&\cos\theta&0&p_y\\0&0&1&p_z\\0&0&0&1\end{bmatrix}\begin{bmatrix}x_j\\y_j\\z_j\\1\end{bmatrix}$$

由此可见，复合变换的齐次坐标方程为

$$\boldsymbol{M}_{ij}=\begin{bmatrix}\cos\theta&-\sin\theta&0&p_x\\\sin\theta&\cos\theta&0&p_y\\0&0&1&p_z\\0&0&0&1\end{bmatrix}$$

将该齐次变换矩阵分块有

$$\boldsymbol{M}_{ij}=\left[\begin{array}{ccc:c}\cos\theta&-\sin\theta&0&p_x\\\sin\theta&\cos\theta&0&p_y\\0&0&1&p_z\\\hdashline 0&0&0&1\end{array}\right]=\left[\begin{array}{c:c}\boldsymbol{R}_{ij}^{z,\theta}&\boldsymbol{p}_{ij}\\\hdashline \mathbf{0}&\mathbf{1}\end{array}\right] \tag{3-30}$$

从上述分块矩阵可看到：左上角的 3×3 矩阵是两个坐标系之间的旋转变换矩阵，描述姿态关系；右上角的 3×1 矩阵是两个坐标系之间的平移变换矩阵，描述位置关系。

由此可得齐次变换矩阵的通式为

$$M_{ij}=\left[\begin{array}{ccc:c}n_x & o_x & a_x & p_x\\ n_y & o_y & a_y & p_y\\ n_z & o_z & a_z & p_z\\ \hdashline 0 & 0 & 0 & 1\end{array}\right]=\left[\begin{array}{c:c}\boldsymbol{R}_{ij} & \boldsymbol{p}_{ij}\\ \hdashline \boldsymbol{0} & \boldsymbol{1}\end{array}\right] \tag{3-31}$$

式中 p_x，p_y，p_z——$\{j\}$ 的原点在 $\{i\}$ 中的三个坐标分量；

n_x，n_y，n_z——$\{j\}$ 的 x 轴对 $\{i\}$ 的三个方向余弦；

o_x，o_y，o_z——$\{j\}$ 的 y 轴对 $\{i\}$ 的三个方向余弦；

a_x，a_y，a_z——$\{j\}$ 的 z 轴对 $\{i\}$ 的三个方向余弦。

任何一个齐次坐标变换矩阵均可分解为一个平移变换矩阵与一个旋转变换矩阵的乘积。

$$M_{ij}=\begin{bmatrix}n_x & o_x & a_x & p_x\\ n_y & o_y & a_y & p_y\\ n_z & o_z & a_z & p_z\\ 0 & 0 & 0 & 1\end{bmatrix}=\begin{bmatrix}1 & 0 & 0 & p_x\\ 0 & 1 & 0 & p_y\\ 0 & 0 & 1 & p_z\\ 0 & 0 & 0 & 1\end{bmatrix}\begin{bmatrix}n_x & o_x & a_x & 0\\ n_y & o_y & a_y & 0\\ n_z & o_z & a_z & 0\\ 0 & 0 & 0 & 1\end{bmatrix}$$

3.4 变换矩阵的逆变换

由于在机器人分析中有很多地方要用到矩阵的逆，在下面的例子中可以看到一种涉及变换矩阵的情况。在图 3-11 中，假设机器人要在零件 P 上钻孔而需向零件 P 处移动。机器人基座相对于参考坐标系 U 的位置用坐标系 R 来描述，机器人手用坐标系 H 来描述，末端执行器（即用来钻孔的钻头的末端）用坐标系 E 来描述，零件的位置用坐标系 P 来描述。钻孔的点的位置与参考坐标系 U 可以通过两个独立的路径发生联系，一个是通过该零件的路径，另一个是通过机器人的路径。因此，可以写出式（3-32）。

$${}^U\boldsymbol{T}_E={}^U\boldsymbol{T}_R{}^R\boldsymbol{T}_H{}^H\boldsymbol{T}_E={}^U\boldsymbol{T}_P{}^P\boldsymbol{T}_E \tag{3-32}$$

这就是说，该零件中点 E 的位置可以通过从 U 变换到 P，并从 P 变换到 E 来完成；或者从 U 变换到 R，从 R 变换到 H，再从 H 变换到 E 来完成。

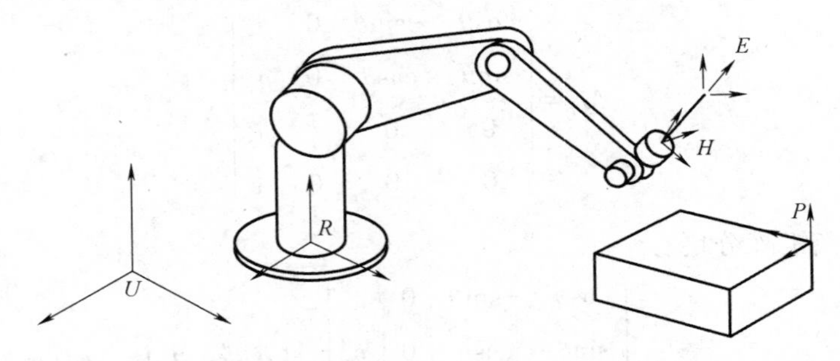

图 3-11 全局坐标系、机器人坐标系、手坐标系、零件坐标系及末端执行器坐标系

实际上，由于在任何情况下机器人的基座位置在安装时就是已知的，因此变换${}^U\boldsymbol{T}_R$（坐标系 R 相对于坐标系 U 的变换）是已知的。例如，一个机器人安装在一个工作台上，由于它被紧固在工作台上，所以它的基座的位置是已知的。即使机器人是可移动的，或放在传送带上，因为控制器始终掌控着机器人基座的运动，因此它在任意时刻的位置也是已知的。由

于用于末端执行器的任何器械都是已知的，而且其尺寸和结构也是已知的，所以${}^{H}\boldsymbol{T}_{E}$（机器人末端执行器相对于机器人手的变换）也是已知的。此外，${}^{U}\boldsymbol{T}_{P}$（零件相对于全局坐标系的变换）也是已知的，还必须要知道将在其上面钻孔的零件的位置，该位置可以通过将该零件放在钻模上，然后用视觉系统等仪器来确定。最后需要知道零件上钻孔的位置，所以${}^{P}\boldsymbol{T}_{E}$也是已知的。此时，唯一未知的变换就是${}^{R}\boldsymbol{T}_{H}$（机器人手相对于机器人基座的变换）。因此，必须找出机器人的关节变量（机器人旋转关节的角度以及滑动关节的连杆长度），以便将末端执行器定位在要钻孔的位置上。可见，必须要计算出这个变换，它指出机器人需要完成的工作。后面将用所求出的变换来求解机器人关节的角度和连杆的长度。

不能像在代数方程中那样来计算这个矩阵，即不能简单地用方程的右边除以方程的左边，而应该用合适的矩阵的逆并通过左乘或右乘来将它们从左边去掉。

$$({}^{U}\boldsymbol{T}_{R})^{-1}({}^{U}\boldsymbol{T}_{R}{}^{R}\boldsymbol{T}_{H}{}^{H}\boldsymbol{T}_{E})({}^{H}\boldsymbol{T}_{E})^{-1}=({}^{U}\boldsymbol{T}_{R})^{-1}({}^{U}\boldsymbol{T}_{P}{}^{P}\boldsymbol{T}_{E})({}^{H}\boldsymbol{T}_{E})^{-1} \tag{3-33}$$

由于$({}^{U}\boldsymbol{T}_{R})^{-1}$ $({}^{U}\boldsymbol{T}_{R})=1$ 和 $({}^{H}\boldsymbol{T}_{E})$ $({}^{H}\boldsymbol{T}_{E})^{-1}=1$，式（3-33）的左边可简化为${}^{R}\boldsymbol{T}_{H}$，于是可得

$${}^{R}\boldsymbol{T}_{H}={}^{U}\boldsymbol{T}_{R}^{-1}\,{}^{U}\boldsymbol{T}_{P}{}^{P}\boldsymbol{T}_{E}{}^{H}\boldsymbol{T}_{E}^{-1} \tag{3-34}$$

该方程的正确性可以通过认为${}^{E}\boldsymbol{T}_{H}$与$({}^{H}\boldsymbol{T}_{E})^{-1}$相同来加以检验。因此，该方程可描述为

$${}^{R}\boldsymbol{T}_{H}={}^{U}\boldsymbol{T}_{R}^{-1}\,{}^{U}\boldsymbol{T}_{P}{}^{P}\boldsymbol{T}_{E}{}^{H}\boldsymbol{T}_{E}^{-1}={}^{R}\boldsymbol{T}_{U}{}^{U}\boldsymbol{T}_{P}{}^{P}\boldsymbol{T}_{E}{}^{E}\boldsymbol{T}_{H}={}^{R}\boldsymbol{T}_{H} \tag{3-35}$$

显然，为了对机器人运动学进行分析，需要能够计算变换矩阵的逆。

下面我们讨论关于绕 x 轴的简单旋转矩阵的求逆计算情况。

首先绕 x 轴的旋转矩阵为

$$\mathbf{Rot}(x,\theta)=\begin{bmatrix}1&0&0\\0&c\theta&-s\theta\\0&s\theta&c\theta\end{bmatrix}$$

采用以下步骤来计算矩阵的逆：

1）计算矩阵的行列式。

2）将矩阵转置。

3）将转置矩阵的每个元素用它的子行列式（伴随矩阵）代替。

4）用转换后的矩阵除以行列式。

通过以上计算步骤首先可以得到旋转矩阵的行列式的值：

$$\Delta=1(c^2\theta+s^2\theta)+0=1$$

旋转矩阵的转置矩阵为

$$\mathbf{Rot}\ (x,\theta)^{\mathrm{T}}=\begin{bmatrix}1&0&0\\0&c\theta&s\theta\\0&-s\theta&c\theta\end{bmatrix} \tag{3-36}$$

现在计算式（3-36）中每一个子行列式（伴随矩阵）。例如，元素（2，2）的子行列式是 $c\theta-0=c\theta$，元素（1，1）的子行列式是 $c^2\theta+s^2\theta=1$。可以注意到，这里的每一个元素的子行列式与其本身相同，因此有

$$\mathbf{Rot}\ (x,\theta)^{\mathrm{T}}_{minor}=\mathbf{Rot}\ (x,\theta)^{\mathrm{T}}$$

由于原旋转矩阵的行列式为 1，因此用 $\mathbf{Rot}\ (x,\ \theta)^{\mathrm{T}}_{minor}$矩阵除以行列式仍得出相同的结

果。因此，关于 x 轴的旋转矩阵的逆的行列式与它的转置矩阵相同。

$$\mathbf{Rot}(x,\theta)^{-1}=\mathbf{Rot}(x,\theta)^{\mathrm{T}} \tag{3-37}$$

具有这种特征的矩阵称为酉矩阵，也就是说所有的旋转矩阵都是酉矩阵。因此，计算旋转矩阵的逆就是将该矩阵转置。同样，关于 y 轴和 z 轴的旋转矩阵同样也是酉矩阵。

应注意，只有旋转矩阵才是酉矩阵。如果一个矩阵不是一个简单的旋转矩阵，那么它也许就不是酉矩阵。

以上结论只对简单的不表示位置的 3×3 旋转矩阵成立。对一个齐次的 4×4 变换矩阵而言，它的求逆可以将矩阵分为两部分。矩阵的旋转部分仍是酉矩阵，只需简单的转置；矩阵的位置部分是矢量 $\boldsymbol{p}$ 分别与 $\boldsymbol{n}$，$\boldsymbol{o}$，$\boldsymbol{a}$ 矢量点积的负值。

例如：坐标系 $\{i\}$ 变换到坐标系 $\{j\}$ 的变换矩阵为

$$\boldsymbol{F}=\begin{bmatrix} n_x & o_x & a_x & p_x \\ n_y & o_y & a_y & p_y \\ n_z & o_z & a_z & p_z \\ 0 & 0 & 0 & 1 \end{bmatrix}=\begin{bmatrix} \boldsymbol{R}_{ij} & \boldsymbol{p}_{ij} \\ \boldsymbol{0} & \boldsymbol{1} \end{bmatrix}$$

根据上述方法得其逆矩阵为

$$\boldsymbol{F}^{-1}=\begin{bmatrix} n_x & n_y & n_z & -\boldsymbol{p}\cdot\boldsymbol{n} \\ o_x & o_y & o_z & -\boldsymbol{p}\cdot\boldsymbol{o} \\ a_x & a_y & a_z & -\boldsymbol{p}\cdot\boldsymbol{a} \\ 0 & 0 & 0 & 1 \end{bmatrix}=\begin{bmatrix} \boldsymbol{R}_{ij}^{\mathrm{T}} & -\boldsymbol{R}_{ij}^{\mathrm{T}}\cdot\boldsymbol{p}_{ij} \\ \boldsymbol{0} & \boldsymbol{1} \end{bmatrix} \tag{3-38}$$

如上所示，矩阵的旋转部分是简单的转置，位置部分由点乘的负值代替，而最后一行（比例因子）则不受影响。这样做对于计算变换矩阵的逆是很方便的，而直接计算 4×4 矩阵的逆是比较麻烦的。

例 3-8 计算表示 $\mathbf{Rot}$（x，40°）$^{-1}$的矩阵。

解： 绕 x 轴旋转 40°的矩阵为

$$\mathbf{Rot}(x,40°)=\begin{bmatrix} 1 & 0 & 0 & 0 \\ 0 & 0.766 & -0.643 & 0 \\ 0 & 0.643 & 0.766 & 0 \\ 0 & 0 & 0 & 1 \end{bmatrix}$$

$$\mathbf{Rot}(x,40°)^{-1}=\begin{bmatrix} 1 & 0 & 0 & 0 \\ 0 & 0.766 & 0.643 & 0 \\ 0 & -0.643 & 0.766 & 0 \\ 0 & 0 & 0 & 1 \end{bmatrix}$$

例 3-9 计算如下变换矩阵的逆。

$$\boldsymbol{T}=\begin{bmatrix} 0.5 & 0 & 0.866 & 3 \\ 0.866 & 0 & -5 & 2 \\ 0 & 1 & 0 & 5 \\ 0 & 0 & 0 & 1 \end{bmatrix}$$

解：变换矩阵的逆为

$$T^{-1}=\begin{bmatrix}0.5 & 0.866 & 0 & -(3\times0.5+2\times0.866+5\times0)\\ 0 & 0 & 1 & -(3\times0+2\times0+5\times1)\\ 0.866 & -0.5 & 0 & -(3\times0.866+2\times-0.5+5\times0)\\ 0 & 0 & 0 & 1\end{bmatrix}$$

$$=\begin{bmatrix}0.5 & 0.866 & 0 & -3.23\\ 0 & 0 & 1 & -5\\ 0.866 & -0.5 & 0 & -1.598\\ 0 & 0 & 0 & 1\end{bmatrix}$$

例 3-10　一个具有六个自由度的机器人的第五个连杆上装有照相机，照相机观察物体并测定它相对于照相机坐标系的位置，然后根据以下数据来确定末端执行器要到达物体所必须完成的运动。

$$^{5}T_{\text{cam}}=\begin{bmatrix}0 & 0 & -1 & 3\\ 0 & -1 & 0 & 0\\ -1 & 0 & 0 & 5\\ 0 & 0 & 0 & 1\end{bmatrix},\ ^{5}T_{H}=\begin{bmatrix}0 & -1 & 0 & 0\\ 1 & 0 & 0 & 0\\ 0 & 0 & 1 & 4\\ 0 & 0 & 0 & 1\end{bmatrix}$$

$$^{\text{cam}}T_{\text{obj}}=\begin{bmatrix}0 & 0 & 1 & 2\\ 1 & 0 & 0 & 2\\ 0 & 1 & 0 & 4\\ 0 & 0 & 0 & 1\end{bmatrix},\ ^{H}T_{E}=\begin{bmatrix}1 & 0 & 0 & 0\\ 0 & 1 & 0 & 0\\ 0 & 0 & 1 & 3\\ 0 & 0 & 0 & 1\end{bmatrix}$$

解：参照式（3-32），可以写出一个与它类似的方程，将不同的变换和坐标系联系在一起。

$$^{R}T_{5}\times{}^{5}T_{H}\times{}^{H}T_{E}\times{}^{E}T_{\text{obj}}={}^{R}T_{5}\times{}^{5}T_{\text{cam}}\times{}^{\text{cam}}T_{\text{obj}}$$

由于方程两边都有$^{R}T_{5}$，所以可以将它消去。除了$^{E}T_{\text{obj}}$之外所有剩下的矩阵都是已知的。

$$^{E}T_{\text{obj}}={}^{H}T_{E}^{-1}\times{}^{5}T_{H}^{-1}\times{}^{5}T_{\text{cam}}\times{}^{\text{cam}}T_{\text{obj}}={}^{E}T_{H}\times{}^{H}T_{5}\times{}^{5}T_{\text{cam}}\times{}^{\text{cam}}T_{\text{obj}}$$

$$^{H}T_{E}^{-1}=\begin{bmatrix}1 & 0 & 0 & 0\\ 0 & 1 & 0 & 0\\ 0 & 0 & 1 & -3\\ 0 & 0 & 0 & 1\end{bmatrix}\qquad ^{5}T_{H}^{-1}=\begin{bmatrix}0 & 1 & 0 & 0\\ -1 & 0 & 0 & 0\\ 0 & 0 & 1 & -4\\ 0 & 0 & 0 & 1\end{bmatrix}$$

将矩阵及矩阵的逆代入前面的方程，得

$$^{E}T_{\text{obj}}=\begin{bmatrix}1 & 0 & 0 & 0\\ 0 & 1 & 0 & 0\\ 0 & 0 & 1 & -3\\ 0 & 0 & 0 & 1\end{bmatrix}\begin{bmatrix}0 & 1 & 0 & 0\\ -1 & 0 & 0 & 0\\ 0 & 0 & 1 & -4\\ 0 & 0 & 0 & 1\end{bmatrix}\begin{bmatrix}0 & 0 & -1 & 3\\ 0 & -1 & 0 & 0\\ -1 & 0 & 0 & 5\\ 0 & 0 & 0 & 1\end{bmatrix}\begin{bmatrix}0 & 0 & 1 & 2\\ 1 & 0 & 0 & 2\\ 0 & 1 & 0 & 4\\ 0 & 0 & 0 & 1\end{bmatrix}$$

$$^{E}T_{\text{obj}}=\begin{bmatrix}-1 & 0 & 0 & -2\\ 0 & 1 & 0 & 1\\ 0 & 0 & -1 & -4\\ 0 & 0 & 0 & 1\end{bmatrix}$$

3.5 本章小结

本章首先介绍了关于位置、姿态和位姿，以及齐次坐标的概念；然后介绍了平移和旋转的基本知识，以及平移和旋转变换的一般情况；还介绍了一个包括位置和姿态的4×4齐次变换矩阵；最后介绍了变换矩阵的逆阵。

习　　题

3-1　$\sum \boldsymbol{o}'$与$\sum \boldsymbol{o}$初始重合，$\sum \boldsymbol{o}'$做如下运动：①绕z轴转动30°；②绕x轴转动60°；③绕y轴转动90°。求变换矩阵$\boldsymbol{T}$。

3-2　矢量$\boldsymbol{p}$在$\sum \boldsymbol{o}'$中表示为$\boldsymbol{p}_{o'}=3i'+2\boldsymbol{j}'+2\boldsymbol{k}'$，$\sum \boldsymbol{o}'$相对于$\sum \boldsymbol{o}$的齐次变换为

$$^{o}\boldsymbol{T}_{o'}=\begin{bmatrix}0 & -1 & 0 & 10\\1 & 0 & 0 & 20\\0 & 0 & 1 & 1\\0 & 0 & 0 & 1\end{bmatrix}$$

求：1）画出$\sum \boldsymbol{o}'$在$\sum \boldsymbol{o}$中的位次；2）求$\boldsymbol{p}_{\sum o'}$在$\sum \boldsymbol{o}$中的矢量$\boldsymbol{p}_{\sum o}$；3）当$\sum \boldsymbol{o}'$绕$\sum \boldsymbol{o}$的y轴转动90°，绕$\sum \boldsymbol{o}$的x轴转动20°时，求$\boldsymbol{p}_{\sum o'}$在$\sum \boldsymbol{o}$中的矢量。

3-3　已知旋转变换矩阵$\boldsymbol{R}(f,\ \theta)=\begin{bmatrix}0 & 1 & 0 & 0\\0 & 0 & -1 & 0\\-1 & 0 & 0 & 0\\0 & 0 & 0 & 1\end{bmatrix}$，求有效转轴$f$和有效转角$\theta$值。

3-4　坐标系$\{B\}$起初与固定坐标系$\{O\}$相重合，现坐标系$\{B\}$绕z_B轴旋转30°，然后绕旋转后的动坐标系的x_B轴旋转45°。试写出该坐标系的起始矩阵表达式和最后矩阵表达式。

3-5　计算如下变换矩阵的逆。

$$\boldsymbol{T}=\begin{bmatrix}0.866 & -0.5 & 0 & 11.0\\0.5 & 0.866 & 0 & -3.0\\0 & 0 & 1 & 9.0\\0 & 0 & 0 & 1\end{bmatrix}$$

第 4 章

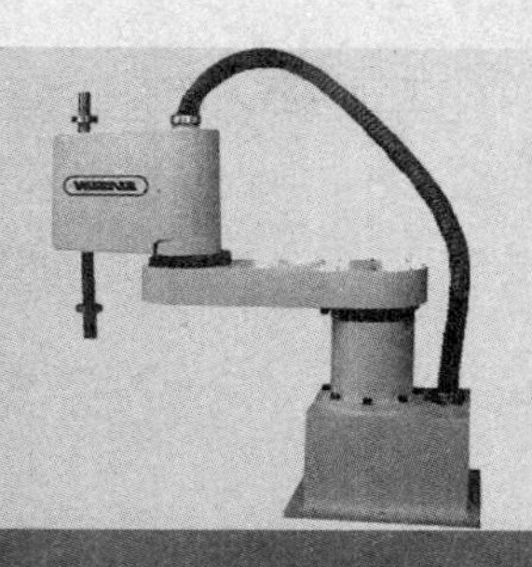

机器人运动学

机器人是由若干个连杆和关节等所联系起来的一种开式链，其一端固接在机座上，另一端安装有末端操作器（或称为手部）。要实现对机器人在空间运动轨迹的控制，完成预定的作业任务，就必须知道机器人手部在空间瞬时的位置与姿态。如何计算机器人手部在空间的位姿是实现对机器人的控制首先要解决的问题。

本章主要讨论机器人运动学的基本问题，利用“D-H”（Denavit-Hartenberg）参数法，进行机器人的位姿分析；介绍机器人正向与逆向运动学的基础知识；建立及分析机器人雅可比矩阵。

4.1 机器人运动学方程的建立

4.1.1 连杆参数及连杆坐标系的建立

假设机器人由一系列关节和连杆组成。这些关节可能是滑动（线性）的或旋转（转动）的。它们可以按任意的顺序放置，并处于任意的平面。连杆也可以是任意的长度（包括零），它可能是弯曲的或扭曲的，也可能位于任意平面上。为此，需要给每个关节指定一个参考坐标系，然后确定从一个关节到下一个关节（一个坐标系到下一个坐标系）来进行变换的步骤。如果从基座到第一个关节，再从第一个关节到第二个关节，直至到最后一个关节的所有变换结合起来，就得到了机器人的总变换矩阵。

图 4-1 表示了三个顺序的关节和两个连杆。这些关节可能是旋转的、滑动的或两者都有。尽管在实际情况下，机器人的关节通常只有一个自由度，但图 4-1 中的关节可以表示一个或两个自由度。

图 4-1a 表示了三个关节，每个关节都是可以转动或平移的。第一个关节指定为关节 n，第二个关节为 $n+1$，第三个关节为 $n+2$。在这些关节的前后可能还有其他关节。连杆也是如此表示，连杆 n 位于关节 n 与 $n+1$ 之间，连杆 $n+1$ 位于关节 $n+1$ 与 $n+2$ 之间。在图 4-1a 中，θ 角表示绕 z 轴的旋转角，a 表示每一条公垂线的长度（即为连杆长度），d 表示在 z 轴上两条相邻的公垂线之间的距离（即为连杆间距离），角 α 表示两个相邻的 z 轴之间的角度（也称为连杆扭角）。这样每个连杆可由四个参数来描述，其中 a 和角 α 是连杆尺寸参数，另两个参数表示连杆与相邻连杆的连接关系。当连杆 n 旋转时，θ_n 随之改变，为关节变量，其他三个参数不变；当连杆进行平移运动时，d_n 随之改变，为关节变量，其他三个参数不

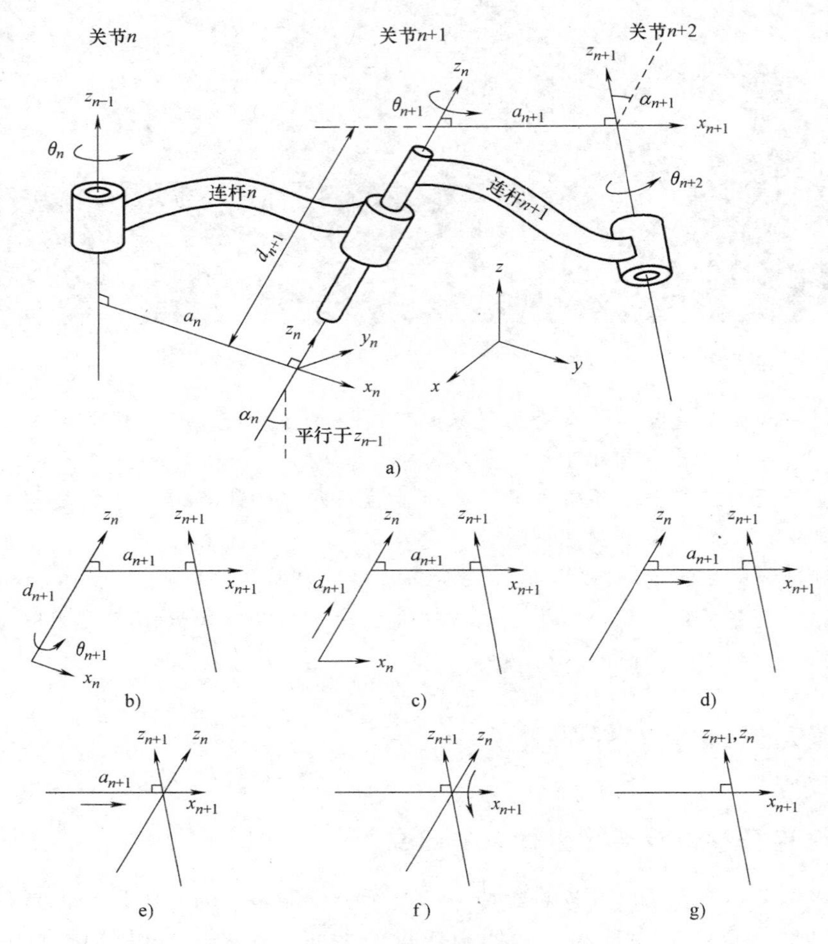

图 4-1　连杆坐标系建立示意图

变。因此，通常只有 θ 和 d 是关节变量。确定连杆的运动类型，同时根据关节变量，即可设计关节运动副，从而进行整个机器人的结构设计。如果已知各个关节变量的值，便可从基座固定坐标系通过连杆坐标系的传递，推导出手部坐标系的位姿形态。

为了用“D-H”表示法对机器人建模，首先要为每个关节建立一个附体的动坐标系。因此，对于每个关节，都必须指定一个 z 轴和 x 轴，y 轴按右手螺旋法则确定。以下是给每个关节指定动坐标系的步骤：

1）连杆 n 坐标系的坐标原点位于 n+1 关节轴线上，是关节 n+1 的关节轴线与 n 和 n+1 关节轴线公垂线的交点。

2）z 轴与 n+1 关节轴线重合。如果关节是旋转的，z 轴方向按右手规则确定，四指指向旋转方向，则拇指的指向即为 z 轴的方向；如果关节是滑动的，z 轴方向为沿直线运动的方向。关节 n 处的 z 轴（以及该关节的动坐标系）的下标为 n−1。例如，表示关节 n+1 的 z 轴是 z_n。

3）x 轴与公垂线重合，从 n 指向 n+1 关节。如果两个关节的 z 轴平行，那么它们之间就有无数条公垂线。这时可选与前一关节的公垂线共线的一条公垂线，这样可以简化模型；

如果两个相邻关节的 z 轴是相交的，那么它们之间就没有公垂线（或者说公垂线距离为零），这时可将垂直于两条轴线构成的平面的直线定义为 x 轴。也就是说，其公垂线是垂直于包含了两条 z 轴的平面的直线，它也相当于选取两条 z 轴的叉积方向作为 x 轴。

4）y 轴按右手螺旋法则确定。

现将连杆参数与坐标系的建立归纳为表 4-1。

表 4-1　连杆参数及坐标系

连杆 i 的参数				
符号	名称	含义	正负号	性　质
θ_i	转角	x_{i-1} 轴绕 z_{i-1} 轴转至与 x_i 轴平行时的转角	按右手法则确定	转动关节为变量，移动关节为常量
d_i	距离	x_{i-1} 轴沿 z_{i-1} 方向移动至与 x_i 轴相交时发生的位移	与 z_{i-1} 正向一致为正	转动关节为常量，移动关节为变量
l_i	长度	z_{i-1} 轴沿 x_i 方向移动至与 z_i 轴相交时移动的距离	与 x_i 正向一致为正	常量
α_i	扭角	连杆 i 两关节轴线之间的扭角	按右手法则确定	常量

连杆 i 的坐标系 $O_ix_iy_iz_i$			
原点 O_i	坐标轴 z_i	坐标轴 x_i	坐标轴 y_i
位于连杆 i 两关节轴线之公垂线与关节 i+1 轴线的交点处	与关节 i+1 的轴线重合	沿连杆 i 两关节轴线的公垂线，并指向 i+1 关节	按右手法则确定

4.1.2　连杆坐标系间变换矩阵的确定

下面来完成几个必要的运动，将一个参考坐标系变换到下一个参考坐标系。假设，现在位于本地坐标系（x_n-z_n），那么通过以下四步可到达下一个本地坐标系（x_{n+1}-z_{n+1}）。

1）绕 z_n 轴旋转 θ_{n+1} 角（见图 4-1a、b），使得 x_n 和 x_{n+1} 互相平行。因为 a_n 和 a_{n+1} 都是垂直于 z_n 轴的，因此绕 z_n 轴旋转 θ_{n+1} 使它们平行（并且共面）。

2）沿 z_n 轴平移 d_{n+1} 距离，使得 x_n 和 x_{n+1} 共线（见图 4-1c）。因为 x_n 和 x_{n+1} 已经平行并且垂直于 z_n，沿着 z_n 移动则可使它们互相重叠在一起。

3）沿 x_n 轴平移 a_{n+1} 距离，使得 x_n 和 x_{n+1} 的原点重合（见图 4-1d、e）。这使得两个参考坐标系的原点处在同一位置。

4）将 z_n 轴绕 x_{n+1} 轴旋转 α_{n+1}，使得 z_{n+1} 轴与 z_{n+1} 轴在同一直线上（见图 4-1f）。这时坐标系 $\{n\}$ 和 $\{n+1\}$ 完全重合（见图 4-1g）。

通过上述变换步骤，可以得到总变换矩阵 $\boldsymbol{A}_{n+1}$。由于所有的变换都是相对于当前坐标系的（即它们都是相对于当前的本地坐标系来测量与执行），因此所有的矩阵都是右乘（或者称为顺乘）。从而得到齐次变换矩阵为

$$
{}^{n}\boldsymbol{T}_{n+1}=\boldsymbol{A}_{n+1}=\mathbf{Rot}(z,\theta_{n+1})\times\mathbf{Tran}(0,0,d_{n+1})\times\mathbf{Tran}(a_{n+1},0,0)\times\mathbf{Rot}(x,\alpha_{n+1})
$$

$$
=\begin{bmatrix} c\theta_{n+1} & -s\theta_{n+1} & 0 & 0 \\ s\theta_{n+1} & c\theta_{n+1} & 0 & 0 \\ 0 & 0 & 1 & 0 \\ 0 & 0 & 0 & 1 \end{bmatrix}\begin{bmatrix} 1 & 0 & 0 & 0 \\ 0 & 1 & 0 & 0 \\ 0 & 0 & 1 & d_{n+1} \\ 0 & 0 & 0 & 1 \end{bmatrix}\begin{bmatrix} 1 & 0 & 0 & a_{n+1} \\ 0 & 1 & 0 & 0 \\ 0 & 0 & 1 & 0 \\ 0 & 0 & 0 & 1 \end{bmatrix}\begin{bmatrix} 1 & 0 & 0 & 0 \\ 0 & c\alpha_{n+1} & -s\alpha_{n+1} & 0 \\ 0 & s\alpha_{n+1} & c\alpha_{n+1} & 0 \\ 0 & 0 & 0 & 1 \end{bmatrix} \tag{4-1}
$$

$$A_{n+1}=\begin{bmatrix} c\theta_{n+1} & -s\theta_{n+1}c\alpha_{n+1} & s\theta_{n+1}s\alpha_{n+1} & a_{n+1}c\theta_{n+1} \\ s\theta_{n+1} & c\theta_{n+1}c\alpha_{n+1} & -c\theta_{n+1}s\alpha_{n+1} & a_{n+1}s\theta_{n+1} \\ 0 & s\alpha_{n+1} & c\alpha_{n+1} & d_{n+1} \\ 0 & 0 & 0 & 1 \end{bmatrix} \tag{4-2}$$

例如，一般机器人的关节 2 与关节 3 之间的变换可以简化为

$$^{2}T_{3}=A_{3}=\begin{bmatrix} c\theta_3 & -s\theta_3 c\alpha_3 & -s\theta_3 s\alpha_3 & a_3 c\theta_3 \\ s\theta_3 & c\theta_3 c\alpha_3 & -c\theta_3 s\alpha_3 & a_3 s\theta_3 \\ 0 & s\alpha_3 & c\alpha_3 & d_3 \\ 0 & 0 & 0 & 1 \end{bmatrix} \tag{4-3}$$

对于 n 自由度机器人来说，机器人手部坐标系相对于固定坐标系的变换矩阵可表示为

$$^{R}T_{H}={}^{R}T_{1}^{1}T_{2}^{2}T_{3}\cdots{}^{n-1}T_{n}=A_{1}A_{2}A_{3}\cdots A_{n} \tag{4-4}$$

对于一个具有六个自由度的机器人而言，$n=6$；式（4-4）中，H 为手部坐标系，R 为固定坐标系。

例 4-1　图 4-2 所示为具有六个自由度的简单链式机器人。根据“D-H”表示法，建立必要的坐标系，并填写相应的参数表。

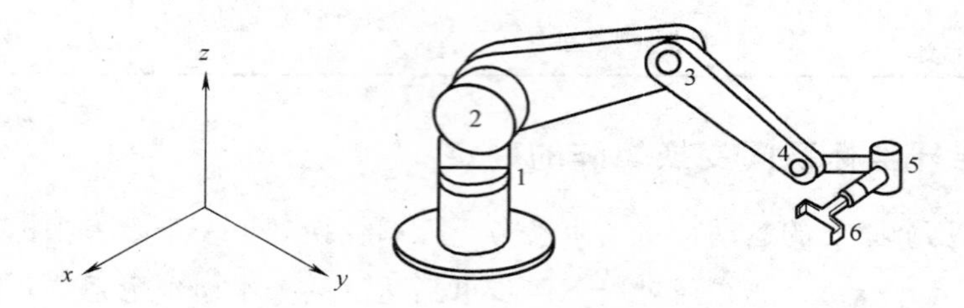

图 4-2　具有六个自由度的简单链式机器人

解：假设关节 2、3 和 4 在同一平面内，即它们的 d_n 值为 0。为建立机器人的坐标系，寻找关节（见图 4-2）。该机器人有六个自由度，在这个机器人中，所有的关节都是旋转的。首先，对每个关节建立 z 轴，接着建立 x 轴。建立的每个坐标系如图 4-3 和图 4-4 所示。

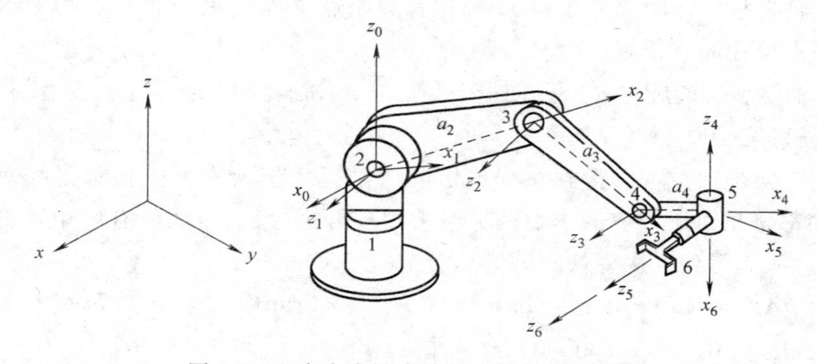

图 4-3　六自由度链式机器人的参考坐标系

从关节 1 开始，设 z_0 沿第一个关节的轴线，并选择 x_0 与参考坐标系的 x 轴平行，这样做仅仅是为了方便，x_0 是一个固定的坐标轴，表示机器人的基座，它是不动的。第一个关

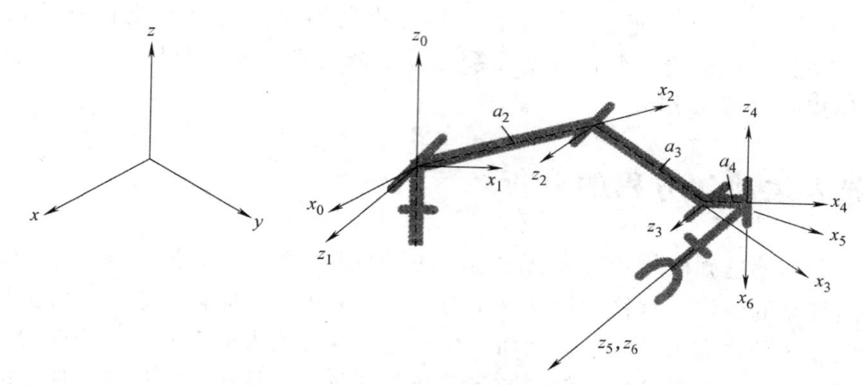

图 4-4　六自由度链式机器人的参考坐标系线图

节的运动是围绕着 z_0-x_0 轴进行的，但这两个轴并不运动。接下来，在关节 2 处设定 z_1，因为坐标轴 z_0 和 z_1 是相交的，所以 x_1 垂直于 z_0 和 z_1。x_2 在 z_1 和 z_2 之间的公垂线方向上，x_3 在 z_2 和 z_3 之间的公垂线方向上，类似地，x_4 在 z_3 和 z_4 之间的公垂线方向上。最后，z_5 和 z_6 是平行且共线的。z_5 表示关节 6 的运动，而 z_6 表示末端执行器的运动。通常在运动方程中不包含末端执行器，但应包含末端执行器的坐标系，这是因为它可以允许进行从坐标系 z_5-x_5 出发的变换。同时也要注意第一个和最后一个坐标系的原点的位置，它们将决定机器人的总变换方程。可以在第一个和最后一个坐标系之间建立其他的（或不同的）中间坐标系，但只要第一个和最后一个坐标系没有改变，机器人的总变换便是不变的。应注意的是，第一个关节的原点并不在关节的实际位置，但证明这样做是没有问题的，因为无论实际关节是高一点还是低一点，机器人的运动并不会有任何差异。因此，考虑原点位置时可不用考虑基座上关节的实际位置。

接下来，将根据已建立的坐标系来填写表 4-2 中的参数。参考前一节中任意两个坐标系之间的四个运动的顺序。从 z_0-x_0 开始，有一个旋转运动将 x_0 转到了 x_1，为使得 x_0 与 x_1 轴重合，需要沿 z_1 和沿 x_1 的平移均为零，还需要一个旋转将 z_0 转到 z_1，注意旋转是根据右手规则进行的，即将右手手指按旋转的方向弯曲，大拇指的方向则为旋转坐标轴的方向。到了此时，z_0-x_0 就变换到了 z_1-x_1。

接下来，绕 z_1 旋转 θ_2，将 x_1 转到了 x_2，然后沿 x_2 轴移动距离 a_2，使坐标系原点重合。由于前后两个 z 轴是平行的，所以没有必要绕 x 轴旋转。按照这样的步骤继续做下去，就能得到所需要的结果。

表 4-2　机器人各连杆的“D-H”参数

杆件号	关节转角 θ	距离 d	杆长 a	扭角 α
1	θ_1	0	0	90°
2	θ_2	0	a_2	0°
3	θ_3	0	a_3	0°
4	θ_4	0	a_4	-90°
5	θ_5	0	0	90°
6	θ_6	0	0	0°

θ 表示旋转关节的关节变量，d 表示滑动关节的关节变量。因为这个机器人的关节全是旋转的，因此所有关节变量都是关节转角 θ。通过从参数表 4-2 中选取参数代入 $\boldsymbol{A}$ 矩阵，便可写出每两个相邻关节之间的变换矩阵。

为机器人的每一个连杆建立坐标系，并用齐次变换来描述这些坐标系间的相对关系（也称为相对位姿）。把描述一个关节坐标系与下一个关节坐标系间相对关系的齐次变换矩阵记作 **A** 变换矩阵（或 **A** 矩阵）。

4.2 机器人运动学方程的分析

假设有一个构型已知的机器人，已知连杆几何参数和关节角矢量，求机器人末端执行器相对于参考坐标系的位姿，这称为机器人正向运动学分析。正向运动学主要解决机器人运动学方程的建立及手部位姿求解问题。然而，如果想要将机器人的手放在一个期望的位姿，就必须知道机器人的每一个连杆的几何参数和关节角矢量，才能将手定位在所期望的位姿，该过程分析称为机器人逆向运动学分析。实际上，逆运动学方程尤为重要，因为机器人的控制器将用这些方程来计算关节变量值，并以此来控制机器人手到达期望的位姿。

下面首先推导机器人的正运动学方程，然后利用这些方程来计算逆运动学方程。

图 4-5 所示为机器人手的坐标系、参考坐标系以及它们的相对位姿，两个坐标系之间的关系与机器人的构型有关。为使建立方程过程简化，可分别分析位置和姿态问题，首先推导出位置方程，然后再推导出姿态方程，再将两者结合在一起而形成一组完整的方程。最后是关于“D-H”表示法的应用，该方法可用于对任何机器人构型建模。

4.2.1 位置的正逆运动学方程

机器人的定位，可以通过相对于任何坐标系的运动来实现。例如，基于直角坐标系对空间的一个点定位，这意味着有三个关于 x，y，z 轴的线性运动；此外，如果用球坐标来实现，就意味着需要有一个线性运动和两个旋转运动。常见的情况有：笛卡儿（台架、直角）坐标、圆柱坐标、球坐标、链式（拟人或全旋转）坐标等。下面以直角坐标机器人和球坐标机器人为例进行位置运动学分析。

（1）直角坐标机器人运动学分析　这种情况下有三个沿 x，y，z 轴的线性运动，这一类型的机器人所有的驱动机构都是线性的（如液压活塞或线性动力丝杠），这时机器人手的定位是通过三个线性关节分别沿三个轴的运动来完成的，如图 4-6 所示。台架式机器人基本上就是一个直角坐标机器人，只不过是将机器人固连在一个朝下的直角架上。

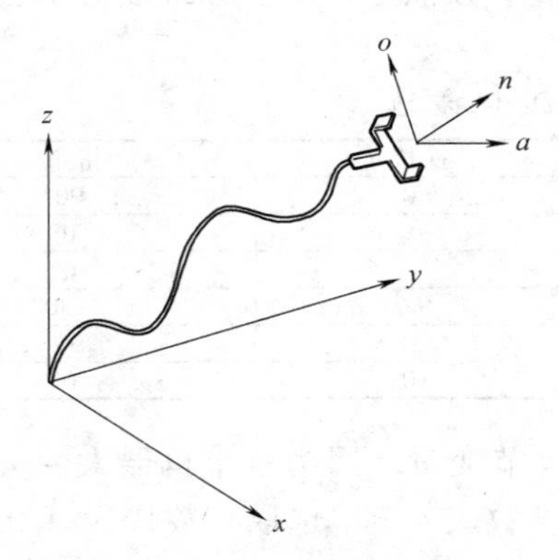

图 4-5　机器人的手坐标系及参考坐标系

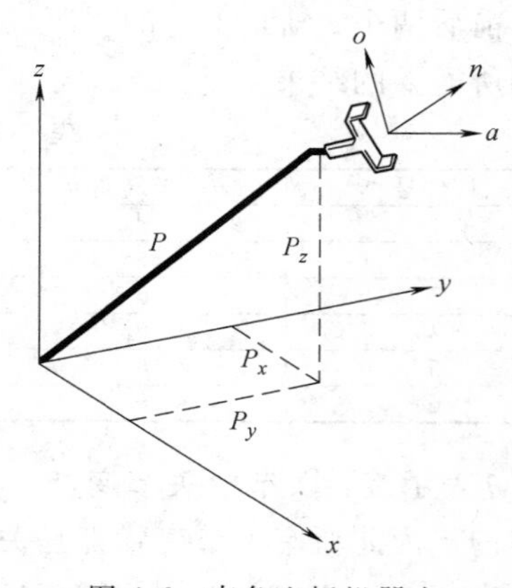

图 4-6　直角坐标机器人

当然，如果没有旋转运动，表示向 P 点运动的变换矩阵是一种简单的平移变换矩阵，下面将可以看到这一点。注意这里只涉及坐标系原点的定位，而不涉及姿态。在直角坐标系中，表示机器人手位置的正运动学变换矩阵为

$$
{}^{R}\boldsymbol{T}_{P}=\boldsymbol{T}_{\text{cart}}=\begin{bmatrix}1&0&0&P_x\\0&1&0&P_y\\0&0&1&P_z\\0&0&0&1\end{bmatrix}\tag{4-5}
$$

其中，${}^{R}\boldsymbol{T}_{P}$ 是手坐标系原点 P 相对于参考坐标系的变换矩阵，$\boldsymbol{T}_{\text{cart}}$ 表示直角坐标的变换矩阵。对于逆运动学的求解，只需简单地设定期望的位置等于 $\boldsymbol{P}$。

例 4-2　要求笛卡儿坐标机器人手坐标系原点定位在点 $\boldsymbol{P}=[3\quad 4\quad 7]^{\mathrm{T}}$，计算所需要的笛卡儿坐标运动。

解：设定正运动学方程用式（4-5）中的 ${}^{R}\boldsymbol{T}_{P}$ 矩阵表示，根据期望的位置可知

$$
{}^{R}\boldsymbol{T}_{P}=\begin{bmatrix}1&0&0&P_x\\0&1&0&P_y\\0&0&1&P_z\\0&0&0&1\end{bmatrix}=\begin{bmatrix}1&0&0&3\\0&1&0&4\\0&0&1&7\\0&0&0&1\end{bmatrix}\text{或 }P_x=3,P_y=4,P_z=7
$$

（2）球坐标机器人运动学分析　如图 4-7 所示，球坐标系由一个线性运动和两个旋转运动组成，运动顺序为：先沿 z 轴平移 r，再绕 y 轴旋转 β，并绕 z 轴旋转 γ。这三个变换建立了手坐标系与参考坐标系之间的联系。由于这些变换都是相对于全局参考坐标系的坐标轴的，因此由这三个变换所产生的总变换矩阵可以通过依次左乘每一个变换矩阵而求得

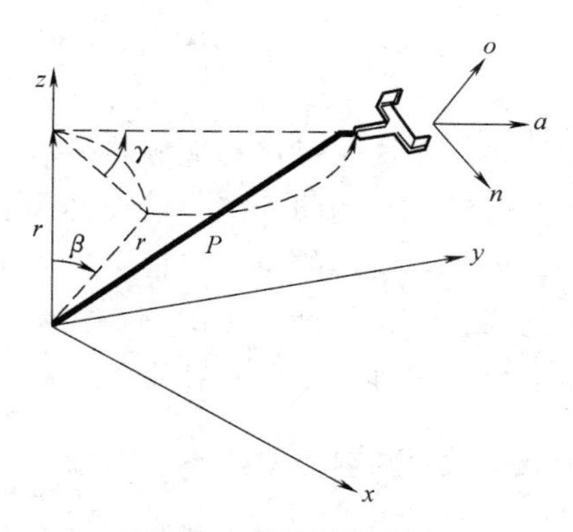

图 4-7　球坐标机器人

$$
\begin{aligned}
{}^{R}\boldsymbol{T}_{P}&=\boldsymbol{T}_{\text{sph}}(r,\beta,\gamma)=\mathbf{Rot}(z,\gamma)\mathbf{Rot}(y,\beta)\mathbf{Trans}(0,0,\gamma)\\
&=\begin{bmatrix}c\gamma&-s\gamma&0&0\\s\gamma&c\gamma&0&0\\0&0&1&0\\0&0&0&1\end{bmatrix}\begin{bmatrix}c\beta&0&s\beta&0\\0&1&0&0\\-s\beta&0&c\beta&0\\0&0&0&1\end{bmatrix}\begin{bmatrix}1&0&0&0\\0&1&0&0\\0&0&1&r\\0&0&0&1\end{bmatrix}
\end{aligned}
$$

$$=\begin{bmatrix} c\beta c\gamma & -s\gamma & s\beta c\gamma & rs\beta c\gamma \\ c\beta s\gamma & c\gamma & s\beta s\gamma & rs\beta s\gamma \\ -s\beta & 0 & c\beta & rc\beta \\ 0 & 0 & 0 & 1 \end{bmatrix} \tag{4-6}$$

式（4-6）中前三列，表示了经过一系列变换后的手坐标系的姿态，而最后一列则表示了手坐标系原点的位置。

球坐标的逆运动学方程比简单的直角坐标和圆柱坐标更复杂，因为两个角度 β 和 γ 是耦合的。下面通过例题来说明如何求解球坐标机器人的逆运动学方程。

例 4-3 假设要将球坐标机器人手坐标系原点放在 $[3\ 4\ 7]^T$，计算该机器人的各关节变量值。

解： 根据式（4-6）的 $\boldsymbol{T}_{sph}$ 矩阵，将手坐标系原点的位置分量设置为期望值，可以得到

$$rs\beta c\gamma=3 \tag{a}$$

$$rs\beta s\gamma=4 \tag{b}$$

$$rc\beta=7 \tag{c}$$

由式（c）可以得出 $c\beta$ 是正数，但没有关于 $s\beta$ 是正或负的信息。将式（a）式和式（b）两个方程彼此相除。因为不知道 $s\beta$ 的实际符号是什么，因此可能会有两个解。下面的方法给出了两个可能的解，后面还必须对这最后的结果进行检验，以确保它们是正确的。

$$\tan\gamma=\frac{4}{3}\rightarrow\gamma=53.1°\text{或}\ 233.1°$$

$$s\gamma=0.8\ \text{或}-0.8$$

$$c\gamma=0.6\ \text{或}-0.6$$

$$rs\beta=\frac{3}{0.6}=5\ \text{或}\frac{3}{-0.6}=-5$$

$$rc\beta=7\quad\beta=35.5°\text{或}-35.5°$$

$$r=8.6$$

可以对这两组解进行检验，并证实这两组解都能满足所有的位置方程。如果沿给定的三维坐标轴旋转这些角度，物理上的确能到达同一点。然而必须注意，其中只有一组解能满足姿态方程。换句话说，前两种解将产生同样的位置，但会处于不同的姿态。由于目前并不关心手坐标系在这点的姿态，因此两个位置解都是正确的。实际上，由于不能对三自由度的机器人指定姿态，所以无法确定两个解中哪一个解和特定的姿态有关。

4.2.2 机器人姿态的正逆运动学方程

假设固连在机器人手上的运动坐标系已经运动到期望的位置上，但它仍然平行于参考坐标系，或者假设其姿态并不是所期望的，下一步是要在不改变位置的情况下，适当地旋转坐标系而使其达到所期望的姿态。合适的旋转顺序取决于机器人手腕的设计以及关节装配在一起的方式。考虑以下三种常见的构型配置：①滚动角、俯仰角和偏航角；②欧拉角；③链式关节（后面在讨论 D-H 表示法时将推导链式坐标的矩阵表示法）。

（1）用滚动角、俯仰角和偏航角表示运动姿态　假定当前的坐标系平行于参考坐标系，于是机器人手的姿态在 RPY［滚动角（roll）、俯仰角（pitch）、偏航角（yaw）］运动前与

参考坐标系相同。分别绕当前 a，o，n 轴的三个旋转顺序，能够把机器人的手调整到所期望的姿态（图 4-8）。如果当前坐标系不平行于参考坐标系，那么机器人手最终的姿态将会是先前的姿态与 RPY 右乘的结果。RPY 的旋转运动都是相对于当前的运动轴的，右乘所有由 RPY 和其他旋转所产生的与姿态改变有关的矩阵，就可得到所期望的姿态（图 4-9）。

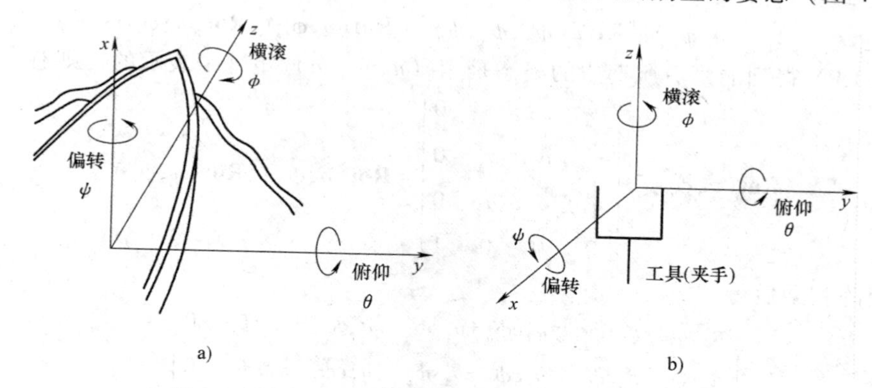

图 4-8 用滚动角、俯仰角和偏航角表示的运动姿态

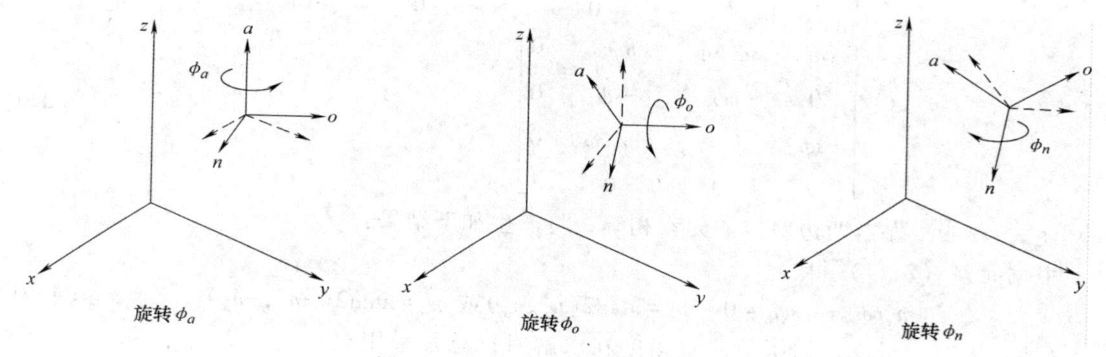

图 4-9 绕当前坐标轴的 RPY 旋转

参考图 4-9，可看到 RPY 旋转包括以下几种：

1）绕 a 轴（运动坐标系的 z 轴）旋转 ϕ_a 称为滚动（横滚）。

2）绕 o 轴（运动坐标系的 y 轴）旋转 ϕ_o 称为俯仰。

3）绕 n 轴（运动坐标系的 x 轴）旋转 ϕ_n 称为偏航（偏转）。

表示 RPY 姿态变化的矩阵为

$$\mathbf{RPY}(\phi_a,\phi_o,\phi_n)=\mathbf{Rot}(a,\phi_a)\mathbf{Rot}(o,\phi_o)\mathbf{Rot}(n,\phi_n)$$

$$=\begin{bmatrix} c\phi_a c\phi_o & c\phi_a s\phi_o s\phi_n - s\phi_a c\phi_n & c\phi_a s\phi_o c\phi_n + s\phi_a s\phi_n & 0 \\ s\phi_a c\phi_o & s\phi_a s\phi_o s\phi_n + c\phi_a c\phi_n & s\phi_a s\phi_o c\phi_n - c\phi_a s\phi_n & 0 \\ -s\phi_o & c\phi_o s\phi_n & c\phi_o c\phi_n & 0 \\ 0 & 0 & 0 & 1 \end{bmatrix} \tag{4-7}$$

这个矩阵表示了仅由 RPY 引起的姿态变化。该坐标系相对于参考坐标系的位置和最终姿态是表示位置变化和 RPY 的两个矩阵的乘积。例如，假设一个机器人是根据球坐标和 RPY 来设计的，那么这个机器人就可以表示为

$$^{R}T_{H}=T_{\text{sph}}(r,\beta,\gamma)\times\mathbf{RPY}(\phi_a,\phi_o,\phi_n) \tag{4-8}$$

关于 RPY 的逆向运动学方程的求解比球坐标更复杂，因为这里有三个耦合角，所以需要所有三个角各自的正弦和余弦值的信息才能解出这个角。为解出这三个角的正弦值和余弦值，必须将这些角解耦。因此，用 $\mathbf{Rot}(a,\ \phi_a)$ 的逆左乘式（4-7）两边，得

$$\mathbf{Rot}(a,\phi_a)^{-1}\mathbf{RPY}(\phi_a,\phi_o,\phi_n)=\mathbf{Rot}(o,\phi_o),\mathbf{Rot}(n,\phi_n)$$

假设用 RPY 得到的最后所期望的姿态是用 $(n,\ o,\ a)$ 矩阵来表示的，则有

$$\mathbf{Rot}(a,\phi_a)^{-1}\begin{bmatrix} n_x & o_x & a_x & 0 \\ n_y & o_y & a_y & 0 \\ n_z & o_z & a_z & 0 \\ 0 & 0 & 0 & 1 \end{bmatrix}=\mathbf{Rot}(o,\phi_o),\mathbf{Rot}(n,\phi_n)$$

进行矩阵相乘后得

$$\begin{bmatrix} n_x c\phi_a+n_y s\phi_a & o_x c\phi_a+o_y s\phi_a & a_x c\phi_a+a_y s\phi_a & 0 \\ n_y c\phi_a-n_x s\phi_a & o_y c\phi_a-o_x s\phi_a & a_y c\phi_a-a_x s\phi_a & 0 \\ n_z & o_z & a_z & 0 \\ 0 & 0 & 0 & 1 \end{bmatrix}=$$

$$\begin{bmatrix} c\phi_o & s\phi_o s\phi_n & s\phi_o c\phi_n & 0 \\ 0 & c\phi_n & -s\phi_n & 0 \\ -s\phi_o & c\phi_o s\phi_n & c\phi_o c\phi_n & 0 \\ 0 & 0 & 0 & 1 \end{bmatrix} \tag{4-9}$$

使式（4-9）左右两边对应的元素相等，将产生如下结果：

根据元素（2，1）得

$$n_y c\phi_a-n_x s\phi_a=0\rightarrow\phi_a=\text{atan2}(n_y,n_x)\ \text{或}\ \phi_a=\text{atan2}(-n_y,-n_x) \tag{4-10}$$

（注：用双变量反正切函数确定角度在求解时，总是采用双变量反正切函数 atan2 来确定角度。atan2 提供两个自变量，即纵坐标和横坐标，如图 4-10 所示。当 $-\pi\leqslant\theta\leqslant\pi$，由 atan2 反求角度时，同时检查 y 和 x 的符号来确定其所在象限。这一函数也能检验什么时候 x 或 y 为 0，并反求出正确的角度。atan2 的精确程度对其整个定义域都是一样的。）

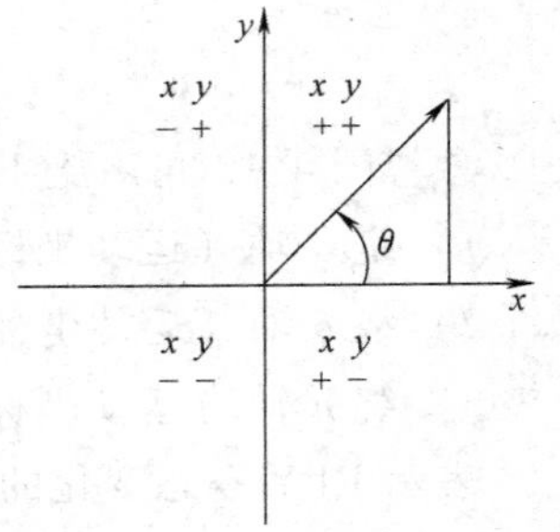

图 4-10　反正切函数 atan2

根据元素（3，1）和元素（1，1）得

$$\begin{cases} s\phi_o=-n_z \\ c\phi_o=n_x c\phi_a+n_y s\phi_a \end{cases}\rightarrow\phi_o=\text{atan2}[-n_z,(n_x c\phi_a+n_y s\phi_a)] \tag{4-11}$$

根据元素（2，2）和元素（2，3）得

$$\begin{cases} c\phi_n=o_y c\phi_a-o_x s\phi_a \\ s\phi_n=-a_y c\phi_a+a_x s\phi_a \end{cases}\rightarrow\phi_n=\text{atan2}[(-a_y c\phi_a+a_x s\phi_a),(o_y c\phi_a-o_x s\phi_a)] \tag{4-12}$$

例 4-4　下面给出了一个笛卡儿坐标—RPY 型机器人手所期望的最终位姿，求滚动角、俯仰角、偏航角和位移。

$$
{}^{R}\boldsymbol{T}_{p}=\begin{bmatrix} n_x & o_x & a_x & p_x \\ n_y & o_y & a_y & p_y \\ n_z & o_z & a_z & p_z \\ 0 & 0 & 0 & 1 \end{bmatrix}=\begin{bmatrix} 0.354 & -0.674 & 0.649 & 4.33 \\ 0.505 & 0.722 & 0.475 & 2.50 \\ -0.788 & 0.160 & 0.595 & 8 \\ 0 & 0 & 0 & 1 \end{bmatrix}
$$

解： 根据上述方程，得到两组解

$$
\phi_a=\text{atan2}(n_y,n_x)=\text{atan2}(0.505,0.354)=55°\text{或}235°
$$

$$
\phi_o=\text{atan2}[-n_z,(n_x c\phi_a+n_y s\phi_a)]=\text{atan2}(0.788,0.616)=52°\text{或}128°
$$

$$
\begin{aligned}
\phi_n&=\text{atan2}[(-a_y c\phi_a+a_x s\phi_a),(o_y c\phi_a-o_x s\phi_a)]\\
&=\text{atan2}(0.259,0.966)=15°\text{或}195°
\end{aligned}
$$

$$
p_x=4.33 \qquad p_y=2.50 \qquad p_z=8
$$

例 4-5 与例 4-4 中的位姿一样，如果机器人是圆柱坐标—RPY 型，求所有关节变量。

解： 在这种情况下，可用

$$
\begin{aligned}
{}^{R}\boldsymbol{T}_{p}&=\begin{bmatrix} 0.354 & -0.674 & 0.649 & 4.33 \\ 0.505 & 0.722 & 0.475 & 2.50 \\ -0.788 & 0.160 & 0.595 & 8 \\ 0 & 0 & 0 & 1 \end{bmatrix}\\
&=\boldsymbol{T}_{\text{cyl}}(r,\alpha,l)\times\mathbf{RPY}(\phi_a,\phi_o,\phi_n)
\end{aligned}
$$

这个方程右边有 4 个角，它们是耦合的，因此必须像前面那样将它们解耦。但是，因为对于圆柱坐标系 z 轴旋转 ϕ_a 角并不影响 a 轴，所以它仍平行于 z 轴。其结果是，对于 RPY 绕 a 轴旋转的 α 角可简单地加到 ϕ_a 上。这意味着，求出的 ϕ_a 实际上是（$\phi_a+\alpha$）（见图 4-11）。圆柱型坐标系包括两个线性平移运动和一个旋转运动。其顺序为：先沿 x 轴移动 r，再绕 z 轴旋转 α 角，最后沿 z 轴移动 l，这三个变换建立了机器人坐标系与参考坐标系之间的联系。由于这些变换都是相对于全局参考坐标系的坐标轴的，因此由这三个变换所产生的总变换可以通过依次左乘每一个矩阵而求得：

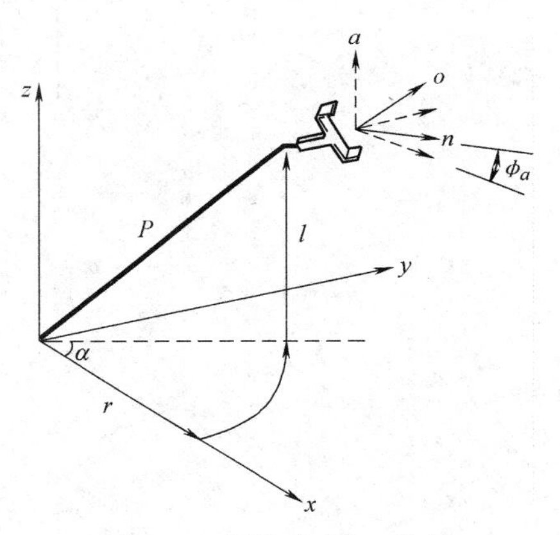

图 4-11 圆柱和 RPY 坐标

$$
{}^{R}\boldsymbol{T}_{p}=\boldsymbol{T}_{\text{cyl}}(r,\alpha,l)=\boldsymbol{Trans}(0,0,l)\boldsymbol{Rot}(z,\alpha)\boldsymbol{Trans}(r,0,0)
$$

$$
=\begin{bmatrix} 1 & 0 & 0 & 0 \\ 0 & 1 & 0 & 0 \\ 0 & 0 & 1 & l \\ 0 & 0 & 0 & 1 \end{bmatrix}\begin{bmatrix} c\alpha & -s\alpha & 0 & 0 \\ s\alpha & c\alpha & 0 & 0 \\ 0 & 0 & 1 & 0 \\ 0 & 0 & 0 & 1 \end{bmatrix}\begin{bmatrix} 1 & 0 & 0 & r \\ 0 & 1 & 0 & 0 \\ 0 & 0 & 1 & 0 \\ 0 & 0 & 0 & 1 \end{bmatrix}
$$

$$
=\begin{bmatrix} c\alpha & -s\alpha & 0 & rc\alpha \\ s\alpha & c\alpha & 0 & rs\alpha \\ 0 & 0 & 1 & l \\ 0 & 0 & 0 & 1 \end{bmatrix} \tag{4-13}
$$

参考式(4-6)可得

$rc\alpha = 4.33$

$rs\alpha = 2.50 \rightarrow \alpha = 30°$

$\phi_a + \alpha = 55° \rightarrow \phi_a = 25°$

$s\alpha = 0.5 \rightarrow r = 5$

$p_z = 8 \rightarrow l = 8$

与例 4-4 一样→$\phi_o = 52°$　$\phi_n = 15°$

当然，可以用类似的解法求出第二组解。

(2)用欧拉角表示运动姿态　除了最后的旋转仍然是对当前的 a 轴外，欧拉角的其他方面均与 RPY 相似(见图 4-12)。仍需要使所有旋转都是绕当前的轴转动以防止机器人的位置有任何改变。表示欧拉角的转动如下：

1)绕 a 轴(运动坐标系的 z 轴)旋转 ϕ。

2)接着绕新 o 轴(运动坐标系的 y 轴)旋转 θ。

3)最后再绕新 a 轴(运动坐标系的 z 轴)旋转 ψ。

表示欧拉角姿态变化的矩阵是

$$\mathbf{Euler}(\phi,\theta,\psi) = \mathbf{Rot}(a,\phi)\mathbf{Rot}(o,\theta),\mathbf{Rot}(a,\psi)$$

$$= \begin{bmatrix} c\phi c\theta c\psi - s\phi c\psi & -c\phi c\theta s\psi - s\phi c\psi & c\phi s\theta & 0 \\ s\phi c\theta c\psi + c\phi s\psi & -s\phi c\theta s\psi + c\phi c\psi & s\phi s\theta & 0 \\ -s\theta c\psi & s\theta s\psi & c\theta & 0 \\ 0 & 0 & 0 & 1 \end{bmatrix} \tag{4-14}$$

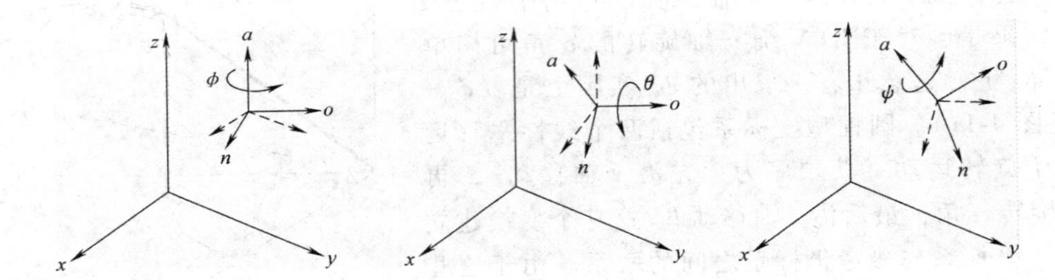

图 4-12　绕当前坐标轴的欧拉旋转

再次强调，该矩阵只是表示了由欧拉角所引起的姿态变化。相对于参考坐标系，这个坐标系的最终位姿是表示位置变化的矩阵和表示欧拉角的矩阵的乘积。

欧拉角的逆向运动学求解与 RPY 非常相似。可以使欧拉方程的两边左乘 $\mathbf{Rot}^{-1}(a, \phi)$ 来消去其中一边的 ϕ。让两边的对应元素相等，就可得到以下方程［假设由欧拉角得到的最终所期望的姿态是由 (n, o, a) 矩阵表示］

$$\mathbf{Rot}^{-1}(a,\phi) \times \begin{bmatrix} n_x & o_x & a_x & 0 \\ n_y & o_y & a_y & 0 \\ n_z & o_z & a_z & 0 \\ 0 & 0 & 0 & 1 \end{bmatrix} = \begin{bmatrix} c\theta c\psi & -c\theta s\psi & s\theta & 0 \\ s\psi & c\psi & 0 & 0 \\ -s\theta c\psi & s\theta s\psi & c\theta & 0 \\ 0 & 0 & 0 & 1 \end{bmatrix} \tag{4-15}$$

或

$$\begin{bmatrix} n_x c\phi + n_y s\phi & o_x c\phi + o_y s\phi & a_x c\phi + a_y s\phi & 0 \\ -n_x s\phi + n_y c\phi & -o_x s\phi + o_y c\phi & -a_x s\phi + a_y c\phi & 0 \\ n_z & o_z & a_z & 0 \\ 0 & 0 & 0 & 1 \end{bmatrix} = \begin{bmatrix} c\theta c\psi & -c\theta s\psi & s\theta & 0 \\ s\psi & c\psi & 0 & 0 \\ -s\theta c\psi & s\theta s\psi & c\theta & 0 \\ 0 & 0 & 0 & 1 \end{bmatrix} \tag{4-16}$$

式（4-15）中的 $\boldsymbol{n}$，$\boldsymbol{o}$，$\boldsymbol{a}$ 表示了最终的期望值，它们通常是给定或已知的。欧拉角的值是未知变量。

使式（4-16）左右两边对应的元素相等，可得到如下结果：

根据元素（2，3），可得

$$-a_x s\phi + a_y c\phi = 0 \rightarrow \phi = \operatorname{atan2}(a_y, a_x) \text{ 或 } \phi = \operatorname{atan2}(-a_y, -a_x) \tag{4-17}$$

由于求得了 ϕ 值，因此式（4-15）左边所有的元素都是已知的。根据元素（2，1）和元素（2，2）得

$$\begin{cases} s\psi = -n_x s\phi + n_y c\phi \\ c\psi = -o_x s\phi + o_y c\phi \end{cases} \rightarrow \psi = \operatorname{atan2}(-n_x s\phi + n_y c\phi, -o_x s\phi + o_y c\phi) \tag{4-18}$$

最后根据元素（1，3）和元素（3，3）得

$$\begin{cases} s\theta = a_x c\phi + a_y s\phi \\ c\theta = a_z \end{cases} \rightarrow \theta = \operatorname{atan2}(a_x c\phi + a_y s\phi, a_z) \tag{4-19}$$

例 4-6 给定一个直角坐标系-欧拉角型机器人手的最终期望位姿，求相应的欧拉角。

$$^{R}\boldsymbol{T}_H = \begin{bmatrix} n_x & o_x & a_x & p_x \\ n_y & o_y & a_y & p_y \\ n_z & o_z & a_z & p_z \\ 0 & 0 & 0 & 1 \end{bmatrix} = \begin{bmatrix} 0.579 & -0.548 & -0.604 & 5 \\ 0.540 & 0.813 & -0.220 & 7 \\ 0.611 & -0.199 & 0.766 & 3 \\ 0 & 0 & 0 & 1 \end{bmatrix}$$

解：根据前面的方程，得到

$$\phi = \operatorname{atan2}(a_y, a_x) = \operatorname{atan2}(-0.220, -0.604) = 20° \text{ 或 } 200°$$

将 20°和 200°的正弦值和余弦值应用于其他部分，可得

$$\psi = \operatorname{atan2}(-n_x s\phi + n_y c\phi, -o_x s\phi + o_y c\phi) = \operatorname{atan2}(0.31, 0.952) = 18° \text{ 或 } 198°$$

$$\theta = \operatorname{atan2}(a_x c\phi + a_y s\phi, a_z) = \operatorname{atan2}(-0.643, 0.766) = -40° \text{ 或 } 40°$$

4.2.3 位姿的正逆运动学方程

表示机器人最终位姿的矩阵是前面章节所介绍几种方程的组合，该矩阵取决于所用的坐标。假设机器人的运动是由直角坐标和 RPY 的组合关节组成，那么该坐标系相对于参考坐标系的最终位姿是表示直角坐标位置变化的矩阵和 **RPY** 矩阵的乘积。它可表示为

$$^{R}\boldsymbol{T}_H = \boldsymbol{T}_{\text{cart}}(P_x, P_y, P_z) \times \text{RPY}(\phi_a, \phi_o, \phi_n) \tag{4-20}$$

如果机器人是采用球坐标定位、欧拉角定姿的方式所设计的，那么将得到下列方程。其中位置由球坐标决定，而最终姿态既受球坐标角度的影响也受欧拉角的影响。

$$^{R}\boldsymbol{T}_H = \boldsymbol{T}_{\text{sph}}(r, \beta, \gamma) \times \textbf{Euler}(\phi, \theta, \psi) \tag{4-21}$$

由于有多种不同的组合，所以这种情况下的正逆运动学解不在这里讨论。对于复杂的设计，推荐用 D-H 表示法来求解。

4.2.4 机器人正运动学方程的D-H表示法

仍以例4-1为例来求解该机器人运动学方程，所建立的各关节坐标系如图4-3所示，各连杆参数见表4-2，则在坐标系{0}和{1}之间的变换矩阵 $\boldsymbol{A}_1$ 可通过将 α（$\sin 90°=1$，$\cos 90°=0$，$\alpha=90°$）以及指定 θ_1 等代入得到，对其他关节的 $\boldsymbol{A}_2\sim\boldsymbol{A}_6$ 矩阵也是这样，最后得

$$\boldsymbol{A}_1=\begin{bmatrix} c\theta_1 & 0 & s\theta_1 & 0\\ s\theta_1 & 0 & -c\theta_1 & 0\\ 0 & 1 & 0 & 0\\ 0 & 0 & 0 & 1\end{bmatrix}\quad \boldsymbol{A}_2=\begin{bmatrix} c\theta_2 & -s\theta_2 & 0 & c\theta_2 a_2\\ s\theta_2 & c\theta_2 & 0 & s\theta_2 a_2\\ 0 & 0 & 1 & 0\\ 0 & 0 & 0 & 1\end{bmatrix}$$

$$\boldsymbol{A}_3=\begin{bmatrix} c\theta_3 & -s\theta_3 & 0 & c\theta_3 a_3\\ s\theta_3 & c\theta_3 & 0 & s\theta_3 a_3\\ 0 & 0 & 1 & 0\\ 0 & 0 & 0 & 1\end{bmatrix}\quad \boldsymbol{A}_4=\begin{bmatrix} c\theta_4 & 0 & -s\theta_4 & c\theta_4 a_4\\ s\theta_4 & 0 & c\theta_4 & s\theta_4 a_4\\ 0 & -1 & 0 & 0\\ 0 & 0 & 0 & 1\end{bmatrix}$$

$$\boldsymbol{A}_5=\begin{bmatrix} c\theta_5 & 0 & s\theta_5 & 0\\ s\theta_5 & 0 & -c\theta_5 & 0\\ 0 & 1 & 0 & 0\\ 0 & 0 & 0 & 1\end{bmatrix}\quad \boldsymbol{A}_6=\begin{bmatrix} c\theta_6 & -s\theta_6 & 0 & 0\\ s\theta_6 & 0 & c\theta_6 & 0\\ 0 & 0 & 1 & 0\\ 0 & 0 & 0 & 1\end{bmatrix} \tag{4-22}$$

特别注意：为简化最后的解，将用到下列三角函数关系式

$$\begin{cases} s\theta_1 c\theta_2+c\theta_1 s\theta_2=s(\theta_1+\theta_2)=s_{12}\\ c\theta_1 c\theta_2-s\theta_1 s\theta_2=c(\theta_1+\theta_2)=c_{12}\end{cases} \tag{4-23}$$

在机器人的基座和手之间的总变换为

$$^{R}\boldsymbol{T}_H=\boldsymbol{A}_1\boldsymbol{A}_2\boldsymbol{A}_3\boldsymbol{A}_4\boldsymbol{A}_5\boldsymbol{A}_6 \tag{4-24}$$

该等式称为机器人运动学方程。此式右边表示从固定参考系到手部坐标系的各连杆坐标系之间的变换矩阵的连乘，左边 $^{R}\boldsymbol{T}_H$ 表示这些变换矩阵的乘积，也就是手部坐标系相对于固定参考系的位姿。式（4-24）计算结果为

$$^{R}\boldsymbol{T}_H={}^{0}\boldsymbol{T}_6=\begin{bmatrix} n_x & o_x & a_x & p_x\\ n_y & o_y & a_y & p_y\\ n_z & o_z & a_z & p_z\\ 0 & 0 & 0 & 1\end{bmatrix}=$$

$$\begin{bmatrix} c_1(c_{234}c_5c_6-s_{234}s_6) & c_1(-c_{234}c_5c_6-s_{234}c_6) & c_1(c_{234}s_5)+s_1c_5 & c_1(c_{234}a_4+c_{23}a_3+c_2a_2)\\ -s_1s_5c_6 & +s_1s_5s_6 & & \\ s_1(c_{234}c_5c_6-s_{234}s_6) & s_1(-c_{234}c_5c_6-s_{234}c_6)-c_1s_5s_6 & s_1(c_{234}s_5)-c_1c_5 & s_1(c_{234}a_4+c_{23}a_3+c_2a_2)\\ +c_1s_5s_6 & & & \\ s_{234}c_5c_6 & -s_{234}c_5c_6+c_{234}c_6 & s_{234}s_5 & s_{234}a_4+s_{23}a_3+s_2a_2\\ 0 & 0 & 0 & 1\end{bmatrix}$$

式中前三列表示手部的姿态，第四列表示手部的位置。

例4-7 已知三自由度平面关节机器人如图4-13所示，设机器人杆件1、2、3的长度为

l_1，l_2，l_3。试建立机器人的运动学方程。

解：1）建立坐标系。如图 4-13 所示，机座坐标系 $\{0\}$，杆件坐标系 $\{i\}$，手部坐标系 $\{h\}$ （与末端 $\{n\}$ 重合）。

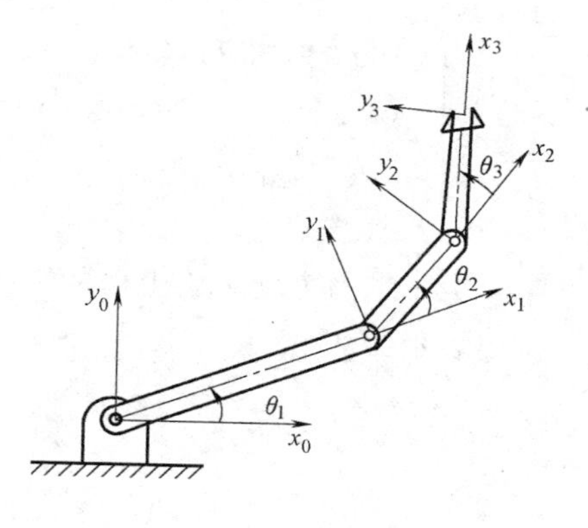

图 4-13　机器人杆件坐标系建立

2）确定参数。机器人各连杆参数见表 4-3。

则相邻杆件位姿矩阵为

$$\boldsymbol{A}_{01}=\mathbf{Rot}(z,\theta_1)\mathbf{Trans}(l_1,0,0)=$$

$$\begin{bmatrix} c\theta_1 & -s\theta_1 & 0 & 0\\ s\theta_1 & c\theta_1 & 0 & 0\\ 0 & 0 & 1 & 0\\ 0 & 0 & 0 & 1\end{bmatrix}\begin{bmatrix} 1 & 0 & 0 & l_1\\ 0 & 1 & 0 & 0\\ 0 & 0 & 1 & 0\\ 0 & 0 & 0 & 1\end{bmatrix}=\begin{bmatrix} c\theta_1 & -s\theta_1 & 0 & l_1c\theta_1\\ s\theta_1 & c\theta_1 & 0 & l_1s\theta_1\\ 0 & 0 & 1 & 0\\ 0 & 0 & 0 & 1\end{bmatrix}$$

表 4-3　机器人各连杆参数

i	d_i	θ_i	l_i	a_i	q_i
1	0	θ_1	l_1	0	θ_1
2	0	θ_2	l_2	0	θ_2
3	0	θ_3	l_3	0	θ_3

同理可得

$$\boldsymbol{A}_2=\mathbf{Rot}(z,\theta_2)\mathbf{Trans}(l_2,0,0)=\begin{bmatrix} c\theta_2 & -s\theta_2 & 0 & l_2c\theta_2\\ s\theta_2 & c\theta_2 & 0 & l_2s\theta_2\\ 0 & 0 & 1 & 0\\ 0 & 0 & 0 & 1\end{bmatrix}$$

$$\boldsymbol{A}_{23}=\mathbf{Rot}(z,\theta_3)\mathbf{Trans}(l_3,0,0)=\begin{bmatrix} c\theta_3 & -s\theta_3 & 0 & l_3c\theta_3\\ s\theta_3 & c\theta_3 & 0 & l_3s\theta_3\\ 0 & 0 & 1 & 0\\ 0 & 0 & 0 & 1\end{bmatrix}$$

则机器人的运动学方程为

$$\boldsymbol{T}_{0h}=\boldsymbol{A}_{01}\boldsymbol{A}_{12}\boldsymbol{A}_{23(h)}=\begin{bmatrix} c\theta_{123} & -s\theta_{123} & 0 & l_1c\theta_1+l_2c\theta_{12}+l_3c\theta_{123}\\ s\theta_{123} & c\theta_{123} & 0 & l_1s\theta_1+l_2s\theta_{12}+l_3c\theta_{123}\\ 0 & 0 & 1 & 0\\ 0 & 0 & 0 & 1\end{bmatrix}$$

4.2.5　机器人的逆运动学方程

逆运动学解决的问题是：已知手部的位姿，求各个关节的变量。为了使机器人手臂处于期望的位姿，如果有了逆运动学解就能确定每个关节的值。在机器人的控制中，往往已知手部到达的目标位姿，需要求出关节变量以驱动各关节的电动机，使手部的位姿得到满足。下面将研究求解逆运动方程的一般步骤。

仍以例 4-1 中的简单机械手臂为例。虽然所给出的解决方法只针对这一给定构型的机器人，但也可以类似地用于其他机器人。机器人的运动学方程为

$${}^{R}\boldsymbol{T}_H=\boldsymbol{A}_1\boldsymbol{A}_2\boldsymbol{A}_3\boldsymbol{A}_4\boldsymbol{A}_5\boldsymbol{A}_6$$

$$=\begin{bmatrix} c_1(c_{234}c_5c_6-s_{234}s_6)-s_1s_5c_6 & c_1(-c_{234}c_5c_6-s_{234}c_6)+s_1s_5s_6 & c_1(c_{234}s_5)+s_1c_5 & c_1(c_{234}a_4+c_{23}a_3+c_2a_2) \\ s_1(c_{234}c_5c_6-s_{234}s_6)+c_1s_5s_6 & s_1(-c_{234}c_5c_6-s_{234}c_6)-c_1s_5s_6 & s_1(c_{234}s_5)-c_1c_5 & s_1(c_{234}a_4+c_{23}a_3+c_2a_2) \\ s_{234}c_5c_6 & -s_{234}c_5c_6+c_{234}c_6 & s_{234}s_5 & s_{234}a_4+s_{23}a_3+s_2a_2 \\ 0 & 0 & 0 & 1 \end{bmatrix}$$

为了书写方便，将上面的矩阵表示为［RHS］（Right-Hand Side）。这里将机器人的期望位姿表示为

$$^R\boldsymbol{T}_H=\begin{bmatrix} n_x & o_x & a_x & p_x \\ n_y & o_y & a_y & p_y \\ n_z & o_z & a_z & p_z \\ 0 & 0 & 0 & 1 \end{bmatrix}$$

为了求解角度，从 $\boldsymbol{A}_n^{-1}$ 开始，依次用 $\boldsymbol{A}_1^{-1}$ 左乘上述两个矩阵，得到

$$\boldsymbol{A}_1^{-1}\times\begin{bmatrix} n_x & o_x & a_x & p_x \\ n_y & o_y & a_y & p_y \\ n_z & o_z & a_z & p_z \\ 0 & 0 & 0 & 1 \end{bmatrix}=\boldsymbol{A}_1^{-1}[\text{RHS}]=\boldsymbol{A}_2\boldsymbol{A}_3\boldsymbol{A}_4\boldsymbol{A}_5\boldsymbol{A}_6 \tag{4-25}$$

$$\begin{bmatrix} c_1 & s_1 & 0 & 0 \\ 0 & 0 & 1 & 0 \\ s_1 & -c_1 & 0 & 0 \\ 0 & 0 & 0 & 1 \end{bmatrix}\times\begin{bmatrix} n_x & o_x & a_x & p_x \\ n_y & o_y & a_y & p_y \\ n_z & o_z & a_z & p_z \\ 0 & 0 & 0 & 1 \end{bmatrix}=\boldsymbol{A}_2\boldsymbol{A}_3\boldsymbol{A}_4\boldsymbol{A}_5\boldsymbol{A}_6$$

$$\begin{bmatrix} n_xc_1+n_ys_1 & o_xc_1+o_ys_1 & a_xc_1+a_ys_1 & p_xc_1+p_ys_1 \\ n_z & o_z & a_z & p_z \\ n_xs_1-n_yc_1 & a_xs_1-a_yc_1 & p_xs_1-p_yc_1 & p_xs_1-p_yc_1 \\ 0 & 0 & 0 & 1 \end{bmatrix}=$$

$$\begin{bmatrix} c_{234}c_5c_6-s_{234}s_6 & -c_{234}c_5c_6-s_{234}c_6 & c_{234}s_5 & c_{234}a_4+c_{23}a_3+c_2a_2 \\ s_{234}c_5c_6+c_{234}s_6 & -s_{234}c_5c_6+c_{234}c_6 & s_{234}s_5 & s_{234}a_4+s_{23}a_3+s_2a_2 \\ -s_5c_6 & s_5s_6 & c_5 & 0 \\ 0 & 0 & 0 & 1 \end{bmatrix} \tag{4-26}$$

根据方程的元素（3，4）有

$$p_xs_1-p_yc_1=0 \quad \rightarrow \quad \theta_1=\arctan\left(\frac{p_y}{p_x}\right) \text{和 } \theta_1=\theta_1+180° \tag{4-27}$$

根据元素（1，4）和元素（2，4）可得

$$\begin{cases} p_xc_1+p_ys_1=c_{234}a_4+c_{23}a_3+c_2a_2 \\ p_z=s_{234}a_4+s_{23}a_3+s_2a_2 \end{cases} \tag{4-28}$$

整理上面两个方程并对两边平方，然后将平方值相加，得

$$\begin{cases} (p_xc_1+p_ys_1-c_{234}a_4)^2=(c_{23}a_3+c_2a_2)^2 \\ (p_z-s_{234}a_4)^2=(s_{23}a_3+s_2a_2) \end{cases}$$

$$(p_xc_1+p_ys_1-c_{234}a_4)^2+(p_z-s_{234}a_4)^2=a_2^2+a_3^2+2a_2a_3(s_2s_{23}+c_2c_{23})$$

根据式（4-23）的三角函数方程，可得

$$s_2s_{23}+c_2c_{23}=\cos[(\theta_2+\theta_3)-\theta_2]=\cos\theta_3$$

于是

$$c_3=\frac{(p_xc_1+p_ys_1-c_{234}a_4)^2+(p_z-s_{234}a_4)^2-a_2^2-a_3^2}{2a_2a_3} \tag{4-29}$$

在这个方程中，除 s_{234} 和 c_{234} 外，每个变量都是已知的，s_{234} 和 c_{234} 将在后面求出。已知：

$$s_3=\pm\sqrt{1-c_3^2}$$

于是可得

$$\theta_3=\arctan\frac{s_3}{c_3} \tag{4-30}$$

因为关节 2、3 和 4 都是平行的，左乘 $\boldsymbol{A}_2$ 和 $\boldsymbol{A}_3$ 的逆不会产生有用的结果。下一步左乘 $\boldsymbol{A}_1\sim\boldsymbol{A}_4$ 的逆，结果为

$$\boldsymbol{A}_4^{-1}\boldsymbol{A}_3^{-1}\boldsymbol{A}_2^{-1}\boldsymbol{A}_1^{-1}\times\begin{bmatrix} n_x & o_x & a_x & p_x \\ n_y & o_y & a_y & p_y \\ n_z & o_z & a_z & p_z \\ 0 & 0 & 0 & 1 \end{bmatrix}=\boldsymbol{A}_4^{-1}\boldsymbol{A}_3^{-1}\boldsymbol{A}_2^{-1}\boldsymbol{A}_1^{-1}[\text{RHS}]=\boldsymbol{A}_5\boldsymbol{A}_6 \tag{4-31}$$

乘开后可得

$$\begin{bmatrix} c_{234}(c_1n_x+s_1n_y)+s_{234}n_z & c_{234}(c_1o_x+s_1o_y)+s_{234}o_z & c_{234}(c_1a_x+s_1a_y)+s_{234}a_z & \begin{matrix} c_{234}(c_1p_x+s_1p_y)+s_{234}p_z \\ -c_{34}a_2-c_4a_3-a_4 \end{matrix} \\ c_1n_y-s_1n_x & c_1o_y-s_1o_x & c_1a_y-s_1a_x & 0 \\ -s_{234}(c_1n_x+s_1n_y)+c_{234}n_z & -s_{234}(c_1o_x+s_1o_y)+c_{234}o_z & -s_{234}(c_1a_x+s_1a_y)+c_{234}o_z & \begin{matrix} -s_{234}(c_1p_x+s_1p_y)+c_{234}a_z \\ +s_{34}a_2+s_4a_3 \end{matrix} \\ 0 & 0 & 0 & 1 \end{bmatrix}=$$

$$\begin{bmatrix} c_5c_6 & -c_5s_6 & s_5 & 0 \\ s_5c_6 & -s_5s_6 & -c_5 & 0 \\ s_6 & c_6 & 0 & 0 \\ 0 & 0 & 0 & 1 \end{bmatrix} \tag{4-32}$$

根据式（4-32）中的元素（3，3）有

$$-s_{234}(c_1a_x+s_1a_y)+c_{234}a_z=0\rightarrow$$

$$\theta_{234}=\arctan\left(\frac{a_z}{c_1a_x+s_1a_y}\right) \text{ 和 } \theta_{234}=\theta_{234}+180^\circ \tag{4-33}$$

由此可计算 s_{234} 和 c_{234}，如前面所讨论过的，它们可用来计算 θ_3。

现在再参照式（4-28），并在这里重复使用它就可计算 θ_2 的正弦和余弦值。具体步骤如下：

由于 $c_{12}=c_1c_2-s_1s_2$ 以及 $s_{12}=s_1c_2+c_1s_2$，可得

$$\begin{cases} p_x c_1 + p_y s_1 - c_{234} a_4 = (c_2 c_3 - s_2 s_3) a_3 + c_2 a_2 \\ P_z - s_{234} a_4 = (s_2 c_3 + c_2 s_3) a_3 + s_2 a_2 \end{cases} \tag{4-34}$$

上面两个方程中包含两个未知数，求解 c_2 和 s_2，可得

$$\begin{cases} s_2 = \dfrac{(c_3 a_3 + a_2)(p_z - s_{234} a_4) - s_3 a_3 (p_x c_1 + p_y s_1 - c_{234} a_4)}{(c_3 a_3 + a_2)^2 + s_3^2 a_3^2} \\ c_2 = \dfrac{(c_3 a_3 + a_2)(p_x c_1 + p_y s_1 - c_{234} a_4) + s_3 a_3 (p_z - s_{234} a_4)}{(c_3 a_3 + a_2)^2 + s_3^2 a_3^2} \end{cases} \tag{4-35}$$

尽管这个方程较复杂，但它的所有元素都是已知的，因此可以计算得到

$$\theta_2 = \arctan \frac{(c_3 a_3 + a_2)(p_z - s_{234} a_4) - s_3 a_3 (p_x c_1 + p_y s_1 - c_{234} a_4)}{(c_3 a_3 + a_2)(p_x c_1 + p_y s_1 - c_{234} a_4) + s_3 a_3 (p_z - s_{234} a_4)} \tag{4-36}$$

既然 θ_2 和 θ_3 已知，进而可得

$$\theta_4 = \theta_{234} - \theta_2 - \theta_3 \tag{4-37}$$

因为式（4-33）中的 θ_{234} 有两个解，所以 θ_4 也有两个解。

根据式（4-32）中的元素（1，3）和元素（2，3），可以得到

$$\begin{cases} s_5 = c_{234}(c_1 a_x + s_1 a_y) + s_{234} a_z \\ c_5 = -c_1 a_y + s_1 a_x \end{cases} \tag{4-38}$$

$$\theta_5 = \arctan \frac{c_{234}(c_1 a_x + s_1 a_y) + s_{234} a_z}{s_1 a_x - c_1 a_y} \tag{4-39}$$

因为对于 θ_6 没有解耦方程，所以必须用 $\boldsymbol{A}_5$ 矩阵的逆左乘式（4-32）来对它解耦。这样做后可得到

$$\begin{bmatrix} c_5[c_{234}(c_1 n_x + s_1 n_y) + s_{234} n_z] - s_5(s_1 n_x - c_1 n_y) & c_5[c_{234}(c_1 o_x + s_1 o_y) + s_{234} o_z] - s_5(s_1 o_x - c_1 o_y) & 0 & 0 \\ -s_{234}(c_1 n_x + s_1 n_y) + c_{234} n_z & -s_{234}(c_1 o_x + s_1 o_y) + c_{234} o_z & 0 & 0 \\ 0 & 0 & 1 & 0 \\ 0 & 0 & 0 & 1 \end{bmatrix} =$$

$$\begin{bmatrix} c_6 & -s_6 & 0 & 0 \\ s_6 & c_6 & 0 & 0 \\ 0 & 0 & 1 & 0 \\ 0 & 0 & 0 & 1 \end{bmatrix} \tag{4-40}$$

根据式（4-40）中的元素（2，1）和元素（2，2），可以得到

$$\theta_6 = \arctan \frac{-s_{234}(c_1 n_x + s_1 n_y) + c_{234} n_z}{-s_{234}(c_1 o_x + s_1 o_y) + c_{234} o_z} \tag{4-41}$$

至此找到了 6 个方程，它们合在一起给出了机器人置于任何期望位姿时所需的关节值。虽然这种方法仅适用于给定的机器人，但也可采取类似的方法来处理其他的机器人。上述求解的过程称为分离变量法。即将一个未知数由矩阵方程的右边移向左边，使其与其他未知数分开，解出这个未知数，再把下一个未知数移到左边，重复进行，直到解出所有未知数。

值得注意的是，因为此机器人的最后三个关节交于一个公共点才使得这个方法有可能求解，否则就不能用这个方法来求解，而只能直接求解矩阵或通过计算矩阵的逆来求解未知的

量。大多数机器人都有相交的腕关节。因此可用此方法求解。

4.3 典型机器人运动学方程的建立及分析

4.3.1 建立机器人运动学方程的方法及实例

例 4-8 结合本章所学的知识进行四自由度机器人 SCARA 的正逆运动学分析。

SCARA 型机器人的运动学模型的建立，包括机器人运动学方程的表示，以及运动学正解、逆解等，这些是研究机器人控制的重要基础，也是开放式机器人系统轨迹规划的重要基础。为了描述 SCARA 型机器人各连杆之间的数学关系，在此采用 D-H 法。

SCARA 型机器人操作臂可以看作是一个开式运动链。它是由一系列连杆通过转动或移动关节串联而成的。为了研究操作臂各连杆之间的位移关系，可在每个连杆上固接一个坐标系，然后描述这些坐标系之间的关系。

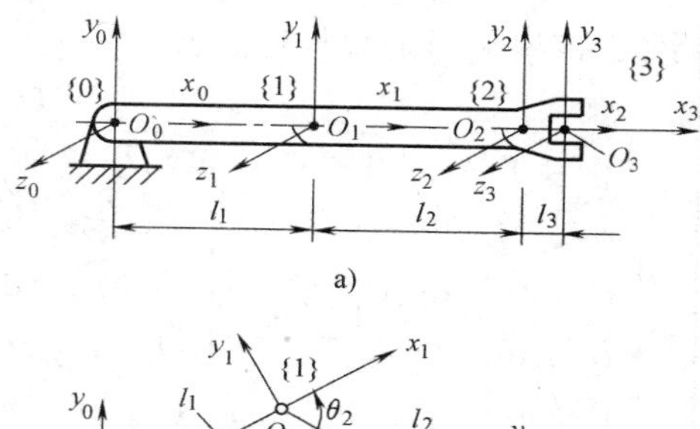

a)

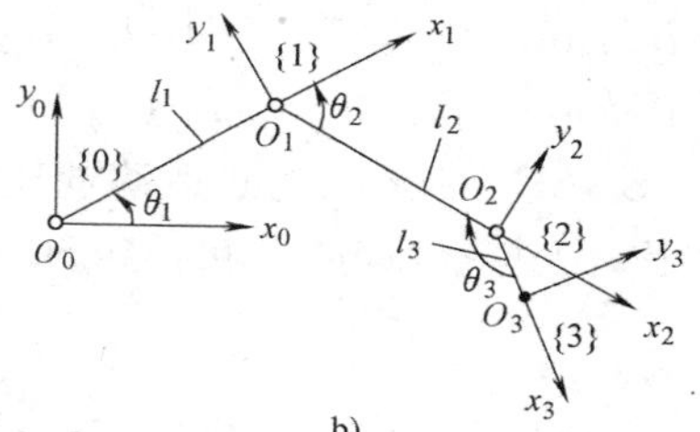

b)

图 4-14 SCARA 型机器人的坐标系

解：1. SCARA 机器人坐标系建立

SCARA 型机器人的坐标系如图 4-14 所示，根据 D-H 坐标系建立方法，SCARA 机器人的每个关节坐标系的建立可参照以下的三个原则：

1）z_n 轴沿着第 n 个关节的运动轴基坐标系的选择为：当第一关节变量为零时，{0} 坐标系与 {1} 坐标系重合。

2）x_n 轴垂直于 z_n 轴并指向离开 z_n 轴的方向。

3）y_n 轴的方向按右手定则确定。

2. 构件参数的确定

SCARA 机器人的杆件参数见表 4-4，相应的连杆初始位置及参数列于表中，θ_n、d_n 为关节变量。根据 D-H 构件坐标系表示法，构件本身的结构参数 a_{n-1}、α_{n-1} 和相对位置参数 d_n、θ_n 可由以下的方法确定：

1）θ_n 为绕 z_n 轴（按右手定则）由 x_{n-1} 轴到 x_n 轴的关节角。

2）d_n 为沿 z_n 轴，将 x_{n-1} 轴平移至 x_n 轴的距离。

3）a_{n-1} 为沿 x_{n-1} 轴，从 z_{n-1} 轴至 z_n 轴的距离。

4）α_{n-1} 为绕 x_{n-1} 轴（按右手定则）由 z_{n-1} 轴到 z_n 轴的偏转角。

表 4-4 SCARA 机器人的杆件参数

杆件号	a_{n-1}	α_{n-1}	d_n	θ_n	$\cos\alpha_{n-1}$	$\sin\alpha_{n-1}$
1	0	0	0	θ_1	1	0
2	l_1	0	0	θ_2	1	0
3	l_2	0	d_3	0	1	0
4	0	0	0	θ_4	1	0

3. 变换矩阵的建立

全部的连杆规定坐标系之后，就可以按照下列顺序来建立相邻两连杆 $n-1$ 和 n 之间的相对关系：①绕 x_{n-1} 轴转 α_{n-1} 角；②沿 x_{n-1} 轴移动 a_{n-1}；③绕 z_n 轴转 θ_n 角；④沿 z_n 轴移动 d_n。

这种关系可由表示连杆 n 对连杆 $n-1$ 的相对位置齐次变换矩阵 ${}^{n-1}\boldsymbol{T}_n$ 来表征。即

$$ {}^{n-1}\boldsymbol{T}_n=\boldsymbol{T}_r(x_{n-1},\alpha_{n-1})\boldsymbol{T}_t(x_{n-1},a_{n-1})\boldsymbol{T}_r(z_n,\theta_n)\boldsymbol{T}_t(z_n,d_n) $$

展开上式得

$$ {}^{n-1}\boldsymbol{T}_n=\begin{bmatrix} \cos\theta_n & -\sin\theta_n & 0 & a_{n-1} \\ \sin\theta_n\cos\alpha_{n-1} & \cos\theta_n\cos\alpha_{n-1} & -\sin\alpha_{n-1} & -d_n\sin\alpha_{n-1} \\ \sin\theta_n\sin\alpha_{n-1} & \cos\theta_n\sin\alpha_n & \cos\alpha_{n-1} & d_n\cos\alpha_{n-1} \\ 0 & 0 & 0 & 1 \end{bmatrix} \tag{4-42} $$

由于 ${}^{n-1}\boldsymbol{T}_n$ 描述第 n 个连杆相对于第 $n-1$ 个连杆的位姿，对于 SCARA 机器人（四个自由度），机器人的末端装置即为连杆 4 的坐标系，它与基座的关系为

$$ {}^0\boldsymbol{T}_4={}^0\boldsymbol{T}_1{}^1\boldsymbol{T}_2{}^2\boldsymbol{T}_3{}^3\boldsymbol{T}_4 $$

如图 4-14 所示坐标系，可写出连杆 n 相对于连杆 $n-1$ 的变换矩阵 ${}^{n-1}\boldsymbol{T}_n$：

$$ {}^0\boldsymbol{T}_1=\begin{bmatrix} c_1 & -s_1 & 0 & 0 \\ s_1 & c_1 & 0 & 0 \\ 0 & 0 & 1 & 0 \\ 0 & 0 & 0 & 1 \end{bmatrix} \quad {}^1\boldsymbol{T}_2=\begin{bmatrix} c_2 & -s_2 & 0 & l_1 \\ s_2 & c_2 & 0 & 0 \\ 0 & 0 & 1 & 0 \\ 0 & 0 & 0 & 1 \end{bmatrix} \quad {}^2\boldsymbol{T}_3=\begin{bmatrix} 1 & 0 & 0 & l_2 \\ 0 & 1 & 0 & 0 \\ 0 & 0 & 1 & -d_3 \\ 0 & 0 & 0 & 1 \end{bmatrix} \quad {}^3\boldsymbol{T}_4=\begin{bmatrix} c_4 & -s_4 & 0 & 0 \\ s_4 & c_4 & 1 & 0 \\ 0 & 0 & 1 & 0 \\ 0 & 0 & 0 & 1 \end{bmatrix} $$

4. SCARA 机器人的正运动学分析

各连杆变换矩阵相乘，可得到 SCARA 机器人末端执行器的位姿方程（正运动学方程）为

$$ {}^0\boldsymbol{T}_4={}^0\boldsymbol{T}_1(\theta_1){}^1\boldsymbol{T}_2(\theta_2){}^2\boldsymbol{T}_3(d_3){}^3\boldsymbol{T}_4(\theta_4)=\begin{bmatrix} n_x & o_x & a_x & p_x \\ n_y & o_y & a_y & p_y \\ n_z & o_z & a_z & p_z \\ 0 & 0 & 0 & 1 \end{bmatrix}= $$

$$ \begin{bmatrix} c_1c_2c_4-s_1s_2s_4-c_1s_2s_4-s_1c_2s_4 & -c_1c_2s_4+s_1s_2s_4-c_1s_2s_4-s_1c_2c_4 & 0 & c_1c_2l_2-s_1s_2l_2+c_1l_1 \\ s_1c_2c_4+c_1s_2c_4-s_1s_2s_4+c_1c_2s_4 & -s_1c_2s_4-c_1s_2s_4-s_1s_2s_4+c_1c_2c_4 & 0 & s_1c_2l_2+c_1s_2l_2+s_1l_1 \\ 0 & 0 & 1 & -d_3 \\ 0 & 0 & 0 & 0 \end{bmatrix} \tag{4-43} $$

该式表示了 SCARA 手臂变换矩阵 ${}^0\boldsymbol{T}_4$，描述了末端连杆坐标系｛4｝相对基坐标系｛0｝的位姿。

5. SCARA 机器人的逆运动学分析

1）求关节变量 θ_1。为了分离变量，对式（4-43）的两边同时左乘 ${}^0\boldsymbol{T}_1^{-1}(\theta_1)$ 得

$$ {}^0\boldsymbol{T}_1^{-1}(\theta_1){}^0\boldsymbol{T}_4={}^1\boldsymbol{T}_2(\theta_2){}^2\boldsymbol{T}_3(d_3){}^3\boldsymbol{T}_4(\theta_4) $$

即

$$ \begin{bmatrix} c_1 & s_1 & 0 & 0 \\ -s_1 & c_1 & 0 & 0 \\ 0 & 0 & 1 & 0 \\ 0 & 0 & 0 & 1 \end{bmatrix}\begin{bmatrix} n_x & o_x & a_x & p_x \\ n_y & o_y & a_y & p_y \\ n_z & o_z & a_z & p_z \\ 0 & 0 & 0 & 1 \end{bmatrix}=\begin{bmatrix} c_2c_4-s_2s_4 & -c_2s_4-s_2c_4 & 0 & c_2l_2+l_1 \\ s_2c_4+c_2s_4 & -s_2s_4+c_2c_4 & 0 & s_2l_2 \\ 0 & 0 & 1 & -d_3 \\ 0 & 0 & 0 & 1 \end{bmatrix} $$

左右矩阵中的元素（1，4）和元素（2，4）分别相等，即

$$\begin{cases}\cos\theta_1 \cdot p_x+\sin\theta_1 \cdot p_y=\cos\theta_2 \cdot l_2+l_1\\ -\sin\theta_1 \cdot p_x+\cos\theta_1 \cdot p_y=\sin\theta_2 \cdot l_2\end{cases} \tag{4-44}$$

由以上两式联立可得

$$\theta_1=\arctan\left(\frac{\pm\sqrt{1-A^2}}{A}\right)+\varphi \tag{4-45}$$

其中，$A=\dfrac{l_1^2-l_2^2+p_x^2+p_y^2}{2l_1 \cdot \sqrt{p_x^2+p_y^2}}$；$\varphi=\arctan\dfrac{p_y}{p_x}$

2）求关节变量 θ_2。由式（4-44）可得

$$\theta_2=\arctan\left[-\frac{r\sin(\theta_1-\varphi)}{r\cos(\theta_1-\varphi)-l_1}\right] \tag{4-46}$$

其中，$r=\sqrt{p_x^2+p_y^2}$；$\varphi=\arctan\dfrac{p_y}{p_x}$

3）求关节变量 d_3。令左右矩阵中的元素（3，4）相等，可得

$$d_3=-p_z \tag{4-47}$$

4）求关节变量 θ_4。令左右矩阵中的元素（1，1）和元素（2，1）分别相等，即

$$\begin{cases}\cos\theta_1 \cdot n_x+\sin\theta_1 n_y=\cos\theta_2 \cdot \cos\theta_4+\sin\theta_2 \cdot \sin\theta_4\\ -\sin\theta_1 \cdot n_x+\cos\theta_1 n_y=\sin\theta_2 \cdot \cos\theta_4-\cos\theta_2 \cdot \sin\theta_4\end{cases}$$

由以上两式可求得

$$\theta_4=\arctan\left(\frac{-\sin\theta_1 \cdot n_x+\cos\theta_1 n_y}{\cos\theta_1 \cdot n_x+\sin\theta_1 n_y}\right)+\theta_2 \tag{4-48}$$

至此，机器人的所有运动学逆解都已求出。在逆解的求解过程中只进行了一次矩阵逆乘，从而使计算过程大为简化，从 θ_1 的表达式中可以看出它有两个解，所以 SCARA 机器人应该存在两组解。运动学分析提供了机器人运动规划和轨迹控制的理论基础。

例 4-9　如图 4-15 所示斯坦福机器人及各连杆的坐标系，各连杆参数见表 4-5。斯坦福机器人是一个球坐标手臂，即开始的两个关节是旋转的，第三个关节是滑动的，最后三个腕关节全是旋转关节。杆 1 绕固定坐标系的 z_0 轴旋转 θ_1；杆 2 绕杆 1 坐标系的 z_1 轴旋转 θ_2；杆 3 绕杆 2 坐标系的 z_2 轴平移 d_3。手腕有三个转动关节，与转动关节的轴线相交于一点，杆 4 绕杆 3 坐标系的 z_3 轴旋转 θ_4；杆 5 绕杆 4 坐标系的 z_4 轴旋转 θ_5；杆 6 绕杆 5 坐标系的 z_5 轴旋转 θ_6；x_6、y_6、z_6 为手部坐标系。建立机器人的运动学方程。

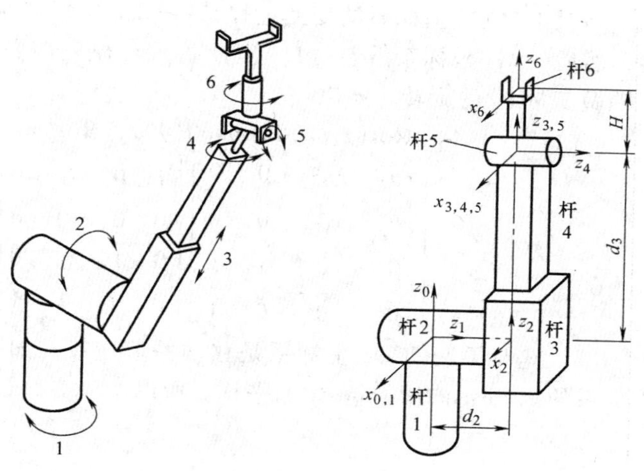

图 4-15　斯坦福机器人及各连杆坐标系

表 4-5　斯坦福机器人各连杆参数

杆件号	关节转角 θ	距离 d	杆长 a	扭角 α
1	θ_1	0	0	-90°
2	θ_2	d_2	0	90°
3	θ_3	d_3	0	0°
4	θ_4	0	0	-90°
5	θ_5	0	0	90°
6	θ_6	H	0	0°

解：1. 求斯坦福机器人正运动学解

根据各连杆的参数和齐次变换矩阵公式可求得 $\boldsymbol{A}_i$。

{1} 坐标系与 {0} 坐标系是旋转关节连接，如图 4-16a 所示。{1} 坐标系相对于 {0} 坐标系的变换过程是：{1} 坐标系绕 {0} 坐标系的 x_0 轴做 $\alpha_1=-90°$的旋转，然后 {1} 坐标系绕 {0} 坐标系的 z_0 做变量 θ_1 的旋转，所以

$$\boldsymbol{A}_1=\mathbf{Rot}(z,\theta_1)\mathbf{Rot}(x,\alpha_1)=\mathbf{Rot}(z,\theta_1)\mathbf{Rot}(x,-90°)=$$

$$\begin{bmatrix} c\theta_1 & -s\theta_1 & 0 & 0 \\ s\theta_1 & c\theta_1 & 0 & 0 \\ 0 & 0 & 1 & 0 \\ 0 & 0 & 0 & 1 \end{bmatrix}\begin{bmatrix} 1 & 0 & 0 & 0 \\ 0 & 0 & 1 & 0 \\ 0 & -1 & 0 & 0 \\ 0 & 0 & 0 & 1 \end{bmatrix}=\begin{bmatrix} c\theta_1 & 0 & -s\theta_1 & 0 \\ s\theta_1 & 0 & c\theta_1 & 0 \\ 0 & -1 & 0 & 0 \\ 0 & 0 & 0 & 1 \end{bmatrix}$$

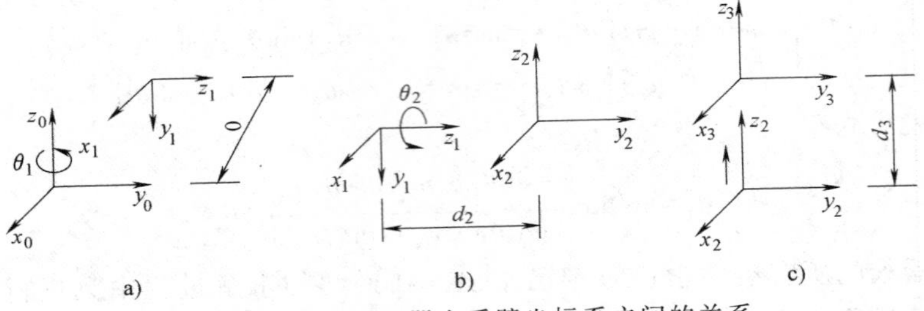

图 4-16　斯坦福机器人手臂坐标系之间的关系

{2} 坐标系与 {1} 坐标系是旋转关节连接，连杆距离为 d_2，如图 4-16b 所示。{2} 坐标系相对于 {1} 坐标系的变换过程是：{2} 坐标系绕 {1} 坐标系的 x_1 轴做 $\alpha_2=90°$的旋转，然后 {2} 坐标系沿着 {1} 坐标系的 z_1 轴正向做 d_2 距离的平移，再绕 {1} 坐标系的 z_1 轴做变量 θ_2 的旋转，所以

$$\boldsymbol{A}_2=\mathbf{Rot}(z,\theta_2)\mathbf{Trans}(0,0,d_2)\mathbf{Rot}(x,\alpha_2)=$$

$$\begin{bmatrix} c\theta_2 & -s\theta_2 & 0 & 0 \\ s\theta_2 & c\theta_2 & 0 & 0 \\ 0 & 0 & 1 & d_2 \\ 0 & 0 & 0 & 1 \end{bmatrix}\begin{bmatrix} 1 & 0 & 0 & 0 \\ 0 & 0 & -1 & 0 \\ 0 & 1 & 0 & 0 \\ 0 & 0 & 0 & 1 \end{bmatrix}=\begin{bmatrix} c\theta_2 & 0 & s\theta_2 & 0 \\ s\theta_2 & 0 & -c\theta_2 & 0 \\ 0 & 1 & 0 & d_2 \\ 0 & 0 & 0 & 1 \end{bmatrix}$$

{3} 坐标系与 {2} 坐标系是移动关节连接，如图 4-16c 所示。{3} 坐标系沿着 {2} 坐标系的 z_2 轴正向做变量 d_3 的平移。所以

$$\boldsymbol{A}_3=\mathbf{Trans}(0,0,d_3)=\begin{bmatrix} 1 & 0 & 0 & 0 \\ 0 & 1 & 0 & 0 \\ 0 & 0 & 1 & d_3 \\ 0 & 0 & 0 & 1 \end{bmatrix}$$

斯坦福机器人手腕三个关节都是转动关节，关节变量为 θ_4、θ_5 及 θ_6，并且三个关节的中心重合。下面根据图 4-17 所示手腕坐标系之间的关系写出齐次变换矩阵 $\boldsymbol{A}_4 \sim \boldsymbol{A}_6$。

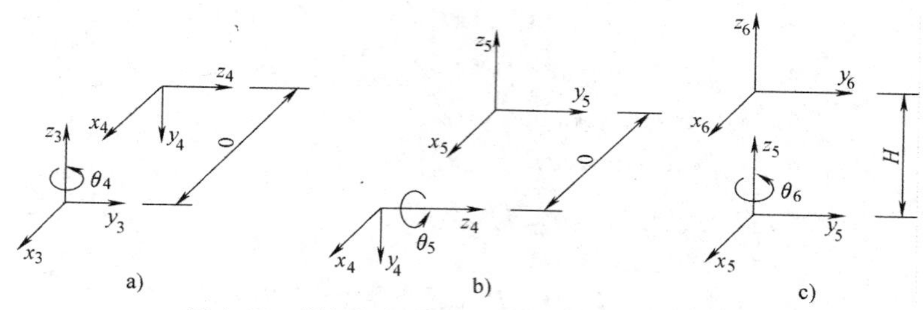

图 4-17　斯坦福机器人手腕坐标系之间的关系

如图 4-17a 所示，{4} 坐标系相对于 {3} 坐标系的变换过程是：{4} 坐标系绕 {3} 坐标系的 x_3 轴做 $\alpha_4=-90°$的旋转，然后绕 {3} 坐标系的 z_3 轴做变量 θ_4 的旋转，所以

$$\boldsymbol{A}_4=\mathbf{Rot}(z,\theta_4)\mathbf{Rot}(x,\alpha_4)=\mathbf{Rot}(z,\theta_4)\mathbf{Rot}(x,-90°)=$$

$$\begin{bmatrix} c\theta_4 & -s\theta_4 & 0 & 0 \\ s\theta_4 & c\theta_4 & 0 & 0 \\ 0 & 0 & 1 & 0 \\ 0 & 0 & 0 & 1 \end{bmatrix}\begin{bmatrix} 1 & 0 & 0 & 0 \\ 0 & 0 & 1 & 0 \\ 0 & -1 & 0 & 0 \\ 0 & 0 & 0 & 1 \end{bmatrix}=\begin{bmatrix} c\theta_4 & 0 & -s\theta_4 & 0 \\ s\theta_4 & 0 & c\theta_4 & 0 \\ 0 & -1 & 0 & 0 \\ 0 & 0 & 0 & 1 \end{bmatrix}$$

如图 4-17b 所示，{5} 坐标系相对于 {4} 坐标系的变换过程是：{5} 坐标系绕 {4} 坐标系的 x_4 轴做 $\alpha_5=90°$的旋转，然后绕 {4} 坐标系的 z_4 轴做变量 θ_5 的旋转，所以

$$\boldsymbol{A}_5=\mathbf{Rot}(z,\theta_5)\mathbf{Rot}(x,\alpha_5)=\mathbf{Rot}(z,\theta_5)\mathbf{Rot}(x,-90°)=$$

$$\begin{bmatrix} c\theta_5 & -s\theta_5 & 0 & 0 \\ s\theta_5 & c\theta_5 & 0 & 0 \\ 0 & 0 & 1 & 0 \\ 0 & 0 & 0 & 1 \end{bmatrix}\begin{bmatrix} 1 & 0 & 0 & 0 \\ 0 & 0 & -1 & 0 \\ 0 & 1 & 0 & 0 \\ 0 & 0 & 0 & 1 \end{bmatrix}=\begin{bmatrix} c\theta_5 & 0 & s\theta_5 & 0 \\ s\theta_5 & 0 & -c\theta_5 & 0 \\ 0 & -1 & 0 & 0 \\ 0 & 0 & 0 & 1 \end{bmatrix}$$

如图 4-17c 所示，{6} 坐标系沿着 {5} 坐标系的 z_5 轴做距离 H 的平移，并绕 {5} 坐标系的 z_5 轴做变量 θ_6 的旋转，所以

$$\boldsymbol{A}_6=\mathbf{Rot}(z,\theta_6)\mathbf{Trans}(0,0,H)=\begin{bmatrix} c\theta_6 & -s\theta_6 & 0 & 0 \\ s\theta_6 & c\theta_6 & 0 & 0 \\ 0 & 0 & 1 & H \\ 0 & 0 & 0 & 1 \end{bmatrix}$$

这样，所有杆的 $\boldsymbol{A}$ 矩阵已建立。机器人最后的正运动学解是相邻关节之间的 6 个变换矩阵的乘积：

$$^{R}\boldsymbol{T}_{H_{\text{STANGORD}}}={}^{0}\boldsymbol{T}_6=\boldsymbol{A}_1\boldsymbol{A}_2\boldsymbol{A}_3\boldsymbol{A}_4\boldsymbol{A}_5\boldsymbol{A}_6=\begin{bmatrix} n_x & o_x & a_x & p_x \\ n_y & o_y & a_y & p_y \\ n_z & o_z & a_z & p_z \\ 0 & 0 & 0 & 1 \end{bmatrix} \tag{4-49}$$

其中

$$n_x=c_1[c_2(c_4c_5c_6-s_4s_6)-s_2s_5s_6]-s_1(s_4c_5c_6+c_4s_6)$$

$$n_y=s_1[c_2(c_4c_5c_6-s_4s_6)-s_2s_5s_6]+c_1(s_4c_5c_6+c_4s_6)$$
$$n_z=-s_2(c_4c_5c_6-s_4s_6)-c_2s_5s_6$$
$$o_x=c_1[-c_2(c_4c_5c_6-s_4s_6)+s_2s_5s_6]-s_1(-s_4c_5c_6+c_4s_6)$$
$$o_y=s_1[-c_2(c_4c_5c_6-s_4s_6)-s_2s_5s_6]+c_1(s_4c_5c_6+c_4s_6)$$
$$o_z=s_2(c_4c_5s_6-s_4c_6)+c_2s_5s_6$$
$$a_x=c_1(c_2c_4s_5+s_2c_5)-s_1s_4s_5$$
$$a_y=s_1(c_2c_4s_5+s_2c_5)+c_1s_4s_5$$
$$a_z=-s_2c_4s_5+c_2s_5$$
$$p_x=c_1[c_2c_4s_5H-s_2(c_5H-d_3)]-s_1(s_4s_5H+d_2)$$
$$p_y=s_1[c_2c_4s_5H-s_2(c_5H-d_3)]+c_1(s_4s_5H+d_2)$$
$$p_z=-[c_2c_4s_5H+c_2(c_5H-d_3)]$$

2. 关于斯坦福机器人逆运动学解的推导

现在给出 $\boldsymbol{T}_6$ 矩阵及各杆参数 a、α、d，求关节变量 $\theta_1 \sim \theta_6$，其中 $\theta_3=d_3$。为了书写简便，假设 $H=0$，即坐标系 {6} 与坐标系 {5} 原点相重合。此时

$$p_x=c_1s_2d_3-s_1d_2$$
$$p_y=s_1s_2d_3+c_1d_2$$
$$p_z=c_2d_3$$

1）求 θ_1。$\boldsymbol{A}_1^{-1}$ 左乘式（4-49）两边即可得

$$\boldsymbol{A}_1^{-1}\boldsymbol{T}_6=\boldsymbol{A}_2\boldsymbol{A}_3\boldsymbol{A}_4\boldsymbol{A}_5\boldsymbol{A}_6 \tag{4-50}$$

式（4-50）左端为

$$\boldsymbol{A}_1^{-1}\boldsymbol{T}_6=\begin{bmatrix} c_1 & s_1 & 0 & 0 \\ 0 & 0 & -1 & 0 \\ -s_1 & c_1 & 0 & 0 \\ 0 & 0 & 0 & 1 \end{bmatrix}\begin{bmatrix} n_x & o_x & a_x & p_x \\ n_y & o_y & a_y & p_y \\ n_z & o_z & a_z & p_z \\ 0 & 0 & 0 & 1 \end{bmatrix}=\begin{bmatrix} f_{11}(n) & f_{11}(o) & f_{11}(a) & f_{11}(p) \\ f_{12}(n) & f_{12}(o) & f_{12}(a) & f_{12}(p) \\ f_{13}(n) & f_{13}(o) & f_{13}(a) & f_{13}(p) \\ 0 & 0 & 0 & 1 \end{bmatrix} \tag{4-51}$$

式中，f_{ij}是缩写，其中

$$f_{11}(i)=c_1i_x+s_1i_y$$
$$f_{12}(i)=-i_z$$
$$f_{13}(i)=-s_1i_x+c_1i_y$$
$$i=n,o,a$$

因而

$${}^1\boldsymbol{T}_6=\boldsymbol{A}_2\boldsymbol{A}_3\boldsymbol{A}_4\boldsymbol{A}_5\boldsymbol{A}_6=$$

$$\begin{bmatrix} c_2(c_4c_5c_6-s_4s_4)-s_2s_5s_6 & -c_2(c_4c_5c_6+s_4s_6)+s_2s_5s_6 & c_2c_4s_5+s_2c_5 & s_2d_3 \\ s_2(c_4c_5c_6-s_4s_4)+c_2s_5s_6 & -s_2(c_4c_5c_6+s_4s_6)-s_2s_5s_6 & c_2c_4s_5-s_2c_5 & -c_2d_3 \\ s_4c_4c_6+c_4s_6 & -s_4c_5s_6+c_4c_6 & s_4s_5 & d_2 \\ 0 & 0 & 0 & 1 \end{bmatrix} \tag{4-52}$$

式（4-51）中元素（3，4）与式（4-52）中元素（3，4）相等，即

$$f_{13}(p)=d_2$$
$$-s_1p_x+c_1p_y=d_2$$

采用三角代换

$$p_x = r\cos\varphi,\quad p_y = r\sin\varphi$$

其中，

$$r=\sqrt{p_x^2+p_y^2},\quad \varphi=\arctan(p_y/p_x)$$

进行三角代换后可解得

$$\theta_1=\arctan\left(\frac{p_y}{p_x}\right)-\arctan\frac{d_2}{\pm\sqrt{r^2-d_2^2}} \tag{4-53}$$

其中，正、负号对应的两个解对应于 θ_1 的两个可能解。

2）求 θ_2。根据式（4-51）和式（4-52）中元素（1，4）和元素（2，4）分别相等，可得

$$\begin{cases}p_x c_1+p_y s_1=s_2 d_3\\ -p_z=-c_2 d_3\end{cases} \tag{4-54}$$

故

$$\theta_2=\arctan\left(\frac{p_x c_1+p_y s_1}{p_z}\right) \tag{4-55}$$

3）求 θ_3。在斯坦福机器人中 $\theta_3=d_3$，利用 $\sin^2\theta+\cos^2\theta=1$，由式（4-54）可解得

$$d_3=s_2(c_1p_x+s_1p_y)+c_2p_z \tag{4-56}$$

4）求 θ_4。由于 ${}^3\boldsymbol{T}_6=\boldsymbol{A}_4\boldsymbol{A}_5\boldsymbol{A}_6$，所以

$$\boldsymbol{A}_4^{-1}\cdot{}^3\boldsymbol{T}_6=\boldsymbol{A}_5\boldsymbol{A}_6 \tag{4-57}$$

将式（4-57）左、右两边展开后取其左、右两边第三行第三列相等，得

$$-s_4[c_2(a_xc_1+a_ys_1)-a_zs_2]+c_4(-a_xs_1+a_yc_1)=0$$

所以

$$\theta_4=\arctan\left(\frac{-a_xs_1+a_yc_1}{c_2(a_xc_1+a_ys_1)-a_zs_2}\right)\ \text{及}\ \theta_4=\theta_4+180° \tag{4-58}$$

5）求 θ_5。取式（4-57）展开式中元素（1，3）和元素（2，3）相等，有

$$\begin{cases}c_4[c_2(a_xc_1+a_ys_1)-a_zs_2]+s_4(-a_xs_1+a_yc_1)=s_5\\ s_2(a_xc_1+a_ys_1)+a_zc_2=c_5\end{cases}$$

所以

$$\theta_5=\arctan\left(\frac{c_4[c_2(a_xc_1+a_ys_1)-a_zs_2]+s_4(-a_xs_1+a_yc_1)}{s_2(a_xc_1+a_ys_1)+a_zc_2}\right) \tag{4-59}$$

6）求 θ_6。采用下列方程：

$$\boldsymbol{A}_5^{-1}\cdot{}^4\boldsymbol{T}_6=\boldsymbol{A}_6 \tag{4-60}$$

展开并取其中元素（1，2）和元素（2，2）相等，有

$$\begin{cases}s_6=-c_5\{c_4[c_2(o_xc_1+o_ys_1)-o_zs_2]+s_4(-o_xs_1+o_yc_1)\}+s_5[s_2(o_xc_1+o_ys_1)+o_zc_2]\\ c_6=-s_4[c_2(o_xc_1+o_ys_1)-o_zs_2]+c_4(-o_xs_1+o_yc_1)\end{cases}$$

所以

$$\theta_6=\arctan\left(\frac{s_6}{c_6}\right) \tag{4-61}$$

至此，θ_1、θ_2、d_3、θ_4、θ_5、θ_6全部求出。

从以上求解的过程看出，这种分离变量法是代数法的一种，它的特点是首先利用运动方程的

不同形式，找出矩阵中简单表达某个未知数的元素，力求得到未知数较少的方程，然后求解。

4.3.2 机器人运动学逆解求解过程中存在的问题

在机器人运动学逆解求解过程中，还应注意以下三个问题：

1. 解可能不存在

机器人具有一定的工作域，假如给定手部位置在工作域之外，则解不存在。图 4-18 所示为二自由度平面关节机械手，假如给定手部位置矢量（x，y）位于外半径为 l_1+l_2 与内半径为 $|l_1-l_2|$ 的圆环之外，则无法求出逆解 θ_1 及 θ_2，即该逆解不存在。

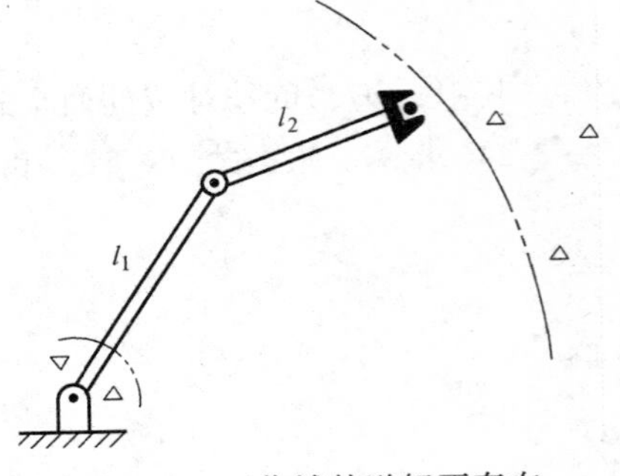

图 4-18 工作域外逆解不存在

2. 解的多重性

机器人的逆运动学问题可能出现多解。图 4-19a 表示一个二自由度平面关节机械手出现两个逆解的情况。对于给定的在机器人工作域内的手部位置 $A(x, y)$ 可以得到两个逆解：θ_1、θ_2 及 θ_1'、θ_2'。从图 4-19a 可知，手部不能以任意方向到达目标点 A。增加一个手腕关节自由度，如图 4-19b 所示三自由度平面关节机械手，即可实现手部以任意方向到达目标点 A。

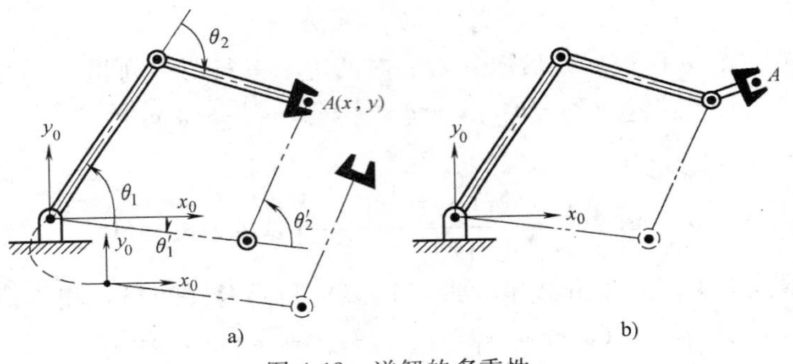

图 4-19 逆解的多重性

在多解情况下，一定有一个最接近解，即最接近起始点的解。图 4-20a 表示 3R 机械手的手部从起始点 A 运动到目标点 B，完成实线所表示的解为最接近解，是一个“最短行程”的优化解。但是，如图 4-20b 所示，在有障碍存在的情况下，上述的最接近解会引起碰撞，只能采用另一解，如图 4-20b 中实线所示。尽管大臂、小臂将经过“遥远”的行程，为了避免碰撞也只能用这个解，这就是解的多重性带来的好处。

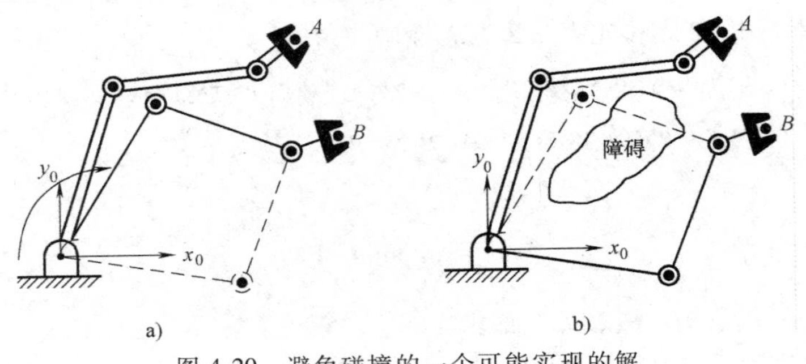

图 4-20 避免碰撞的一个可能实现的解

关于解的多重性的另一实例如图 4-21 所示。PUMA560 机器人实现同一目标位置和姿态有四种形位，即四种解。另外，腕部的“翻转”又可能得出两种解，其排列组合共可能有 8 种解。

3. 求解方法的多样性

机器人逆运动学求解有多种方法，一般分为两类：封闭解和数值解。不同学者对同一机器人的运动学逆解也提出了不同的解法。应该从计算方法的计算效率、计算精度等要求出发，选择较好的解法。

4.3.3 机器人的退化和灵巧特性

1. 退化

当机器人失去一个自由度，并因此不按所期望的状态运动时即称为机器人发生了退化。在两种条件下会发生退化：①机器人关节达到其物理极限而不能进一步运动；②如果两个相似关节的 z 轴共线，机器人可能会在其工作空间中变为退化状态。这意味此时无论哪个关节运动都将产生同样的运动，结果是控制器将不知道是哪个关节在运动。无论哪一种情况，机器人的自由度总数都小于 6，因此机器人的方程无解。在关节共线时，位置矩阵的行列式也为零。图 4-22 所示为一个处于垂直构型的简单机器人，其中关节 1 和 6 共线。可以看到，无论关节 1 或关节 6 旋转，末端执行器的旋转结果都是一样的。实际上，这时指令控制器采取紧急行动是十分重要的，否则机器人将停止运行。应注意，这种情况只在两关节相似时才会发生，反之，如果一个关节是滑动型的，而另一个是旋转型的（如斯坦福机械手臂的关节 3 和关节 4），那么即使它们的 z 轴共线，机器人也不会出现退化的现象。

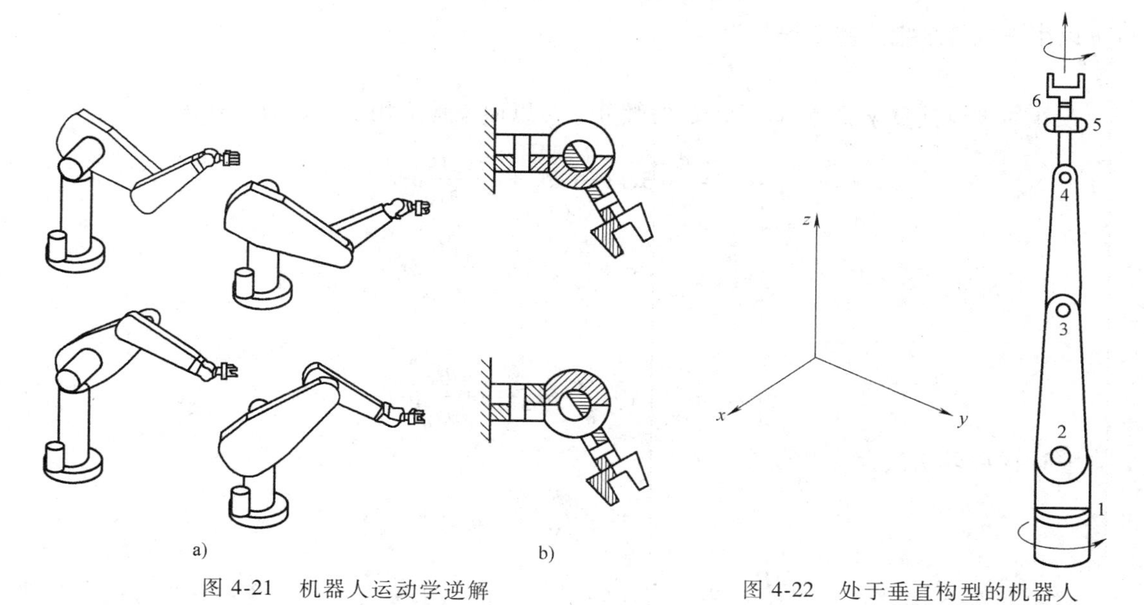

图 4-21 机器人运动学逆解

a）PUMA560 机器人的四个逆解 b）手腕“翻转”的两种逆解

图 4-22 处于垂直构型的机器人

需要指出：如果 $\sin\alpha_4$、$\sin\alpha_5$，或 $\sin\alpha_5$ 为 0，机器人就将退化。显然，可以适当设计 α_4 和 α_5 来防止机器人退化。此外，如果任何时候 θ_5 接近 0°或者 180°，机器人就将变成退化状态。

2. 灵巧

一般认为只要确定了机器人手的位姿，就能为具有六个自由度的机器人在其工作范围内的任何位置定位和定姿。实际上，随着机器人越来越接近其工作空间的极限，虽然机器人仍可能定位在期望的点上，但却有可能不能定姿在期望的位姿上。能对机器人定位但不能对它定姿的点的区域称为不灵巧区域。

4.4 机器人雅可比矩阵的建立及分析

本节将在位移分析的基础上，进行速度分析，研究操作空间与关节空间之间的映射关系——雅可比矩阵（简称雅可比）。雅可比矩阵不仅用来表示操作空间与关节空间之间的速度线性映射关系，同时也用来表示两空间之间力的传递关系，为确定机器人的静态关节力矩以及不同坐标系间速度、加速度和静力的变换提供了便捷的方法。

4.4.1 机器人的速度雅可比（Jacobians）矩阵

在机器人学中，雅可比是一个把关节速度矢量 $\boldsymbol{q}$ 变换为手部相对基坐标的广义速度矢量 $\boldsymbol{v}$ 的变换矩阵。在机器人速度分析和静力分析中都将用到雅可比。数学上雅可比是一个导数的多维形式。例如，假定有 6 个函数，每一个均有 6 个独立变量：

$$\begin{cases} y_1 = f_1(x_1, x_2, x_3, x_4, x_5, x_6) \\ y_2 = f_2(x_1, x_2, x_3, x_4, x_5, x_6) \\ \vdots \\ y_6 = f_6(x_1, x_2, x_3, x_4, x_5, x_6) \end{cases} \tag{4-62}$$

也可以用矢量符号把这些方程写为

$$\boldsymbol{Y} = \boldsymbol{F}(\boldsymbol{X})$$

现在如果要计算 y_i 作为 x_i 的函数的微分，可以简单地应用复合微分定律来计算

$$\begin{cases} \partial y_1 = \dfrac{\partial f_1}{\partial x_1}\delta x_1 + \dfrac{\partial f_1}{\partial x_2}\delta x_2 + \cdots + \dfrac{\partial f_1}{\partial x_6}\delta x_6 \\ \partial y_2 = \dfrac{\partial f_2}{\partial x_1}\delta x_1 + \dfrac{\partial f_2}{\partial x_2}\delta x_2 + \cdots + \dfrac{\partial f_2}{\partial x_6}\delta x_6 \\ \vdots \\ \partial y_6 = \dfrac{\partial f_6}{\partial x_1}\delta x_1 + \dfrac{\partial f_6}{\partial x_2}\delta x_2 + \cdots + \dfrac{\partial f_6}{\partial x_6}\delta x_6 \end{cases} \tag{4-63}$$

它同样可以用矢量符号写得更简单些

$$\mathrm{d}\boldsymbol{Y} = \frac{\partial \boldsymbol{F}}{\partial \boldsymbol{X}}\mathrm{d}\boldsymbol{X}$$

式中的 6×6 偏导数矩阵$\dfrac{\partial \boldsymbol{F}}{\partial \boldsymbol{X}}$称为雅可比矩阵，用符号 $\boldsymbol{J}$ 来表示。注意：如果方程式是非线性的，则偏导数为 x_i 的函数。所以有下面的符号

$$\mathrm{d}\boldsymbol{Y} = \boldsymbol{J}(\boldsymbol{X})\mathrm{d}\boldsymbol{X}$$

以二自由度平面关节型机器人（2R 机器人）为例，如图 4-23 所示，其端点位置（x，y）与关节变量 θ_1、θ_2 的关系为

$$\begin{cases}x=l_1\cos\theta_1+l_2\cos(\theta_1+\theta_2)\\y=l_1\sin\theta_1+l_2\sin(\theta_1+\theta_2)\end{cases} \tag{4-64}$$

即

$$\begin{cases}x=x(\theta_1,\theta_2)\\y=y(\theta_1,\theta_2)\end{cases} \tag{4-65}$$

将其微分，得

$$\begin{cases}\mathrm{d}x=\dfrac{\partial x}{\partial\theta_1}\mathrm{d}\theta_1+\dfrac{\partial x}{\partial\theta_2}\mathrm{d}\theta_2\\[2ex]\mathrm{d}y=\dfrac{\partial y}{\partial\theta_1}\mathrm{d}\theta_1+\dfrac{\partial y}{\partial\theta_2}\mathrm{d}\theta_2\end{cases}$$

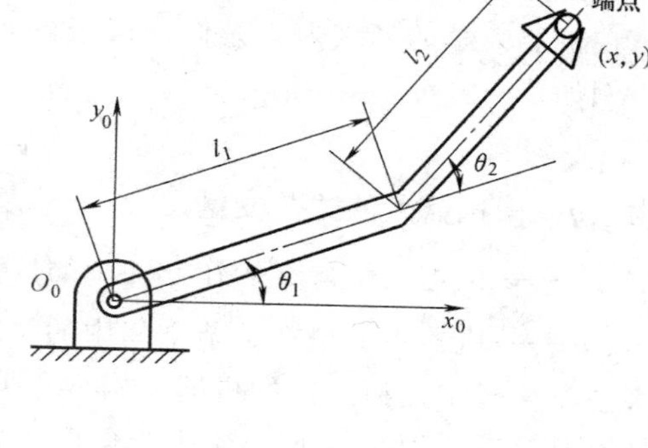

图 4-23 二自由度平面关节型机器人

将其写成矩阵形式为

$$\begin{bmatrix}\mathrm{d}x\\\mathrm{d}y\end{bmatrix}=\begin{bmatrix}\dfrac{\partial x}{\partial\theta_1}&\dfrac{\partial x}{\partial\theta_2}\\[2ex]\dfrac{\partial y}{\partial\theta_1}&\dfrac{\partial y}{\partial\theta_2}\end{bmatrix}\begin{bmatrix}\mathrm{d}\theta_1\\\mathrm{d}\theta_2\end{bmatrix} \tag{4-66}$$

令：

$$\boldsymbol{J}=\begin{bmatrix}\dfrac{\partial x}{\partial\theta_1}&\dfrac{\partial x}{\partial\theta_2}\\[2ex]\dfrac{\partial y}{\partial\theta_1}&\dfrac{\partial y}{\partial\theta_2}\end{bmatrix} \tag{4-67}$$

式（4-66）可简写为

$$\mathrm{d}\boldsymbol{X}=\boldsymbol{J}\mathrm{d}\theta \tag{4-68}$$

其中，

$$\mathrm{d}\boldsymbol{X}=\begin{bmatrix}\mathrm{d}x\\\mathrm{d}y\end{bmatrix};\mathrm{d}\theta=\begin{bmatrix}\mathrm{d}\theta_1\\\mathrm{d}\theta_2\end{bmatrix}$$

$\boldsymbol{J}$ 称为图 4-23 所示二自由度平面关节型机器人的速度雅可比矩阵，它反映了关节空间微小运动 $\mathrm{d}\theta$ 与手部作业空间微小位移 $\mathrm{d}\boldsymbol{X}$ 之间的关系。

若对式（4-67）进行运算，则 2R 机器人的雅可比矩阵写为

$$\boldsymbol{J}=\begin{bmatrix}-l_1\sin\theta_1-l_2\sin(\theta_1+\theta_2)&-l_2\sin(\theta_1+\theta_2)\\l_1\cos\theta_1+l_2\cos(\theta_1+\theta_2)&l_2\cos(\theta_1+\theta_2)\end{bmatrix} \tag{4-69}$$

从 $\boldsymbol{J}$ 中元素的组成可见，$\boldsymbol{J}$ 的值是 θ_1 及 θ_2 的函数。

对于 n 自由度机器人，关节变量 $\boldsymbol{q}[q_1,q_2 \quad \cdots \quad q_n]^{\mathrm{T}}$，当关节为转动关节时，$q_i=\theta_i$；当关节为移动关节时，$q_i=d_i$，则 $\mathrm{d}\boldsymbol{q}=[\mathrm{d}q_1 \quad \mathrm{d}q_2 \quad \cdots \quad \mathrm{d}q_n]^{\mathrm{T}}$ 反映关节空间的微小运动。由 $\boldsymbol{X}=\boldsymbol{X}(\boldsymbol{q})$ 可知

$$\mathrm{d}\boldsymbol{X}=\boldsymbol{J}(\boldsymbol{q})\mathrm{d}(\boldsymbol{q}) \tag{4-70}$$

其中，$\boldsymbol{J}(q)$ 是 $6\times n$ 的偏导数矩阵，称为 n 自由度机器人速度雅可比矩阵。

把两边除以时间元素的微分，可以把雅可比看作为把 $\boldsymbol{q}$ 中的速度映射到 $\boldsymbol{X}$ 中，即

$$\dot{\boldsymbol{X}}=\boldsymbol{J}(\boldsymbol{q})\dot{\boldsymbol{q}} \tag{4-71}$$

在任一特定的瞬时，$\boldsymbol{q}$ 具有一定的值，而 $\boldsymbol{J}(\boldsymbol{q})$ 为一线性变换，在每一个新的瞬时，$\boldsymbol{q}$

变了，因此这个线性变换也变了，雅可比是随时间变化而变化的线性变换。

在机器人学的领域内，人们一般谈的是关于关节速度与机械手端部速度间关系的雅可比。例如

$$\boldsymbol{v}=\boldsymbol{J}(\boldsymbol{q})\dot{\boldsymbol{q}} \tag{4-72}$$

式中 $\boldsymbol{q}$——机器人的关节变量；

$\boldsymbol{v}$——机器人手部在操作空间中的广义速度，$\boldsymbol{v}=\dot{\boldsymbol{X}}$；

$\dot{\boldsymbol{q}}$——机器人关节在关节空间中的关节速度（角速度或线速度）。

注意，对于任何给定的机器人构型，关节速度和端部速度之间的关系为线性的，这仅是一种瞬时关系，因为在下一瞬时，雅可比要稍微变化一点。对于在三维空间中作业的一般六自由度机器人，其速度雅可比 $\boldsymbol{J}$ 是一个 6×6 矩阵，$\dot{\boldsymbol{q}}$ 和 $\boldsymbol{v}$ 分别是 6×1 列阵，即 $\boldsymbol{v}_{(6\times1)}=\boldsymbol{J}(\boldsymbol{q})_{(6\times6)}\dot{\boldsymbol{q}}_{(6\times1)}$。手部速度矢量 v 是由 3×1 线速度矢量和 3×1 角速度矢量组合而成的 6 维列矢量。即手部在基坐标系中的广义速度矢量为

$$\boldsymbol{v}=\begin{bmatrix}\boldsymbol{v}\\ \boldsymbol{\omega}\end{bmatrix}=[\dot{x}\quad \dot{y}\quad \dot{z}\quad \omega_x\quad \omega_y\quad \omega_z]^{\mathrm{T}}$$

式中 $\boldsymbol{v}$——线速度；

$\boldsymbol{\omega}$——角速度。

关节速度矢量 $\dot{\boldsymbol{q}}$ 是由 6 个关节速度组合而成的 6 维列矢量。雅可比矩阵 $\boldsymbol{J}$ 的前三行代表手部线速度与关节速度的传递比；后三行代表手部角速度与关节速度的传递比。而雅可比矩阵 $\boldsymbol{J}$ 的第 i 列则代表第 i 个关节速度 $\dot{\boldsymbol{q}}_i$ 对手部线速度和角速度的传递比。

对于图 4-23 所示 2R 机器人来说，$\boldsymbol{J}(\boldsymbol{q})$ 是式（4-69）所示的 2×2 矩阵。若令 $\boldsymbol{J}_1$、$\boldsymbol{J}_2$ 分别为式（4-69）所示雅可比的第一列矢量和第二列矢量，则式（4-72）可写成

$$\boldsymbol{v}=\boldsymbol{J}_1\dot{\theta}_1+\boldsymbol{J}_2\dot{\theta}_2$$

其中，右边第一项表示仅由第一个关节运动引起的端点速度；右边第二项表示仅由第二个关节运动引起的端点速度；总的端点速度为这两个速度矢量的合成。因此，机器人速度雅可比的每一列表示其他关节不动而某一关节运动产生的端点速度。

图 4-23 所示二自由度平面关节型机器人手部的速度为

$$\boldsymbol{v}=\begin{bmatrix}v_x\\ v_y\end{bmatrix}=\begin{bmatrix}-l_1\sin\theta_1-l_2\sin(\theta_1+\theta_2) & -l_2\sin(\theta_1+\theta_2)\\ l_1\cos\theta_1+l_2\mathrm{c}(\theta_1+\theta_2) & l_2\cos(\theta_1+\theta_2)\end{bmatrix}\begin{bmatrix}\dot{\theta}_1\\ \dot{\theta}_2\end{bmatrix}=$$

$$\begin{bmatrix}-[l_1\sin\theta_1+l_2\sin(\theta_1+\theta_2)]\dot{\theta}_1-l_2\sin(\theta_1+\theta_2)\dot{\theta}_2\\ [l_1\cos\theta_1+l_2\mathrm{c}(\theta_1+\theta_2)]\dot{\theta}_1+l_2\cos(\theta_1+\theta_2)\dot{\theta}_2\end{bmatrix}$$

假如 θ_1 及 θ_2 是时间的函数，$\theta_1=f_1(t)$，$\theta_2=f_2(t)$，则可求出该机器人手部在某一时刻的速度 $\boldsymbol{v}=f(t)$，即手部瞬时速度。

反之，假如给定机器人手部速度，可由式（4-72）解出相应的关节速度，即

$$\boldsymbol{q}=\boldsymbol{J}^{-1}\boldsymbol{v} \tag{4-73}$$

其中，$\boldsymbol{J}^{-1}$ 称为机器人逆速度雅可比。

例 4-10 如图 4-24 所示二自由度机械手，手部沿固定坐标系 x_0 轴正向以 1.0m/s 的速度移动，杆长 $l_1=l_2=0.5\text{m}$。设在某瞬时 $\theta_1=30°$，$\theta_2=-60°$，求相应瞬时关节速度。

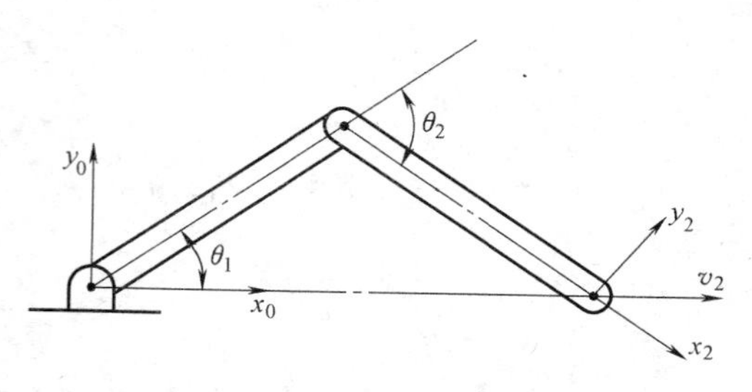

图 4-24 二自由度机械手

解： 对于二杆机械手的情况，可以写出一个 2×2 雅可比，它表明关节速度对终端效应器速度的关系。由式（4-69）可以确定二杆机械手的雅可比矩阵为

$$\boldsymbol{J}=\begin{bmatrix}-l_1s_1-l_2s_{12} & -l_2s_{12}\\ l_1c_1+l_2c_{12} & l_2c_{12}\end{bmatrix} \tag{a}$$

因此逆雅可比矩阵为

$$\boldsymbol{J}^{-1}=\frac{1}{l_1l_2s_2}\begin{bmatrix}l_2c_{12} & l_2s_{12}\\ -l_1c_1-l_2c_{12} & -l_1s_1-l_2s_{12}\end{bmatrix} \tag{b}$$

由式（4-73）可知 $\dot{\boldsymbol{\theta}}=\boldsymbol{J}^{-1}\boldsymbol{v}$，且 $\boldsymbol{v}=[1\quad 0]^{\mathrm{T}}$，即 $v_x=1.0\text{m/s}$，$v_y=0$，因此

$$\begin{bmatrix}\dot{\theta}_1\\ \dot{\theta}_2\end{bmatrix}=\frac{1}{l_1l_2s_2}\begin{bmatrix}l_2c_{12} & l_2s_{12}\\ -l_1c_1-l_2c_{12} & -l_1s_1-l_2s_{12}\end{bmatrix}\begin{bmatrix}1\\ 0\end{bmatrix}$$

$$\dot{\theta}_1=\frac{c_{12}}{l_1s_2}=\frac{\cos(30°-60°)}{0.5\times\sin(-60°)}\text{rad/s}=-\frac{1}{0.5}\text{rad/s}=-2\text{rad/s}$$

$$\dot{\theta}_2=-\frac{c_1}{l_2s_2}-\frac{c_{12}}{l_1s_2}=-\frac{\cos30°}{0.5\times\sin(-60°)}\text{rad/s}-\frac{\cos(30°-60°)}{0.5\times\sin(-60°)}\text{rad/s}=4\text{rad/s}$$

因此，在该瞬时两关节的位置分别为 $\theta_1=30°$，$\theta_2=-60°$；速度分别为 $\dot{\theta}_1=-2\text{rad/s}$，$\dot{\theta}_2=4\text{rad/s}$；手部瞬时速度为 1.0m/s。

4.4.2 静力域中的雅可比矩阵

现在我们可以将各关节之间的力和力矩进行变换。首先解决把作用在末端操作器上的力和力矩与等效关节力和力矩联系起来的问题。即运用作用在末端操作器上的力和力矩所做的虚功与各关节上所做的虚功相等的方法。也就是

$$\delta W=\boldsymbol{F}^{\mathrm{T}}\boldsymbol{D}=\boldsymbol{\tau}^{\mathrm{T}}\boldsymbol{Q} \tag{4-74}$$

其中，$\boldsymbol{\tau}$ 是广义关节力的列矢量，广义关节力对于转动关节而言是力矩，对于移动关节而言是力；$\boldsymbol{Q}$ 是关节虚位移的列矢量，对于转动关节是转动 $\delta\theta$，对于移动关节则是移动 δd；$\boldsymbol{D}$ 是末端操作器的虚位移。于是对于斯坦福操作手，关节虚运动所做的虚功为

$$\delta W = [T_1 \quad T_2 \quad F_3 \quad T_4 \quad T_5 \quad T_6] \begin{bmatrix} \delta\theta_1 \\ \delta\theta_2 \\ \delta\theta_3 \\ \delta\theta_4 \\ \delta\theta_5 \\ \delta\theta_6 \end{bmatrix} \tag{4-75}$$

其中，T_i 是关节力矩，而 F_3 是作用在移动关节 3 上的力。回到式（4-74），如果操作手处于平衡状态，则所做的虚功为零，而

$$\boldsymbol{F}^{\mathrm{T}}\boldsymbol{D} = \boldsymbol{\tau}^{\mathrm{T}}\boldsymbol{Q} \tag{4-76}$$

将 $\boldsymbol{D}=\boldsymbol{JQ}$ 代入得到

$$\boldsymbol{F}^{\mathrm{T}}\boldsymbol{JQ} = \boldsymbol{\tau}^{\mathrm{T}}\boldsymbol{Q} \tag{4-77}$$

这一公式与虚位移 $\boldsymbol{Q}$ 无关，于是

$$\boldsymbol{F}^{\mathrm{T}}\boldsymbol{J} = \boldsymbol{\tau}^{\mathrm{T}}$$

或

$$\boldsymbol{\tau} = \boldsymbol{J}^{\mathrm{T}}\boldsymbol{F} \tag{4-78}$$

这是一个重要的关系。也就是已知在机器人手部上的作用力和力矩，式（4-78）给出为了保持平衡而必须施加于操作手关节上的力矩和力。如果操作手在作用力和力矩的方向上自由运动，则在式（4-78）所确定的关节力矩和力作用下将会在手部得到设定的力和力矩的作用。该公式对任何自由度数的操作手都成立。式中 $\boldsymbol{J}^{\mathrm{T}}$ 与手部端点力 $\boldsymbol{F}$ 和广义关节力矩 $\boldsymbol{\tau}$ 之间的力传递有关，称为机器人力雅可比矩阵。显然机器人力雅可比 $\boldsymbol{J}^{\mathrm{T}}$ 是速度雅可比 $\boldsymbol{J}$ 的转置矩阵。

例 4-11 斯坦福操作手处于如下的位姿：

$$\boldsymbol{T}_6 = \begin{bmatrix} 0 & 1 & 0 & 20 \\ 1 & 0 & 0 & 6.0 \\ 0 & 0 & -1 & 0 \\ 0 & 0 & 0 & 1 \end{bmatrix}$$

它相应于在表 4-6 中给出的正弦和余弦的关节坐标。

表 4-6 操作手状态

关节坐标	数值	正弦	余弦
θ_1	0°	0	1
θ_2	90°	1	0
d_3	20in		
θ_4	0	0	1
θ_5	90°	1	0
θ_6	90°	1	0

雅可比矩阵为

$$\frac{\partial \boldsymbol{T}_6}{\partial q_i}=\begin{bmatrix} 20.0 & 0.0 & 0.0 & 0.0 & 0.0 & 0.0 \\ -6.0 & 0.0 & 1.0 & 0.0 & 0.0 & 0.0 \\ 0.0 & 20.0 & 0.0 & 0.0 & 0.0 & 0.0 \\ 0.0 & 1.0 & 0.0 & 0.0 & 1.0 & 0.0 \\ 0.0 & 0.0 & 0.0 & 1.0 & 0.0 & 0.0 \\ -1.0 & 0.0 & 0.0 & 0.0 & 0.0 & 1.0 \end{bmatrix}$$

操作手末端产生的力和力矩为

$$^{T_6}\boldsymbol{F}=[0\quad 0\quad 100\quad 0\quad -200\quad 1000]^{\mathrm{T}}$$

求所需的关节力和力矩。

解： 用式（4-78）得到关节力和力矩为

$$\begin{bmatrix} T_1 \\ T_2 \\ F_3 \\ T_4 \\ T_5 \\ T_6 \end{bmatrix}=\begin{bmatrix} 20 & -6 & 0 & 0 & 0 & -1 \\ 0 & 0 & 20 & 1 & 0 & 0 \\ 0 & 1 & 0 & 0 & 0 & 0 \\ 0 & 0 & 0 & 0 & 1 & 0 \\ 0 & 0 & 0 & 1 & 0 & 0 \\ 0 & 0 & 0 & 0 & 0 & 1 \end{bmatrix}\begin{bmatrix} 0 \\ 0 \\ 100 \\ 0 \\ -200 \\ 1000 \end{bmatrix}=\begin{bmatrix} -1000 \\ 2000 \\ 0 \\ -200 \\ 0 \\ 1000 \end{bmatrix}$$

4.4.3　机器人雅可比矩阵求法

在机器人学中，$\boldsymbol{J}$ 是一个把关节速度矢量 $\dot{\boldsymbol{q}}_i$ 变换为手部相对基坐标的广义速度矢量的变换矩阵。在三维空间运行的机器人，其 $\boldsymbol{J}$ 的行数恒为 6（沿/绕基坐标系的变量共 6 个），列数则为机械手含有的关节数目。

对于平面运动的机器人来说，手的广义位置矢量 $[x\quad y\quad \varphi]^{\mathrm{T}}$ 容易确定，可采用直接微分法求 $\boldsymbol{J}$，比较方便。对于三维空间运行的机器人则不完全适用。从三维空间运行的机器人运动学方程，可以获得直角坐标位置矢量 $[x\quad y\quad z]^{\mathrm{T}}$ 的显式方程，因此，$\boldsymbol{J}$ 的前三行可以直接微分求得，但不可能找到方位矢量 $[\varphi_x\quad \varphi_y\quad \varphi_z]^{\mathrm{T}}$ 的一般表达式。找不出互相独立的、无顺序的三个转角来描述方位。绕直角坐标轴的连续角运动变换是不可交换的，而对角位移的微分与对角位移的形成顺序无关，故一般不能运用直接微分法来获得 $\boldsymbol{J}$ 的后三行。因此，常用构造法求雅可比 $\boldsymbol{J}$。

构造雅可比矩阵的方法有矢量积法和微分变换法，雅可比矩阵 $\boldsymbol{J}(\boldsymbol{q})$ 既可当成是从关节空间向操作空间的速度传递的线性关系，也可看成是微分运动转换的线性关系，即

$$\boldsymbol{v}=\boldsymbol{J}(\boldsymbol{q})\dot{\boldsymbol{q}},\ \mathrm{d}\boldsymbol{X}=\boldsymbol{J}(\boldsymbol{q})\mathrm{d}\boldsymbol{q}$$

对于有 n 个关节的机器人，其雅可比矩阵 $\boldsymbol{J}(\boldsymbol{q})$ 是 $6\times n$ 阶矩阵，其前三行称为位置雅可比矩阵，代表对手部线速度 $\boldsymbol{v}$ 的传递比，后三行称为方位矩阵，代表相应的关节速度 $\dot{\boldsymbol{q}}_i$ 对手部的角速度 $\boldsymbol{\omega}$ 的传递比。因此，可将雅可比矩阵 $\boldsymbol{J}(\boldsymbol{q})$ 分块，即

$$\begin{bmatrix} \boldsymbol{v} \\ \boldsymbol{\omega} \end{bmatrix} = \begin{bmatrix} \boldsymbol{J}_{l1} & \boldsymbol{J}_{l2} & \cdots & \boldsymbol{J}_{ln} \\ \boldsymbol{J}_{a1} & \boldsymbol{J}_{a2} & \cdots & \boldsymbol{J}_{an} \end{bmatrix} \begin{bmatrix} \dot{\boldsymbol{q}}_1 \\ \dot{\boldsymbol{q}}_2 \\ \vdots \\ \dot{\boldsymbol{q}}_n \end{bmatrix} \tag{4-79}$$

式中　$\boldsymbol{J}_{li}$、$\boldsymbol{J}_{ai}$——关节 i 的单独关节速度引起的手部的线速度和角速度。

手部的线速度 $\boldsymbol{v}$ 和角速度 $\boldsymbol{\omega}$ 可以表示为

$$\begin{cases} \boldsymbol{v} = \boldsymbol{J}_{l1}\dot{\boldsymbol{q}}_1 + \boldsymbol{J}_{l2}\dot{\boldsymbol{q}}_2 + \cdots + \boldsymbol{J}_{ln}\dot{\boldsymbol{q}}_n \\ \boldsymbol{\omega} = \boldsymbol{J}_{a1}\dot{\boldsymbol{q}}_1 + \boldsymbol{J}_{a2}\dot{\boldsymbol{q}}_2 + \cdots + \boldsymbol{J}_{an}\dot{\boldsymbol{q}}_n \end{cases} \tag{4-80}$$

类似地，机器人手部的微分移动矢量 $\boldsymbol{d}$ 和微分转动矢量 $\boldsymbol{\delta}$ 与各关节的微分运动 $\mathrm{d}\boldsymbol{q}$ 之间的关系有

$$\begin{cases} \boldsymbol{d} = \boldsymbol{J}_{l1}\mathrm{d}\boldsymbol{q}_1 + \boldsymbol{J}_{l2}\mathrm{d}\boldsymbol{q}_2 + \cdots + \boldsymbol{J}_{ln}\mathrm{d}\boldsymbol{q}_n \\ \boldsymbol{\delta} = \boldsymbol{J}_{a1}\mathrm{d}\boldsymbol{q}_1 + \boldsymbol{J}_{a2}\mathrm{d}\boldsymbol{q}_2 + \cdots + \boldsymbol{J}_{an}\mathrm{d}\boldsymbol{q}_n \end{cases} \tag{4-81}$$

式中　$\boldsymbol{J}_{li}$、$\boldsymbol{J}_{ai}$——关节 i 的单独微分运动引起的手部的微分移动和微分转动。

下面具体介绍构造雅可比矩阵的方法。

1. 矢量积法求雅可比矩阵

（1）$\boldsymbol{J}_{li}$的求法

1）如图 4-25 所示，若第 i 个关节为移动关节，则

$$\boldsymbol{q}_i = \boldsymbol{d}_i,\ \dot{\boldsymbol{q}}_i = \dot{\boldsymbol{d}}_i$$

设某时刻仅此关节运动，其余的关节静止不动，则

$$\boldsymbol{v}_e = \boldsymbol{J}_{li}\dot{\boldsymbol{q}}_i \tag{4-82}$$

设 $\boldsymbol{b}_{i-1}$ 为 z_{i-1} 轴上的单位矢量，利用它可将局部坐标下的平移速度 $\dot{\boldsymbol{d}}_i$ 转换成基础坐标下的速度：

$$\boldsymbol{v}_e = \boldsymbol{b}_{i-1}\dot{\boldsymbol{d}}_i \tag{4-83}$$

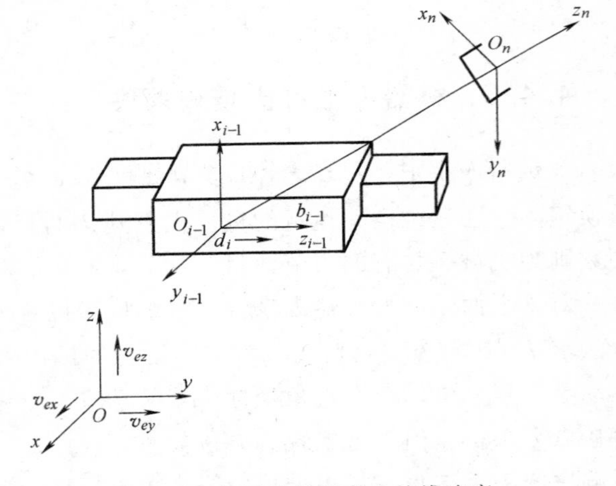

图 4-25　仅平移关节产生的线速度

由于 $\dot{\boldsymbol{q}}_i = \dot{\boldsymbol{d}}_i$，所以

$$\boldsymbol{J}_{li} = \boldsymbol{b}_{i-1} \tag{4-84}$$

2）如图 4-26 所示，若第 i 个关节为转动关节，则 $\dot{\boldsymbol{q}}_i = \dot{\boldsymbol{\theta}}_i$。设某时刻仅此关节运动，其余的关节静止不动，仍然利用 $\boldsymbol{b}_{i-1}$将 z_{i-1}轴上的角速度转化到基础坐标中去，则

$$\boldsymbol{\omega}_i = \boldsymbol{b}_{i-1}\dot{\boldsymbol{\theta}}_i \tag{4-85}$$

矢量 $\boldsymbol{r}_{i-1,e}$起于 O_{i-1}，止于 O_n，所以由 $\boldsymbol{\omega}_i$ 产生的线速度为

$$\boldsymbol{v}_e = \boldsymbol{\omega}_i \times \boldsymbol{r}_{i-1,e} \tag{4-86}$$

由式（4-82）、式（4-85）得

$$J_{li}\dot{q}_i=(b_{i-1}\dot{\theta}_i)\times r_{i-1,e}=(b_{i-1}\times r_{i-1,e})\dot{\theta}_1$$

由于 $\dot{q}_1=\dot{\theta}_1$，所以

$$J_{li}=b_{i-1}\times r_{i-1,e} \tag{4-87}$$

（2）J_{ai}的求法

1）若第 i 个关节为移动关节时，仍有 $q_i=d_i$，$\dot{q}_i=\dot{d}_i$。由于关节移动的平移不对手部产生角速度，所以此时

$$J_{ai}=\mathbf{0} \tag{4-88}$$

2）若第 i 个关节为转动关节时，$\dot{q}_i=\dot{\theta}_i$，$\omega_i=J_{ai}\dot{q}_i=b_{i-1}\dot{\theta}_i$，所以

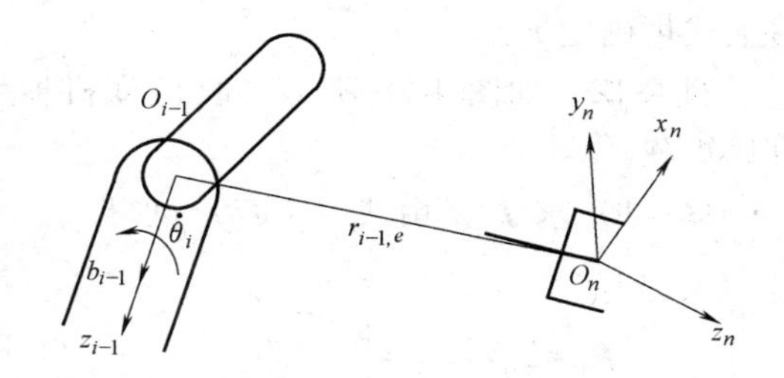

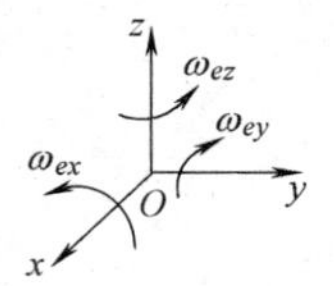

图 4-26　仅旋转关节产生的线速度

$$J_{ai}=b_{i-1} \tag{4-89}$$

因此由式（4-84）、式（4-87）~式（4-89）可知

当第 i 个关节为移动关节时

$$\begin{bmatrix} J_{li} \\ J_{ai} \end{bmatrix}=\begin{bmatrix} b_{i-1} \\ \mathbf{0} \end{bmatrix} \tag{4-90}$$

当第 i 个关节为转动关节时

$$\begin{bmatrix} J_{li} \\ J_{ai} \end{bmatrix}=\begin{bmatrix} b_{i-1}\times r_{i-1,e} \\ b_{i-1} \end{bmatrix} \tag{4-91}$$

（3）确定 b_{i-1}，$r_{i-1,e}$

1）确定 b_{i-1}。用 b 表示 z_{i-1}轴上的单位矢量，则

$$b=\begin{bmatrix} 0 \\ 0 \\ 1 \end{bmatrix}$$

把它转换到基础坐标系中，即为

$$b_{i-1}={}^0R_1(q_1){}^1R_2(q_2)\cdots{}^{i-2}R_{i-1}(q_{i-1})b \tag{4-92}$$

2）确定 $r_{i-1,e}$。如图 4-27 所示，用 O、O_{i-1}、O_n 分别表示基础坐标系，$i-1$ 号坐标系及手部坐标系的原点。用矢量 x 表示在各自坐标系中的原点，用齐次坐标表示为：$x=[0\quad 0\quad 0\quad 1]^{\mathrm{T}}$。

$$r_{i-1,e}=OO_n-OO_{i-1} \tag{4-93}$$

关节 $i-1$ 坐标系原点用齐次坐标表示，则有

$$x_{i-1,e}=\begin{bmatrix} r_{i-1,e} \\ 1 \end{bmatrix}$$

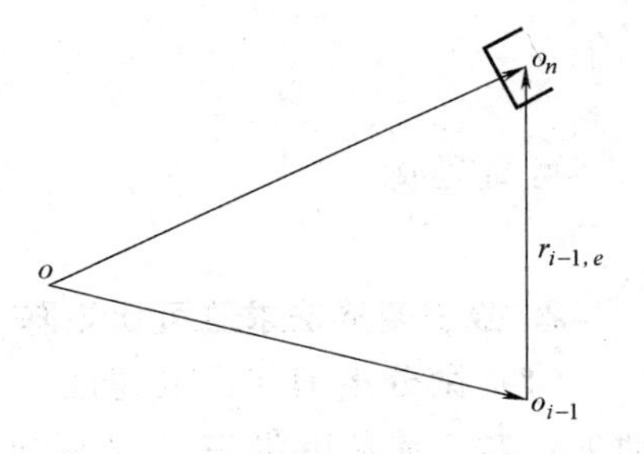

图 4-27　基础坐标系、{$i-1$}坐标系及手部坐标系间关系

由式（4-93）可知

$$x_{i-1,e}=\begin{bmatrix} r_{i-1,e} \\ 1 \end{bmatrix}=[p_x\quad p_y\quad p_z\quad 1]^{\mathrm{T}}-{}^0A_1(q_1){}^1A_2(q_2)\cdots{}^{i-2}A_{i-1}(q_{i-1})x \tag{4-94}$$

由上式可确定 $\boldsymbol{r}_{i-1,e}$。

例 4-12 如图 4-28 所示二自由度机械手，建立其雅可比矩阵。

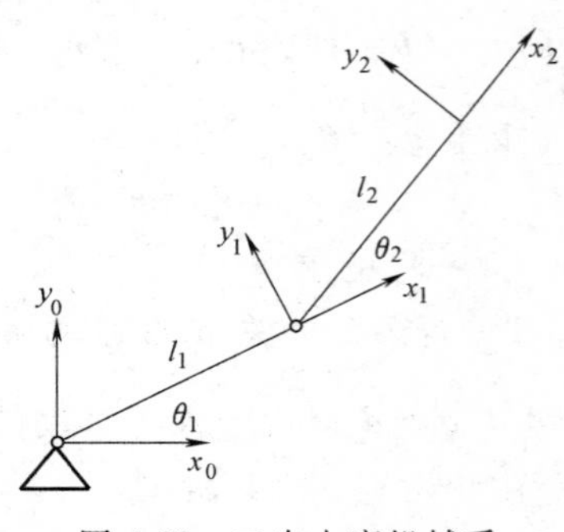

图 4-28 二自由度机械手

解： 1）求 $\boldsymbol{J}_{li}$。由式（4-87）可得

$$\boldsymbol{J}_{l1}=\boldsymbol{b}_0\times\boldsymbol{r}_{0,e}=\begin{bmatrix} i & j & k \\ 0 & 0 & 1 \\ l_1c_1+l_2c_{12} & l_1s_1+l_2s_{12} & 0 \end{bmatrix}=\begin{bmatrix} -l_1s_1-l_2s_{12} \\ l_1c_1+l_2c_{12} \\ 0 \end{bmatrix}$$

$$\boldsymbol{J}_{l2}=\boldsymbol{b}_1\times\boldsymbol{r}_{1,e}=\begin{bmatrix} i & j & k \\ 0 & 0 & 1 \\ l_2c_{12} & l_2s_{12} & 0 \end{bmatrix}=\begin{bmatrix} -l_2s_{12} \\ l_2c_{12} \\ 0 \end{bmatrix}$$

式中，i、j、k 分别表示 x、y、z 坐标轴的单位矢量。

2）求 $\boldsymbol{J}_{ai}$。由式（4-89）可得

$$\boldsymbol{J}_{a1}=\boldsymbol{b}_0=\begin{bmatrix} 0 \\ 0 \\ 1 \end{bmatrix},\quad \boldsymbol{J}_{a2}=\boldsymbol{b}_1=\begin{bmatrix} 0 \\ 0 \\ 1 \end{bmatrix}$$

所以雅可比矩阵为

$$\boldsymbol{J}=\begin{bmatrix} \boldsymbol{J}_{l1} & \boldsymbol{J}_{l2} \\ \boldsymbol{J}_{a1} & \boldsymbol{J}_{a2} \end{bmatrix}=\begin{bmatrix} -l_1s_1-l_2s_{12} & -l_2s_{12} \\ l_1c_1+l_2c_{12} & l_2c_{12} \\ 0 & 0 \\ 0 & 0 \\ 0 & 0 \\ 1 & 1 \end{bmatrix}$$

可简写成

$$\boldsymbol{J}=\begin{bmatrix} -l_1s_1-l_2s_{12} & -l_2s_{12} \\ l_1c_1+l_2c_{12} & l_2c_{12} \\ 1 & 1 \end{bmatrix}$$

2. 微分变换法求雅可比矩阵

（1）微分运动与广义速度　刚体或坐标系的微分运动包括微分移动矢量 $\boldsymbol{d}$ 和微分转动矢量 $\boldsymbol{\delta}$。前者由沿三个坐标轴的微分移动组成，后者由绕三个坐标轴的微分转动组成，即

$$\boldsymbol{d}=d_xi+d_yj+d_zk \text{ 或 } \boldsymbol{d}=[d_x \quad d_y \quad d_z]^{\mathrm{T}}$$

$$\boldsymbol{\delta}=\delta_xi+\delta_yj+\delta_zk \text{ 或 } \boldsymbol{\delta}=[\delta_x \quad \delta_y \quad \delta_z]^{\mathrm{T}}$$

刚体或坐标系的微分运动矢量 $\boldsymbol{D}=\begin{bmatrix} \boldsymbol{d} \\ \boldsymbol{\delta} \end{bmatrix}$

$$\begin{bmatrix} {}^{T}d_x \\ {}^{T}d_y \\ {}^{T}d_z \\ {}^{T}\delta_x \\ {}^{T}\delta_y \\ {}^{T}\delta_z \end{bmatrix} = \begin{bmatrix} n_x & n_y & n_z & (p\times n)_x & (p\times n)_y & (p\times n)_z \\ o_x & o_y & o_z & (p\times o)_x & (p\times o)_y & (p\times o)_z \\ a_x & a_y & a_z & (p\times a)_x & (p\times a)_y & (p\times a)_z \\ 0 & 0 & 0 & n_x & n_y & n_z \\ 0 & 0 & 0 & o_x & o_y & o_z \\ 0 & 0 & 0 & a_x & a_y & a_z \end{bmatrix} \begin{bmatrix} d_x \\ d_y \\ d_z \\ \delta_x \\ \delta_y \\ \delta_z \end{bmatrix} \tag{4-95}$$

简写为

$$\begin{bmatrix} {}^{T}\boldsymbol{d} \\ {}^{T}\boldsymbol{\delta} \end{bmatrix} = \begin{bmatrix} \boldsymbol{R}^{\mathrm{T}} & -\boldsymbol{R}^{\mathrm{T}}\boldsymbol{S}(\boldsymbol{P}) \\ \boldsymbol{0} & \boldsymbol{R}^{\mathrm{T}} \end{bmatrix} \begin{bmatrix} \boldsymbol{d} \\ \boldsymbol{\delta} \end{bmatrix} \tag{4-96}$$

其中，$\boldsymbol{R}$ 是旋转矩阵 $\boldsymbol{R} = \begin{bmatrix} n_x & o_x & a_x \\ n_y & o_y & a_y \\ n_z & o_z & a_z \end{bmatrix}$

$\boldsymbol{S}(\boldsymbol{P})$ 为矢量 $\boldsymbol{P}$ 的反对称矩阵

$$\boldsymbol{S}(\boldsymbol{P}) = \begin{bmatrix} 0 & -p_z & p_y \\ p_z & 0 & -p_x \\ p_y & p_x & 0 \end{bmatrix} \tag{4-97}$$

$\boldsymbol{S}(\boldsymbol{P})$ 矩阵具有以下性质：

$$\boldsymbol{S}(\boldsymbol{P})\boldsymbol{\omega} = \boldsymbol{P}\times\boldsymbol{\omega},\ \boldsymbol{S}(\boldsymbol{P})\boldsymbol{\delta} = \boldsymbol{P}\times\boldsymbol{\delta} \tag{4-98}$$

$$\boldsymbol{\omega}^{\mathrm{T}}\boldsymbol{S}(\boldsymbol{P}) = -(\boldsymbol{P}\times\boldsymbol{\omega})^{\mathrm{T}},\ \boldsymbol{\delta}^{\mathrm{T}}\boldsymbol{S}(\boldsymbol{P}) = -(\boldsymbol{P}\times\boldsymbol{\delta})^{\mathrm{T}} \tag{4-99}$$

相应地，广义速度 $\boldsymbol{V}$ 的坐标变换为

$$\begin{bmatrix} {}^{T}\boldsymbol{v} \\ {}^{T}\boldsymbol{\omega} \end{bmatrix} = \begin{bmatrix} \boldsymbol{R}^{\mathrm{T}} & -\boldsymbol{R}^{\mathrm{T}}\boldsymbol{S}(\boldsymbol{P}) \\ \boldsymbol{0} & \boldsymbol{R}^{\mathrm{T}} \end{bmatrix} \begin{bmatrix} \boldsymbol{v} \\ \boldsymbol{\omega} \end{bmatrix} \tag{4-100}$$

（2）微分变换法求雅可比矩阵　对于转动关节

$$\boldsymbol{d} = \begin{bmatrix} 0 \\ 0 \\ 0 \end{bmatrix},\ \boldsymbol{\delta} = \begin{bmatrix} 0 \\ 0 \\ 1 \end{bmatrix} \boldsymbol{d}\theta_i$$

由式（4-95）有

$$\begin{bmatrix} {}^{T}d_x \\ {}^{T}d_y \\ {}^{T}d_z \\ {}^{T}\delta_x \\ {}^{T}\delta_y \\ {}^{T}\delta_z \end{bmatrix} = \begin{bmatrix} (p\times n)_z \\ (p\times o)_z \\ (p\times a)_z \\ n_z \\ o_z \\ a_z \end{bmatrix} \boldsymbol{d}\theta_i \tag{4-101}$$

对于移动关节

$$\boldsymbol{d}=\begin{bmatrix}0\\0\\1\end{bmatrix}\boldsymbol{d}d_i,\quad \boldsymbol{\delta}=\begin{bmatrix}0\\0\\0\end{bmatrix}$$

由式（4-95）有

$$\begin{bmatrix}{}^Td_x\\{}^Td_y\\{}^Td_z\\{}^T\delta_x\\{}^T\delta_y\\{}^T\delta_z\end{bmatrix}=\begin{bmatrix}n_z\\o_z\\a_z\\0\\0\\0\end{bmatrix}\boldsymbol{d}d_i \tag{4-102}$$

由此可得雅可比矩阵 $\boldsymbol{J}$。

对于转动关节

$${}^T\boldsymbol{J}_i=\begin{bmatrix}(p\times n)_z\\(p\times o)_z\\(p\times a)_z\\n_z\\o_z\\a_z\end{bmatrix} \tag{4-103}$$

对于移动关节

$${}^T\boldsymbol{J}_i=\begin{bmatrix}n_z\\o_z\\a_z\\0\\0\\0\end{bmatrix} \tag{4-104}$$

例 4-13 如图 4-15 所示斯坦福六自由度机器人，除第三关节为移动关节外，其余 5 个关节为转动关节。试用微分法计算 ${}^T\boldsymbol{J}(\boldsymbol{q})$。

解： 根据式（4-103）、式（4-104）求 ${}^T\boldsymbol{J}_i$

$${}^T\boldsymbol{J}_1=\begin{bmatrix}-d_2[c_2(c_4c_5c_6-s_4s_6)-s_2s_5c_6]+s_2d_3(s_4c_5c_6+c_4s_6)\\-d_2[-c_2(c_4c_5s_6+s_4c_6)+s_2s_5s_6]+s_2d_3(-s_4c_5s_6+c_4c_5)\\-d_2(c_2c_4s_5+s_2c_5)+s_2d_3s_4s_5\\-s_2(c_2c_4s_6-s_4c_6)-c_2s_5s_6\\s_2(c_2c_4s_6+s_4c_6)+c_2s_5s_6\\-s_2c_4s_5+c_2c_5\end{bmatrix}$$

$$
{}^T\boldsymbol{J}_2=\begin{bmatrix} d_3(c_2c_5c_6-s_4s_6) \\ -d_3(c_4c_5c_6+s_4c_6) \\ d_3c_4s_5 \\ s_4c_5c_6+c_4s_6 \\ -s_4c_5s_6+c_4c_6 \\ s_4s_5 \end{bmatrix},\quad {}^T\boldsymbol{J}_3=\begin{bmatrix} -s_5c_6 \\ s_5c_6 \\ c_5 \\ 0 \\ 0 \\ 0 \end{bmatrix}
$$

$$
{}^T\boldsymbol{J}_4=\begin{bmatrix} 0 \\ 0 \\ 0 \\ -s_5c_6 \\ s_5c_6 \\ c_5 \end{bmatrix},\quad {}^T\boldsymbol{J}_5=\begin{bmatrix} 0 \\ 0 \\ 0 \\ s_6 \\ c_6 \\ 0 \end{bmatrix},\quad {}^T\boldsymbol{J}_6=\begin{bmatrix} 0 \\ 0 \\ 0 \\ 0 \\ 0 \\ 1 \end{bmatrix}
$$

4.4.4 雅可比矩阵参考坐标系的变换

已知坐标系 $\{B\}$ 中的雅可比矩阵，即

$$
\begin{bmatrix} {}^B\boldsymbol{v} \\ {}^B\boldsymbol{\omega} \end{bmatrix}={}^B\boldsymbol{J}(\boldsymbol{q})\dot{\boldsymbol{q}} \tag{4-105}
$$

要想知道给出的雅可比矩阵在另一个坐标系 $\{A\}$ 中的表达式。首先注意到已知坐标系中的速度矢量可以通过如下变换得到相对于坐标系 $\{A\}$ 的表达式

$$
\begin{bmatrix} {}^A\boldsymbol{v} \\ {}^A\boldsymbol{\omega} \end{bmatrix}=\begin{bmatrix} {}^A_B\boldsymbol{R} & \boldsymbol{0} \\ \boldsymbol{0} & {}^A_B\boldsymbol{R} \end{bmatrix}\begin{bmatrix} {}^B\boldsymbol{v} \\ {}^B\boldsymbol{\omega} \end{bmatrix} \tag{4-106}
$$

因此，可得

$$
\begin{bmatrix} {}^A\boldsymbol{v} \\ {}^A\boldsymbol{\omega} \end{bmatrix}=\begin{bmatrix} {}^A_B\boldsymbol{R} & \boldsymbol{0} \\ \boldsymbol{0} & {}^A_B\boldsymbol{R} \end{bmatrix}{}^B\boldsymbol{J}(\boldsymbol{q})\dot{\boldsymbol{q}} \tag{4-107}
$$

由以上关系式可得

$$
{}^A\boldsymbol{J}(\boldsymbol{q})=\begin{bmatrix} {}^A_B\boldsymbol{R} & \boldsymbol{0} \\ \boldsymbol{0} & {}^A_B\boldsymbol{R} \end{bmatrix}{}^B\boldsymbol{J}(\boldsymbol{q}) \tag{4-108}
$$

显然，利用式（4-108）可以完成雅可比矩阵参考坐标系的变换。

4.4.5 机器人雅可比矩阵分析

1. 奇异点

已知有一个有关关节速度的直角坐标速度的线性变换，请考虑一个问题：这个矩阵是否可以求逆？也就是，它是不是非奇异的？如果这个矩阵不是非奇异的，则可以通过式（4-73）对它求逆来计算给定直角坐标速度的关节速度。

式（4-73）是一个重要的关系式。例如，计划让机器人的手以一定的矢量速度在直角坐

标空间运动，用式（4-73）可以计算沿着轨迹的每个瞬时所需的关节速度。真正的可逆性问题是：雅可比是否对所有的 $\boldsymbol{q}$ 值都可以求逆。如果否，在何处它不可以求逆？所有的操作机都有雅可比成为奇异的 $\boldsymbol{q}$ 值。这些位置被称为机构的奇异点，或简称为奇异点。所有的操作机在它们的工作空间的边界处有奇异点，而大多数在它们的工作空间内有奇异点的轨迹。

例 4-14 何处是图 4-24 所示简单二自由度机械手的奇异点？这些奇异点的物理意义是什么？它们是工作空间边界奇异点还是内奇异点？

解： 为了求一个机构的奇异点，必须考察其雅可比的行列式。在行列式等于零的地方，雅可比降秩，是奇异的。

令例 4-10 中式（a）的行列式等于零，则

$$\begin{vmatrix} -l_1s_1-l_2s_{12} & -l_2s_{12} \\ l_1c_1+l_2c_{12} & l_2c_{12} \end{vmatrix} = l_1l_2s_2 = 0$$

显然，当 θ_2 为 0 或 180°时，机构有一个奇异点。从物理意义上说，当 $\theta_2=0$ 机械手伸直。在这种情况下，末端操作器的运动仅可能沿一个直角坐标方向（垂直于机械手的方向），因此此机构失去了一个自由度。类似地，当 $\theta_2=180°$ 机械手完全折叠起来，手的运动也只能在一个直角坐标方向，而不是两个方向。这些奇异点都是工作空间边界奇异点，因为它们位于操作机的工作空间的边界上。

在机器人控制系统中应用式（4-73）的危险在于，在奇异点处雅可比矩阵的逆不存在，这导致当接近这个奇异点时关节速度趋向无穷大。

在图 4-24 所示二自由度机械手中，它的末端操作器沿 x_0 轴以 1.0m/s 的速度运动。解得两关节速度为

$$\dot{\theta}_1 = \frac{c_{12}}{l_1s_2}, \quad \dot{\theta}_2 = -\frac{c_1}{l_2s_2} - \frac{c_{12}}{l_1s_2}$$

说明当远离奇异点时关节速度是合理的，但当接近一个奇异点 $\theta_2=0$ 时，机械手伸出去，关节速度趋向无穷大。

2. 机器人的奇异位形

奇异位形是串联机器人机构的一个十分重要的运动学特性，机器人的运动受力、控制以及精度方面的性能都与此位形密切相关。

机器人的奇异位形大致可分为两类：

（1）边界奇异位形　当机器人臂全部伸展开或全部折回时，使手部处于机器人工作空间的边界上或边界附近，出现逆雅可比奇异，机器人运动受到物理结构的约束。

（2）内部奇异位形　当两个或两个以上关节轴线重合时，机器人各关节运动相互抵消，不产生操作运动。

对预定的手部运动用式（4-73）可以求出所需控制的关节速度；但是如果雅可比矩阵 $\boldsymbol{J}$ 奇异，即 $\det(\boldsymbol{J})=0$，则式（4-73）的运算不能成立。由此引起了对奇异位形的重视。从运动学角度讲，当机器人运动到奇异位形时，手部将失去某个或某些独立的运动分量（失去一个或几个自由度），因而导致手部自由度的减少，这意味着在直角坐标系空间有某些方向（或子空间），无论取什么样的关节速度，机器人的手都不可能沿它们运动。显然这种情况会发生在机器人工作空间的边界上，无法解出关节速度，机器人处于退化位置。这不仅影响手部完成预定的运动，也给机器人的控制带来了困难。

4.5　本章小结

本章讨论了几种特定类型机器人的正逆运动方程以及欧拉角和 RPY 姿态角，这些特定类型机器人包括直角坐标、圆柱坐标和球坐标机器人。本章的主旨是学习如何表示多自由度机器人在空间的运动，以及如何用 D-H 表示法导出机器人的正逆运动学方程。这种方法可用于表示任何一种机器人的构型。

本章还讨论了机器人的雅可比矩阵的建立，包括速度雅可比和力雅可比。同时对机器人奇异点和奇异位形进行了分析，机器人处于奇异位形时，会失去一个或多个自由度，会影响手部完成预定运动，同时也会给机器人控制带来困难。

习　　题

4-1　如图 4-29 所示二自由度机械手，关节 1 为转动关节，关节变量为 θ_1；关节 2 为移动关节，关节变量 d_2。

1）建立关节坐标系，并写出该机械手的运动方程式。

2）按下列关节变量参数，求出手部中心的位置值。

θ_1	0°	30°	60°	90°
d_2/m	0.50	0.80	1.00	0.70

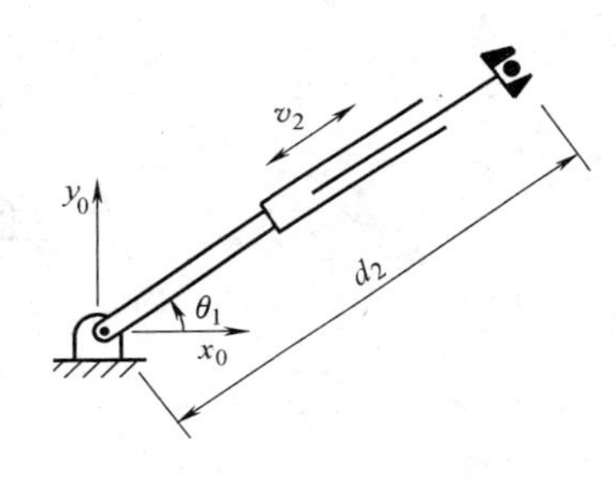

图 4-29　二自由度机械手

4-2　如图 4-29 所示二自由度机械手，已知手部中心坐标值为（x，y）。求该机械手运动方程的逆解 θ_1 及 d_2。

4-3　三自由度机械手如图 4-30 所示，臂长为 l_1 和 l_2，手部中心离手腕中心的距离为 H，转角为 θ_1、θ_2、θ_3，试建立连杆坐标系，并推导出该机械手的运动学方程。

4-4　图 4-31 所示为二自由度机械手，两连杆长度均为 1m，试建立各连杆坐标系，求出该机械手的运动学正解和逆解。

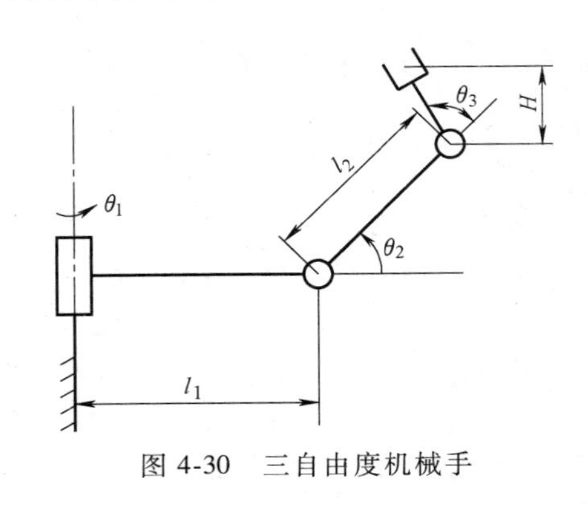

图 4-30　三自由度机械手

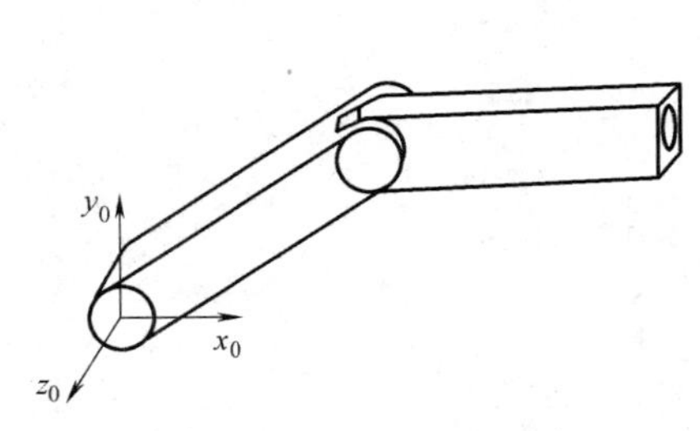

图 4-31　二自由度机械手

4-5　什么是机器人运动学逆解的多重性？

4-6　图 4-32 所示为三自由度机械手。

1）用 D-H 方法建立各附体坐标系。

2）列出连杆的 D-H 参数表。

3）建立运动学方程。

4）建立雅可比矩阵。

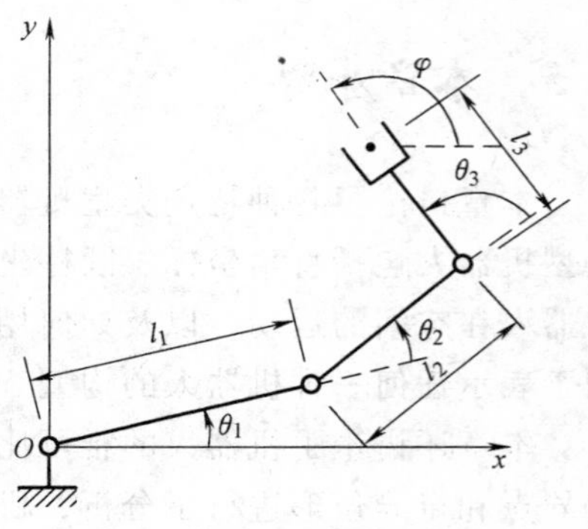

图 4-32　三自由度机械手

4-7　图 4-33 所示为三自由度机械手，手部握有焊接工具。已知 $\theta_1=30°$，$\theta_2=45°$，$\theta_3=30°$，$\dot{\theta}_1=0.04\text{rad/s}$，$\dot{\theta}_2=0$，$\dot{\theta}_3=0.1\text{rad/s}$。求焊接工具末端 A 点的线速度 v_x，v_y。

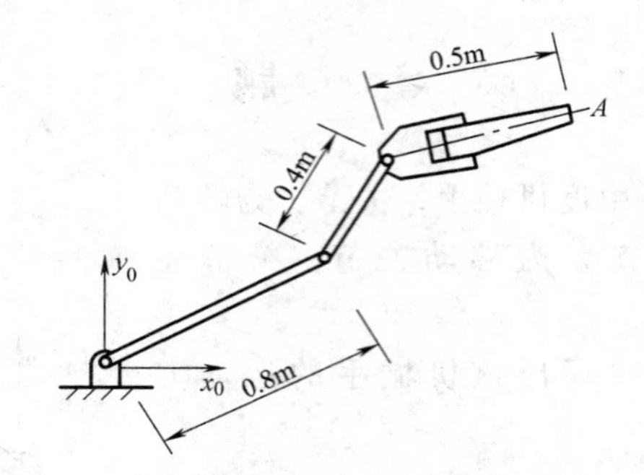

图 4-33　三自由度机械手

4-8　已知二自由度机械手的雅可比矩阵为 $\boldsymbol{J}=\begin{bmatrix}-l_1s_1 & -l_2s_{12}\\ l_1c_1 & l_2c_{12}\end{bmatrix}$，如忽略重力，当手部端点力 $\boldsymbol{F}=[1\quad 0]^{\mathrm{T}}$ 时，求相应的关节力矩 $\boldsymbol{\tau}$。

第 5 章

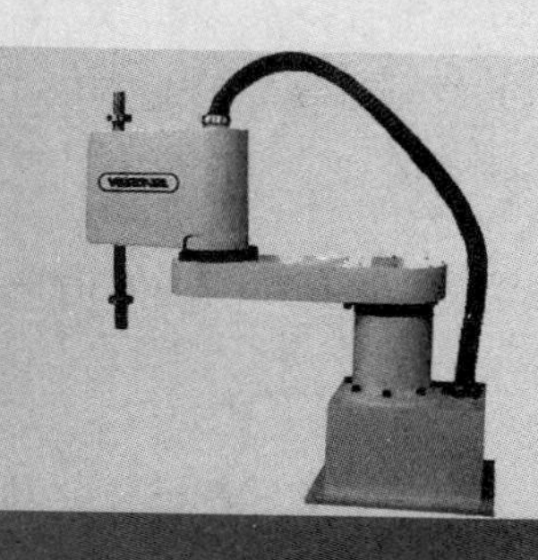

机器人动力学

机器人动力学主要是研究机器人机构的动力学。在机器人动力学的研究中，要解决的问题很多，但归纳起来主要有两类：第一类问题是动力学的力分析，或称为动力学正问题，它是已知关节的驱动力或力矩，求机器人系统相应的运动参数，包括关节位移、速度和加速度。第二类问题是动力学逆问题——已知运动轨迹点上的关节位移、速度和加速度，求出相应的关节力或力矩。研究机器人动力学的目的是多方面的。动力学正问题对机器人运动仿真是非常有用的；动力学逆问题对实现机器人实时控制是相当有用的。利用动力学模型，实现最优控制，以期达到良好的动态性能和最优指标。

机器人动力学模型主要用于机器人的设计和离线编程。在设计中需根据连杆质量、运动学和动力学参数、传动机构特征和负载大小进行动态仿真，对其性能进行分析，从而决定机器人的结构参数和传动方案，验算设计方案的合理性和可行性。在离线编程时，为了估计机器人高速运动引起的动载荷和路径偏差，要进行路径控制仿真和动态模型的仿真。这些都必须以机器人动力学模型为基础。机器人是一个非线性的复杂的动力学系统。动力学问题的求解比较困难，而且需要较长的运算时间。因此，简化求解过程，最大限度地减少机器人动力学在线计算的时间是一个备受关注的研究课题。

本章将介绍机器人的静力学问题和动力学问题以及动力学建模和仿真。为了建立机器人动力学方程，在此首先讨论机器人运动的瞬时状态，对其进行速度分析和加速度分析，研究连杆的静力平衡，然后利用达朗贝尔原理，将静力学平衡条件用于动力学。

5.1 连杆的速度和加速度分析

点的速度表示一般要涉及两个坐标系：参考坐标系和运动坐标系。因此要指明速度是相对于哪个坐标系的运动所造成的，在哪个坐标系中来描述这一速度。

例如，连杆 i 相对于参考坐标系 $\{0\}$ 的速度用 $\boldsymbol{\omega}_i$ 和 $\boldsymbol{v}_i$ 表示；$\boldsymbol{\omega}_i$ 是连杆坐标系 $\{i\}$ 的角速度矢量，$\boldsymbol{v}_i$ 是 $\{i\}$ 的原点线速度矢量。如果把两个矢量在 $\{i\}$ 中描述，即为 ${}^i\boldsymbol{\omega}_i$ 和 ${}^i\boldsymbol{v}_i$。

为了描述刚体在不同坐标系中的运动，设有参考坐标系 $\{A\}$ 和运动坐标系 $\{B\}$ 两坐标系。$\{B\}$ 相对于 $\{A\}$ 的位置矢量为 ${}^A\boldsymbol{P}_{B_0}$，旋转矩阵为 ${}^A_B\boldsymbol{R}$。任一点 P 在两坐标系中的描述 ${}^A\boldsymbol{P}$ 和 ${}^B\boldsymbol{P}$ 之间的关系为

$$ {}^{A}\boldsymbol{P}={}^{A}\boldsymbol{P}_{B_0}+{}_{B}^{A}\boldsymbol{R}{}^{B}\boldsymbol{P} \tag{5-1}$$

将上式两边对时间求导得

$$ {}^{A}\dot{\boldsymbol{P}}={}^{A}\dot{\boldsymbol{P}}_{B_0}+{}_{B}^{A}\dot{\boldsymbol{R}}{}^{B}\boldsymbol{P}+{}_{B}^{A}\boldsymbol{R}{}^{B}\dot{\boldsymbol{P}} \tag{5-2}$$

式中　${}^{A}\dot{\boldsymbol{P}}$、${}^{B}\dot{\boldsymbol{P}}$——点 P 相对于 $\{A\}$ 和 $\{B\}$ 的速度，记为 ${}^{A}\boldsymbol{V}_{P}$ 和 ${}^{B}\boldsymbol{V}_{P}$；

${}^{A}\dot{\boldsymbol{P}}_{B_0}$——$\{B\}$ 的原点相对于 $\{A\}$ 的运动速度，记为 ${}^{A}\boldsymbol{V}_{B_0}$；

${}_{B}^{A}\dot{\boldsymbol{R}}$——旋转矩阵 ${}_{B}^{A}\boldsymbol{R}$ 的导数。

5.1.1　旋转矩阵的导数 $\dot{\boldsymbol{R}}(t)$

利用导数和微分的定义，即

$$\dot{\boldsymbol{R}}(t)=\lim_{\Delta t\to 0}\frac{\boldsymbol{R}(t+\Delta t)-\boldsymbol{R}(t)}{\Delta t}=\lim_{\Delta t\to 0}\frac{\Delta\boldsymbol{R}(t)}{\Delta t} \tag{5-3}$$

由旋转变换的公式可知，$\boldsymbol{R}(t+\Delta t)$ 总是可以看成为 $\boldsymbol{R}(t)$ 在时间间隔 Δt 内绕某轴 K 转动微分角度 $\delta\theta$ 而得到的，即

$$\boldsymbol{R}(t+\Delta t)=\boldsymbol{R}(k,\ \delta\theta)\boldsymbol{R}(t) \tag{5-4}$$

$$\Delta\boldsymbol{R}(t)=\boldsymbol{R}(t+\Delta t)-\boldsymbol{R}(t)=[\boldsymbol{R}(k,\ \delta\theta)-\boldsymbol{I}]\boldsymbol{R}(t)=\boldsymbol{A}(k,\ \delta\theta)\boldsymbol{R}(t) \tag{5-5}$$

式中　$\boldsymbol{I}$——3×3 的单位矩阵；

$\boldsymbol{A}(k,\ \delta\theta)$——微分旋转算子。

利用旋转变换通式，并用微量 $\delta\theta$ 代替 θ，由于 $\sin\delta\theta\approx\delta\theta$，$\cos\delta\theta\approx 1$ 可得

$$\boldsymbol{A}(k,\ \delta\theta)=\boldsymbol{R}(k,\ \delta\theta)-\boldsymbol{I}=\begin{bmatrix}0 & -k_z\delta\theta & k_y\delta\theta\\ k_z\delta\theta & 0 & -k_x\delta\theta\\ -k_y\delta\theta & k_x\delta\theta & 0\end{bmatrix} \tag{5-6}$$

把上式两端除以 Δt，并取极限，定义为角速度算子矩阵：

$$\boldsymbol{S}(\omega)=\begin{bmatrix}0 & -k_z\dot{\theta} & k_y\dot{\theta}\\ k_z\dot{\theta} & 0 & -k_x\dot{\theta}\\ -k_y\dot{\theta} & k_x\dot{\theta} & 0\end{bmatrix}=\begin{bmatrix}0 & -\omega_z & \omega_y\\ \omega_z & 0 & -\omega_x\\ -\omega_y & \omega_x & 0\end{bmatrix} \tag{5-7}$$

相应的角速度矢量 $\boldsymbol{W}$ 为

$$\boldsymbol{W}=\begin{bmatrix}k_x\dot{\theta}\\ k_y\dot{\theta}\\ k_z\dot{\theta}\end{bmatrix}=\begin{bmatrix}\omega_x\\ \omega_y\\ \omega_z\end{bmatrix}=\boldsymbol{I}\dot{\theta} \tag{5-8}$$

角速度算子矩阵 $\boldsymbol{S}(\omega)$ 和角速度矢量 $\boldsymbol{W}$ 是角速度的两种描述，在任意矢径 $\boldsymbol{P}$ 处引起的线速度 $\boldsymbol{V}_P$ 可表示为

$$\boldsymbol{V}_P=\boldsymbol{S}(\omega)\boldsymbol{P}=\boldsymbol{W}\times\boldsymbol{P} \tag{5-9}$$

由此可得旋转矩阵的导数为

$$\dot{\boldsymbol{R}}(t)=\boldsymbol{S}(\omega)\boldsymbol{R}=\boldsymbol{W}\times\boldsymbol{R} \tag{5-10}$$

5.1.2 刚体的速度和加速度

根据公式 $\dot{\boldsymbol{R}}(t)=\boldsymbol{S}(\omega)\boldsymbol{R}\Rightarrow{}_B^A\dot{\boldsymbol{R}}=\boldsymbol{S}({}^A\boldsymbol{W}_B){}_B^A\boldsymbol{R}$，有

$${}^A\boldsymbol{V}_P={}^A\boldsymbol{V}_{B_0}+{}_B^A\boldsymbol{R}{}^B\boldsymbol{V}_P+\boldsymbol{S}({}^A\boldsymbol{W}_B){}_B^A\boldsymbol{R}{}^B\boldsymbol{P} \tag{5-11}$$

将上式两端求导，得加速度${}^A\dot{\boldsymbol{V}}_P$ 和${}^B\dot{\boldsymbol{V}}_P$ 之间的关系：

$${}^A\dot{\boldsymbol{V}}_P={}^A\dot{\boldsymbol{V}}_{B_0}+{}_B^A\boldsymbol{R}{}^B\dot{\boldsymbol{V}}_P+2\boldsymbol{S}({}^A\boldsymbol{W}_B){}_B^A\boldsymbol{R}{}^B\boldsymbol{V}_P+\boldsymbol{S}({}^A\dot{\boldsymbol{W}}_B){}_B^A\boldsymbol{R}{}^B\boldsymbol{P}+\boldsymbol{S}({}^A\boldsymbol{W}_B)\boldsymbol{S}({}^A\boldsymbol{W}_B){}_B^A\boldsymbol{R}{}^B\boldsymbol{P} \tag{5-12}$$

上面两式分别表示质点 P 在不同坐标系中运动速度和加速度的转换公式，根据不同的情况，该公式还可简化：

1）若 $\{A\}$ 固定不动，刚体与 $\{B\}$ 固接，有

$${}^B\boldsymbol{P}=\text{const}\quad {}^B\boldsymbol{V}_P={}^B\dot{\boldsymbol{V}}_P=0$$

则

$${}^A\boldsymbol{V}_P={}^A\boldsymbol{V}_{B_0}+\boldsymbol{S}({}^A\boldsymbol{W}_B){}_B^A\boldsymbol{R}{}^B\boldsymbol{P} \tag{5-13}$$

$${}^A\dot{\boldsymbol{V}}_P={}^A\dot{\boldsymbol{V}}_{B_0}+\boldsymbol{S}({}^A\dot{\boldsymbol{W}}_B){}_B^A\boldsymbol{R}{}^B\boldsymbol{P}+\boldsymbol{S}({}^A\boldsymbol{W}_B)\boldsymbol{S}({}^A\boldsymbol{W}_B){}_B^A\boldsymbol{R}{}^B\boldsymbol{P} \tag{5-14}$$

2）若运动坐标系 $\{B\}$ 相对于参考坐标系 $\{A\}$ 移动，即${}_B^A\boldsymbol{R}$ 固定不变，有

$${}^A\boldsymbol{W}_B={}^A\boldsymbol{W}_{B_0}=0$$

则

$${}^A\boldsymbol{V}_P={}^A\boldsymbol{V}_{B_0}+{}_B^A\boldsymbol{R}{}^B\boldsymbol{V}_P \tag{5-15}$$

$${}^A\dot{\boldsymbol{V}}_P={}^A\dot{\boldsymbol{V}}_{B_0}+{}_B^A\boldsymbol{R}{}^B\dot{\boldsymbol{V}}_P \tag{5-16}$$

3）若 $\{B\}$ 相对于 $\{A\}$ 纯滚动，有

$${}^A\boldsymbol{P}_{B_0}=\text{const}\quad {}^A\boldsymbol{V}_{B_0}={}^A\dot{\boldsymbol{V}}_{B_0}=0$$

则

$${}^A\boldsymbol{V}_P={}_B^A\boldsymbol{R}{}^B\boldsymbol{V}_P+\boldsymbol{S}({}^A\boldsymbol{W}_B){}_B^A\boldsymbol{R}{}^B\boldsymbol{P} \tag{5-17}$$

$${}^A\dot{\boldsymbol{V}}_P={}_B^A\boldsymbol{R}{}^B\dot{\boldsymbol{V}}_P+2\boldsymbol{S}({}^A\boldsymbol{W}_B){}_B^A\boldsymbol{R}{}^B\boldsymbol{V}^P+\boldsymbol{S}({}^A\dot{\boldsymbol{W}}_B){}_B^A\boldsymbol{R}{}^B\boldsymbol{P}+\boldsymbol{S}({}^A\boldsymbol{W}_B)\boldsymbol{S}({}^A\boldsymbol{W}_B){}_B^A\boldsymbol{R}{}^B\boldsymbol{P} \tag{5-18}$$

其中，${}^A\boldsymbol{W}_B$ 表示坐标系 $\{B\}$ 相对于 $\{A\}$ 转动的角速度矢量。

若已知 $\{C\}$ 相对于 $\{B\}$ 的转动角速度矢量为${}^B\boldsymbol{W}_C$，则 $\{C\}$ 相对于 $\{A\}$ 的转动角速度和角加速度矢量为

$${}^A\boldsymbol{W}_C={}^A\boldsymbol{W}_B+{}_B^A\boldsymbol{R}{}^B\boldsymbol{W}_C \tag{5-19}$$

$${}^A\dot{\boldsymbol{W}}_C={}^A\dot{\boldsymbol{W}}_B+{}_B^A\boldsymbol{R}{}^B\dot{\boldsymbol{W}}_C+\boldsymbol{S}({}^A\boldsymbol{W}_B){}_B^A\boldsymbol{R}{}^B\boldsymbol{W}_C \tag{5-20}$$

5.1.3 旋转关节的连杆运动传递

连杆运动通常是用连杆坐标系原点速度和加速度，以及连杆坐标系的角速度和角加速度来表示的。旋转关节的连杆运动如图 5-1 所示。$\boldsymbol{v}_i$ 和 $\boldsymbol{\omega}_i$ 分别表示连杆坐标系 $\{i\}$ 相对于参

考坐标系 {0} 的线速度和角速度，而${}^{i}\boldsymbol{v}_i$ 和${}^{i}\boldsymbol{\omega}_i$ 表示在坐标系 {i} 中的线速度和角速度。${}^{i+1}\boldsymbol{v}_{i+1}$ 和${}^{i+1}\boldsymbol{\omega}_{i+1}$ 表示在连杆坐标系 {i+1} 中的线速度和角速度。

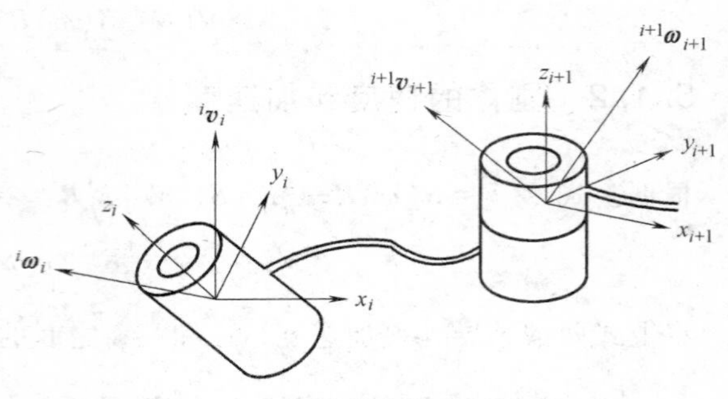

图 5-1　旋转关节的连杆运动

连杆 i+1 相对连杆 i 转动的角速度是绕关节 i+1 运动引起的。

$$\dot{\boldsymbol{\theta}}_{i+1}{}^{i+1}\boldsymbol{z}_{i+1}=\begin{bmatrix}0\\0\\\dot{\theta}_{i+1}\end{bmatrix} \tag{5-21}$$

式中　$\dot{\theta}_{i+1}$——关节角速度；

${}^{i+1}\boldsymbol{z}_{i+1}$——坐标系 {$i$+1} 的 z 轴单位矢量。

因为同一坐标系中的矢量可相加，因此，连杆 i+1 的角速度等于连杆 i 的角速度加上连杆 i+1 的角速度加上连杆 i+1 绕关节 i+1 旋转的角速度，在坐标系 {i} 中的表示为

$$ {}^{i}\boldsymbol{\omega}_{i+1}={}^{i}\boldsymbol{\omega}_i+{}_{i+1}^{\ \ i}\boldsymbol{R}\dot{\boldsymbol{\theta}}_{i+1}{}^{i+1}\boldsymbol{z}_{i+1} \tag{5-22}$$

将此式两端左乘旋转矩阵${}_{i}^{i+1}\boldsymbol{R}$，则得到相对连杆本身坐标系 {$i$+1} 的表示：

$$ {}^{i+1}\boldsymbol{\omega}_{i+1}={}_{i}^{i+1}\boldsymbol{R}{}^{i}\boldsymbol{\omega}_i+\dot{\boldsymbol{\theta}}_{i+1}{}^{i+1}\boldsymbol{z}_{i+1} \tag{5-23}$$

坐标系 {i+1} 原点的线速度等于坐标系 {i} 原点的线速度加上连杆 i 的转动速度产生的分量。${}^{i}\boldsymbol{p}_{i+1}$表示坐标系 {$i$+1} 的原点在坐标系 {$i$} 中的位置矢量，此位置矢量是不变的，因此

$$ {}^{i}\boldsymbol{v}_{i+1}={}^{i}\boldsymbol{v}_i+{}^{i}\boldsymbol{\omega}_i\times{}^{i}\boldsymbol{p}_{i+1} \tag{5-24}$$

上式两端都左乘${}_{i}^{i+1}\boldsymbol{R}$，则得到相对坐标系 {$i$+1} 的表示：

$$ {}^{i+1}\boldsymbol{v}_{i+1}={}_{i}^{i+1}\boldsymbol{R}({}^{i}\boldsymbol{v}_i+{}^{i}\boldsymbol{\omega}_i\times{}^{i}\boldsymbol{p}_{i+1}) \tag{5-25}$$

由式（5-23）和式（5-25）可以得到从一连杆向下一连杆的角加速度和线加速度传递公式：

$$ {}^{i+1}\dot{\boldsymbol{\omega}}_{i+1}={}_{i}^{i+1}\boldsymbol{R}{}^{i}\dot{\boldsymbol{\omega}}_i+{}_{i}^{i+1}\boldsymbol{R}{}^{i}\boldsymbol{\omega}_i\times\dot{\boldsymbol{\theta}}_{i+1}{}^{i+1}\boldsymbol{z}_{i+1}+\ddot{\boldsymbol{\theta}}_{i+1}{}^{i+1}\boldsymbol{z}_{i+1} \tag{5-26}$$

$$ {}^{i+1}\dot{\boldsymbol{v}}_{i+1}={}_{i}^{i+1}\boldsymbol{R}[{}^{i}\dot{\boldsymbol{v}}_i+{}^{i}\dot{\boldsymbol{\omega}}_i\times{}^{i}\boldsymbol{p}_{i+1}+{}^{i}\boldsymbol{\omega}_i\times({}^{i}\boldsymbol{\omega}_i\times{}^{i}\boldsymbol{p}_{i+1})] \tag{5-27}$$

5.1.4　移动关节的连杆运动传递

当关节 i+1 是移动关节时，连杆 i+1 相对坐标系 {i+1} 的 z 轴移动，没有转动，${}_{i}^{i+1}\boldsymbol{R}$ 是常数矩阵，相应的运动传递关系为

$$ {}^{i+1}\boldsymbol{\omega}_{i+1}={}_{i}^{i+1}\boldsymbol{R}{}^{i}\boldsymbol{\omega}_i \tag{5-28}$$

$$ {}^{i+1}\boldsymbol{v}_{i+1}={}_{i}^{i+1}\boldsymbol{R}({}^{i}\boldsymbol{v}_i+{}^{i}\boldsymbol{\omega}_i\times{}^{i}\boldsymbol{p}_{i+1})+\dot{\boldsymbol{d}}_{i+1}{}^{i+1}\boldsymbol{z}_{i+1} \tag{5-29}$$

$$ {}^{i+1}\dot{\boldsymbol{\omega}}_{i+1}={}_{i}^{i+1}\boldsymbol{R}{}^{i}\dot{\boldsymbol{\omega}}_i \tag{5-30}$$

$$ {}^{i+1}\dot{\boldsymbol{v}}_{i+1}={}_{i}^{i+1}\boldsymbol{R}[{}^{i}\dot{\boldsymbol{v}}_i+{}^{i}\dot{\boldsymbol{\omega}}_i\times{}^{i}\boldsymbol{p}_{i+1}+{}^{i}\boldsymbol{\omega}_i\times({}^{i}\boldsymbol{\omega}_i\times{}^{i}\boldsymbol{p}_{i+1})]+2{}^{i}\boldsymbol{\omega}_i\times\dot{\boldsymbol{d}}_{i+1}{}^{i+1}\boldsymbol{z}_{i+1}+\ddot{\boldsymbol{d}}_{i+1}{}^{i+1}\boldsymbol{z}_{i+1} \tag{5-31}$$

5.1.5 质心的速度和加速度

将关节 $i+1$ 坐标原点处的平移速度转化到质心处的速度为

$$ {}^{i}\boldsymbol{v}_{ci} = {}^{i}\boldsymbol{v}_{i} + {}^{i}\boldsymbol{\omega}_{i} \times {}^{i}\boldsymbol{p}_{ci} \tag{5-32}$$

将上式对时间求导得质心处的平移加速度

$$ {}^{i+1}\dot{\boldsymbol{v}}_{ci} = {}^{i}\dot{\boldsymbol{v}}_{i} + {}^{i}\dot{\boldsymbol{\omega}}_{i} \times {}^{i}\boldsymbol{p}_{ci} + {}^{i}\boldsymbol{\omega}_{i} \times ({}^{i}\boldsymbol{\omega}_{i} \times {}^{i}\boldsymbol{p}_{ci}) \tag{5-33}$$

其中，质心坐标系 $\{c_i\}$ 与连接杆 i 固接；坐标原点位于连杆 i 的质心，坐标方向与 $\{i\}$ 同向。上式中不含关节运动，因此不论关节 $i+1$ 是转动还是移动都同样适用。

以上是计算机器人各连杆运动的传递公式，利用这些公式可得到从基座开始传递的各连杆的 ${}^{i}\boldsymbol{\omega}_{i}, {}^{i}\boldsymbol{v}_{i}, {}^{i}\dot{\boldsymbol{\omega}}_{i}$ 和 ${}^{i}\dot{\boldsymbol{v}}_{i}$。作为递推的初始（基座）${}^{0}\boldsymbol{\omega}_{0} = {}^{0}\dot{\boldsymbol{\omega}}_{0} = 0, {}^{0}\boldsymbol{v}_{0} = {}^{0}\dot{\boldsymbol{v}}_{0} = 0$，这样递推得到的连杆速度、角速度、加速度和角加速度都是相对于连杆本身坐标系表示的。如果将这些速度和角速度相对于基坐标系 {0} 表示，则需左乘旋转矩阵 ${}^{0}_{i}\boldsymbol{R}$，即

$$ {}^{0}\boldsymbol{\omega}_{i} = {}^{0}_{i}\boldsymbol{R}\,{}^{i}\boldsymbol{\omega}_{i}, \quad {}^{0}\boldsymbol{v}_{i} = {}^{0}_{i}\boldsymbol{R}\,{}^{i}\boldsymbol{v}_{i} \quad (i = 1, 2, \cdots, n) \tag{5-34}$$

5.1.6 雅可比矩阵的速度递推法

逐次运用上面所介绍的递推公式，即可求出末端连杆的角速度 ${}^{n}\boldsymbol{\omega}_{n}$ 和线速度 ${}^{n}\boldsymbol{v}_{n}$，根据式（5-34）可得到末端速度在基坐标系中的表示为 ${}^{0}\boldsymbol{\omega}_{n}$ 和 ${}^{0}\boldsymbol{v}_{n}$，简写为 $\boldsymbol{\omega}_{n}$，$\boldsymbol{v}_{n}$。构造末端连杆的笛卡儿广义速度为

$$ \boldsymbol{v}_{n} = \dot{\boldsymbol{x}}_{n} = \begin{bmatrix} \boldsymbol{v}_{n} \\ \boldsymbol{\omega}_{n} \end{bmatrix} \tag{5-35}$$

它与关节速度 $\dot{\boldsymbol{q}}$ 之间的关系就是由雅可比组成的线性映射：

$$ \dot{\boldsymbol{x}}_{n} = \boldsymbol{J}_{n}(\boldsymbol{q})\dot{\boldsymbol{q}} \tag{5-36}$$

例 5-1 用递推法求图 4-28 所示二自由度机械手末端连杆的速度和角速度以及雅可比矩阵。坐标系 {2} 固接在手臂末端，即有 $\theta_3 = 0$，$\dot{\theta}_3 = 0$。

解：各连杆变换为

$$ {}^{0}_{1}\boldsymbol{A} = \begin{bmatrix} c\theta_1 & -s\theta_1 & 0 & 0 \\ s\theta_1 & c\theta_1 & 0 & 0 \\ 0 & 0 & 1 & 0 \\ 0 & 0 & 0 & 1 \end{bmatrix}, \quad {}^{1}_{2}\boldsymbol{A} = \begin{bmatrix} c\theta_2 & -s\theta_2 & 0 & l_1 \\ s\theta_2 & c\theta_2 & 0 & 0 \\ 0 & 0 & 1 & 0 \\ 0 & 0 & 0 & 1 \end{bmatrix}$$

$$ {}^{2}_{3}\boldsymbol{A} = \begin{bmatrix} 1 & 0 & 0 & l_2 \\ 0 & 1 & 0 & 0 \\ 0 & 0 & 1 & 0 \\ 0 & 0 & 0 & 1 \end{bmatrix}$$

根据式（5-23）、式（5-25）依次算出各连接杆的速度和角速度。

基坐标系 {0} 固定不动，则 ${}^{0}\boldsymbol{\omega}_{0} = 0, {}^{0}\boldsymbol{v}_{0} = 0$。其余各连杆的速度和角速度为

$$
{}^0\boldsymbol{\omega}_1=\begin{bmatrix}0\\0\\\dot{\theta}_1\end{bmatrix}\quad {}^1\boldsymbol{v}_1=\begin{bmatrix}0\\0\\0\end{bmatrix}\quad {}^2\boldsymbol{\omega}_2=\begin{bmatrix}0\\0\\\dot{\theta}_1+\dot{\theta}_2\end{bmatrix}
$$

$$
{}^2\boldsymbol{v}_2=\begin{bmatrix}c_2 & -s_2 & 0\\ s_2 & c_2 & 0\\ 0 & 0 & 1\end{bmatrix}\left\{\begin{bmatrix}0\\0\\\dot{\theta}_1\end{bmatrix}\times\begin{bmatrix}l_1\\0\\0\end{bmatrix}\right\}=\begin{bmatrix}l_1 s_2\dot{\theta}_1\\ l_1 c_2\dot{\theta}_1\\ 0\end{bmatrix}
$$

$$
{}^3\boldsymbol{\omega}_3={}^2\boldsymbol{\omega}_2
$$

$$
{}^3\boldsymbol{v}_3=\begin{bmatrix}1 & 0 & 0\\ 0 & 1 & 0\\ 0 & 0 & 1\end{bmatrix}\left\{\begin{bmatrix}l_1 s_2\dot{\theta}_1\\ l_1 c_2\dot{\theta}_1\\ 0\end{bmatrix}+\begin{bmatrix}0\\0\\\dot{\theta}_1+\dot{\theta}_2\end{bmatrix}\times\begin{bmatrix}l_2\\0\\0\end{bmatrix}\right\}=\begin{bmatrix}l_1 s_2\dot{\theta}_1\\ l_1 c_2\dot{\theta}_1+l_2(\dot{\theta}_1+\dot{\theta}_2)\\ 0\end{bmatrix}
$$

因为

$$
\begin{bmatrix}l_1 s_2\dot{\theta}_1\\ l_1 c_2\dot{\theta}_1+l_2(\dot{\theta}_1+\dot{\theta})\end{bmatrix}=\begin{bmatrix}l_1 s_2 & 0\\ l_1 c_2+l_2 & l_2\end{bmatrix}\begin{bmatrix}\dot{\theta}_1\\ \dot{\theta}_2\end{bmatrix}
$$

所以

$$
{}^3\boldsymbol{J}(\boldsymbol{q})=\begin{bmatrix}l_1 s_2 & 0\\ l_1 c_2+l_2 & l_2\end{bmatrix}
$$

为了求出相对于基坐标系｛0｝表示的${}^0\boldsymbol{\omega}_3$和${}^0\boldsymbol{v}_3$，计算旋转变换：

$$
{}_3^0\boldsymbol{R}={}_1^0\boldsymbol{R}\,{}_2^1\boldsymbol{R}\,{}_3^2\boldsymbol{R}=\begin{bmatrix}c_{12} & -s_{12} & 0\\ s_{12} & c_{12} & 0\\ 0 & 0 & 1\end{bmatrix}
$$

$$
{}^0\boldsymbol{\omega}_3={}_3^0\boldsymbol{R}\,{}^3\boldsymbol{\omega}_3=\begin{bmatrix}0\\0\\\dot{\theta}_1+\dot{\theta}_2\end{bmatrix}
$$

$$
{}^0\boldsymbol{v}_3={}_3^0\boldsymbol{R}\,{}^3\boldsymbol{v}_3=\begin{bmatrix}-l_1 s_1\dot{\theta}_1-l_2 s_{12}(\dot{\theta}_1+\dot{\theta}_2)\\ l_1 c_1\dot{\theta}_1-l_2 c_{12}(\dot{\theta}_1+\dot{\theta}_2)\\ 0\end{bmatrix}
$$

末端连杆的笛卡儿广义速度为

$$
\boldsymbol{v}_3=\begin{bmatrix}\boldsymbol{v}_3\\ \boldsymbol{\omega}_3\end{bmatrix}=\begin{bmatrix}v_{3x}\\ v_{3y}\\ v_{3z}\\ \omega_{3x}\\ \omega_{3y}\\ \omega_{3z}\end{bmatrix}=\begin{bmatrix}-l_1 s_1-l_2 s_{12} & -l_2 s_{12}\\ l_1 c_1+l_2 c_{12} & l_2 c_{12}\\ 0 & 0\\ 0 & 0\\ 0 & 0\\ 1 & 1\end{bmatrix}\begin{bmatrix}\dot{\theta}_1\\ \dot{\theta}_2\end{bmatrix}
$$

于是机械手的雅可比为

$$
{}^{0}\boldsymbol{J}(\boldsymbol{q})=\begin{bmatrix} -l_1s_1-l_2s_{12} & -l_2s_{12} \\ l_1c_1+l_2c_{12} & l_2c_{12} \\ 0 & 0 \\ 0 & 0 \\ 0 & 0 \\ 1 & 1 \end{bmatrix}
$$

可简写成

$$
\boldsymbol{J}=\begin{bmatrix} -l_1s_1-l_2s_{12} & -l_2s_{12} \\ l_1c_1+l_2c_{12} & l_2c_{12} \\ 1 & 1 \end{bmatrix}
$$

由此可知与第 4 章所求得的结果是一样的。

5.2 机器人静力学分析

5.2.1 连杆静力学分析

在对操作臂进行静力学分析时，首先考虑其中的一个连杆 i，建立连杆 i 的力和力矩平衡方程。如图 5-2 所示，杆件 i 通过关节 i 和 $i+1$ 分别与杆件 $i-1$ 和杆件 $i+1$ 相连接，两个坐标系 $\{i-1\}$ 和 $\{i\}$ 分别如图 5-2 所示。

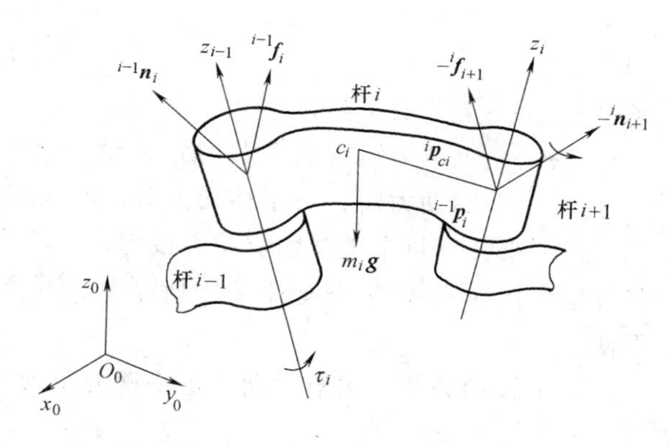

图 5-2 杆件 i 上的力和力矩

图中 ${}^{i-1}\boldsymbol{f}_i$、${}^{i-1}\boldsymbol{n}_i$——$i-1$ 杆通过关节 i 作用在 i 杆上的力和力矩；

${}^{i}\boldsymbol{f}_{i+1}$、${}^{i}\boldsymbol{n}_{i+1}$——$i$ 杆通过关节 $i+1$ 作用在 $i+1$ 杆上的力和力矩；

$-{}^{i}\boldsymbol{f}_{i+1}$、$-{}^{i}\boldsymbol{n}_{i+1}$——$i+1$ 杆通过关节 $i+1$ 作用在 i 杆上的反作用力和反作用力矩；

${}^{n}\boldsymbol{f}_{n+1}$、${}^{n}\boldsymbol{n}_{n+1}$——机器人手部端点对外界环境的作用力和力矩；

$-{}^{n}\boldsymbol{f}_{n+1}$、$-{}^{n}\boldsymbol{n}_{n+1}$——外界环境对机器人手部端点的作用力和力矩；

${}^{0}\boldsymbol{f}_1$、${}^{0}\boldsymbol{n}_1$——机器人底座对杆 1 的作用力和力矩；

$m_i\boldsymbol{g}$——连杆 i 的重量，作用在质心 C_i 上。

连杆 i 的静力学平衡条件为其上所受的合力和合力矩为零，因此力和力矩平衡方程式为

$$
{}^{i-1}\boldsymbol{f}_i+(-{}^{i}\boldsymbol{f}_{i+1})+m_i\boldsymbol{g}=0 \tag{5-37}
$$

$$
{}^{i-1}\boldsymbol{n}_i+(-{}^{i}\boldsymbol{n}_{i+1})-({}^{i-1}\boldsymbol{p}_i+{}^{i}\boldsymbol{p}_{ci})\times{}^{i-1}\boldsymbol{f}_i+(-{}^{i}\boldsymbol{p}_{ci})\times(-{}^{i}\boldsymbol{f}_{i+1})=0 \tag{5-38}
$$

式中 ${}^{i-1}\boldsymbol{p}_i$——坐标系 $\{i\}$ 的原点相对于坐标系 $\{i-1\}$ 的位置矢量；

${}^{i}\boldsymbol{p}_{ci}$——质心相对于坐标系 $\{i\}$ 的位置矢量。

在此，暂时忽略连杆本身的自重，从末端连杆逐次向基座（连杆 0）反向递推各连杆所受的力和力矩：

$$ {}^{i-1}\boldsymbol{f}_i={}^{i}\boldsymbol{f}_{i+1} \tag{5-39}$$

$$ {}^{i-1}\boldsymbol{n}_i={}^{i}\boldsymbol{n}_{i+1}+{}^{i-1}\boldsymbol{p}_i\times{}^{i-1}\boldsymbol{f}_i \tag{5-40}$$

利用旋转变换矩阵 ${}_{i+1}^{\ \ i}\boldsymbol{R}$，将上式右端的力和力矩写成在自身坐标系中的表示：

$$ {}^{i-1}\boldsymbol{f}_i={}_{i+1}^{\ \ i}\boldsymbol{R}\,{}^{i}\boldsymbol{f}_{i+1} \tag{5-41}$$

$$ {}^{i-1}\boldsymbol{n}_i={}_{i+1}^{\ \ i}\boldsymbol{R}\,{}^{i}\boldsymbol{n}_{i+1}+{}^{i-1}\boldsymbol{p}_i\times{}^{i-1}\boldsymbol{f}_i \tag{5-42}$$

为了便于表示机器人手部端点对外界环境的作用力和力矩（简称为端点力 $\boldsymbol{F}$），可将 ${}^{n}\boldsymbol{f}_{n+1}$ 和 ${}^{n}\boldsymbol{n}_{n+1}$ 合并写成一个 6 维矢量，即

$$\boldsymbol{F}=\begin{bmatrix}{}^{n}\boldsymbol{f}_{n+1}\\{}^{n}\boldsymbol{n}_{n+1}\end{bmatrix} \tag{5-43}$$

各关节驱动器的驱动力或力矩可写成一个 n 维矢量的形式，即

$$\boldsymbol{\tau}=\begin{bmatrix}\tau_1\\\tau_2\\\vdots\\\tau_n\end{bmatrix} \tag{5-44}$$

式中 n——关节的个数；

$\boldsymbol{\tau}$——关节力矩（或关节力）矢量，简称广义关节力矩，对于转动关节，τ_i 表示关节驱动力矩；对于移动关节，τ_i 表示关节驱动力。

接下来计算每个关节的驱动力或力矩。其实各个连杆所承受的力矢量和力矩矢量中，某些分量由操作臂本身的连杆结构所平衡，一部分分量则为各关节的驱动力或驱动力矩所平衡。

对于转动关节，关节驱动力矩平衡力矩的 z 分量为

$$\boldsymbol{\tau}_i={}^{i-1}\boldsymbol{n}_i^{\mathrm{T}}\cdot{}^{i}\boldsymbol{z}_i \tag{5-45}$$

对于移动关节，关节驱动力平衡力的 z 分量为

$$\boldsymbol{\tau}_i={}^{i-1}\boldsymbol{f}_i^{\mathrm{T}}\cdot{}^{i}\boldsymbol{z}_i \tag{5-46}$$

5.2.2 机器人静力学的两类问题

从操作臂手部端点力 $\boldsymbol{F}$ 与广义关节力矩 $\boldsymbol{\tau}$ 之间的关系式 $\boldsymbol{\tau}=\boldsymbol{J}^{\mathrm{T}}\boldsymbol{F}$ 可知，操作臂静力学可分为两类问题：

1）已知外界环境对机器人手部作用力 $\boldsymbol{F}'$（即手部端点力 $\boldsymbol{F}=-\boldsymbol{F}'$），求相应的满足静力学平衡条件的关节驱动力矩 $\boldsymbol{\tau}$。

2）已知关节驱动力矩 $\boldsymbol{\tau}$，确定机器人手部对外界环境的作用力 $\boldsymbol{F}$ 或负荷的质量。

第二类问题是第一类问题的逆解。这时

$$\boldsymbol{F}=(\boldsymbol{J}^{\mathrm{T}})^{-1}\boldsymbol{\tau}$$

但是，由于机器人的自由度可能不是 6，如 $n>6$，力雅可比矩阵就有可能不是一个方

阵，则 J^{T} 就没有逆解。所以，对这类问题的求解就困难得多，在一般情况下不一定能得到唯一的解。如果 F 的维数比 τ 的维数低，且 J 是满秩的话，则可利用最小二乘法求得 F 的估值。

例 5-2　如图 5-3 所示的一个二自由度平面关节型机械手，已知手部端点力 $F=[F_x \quad F_y]^{\mathrm{T}}$，求相应于端点力 F 的关节力矩（不考虑摩擦）。

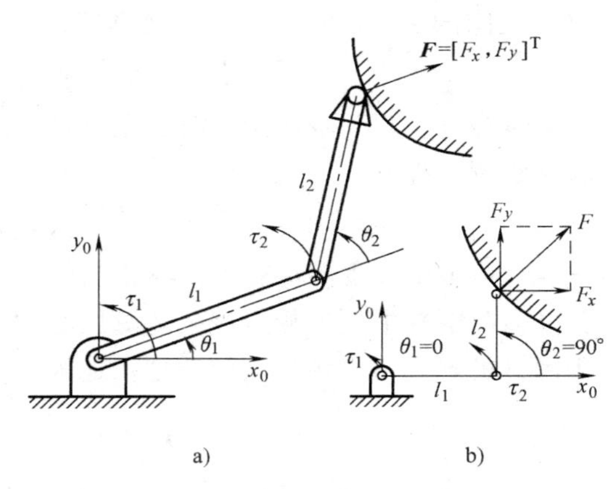

图 5-3　手部端点力 F 与关节力矩 τ

解：已知该机械手的速度雅可比为

$$J=\begin{bmatrix} -l_1 s\theta_1-l_2 s(\theta_1+\theta_2) & -l_2 s(\theta_1+\theta_2) \\ l_1 c\theta_1+l_2 c(\theta_1+\theta_2) & l_2 c(\theta_1+\theta_2) \end{bmatrix}$$

则该机械手的力雅可比为

$$J^{\mathrm{T}}=\begin{bmatrix} -l_1 s\theta_1-l_2 s(\theta_1+\theta_2) & l_1 c\theta_1+l_2 c(\theta_1+\theta_2) \\ -l_2 s(\theta_1+\theta_2) & l_2 c(\theta_1+\theta_2) \end{bmatrix}$$

根据 $\tau=J^{\mathrm{T}}F$，得

$$\tau=\begin{bmatrix} \tau_1 \\ \tau_2 \end{bmatrix}=\begin{bmatrix} -l_1 s\theta_1-l_2 s(\theta_1+\theta_2) & l_1 c\theta_1+l_2 c(\theta_1+\theta_2) \\ -l_2 s(\theta_1+\theta_2) & l_2 c(\theta_1+\theta_2) \end{bmatrix}\begin{bmatrix} F_x \\ F_y \end{bmatrix}$$

所以

$$\tau_1=-(l_1 s_1+l_2 s_{12})F_x+(l_1 c_1+l_2 c_{12})F_y$$

$$\tau_2=-l_2 s_{12}F_x+l_2 c_{12}F_y$$

如图 5-3b 所示，若在某瞬时 $\theta_1=0$，$\theta_2=90°$，则在该瞬时与手部端点力相对应的关节力矩为

$$\tau_1=-l_2 F_x+l_1 F_y,\quad \tau_2=-l_2 F_x$$

5.3　牛顿—欧拉递推动力学方程

机器人动力学的研究方法很多，所采用的方法有：牛顿-欧拉方法、拉格朗日法、高斯法、凯恩法和旋量对偶数方法等。现介绍牛顿-欧拉方法，利用运动（速度和加速度）递推和力的递推来建立机器人动力学方程，讨论动力学问题的求解方法。

5.3.1　牛顿—欧拉方程

牛顿—欧拉方程法（也简称为 N-E 法）是用构件质心的平动和相对质心的转动表示机器人构件的运动，利用动静法建立基于牛顿-欧拉方程的动力学方程。研究构件质心的运动使用牛顿方程，研究相对于构件质心的转动使用欧拉方程。欧拉方程表征了力、力矩、惯性张量和加速度之间的关系。

如果将操作臂的连杆 i 看成刚体，它的质心加速度 $\dot{v}_{ci}$、总质量 m_i 与产生这一加速度的

作用力 $\boldsymbol{f}_i$ 之间的关系满足牛顿第二运动定律：

$$\boldsymbol{f}_i=m_i\dot{\boldsymbol{v}}_{ci} \tag{5-47}$$

当刚体绕过质心的轴线旋转时，角速度 $\boldsymbol{\omega}_i$、角加速度 $\dot{\boldsymbol{\omega}}_i$、惯性张量 $\boldsymbol{I}_i$，与作用力矩 $\boldsymbol{n}_i$ 之间满足欧拉方程：

$$\boldsymbol{n}_i=\boldsymbol{I}_i\dot{\boldsymbol{\omega}}_i+\boldsymbol{\omega}_i\times(\boldsymbol{I}_i\boldsymbol{\omega}_i) \tag{5-48}$$

称式（5-47）为牛顿方程，式（5-48）为欧拉方程。其中 $\boldsymbol{I}_i$ 为杆 i 绕其质心的惯性张量。

在以上两定理中，牛顿定理描述随质心的平动；欧拉定理描述绕质心的转动。

所以，机器人的牛顿—欧拉定理描述为

$$^{i-1}\boldsymbol{f}_i+(-^{i}\boldsymbol{f}_{i+1})+m_i\boldsymbol{g}-m_i\dot{\boldsymbol{v}}_{ci}=0 \tag{5-49}$$

$$^{i-1}\boldsymbol{n}_i+(-^{i}\boldsymbol{n}_{i+1})+^{i}\boldsymbol{p}_{ci}\times^{i}\boldsymbol{f}_{i+1}-^{i-1}\boldsymbol{p}_{ci}\times^{i-1}\boldsymbol{f}_i-\boldsymbol{I}_i\dot{\boldsymbol{\omega}}_i+\boldsymbol{\omega}_i\times(\boldsymbol{I}_i\boldsymbol{\omega}_i)=0 \tag{5-50}$$

上面推导的牛顿—欧拉法方程式含关节连接的约束力（矩），没有显式地表示输入—输出关系，不适合进行动力学分析和控制器设计。若变换成由一组完备且独立的位置变量（质心位置变量通常不是相互独立的）和输入力来描述，这些变量都显式地出现在动力学方程中，即得到显式的输入—输出形式表示的动力学方程，称为封闭形式的动力学方程（拉格朗日方程即是封闭的）。关节变量 $\boldsymbol{q}$ 是一组完备且独立的变量，关节力（矩）$\boldsymbol{\tau}$ 是一组从约束力（矩）中分解出来的独立的输入，所以用 $\boldsymbol{q}$ 和 $\boldsymbol{\tau}$ 来描述方程，可以得到封闭形式的动力学方程。N-E 法常用的不是它的封闭形式方程，而是它的递推形式方程。

5.3.2 惯性张量

令 $\{C\}$ 是以刚体的质心 C 为原点规定的一个坐标系，相对于该坐标系 $\{C\}$，惯性张量 $\boldsymbol{I}_c$ 定义为 3×3 的对称矩阵：

$$\boldsymbol{I}_c=\begin{bmatrix} I_{xx} & -I_{xy} & -I_{xz} \\ -I_{xy} & I_{yy} & -I_{yz} \\ -I_{xz} & -I_{yz} & I_{zz} \end{bmatrix} \tag{5-51}$$

其中，对角线元素是刚体绕三坐标轴 x，y，z 的质量惯性矩：

$$I_{xx}=\iiint_v(y^2+z^2)\rho\mathrm{d}v,\ I_{yy}=\iiint_v(x^2+z^2)\rho\mathrm{d}v,\ I_{zz}=\iiint_v(x^2+y^2)\rho\mathrm{d}v \tag{5-52}$$

其余元素为惯性积：

$$I_{xy}=\iiint_v xy\rho\mathrm{d}v,\ I_{yz}=\iiint_v yz\rho\mathrm{d}v,\ I_{zx}=\iiint_v zx\rho\mathrm{d}v \tag{5-53}$$

其中，ρ 为密度；$\mathrm{d}v$ 是微分体元，其位置由矢量 $\boldsymbol{p}_c=[x\quad y\quad z]^{\mathrm{T}}$ 确定。

惯性张量 $\boldsymbol{I}_c$ 表示刚体质量分布的特征，其值与选取的参考坐标有关，如果所选的坐标系 $\{C\}$ 的方位使各惯性积 I_{xy}，I_{yz}和 I_{xz}均为零，惯性张量变成对角型，则此坐标的各轴称为惯性主轴，相应的质量惯性矩称为主惯性矩。

令坐标系 $\{A\}$ 与质心坐标系 $\{C\}$ 平行，根据平行轴定理，刚体相对两平行坐标系的惯性矩和惯性积存在以下关系：

$$\begin{cases} ^{A}I_{xy}=^{c}I_{xy}+mx_cy_c \\ ^{A}I_{zz}=^{c}I_{zz}+m(x_c^2+y_c^2) \end{cases} \tag{5-54}$$

其中，x_c，y_c，z_c 是质心 C 在坐标系 $\{A\}$ 中的三个分量，其他惯性矩和惯性积的转换公式类似。

除此以外，刚体的惯性张量还有以下几条常用的性质：

1）对于有对称面的刚体，带有与对称面垂直的轴的下标的惯性积为零。

2）惯性矩总是为正，而惯性积可以是正，也可以是负。

3）只改变体坐标系的方向时，三个惯性矩的总和不变。

4）惯性张量矩阵的特征值是刚体的惯性主矩，特征矢量的方向就是惯性轴的方向。

在机器人的机构中，构件的几何形状及其组成都比较复杂，计算每个构件的惯性矩是非常困难的，因此实际应用中是用惯量摆等仪器实测而得的。

5.3.3 动力学逆问题的递推算法

利用质心运动变量与关节变量及关节运动变量之间的关系以及约束力与关节力矩之间的关系，消去中间变量，可以得到封闭形式的动力学方程。但不如用拉格朗日法简单，特别是当机器人自由度较多时，更是如此。因此，N-E 法常用的不是它的封闭形式方程，而是它的递推形式方程。动力学逆问题是根据关节位移、速度和加速度 $\boldsymbol{\theta}$，$\dot{\boldsymbol{\theta}}$，$\ddot{\boldsymbol{\theta}}$ 求所需的关节力矩或力 $\boldsymbol{\tau}$。整个算法由两部分组成：

1）向外递推计算各连杆的速度和加速度，由牛顿—欧拉公式算出各连杆的惯性力和力矩。

2）向内递推计算各连杆相互作用的力和力矩，关节驱动力或力矩。

向外递推（i：$0\rightarrow n-1$）

$$
{}^{i+1}\boldsymbol{\omega}_{i+1}=\begin{cases}{}^{i+1}_{i}\boldsymbol{R}\cdot{}^{i}\boldsymbol{\omega}_i+\dot{\boldsymbol{\theta}}_{i+1}\,{}^{i+1}\boldsymbol{z}_{i+1} & \text{（对于转动关节 } i+1\text{）}\\ {}^{i+1}_{i}\boldsymbol{R}\cdot{}^{i}\boldsymbol{\omega}_i & \text{（对于移动关节 } i+1\text{）}\end{cases} \tag{5-55}
$$

$$
{}^{i+1}\dot{\boldsymbol{\omega}}_{i+1}=\begin{cases}{}^{i+1}_{i}\boldsymbol{R}\cdot{}^{i}\dot{\boldsymbol{\omega}}_i+{}^{i+1}_{i}\boldsymbol{R}\cdot{}^{i}\boldsymbol{\omega}_i\times\dot{\boldsymbol{\theta}}_{i+1}\cdot{}^{i+1}\boldsymbol{z}_{i+1}+\ddot{\boldsymbol{\theta}}_{i+1}\cdot{}^{i+1}\boldsymbol{z}_{i+1} & \text{（转动关节）}\\ {}^{i+1}_{i}\boldsymbol{R}\cdot{}^{i}\dot{\boldsymbol{\omega}}_i & \text{（移动关节）}\end{cases} \tag{5-56}
$$

$$
{}^{i+1}\dot{\boldsymbol{v}}_{i+1}=\begin{cases}{}^{i+1}_{i}\boldsymbol{R}[{}^{i}\dot{\boldsymbol{v}}_i+{}^{i}\dot{\boldsymbol{\omega}}_i\times{}^{i}\boldsymbol{p}_{i+1}+{}^{i}\boldsymbol{\omega}_i\times({}^{i}\boldsymbol{\omega}_i\times{}^{i}\boldsymbol{p}_{i+1})] & \text{（转动关节）}\\ {}^{i+1}_{i}\boldsymbol{R}[{}^{i}\dot{\boldsymbol{v}}_i+{}^{i}\dot{\boldsymbol{\omega}}_i\times{}^{i}\boldsymbol{p}_{i+1}+{}^{i}\boldsymbol{\omega}_i\times({}^{i}\boldsymbol{\omega}_i\times{}^{i}\boldsymbol{p}_{i+1})] & \\ \quad +2\cdot{}^{i+1}\boldsymbol{\omega}_{i+1}\times\dot{\boldsymbol{d}}_{i+1}\,{}^{i+1}\boldsymbol{z}_{i+1}+\ddot{\boldsymbol{d}}_{i+1}\,{}^{i+1}\boldsymbol{z}_{i+1} & \text{（移动关节）}\end{cases} \tag{5-57}
$$

$$
{}^{i+1}\dot{\boldsymbol{v}}_{c(i+1)}={}^{i+1}\dot{\boldsymbol{v}}_{i+1}+{}^{i+1}\dot{\boldsymbol{\omega}}_{i+1}\times{}^{i+1}\boldsymbol{p}_{c(i+1)}+{}^{i+1}\boldsymbol{\omega}_{i+1}\times({}^{i+1}\boldsymbol{\omega}_{i+1}\times{}^{i+1}\boldsymbol{p}_{c(i+1)}) \tag{5-58}
$$

$$
{}^{i+1}\boldsymbol{f}_{c(i+1)}=m_{i+1}\,{}^{i+1}\dot{\boldsymbol{v}}_{c(i+1)} \tag{5-59}
$$

$$
{}^{i+1}\boldsymbol{n}_{c(i+1)}=\boldsymbol{I}_{c(i+1)}\,{}^{i+1}\dot{\boldsymbol{\omega}}_{i+1}+{}^{i+1}\boldsymbol{\omega}_{i+1}\times(\boldsymbol{I}_{c(i+1)}\,{}^{i+1}\boldsymbol{\omega}_{i+1}) \tag{5-60}
$$

向内递推（i：$n\rightarrow 1$）

$$
{}^{i}\boldsymbol{f}_i={}_{i+1}^{\ \ i}\boldsymbol{R}\,{}^{i+1}\boldsymbol{f}_{i+1}+{}^{i}\boldsymbol{f}_{ci} \tag{5-61}
$$

$$ {}^{i}\boldsymbol{n}_{i}={}^{i}_{i+1}\boldsymbol{R}^{i+1}\boldsymbol{n}_{i+1}+{}^{i}\boldsymbol{n}_{ci}+{}^{i}\boldsymbol{p}_{ci}\times{}^{i}\boldsymbol{f}_{ci}+{}^{i}\boldsymbol{p}_{i+1}\times{}^{i}_{i+1}\boldsymbol{R}^{i+1}\boldsymbol{f}_{i+1} \tag{5-62} $$

$$ \boldsymbol{\tau}_{i}=\begin{cases}{}^{i}\boldsymbol{n}_{i}^{\mathrm{T}}\cdot{}^{i}\boldsymbol{z}_{i} & （转动关节）\\ {}^{i}\boldsymbol{f}_{i}^{\mathrm{T}}\cdot{}^{i}\boldsymbol{z}_{i} & （移动关节）\end{cases} \tag{5-63} $$

例 5-3 如图 5-4 所示，一个二自由度平面机械手，假定两个连杆的质量集中在连杆末端，分别为 m_1 和 m_2。用牛顿—欧拉法求动力学方程，并用关节变量 $\boldsymbol{\theta}_1$，$\boldsymbol{\theta}_2$ 和关节力矩 $\boldsymbol{\tau}_1$，$\boldsymbol{\tau}_2$ 表示封闭动态方程。

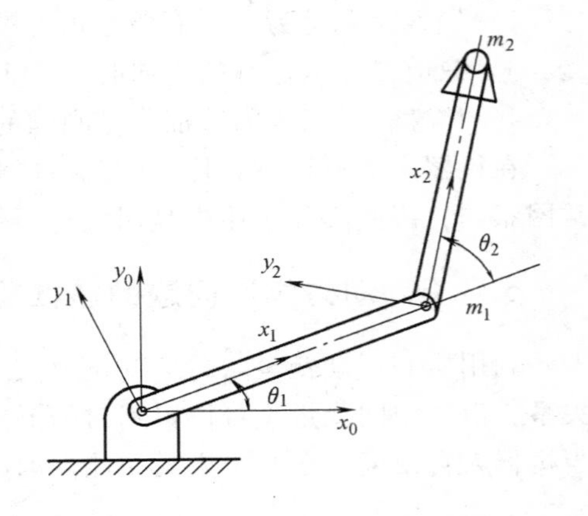

图 5-4 二自由度平面机械手示意图

已知机械手的运动学参数和动力学参数为：

两连杆质心矢径：${}^{1}\boldsymbol{p}_{c1}=l_1\boldsymbol{x}_1$，${}^{2}\boldsymbol{p}_{c2}=l_2\boldsymbol{x}_2$

基座固定：$\boldsymbol{\omega}_0=0$，$\dot{\boldsymbol{\omega}}_0=0$

相对质心的惯性张量：$\boldsymbol{I}_{c1}=\boldsymbol{I}_{c2}=0$

末端操作器：$\boldsymbol{f}_3=0$，$\boldsymbol{n}_3=0$

解： 连杆间的旋转变换矩阵为

$$ {}^{0}_{1}\boldsymbol{R}=\begin{bmatrix}c_1 & -s_1 & 0\\ s_1 & c_1 & 0\\ 0 & 0 & 1\end{bmatrix}\quad {}^{1}_{2}\boldsymbol{R}=\begin{bmatrix}c_2 & -s_2 & 0\\ s_2 & c_2 & 0\\ 0 & 0 & 1\end{bmatrix} $$

1）向外递推计算各连杆的速度和加速度，由牛顿—欧拉公式算出各连杆的惯性力和力矩。

对于连杆 1：

$$ {}^{1}\boldsymbol{\omega}_1=\dot{\boldsymbol{\theta}}_1\cdot{}^{1}\boldsymbol{z}_1=\begin{bmatrix}0\\0\\ \dot{\theta}_1\end{bmatrix}\quad {}^{1}\dot{\boldsymbol{\omega}}_1=\ddot{\boldsymbol{\theta}}_1\cdot{}^{1}\boldsymbol{z}_1=\begin{bmatrix}0\\0\\ \ddot{\theta}_1\end{bmatrix} $$

$$ {}^{1}\dot{\boldsymbol{v}}_1=\begin{bmatrix}c_1 & s_1 & 0\\ -s_1 & c_1 & 0\\ 0 & 0 & 1\end{bmatrix}\begin{bmatrix}0\\g\\0\end{bmatrix}=\begin{bmatrix}gs_1\\gc_1\\0\end{bmatrix} $$

$$ {}^{1}\dot{\boldsymbol{v}}_{c1}=\begin{bmatrix}gs_1\\gc_1\\0\end{bmatrix}+\begin{bmatrix}0\\0\\ \ddot{\theta}_1\end{bmatrix}\times\begin{bmatrix}l_1\\0\\0\end{bmatrix}+\begin{bmatrix}0\\0\\ \dot{\theta}_1\end{bmatrix}\times\left\{\begin{bmatrix}0\\0\\ \dot{\theta}_1\end{bmatrix}\times\begin{bmatrix}l_1\\0\\0\end{bmatrix}\right\}=\begin{bmatrix}gs_1-l_1\dot{\theta}_1^2\\ gc_1+l_1\ddot{\theta}_1\\ 0\end{bmatrix} $$

$$ {}^{1}\boldsymbol{f}_{c1}=m_1^{1}\dot{\boldsymbol{v}}_{c1}=m_1\begin{bmatrix}gs_1-l_1\dot{\theta}_1^2\\ gc_1+l_1\ddot{\theta}_1\\ 0\end{bmatrix},\quad {}^{1}\boldsymbol{n}_{c1}=\begin{bmatrix}0\\0\\0\end{bmatrix} $$

对于连杆 2：

$$^2\boldsymbol{\omega}_2=\begin{bmatrix}0\\0\\\dot{\theta}_1+\dot{\theta}_2\end{bmatrix}\qquad ^2\dot{\boldsymbol{\omega}}_2=\begin{bmatrix}0\\0\\\ddot{\theta}_1+\ddot{\theta}_2\end{bmatrix}$$

$$^2\dot{\boldsymbol{v}}_2=\begin{bmatrix}c_2&s_2&0\\-s_2&c_2&0\\0&0&1\end{bmatrix}\begin{bmatrix}gs_1-l_1\dot{\theta}_1^2\\gc_1+l_1\ddot{\theta}_1\\0\end{bmatrix}=\begin{bmatrix}gs_{12}-l_1\dot{\theta}_1^2c_2+l_1\ddot{\theta}_1s_2\\gc_{12}+l_1\dot{\theta}_1^2s_2+l_1\ddot{\theta}_1c_2\\0\end{bmatrix}$$

$$^2\dot{\boldsymbol{v}}_{c2}=\begin{bmatrix}0\\l_2(\ddot{\theta}_1+\ddot{\theta}_2)\\0\end{bmatrix}+\begin{bmatrix}-l_2(\dot{\theta}_1+\dot{\theta}_2)^2\\0\\0\end{bmatrix}+\begin{bmatrix}gs_{12}-l_1\dot{\theta}_1^2c_2+l_1\ddot{\theta}_1s_2\\gc_{12}+l_1\dot{\theta}_1^2s_2+l_1\ddot{\theta}_1c_2\\0\end{bmatrix}$$

$$^2\boldsymbol{f}_{c2}=m_2\begin{bmatrix}gs_{12}-l_1\dot{\theta}_1^2c_2+l_1\ddot{\theta}_1s_2-l_2(\dot{\theta}_1+\dot{\theta}_2)^2\\gc_{12}+l_1\dot{\theta}_1^2s_2+l_1\ddot{\theta}_1c_2+l_2(\ddot{\theta}_1+\ddot{\theta}_2)\\0\end{bmatrix},\quad ^2\boldsymbol{n}_{c2}=\begin{bmatrix}0\\0\\0\end{bmatrix}$$

2）向内递推计算各连杆相互作用的力和力矩，关节驱动力和力矩。

对于连杆 2：

$$^2\boldsymbol{f}_2={}^2\boldsymbol{f}_{c2}$$

$$^2\boldsymbol{n}_2=\begin{bmatrix}0\\0\\m_2l_1l_2c_2\ddot{\theta}_1+m_2l_1l_2s_2\dot{\theta}_1^2+m_2l_2gc_{12}+m_2l_2^2(\ddot{\theta}_1+\ddot{\theta}_2)\end{bmatrix}$$

对于连杆 1：

$$^1\boldsymbol{f}_1=\begin{bmatrix}c_2&-s_2&0\\s_2&c_2&0\\0&0&1\end{bmatrix}\begin{bmatrix}m_2l_1s_2\ddot{\theta}_1-m_2l_1c_2\dot{\theta}_1^2-m_2l_2(\dot{\theta}_1+\dot{\theta}_2)^2+m_2gs_{12}\\m_2l_1c_2\ddot{\theta}_1-m_2l_1s_2\dot{\theta}_1^2{}_+m_2l_2(\ddot{\theta}_1+\ddot{\theta}_2)+m_2gc_{12}\\0\end{bmatrix}+\begin{bmatrix}-m_1l_1\dot{\theta}_1^2+m_1gs_1\\m_1l_1\ddot{\theta}_1^2+m_1gc_1\\0\end{bmatrix}$$

$$^1\boldsymbol{n}_1=\begin{bmatrix}0\\0\\m_2l_1l_2c_2\ddot{\theta}_1+m_2l_2^2(\ddot{\theta}_1+\ddot{\theta}_2)+m_2l_1l_2s_2\dot{\theta}_1^2+m_2l_2gc_{12}\end{bmatrix}+\begin{bmatrix}0\\0\\m_1l_1^2\ddot{\theta}_1+m_1l_1gc_1\end{bmatrix}+$$

$$\begin{bmatrix}0\\0\\m_2l_1^2\ddot{\theta}_1+m_2l_1l_2c_2(\ddot{\theta}_1+\ddot{\theta}_2)-m_2l_1l_2s_2(\dot{\theta}_1+\dot{\theta}_2)^2+m_2l_1gc_1\end{bmatrix}$$

最后，将${}^1\boldsymbol{n}_1$和${}^2\boldsymbol{n}_2$的z轴分量列出，即得到两关节力矩：

$$\begin{cases}\tau_1=m_2l_2^2(\ddot{\theta}_1+\ddot{\theta}_2)+m_2l_1l_2c_2(2\ddot{\theta}_1+\ddot{\theta}_2)+(m_1+m_2)l_1^2\ddot{\theta}_1-m_2l_1l_2s_2\dot{\theta}_2^2\\ \qquad +2m_2l_1l_2s_2\dot{\theta}_1\dot{\theta}_2+m_2l_2gc_{12}+(m_1+m_2)l_1gc_1\\ \tau_2=m_2l_1l_2c_2\ddot{\theta}_1+m_2l_2^2(\ddot{\theta}_1+\ddot{\theta}_2)+m_2l_1l_2s_2\dot{\theta}_1^2+m_2l_2gc_{12}\end{cases}$$

此为关节驱动力矩作为关节位移、速度和加速度的显函数表达式，即为二自由度平面机械手动力学方程的封闭形式。

5.4 关节空间和操作空间动力学

1. 关节空间和操作空间

n个自由度操作臂的手部位姿$\boldsymbol{X}$由n个关节变量所决定，这n个关节变量也称为n维关节矢量$\boldsymbol{q}$，所有关节矢量$\boldsymbol{q}$构成了关节空间。操作臂在工作过程中，末端手部的作业是在直角坐标空间中进行的，即操作臂手部位姿又是在直角坐标空间中描述的，因此把这个空间称为操作空间。运动学方程$\boldsymbol{X}=\boldsymbol{X}(\boldsymbol{q})$就是关节空间向操作空间的映射；而运动学逆解则是由映射求其在关节空间中的原像。在关节空间和操作空间中操作臂动力学方程有不同的表示形式，并且两者之间存在着一定的对应关系。

2. 关节空间动力学方程

以二自由度机器人为例，说明机器人动力学方程的建立过程。将二自由度平面机械手动力学方程的封闭形式写成矩阵形式，则

$$\boldsymbol{\tau}=\boldsymbol{D}(\boldsymbol{q})\ddot{\boldsymbol{q}}+\boldsymbol{H}(\boldsymbol{q},\dot{\boldsymbol{q}})+\boldsymbol{G}(\boldsymbol{q}) \tag{5-64}$$

式中：$\boldsymbol{\tau}=\begin{bmatrix}\tau_1\\ \tau_2\end{bmatrix}$；$\boldsymbol{q}=\begin{bmatrix}\theta_1\\ \theta_2\end{bmatrix}$；$\dot{\boldsymbol{q}}=\begin{bmatrix}\dot{\theta}_1\\ \dot{\theta}_2\end{bmatrix}$；$\ddot{\boldsymbol{q}}=\begin{bmatrix}\ddot{\theta}_1\\ \ddot{\theta}_2\end{bmatrix}$

所以

$$\boldsymbol{D}(\boldsymbol{q})=\begin{bmatrix}m_1p_1^2+m_2(l_1^2+p_2^2+2l_1p_2\cos\theta_2) & m_2(p_2^2+l_1p_2\cos\theta_2)\\ m_2(p_2^2+l_1p_2\cos\theta_2) & m_2p_2^2\end{bmatrix} \tag{5-65}$$

$$\boldsymbol{H}(\boldsymbol{q},\dot{\boldsymbol{q}})=m_2l_1p_2\sin\theta_2\begin{bmatrix}\dot{\theta}_2^2+2\dot{\theta}_1\dot{\theta}_2\\ \dot{\theta}_1^2\end{bmatrix} \tag{5-66}$$

$$\boldsymbol{G}(\boldsymbol{q})=\begin{bmatrix}(mp_1+m_2l_1)g\sin\theta_1+m_2p_2g\sin(\theta_1+\theta_2)\\ m_2p_2g\sin(\theta_1+\theta_2)\end{bmatrix} \tag{5-67}$$

式（5-64）就是操作臂在关节空间中的动力学方程的一般结构形式，它反映了关节力矩与关节变量、速度、加速度之间的函数关系。对于n个关节的操作臂，$\boldsymbol{D}(\boldsymbol{q})$是$n\times n$的正定对称矩阵，是$\boldsymbol{q}$的函数，称为操作臂的惯性矩阵；$\boldsymbol{H}(\boldsymbol{q},\dot{\boldsymbol{q}})$是$n\times1$的离心力和哥氏力矢量；$\boldsymbol{G}(\boldsymbol{q})$是$n\times1$的重力矢量，与操作臂的形位有关。

3. 操作空间动力学方程

与关节空间动力学方程相对应，在笛卡儿操作空间中，可以用直角坐标变量即手部位姿

的矢量 $\boldsymbol{X}$ 来表示机器人动力学方程。因此，操作力与手部加速度 $\ddot{\boldsymbol{X}}$ 之间的关系可表示为

$$\boldsymbol{F}=\boldsymbol{M}_x(\boldsymbol{q})\ddot{\boldsymbol{X}}+\boldsymbol{U}_x(\boldsymbol{q},\dot{\boldsymbol{q}})+\boldsymbol{G}_x(\boldsymbol{q}) \tag{5-68}$$

其中，$\boldsymbol{M}_x(\boldsymbol{q})$、$\boldsymbol{U}_x(\boldsymbol{q},\ \dot{\boldsymbol{q}})$ 和 $\boldsymbol{G}_x(\boldsymbol{q})$ 分别为操作空间中的惯性矩阵、离心力和哥氏力矢量、重力矢量，它们都是在操作空间中表示的；$\boldsymbol{F}$ 是广义操作力矢量。

关节空间动力学方程和操作空间动力学方程之间的对应关系可以通过广义操作力 $\boldsymbol{F}$ 与广义关节力矩 $\boldsymbol{\tau}$ 之间的关系和操作空间与关节空间之间的速度、加速度的关系求出。

$$\boldsymbol{\tau}=\boldsymbol{J}^{\mathrm{T}}(\boldsymbol{q})\boldsymbol{F} \tag{5-69}$$

$$\begin{cases}\dot{\boldsymbol{X}}=\boldsymbol{J}(\boldsymbol{q})\dot{\boldsymbol{q}}\\ \ddot{\boldsymbol{X}}=\boldsymbol{J}(\boldsymbol{q})\ddot{\boldsymbol{q}}+\dot{\boldsymbol{J}}(\boldsymbol{q})\dot{\boldsymbol{q}}\end{cases} \tag{5-70}$$

4. 操作运动——关节力矩方程

机器人动力学最终是研究其关节输入力矩与其输出的操作空间之间的关系。由式（5-68）和式（5-69）可见，两者之间的关系为

$$\boldsymbol{\tau}=\boldsymbol{J}^{\mathrm{T}}[\boldsymbol{M}_x(\boldsymbol{q})\ddot{x}+\boldsymbol{U}_x(\boldsymbol{q},\dot{\boldsymbol{q}})+\boldsymbol{G}_x(\boldsymbol{q})] \tag{5-71}$$

$$\boldsymbol{\tau}=\boldsymbol{J}^{\mathrm{T}}\boldsymbol{V}(\boldsymbol{q})\ddot{x}+\boldsymbol{B}_x(\boldsymbol{q})[\dot{\boldsymbol{q}}\ \dot{\boldsymbol{q}}]+\boldsymbol{C}_x(\boldsymbol{q})[\dot{\boldsymbol{q}}^2]+\boldsymbol{G}(\boldsymbol{q}) \tag{5-72}$$

其中，$[\dot{\boldsymbol{q}}\ \ \dot{\boldsymbol{q}}]=[\dot{q}_1\dot{q}_2\ \ \dot{q}_1\dot{q}_3\ \ \cdots\ \ \dot{q}_{n-1}\dot{q}_n]$ 是 $n(n-1)/2$ 维的关节速度积矢量；$[\dot{\boldsymbol{q}}^2]=[\dot{q}_1^2\ \ \dot{q}_2^2\ \ \cdots\ \ \dot{q}_n^2]$ 是 n 维关节速度平方矢量；$\boldsymbol{B}(\boldsymbol{q})$ 是哥氏力的系数矩阵，$n(n-1)/2$ 阶矩阵；$\boldsymbol{C}(\boldsymbol{q})$ 是 $n\times n$ 阶的离心力系数矩阵。然而，在一般情况下 $\boldsymbol{B}_x(\boldsymbol{q})\neq\boldsymbol{B}(\boldsymbol{q})$，$\boldsymbol{C}_x(\boldsymbol{q})\neq\boldsymbol{C}(\boldsymbol{q})$。

5.5 动力学性能指标

实际上，机器人不仅在奇异点处完全丧失了一个或多个自由度，在奇异点附近，其动力学性能也会变坏。机器人的动力学性能与这些度量指标也有一定的联系，一般情况下，离奇异点越远，则机器人在各个方向的动力学性能和施力效果的一致性越好。

机器人动力学十分复杂，如何评定它的动力学性能，对于开发高精密机器人以及机器人结构设计、工作空间的选择、轨迹规划和控制方案的拟定都具有重要的作用。H. Asada 利用广义惯性椭球 GIE 来评定机器人的动力学特征，用于机器人的工作空间分析，几何上明显直观。Yoshikawa 基于可操作性指标 $\omega=\sqrt{\det[\boldsymbol{J}(\boldsymbol{q})\boldsymbol{J}^{\mathrm{T}}(\boldsymbol{q})]}$，又提出动态可操作性椭球 DME 来衡量机器人动力学的操作能力。Khatib 和 Burdick 以变换矩阵的形式建立了关节力矩与操作空间中的加速度之间的输入输出关系，定义一种代价函数衡量在工作空间中动态性能与设计变量（机器人结构参数）之间的关系。

机器人动力学的复杂性不仅在于结构的复杂性，还由于作业情况的多样性和影响因素的可变性。在机器人的设计、轨迹控制时，应该注意的是某些极限或最危险的情况，如最大加

速度时，最高速度作业时，悬伸最长、不平衡最大时等，应该考虑这些最坏情况下的作业情况和对动力学的要求。因此，提出了衡量机器人动力学性能的高速性能指标 PIV、加速性能指标 PIA 和综合性能指标 PIC 及相应的优化方法。为了说明各种动力学性能指标之间的联系，本节首先考虑关节空间和操作空间中的加速度与作用力之间的联系，然后讨论广义惯性椭球 GIE 和动态可操作性椭球 DME，紧接着介绍三个动力学性能指标。

1. 加速效果

为了对操作臂进行加速度分析，令在动力学方程式（5-64）、式（5-68）和式（5-71）中的 $\dot{q}=0$。为便于分析，不考虑重力的影响，因而关节驱动力和操作力均由惯性力平衡，分别标记为 $\boldsymbol{\tau}_a$ 和 $\boldsymbol{F}_a$。这时，作用力与相应的加速度之间的关系（加速效果）为

$$\begin{cases}\ddot{q}=D^{-1}(q)\tau_a\\ \ddot{q}=D^{-1}(q)J^{\mathrm{T}}(q)F_a=I(q)F_a\\ \ddot{x}=J(q)D^{-1}(q)\tau_a=E(q)\tau_a\\ \ddot{x}=J(q)D^{-1}(q)J^{\mathrm{T}}(q)F_a=V^{-1}(q)F_a\end{cases} \tag{5-73}$$

矩阵 $\boldsymbol{D}^{-1}(\boldsymbol{q})$，$\boldsymbol{I}(\boldsymbol{q})$，$\boldsymbol{E}(\boldsymbol{q})$ 和 $\boldsymbol{V}^{-1}(\boldsymbol{q})$ 具有不同的量纲，从不同侧面表示操作臂的加速特性，是操作臂加速度分析的基础，动力学各种性能指标也都直接或间接与之有关。

2. 广义惯性椭球 GIE

H. Asada 提出的广义椭球 GIE 实际上是利用笛卡儿惯性矩阵 $\boldsymbol{V}(\boldsymbol{q})=\boldsymbol{J}^{\mathrm{T}}(\boldsymbol{q})\boldsymbol{D}(\boldsymbol{q})\boldsymbol{J}^{-1}(\boldsymbol{q})$ 的特征值来度量操作臂上在各个笛卡儿方向上的加速特性。众所周知，对于 $n\times n$ 的惯性矩阵 $\boldsymbol{V}(\boldsymbol{q})$，二次方程为

$$x^{\mathrm{T}}V(q)x=1 \tag{5-74}$$

表示 n 维空间中的一个椭球，称为广义惯性椭球 GIE。椭球的主轴方向就是矩阵 $\boldsymbol{V}(\boldsymbol{q})$ 的特征矢量方向。椭球上主轴的长度等于矩阵 $\boldsymbol{V}(\boldsymbol{q})$ 特征值的平方根。因而用广义惯性椭球 GIE 测量衡量操作臂的加速度特征具有明显的几何直观性。在工作空间的任一点，由式（5-74）可作一椭球，该点动力学性能好坏可用这点对应的椭球形状来衡量，椭球越接近球，动力学性能越好。广义惯性椭球完全是个球的这些点称为动力学各向同性，与前面定义的运动学各向同性点相似，在动力学各向同性点上，惯性矩阵 $\boldsymbol{V}(\boldsymbol{q})$ 的各列矢量相互线性独立，且模相等。

上述动力学性能方法是以图形表示机器人广义惯性椭球作为评价动力学性能的标准。然而，这种方法是以图形表示机器人广义惯性的变化，因此只适用于定性分析。

3. 动态可操作性椭球 DME

Yoshikawa 在操作臂速度分析的基础上，用雅可比定义可操作度，又在加速度分析的基础上提出了类似的指标——动态可操作性椭球 DME。DME 是基于矩阵 $\boldsymbol{E}(\boldsymbol{q})$，表示机器人的关节驱动力矩与操作加速度之间的关系。由于 $\boldsymbol{E}(\boldsymbol{q})$ 是 $m\times n$ 阶矩阵，一般并非方阵。仿照在前面章节用雅可比 $\boldsymbol{J}(\boldsymbol{q})$ 定义各种灵活性指标的方法，将 $\boldsymbol{E}(\boldsymbol{q})$ 进行奇异值分解有

$$E(q)=U\quad V^{\mathrm{T}} \tag{5-75}$$

式中：

$$=\begin{bmatrix}\sigma_1 & & & 0 & \\ & \sigma_2 & & & 0\\ & & \ddots & & \\ 0 & & & \sigma_{\mu N} & \end{bmatrix} \tag{5-76}$$

$\sigma_1 \geqslant \sigma_2 \geqslant \cdots \geqslant \sigma_{\mu N} \geqslant 0$ 是矩阵 $\boldsymbol{E}(\boldsymbol{q})$ 的奇异值，用来构造动态性能指标：

$$\begin{aligned}
\omega_1 &= \sigma_1 \sigma_2 \cdots \sigma_{\mu N}\\
\omega_2 &= \sigma_1 / \sigma_{\mu N}\\
\omega_3 &= \sigma_{\mu N}\\
\omega_4 &= (\sigma_1 \sigma_2 \cdots \sigma_{\mu N})^{\frac{1}{\mu N}} = \omega_1^{\frac{1}{\mu N}}
\end{aligned} \tag{5-77}$$

仿照运动学灵巧度的概念，将 ω_1 定义为动态可操作性的度量指标，可以证明 ω 是矩阵 $\boldsymbol{E}(\boldsymbol{q})$ 的条件数，即

$$\omega_1 = \sqrt{\det[\boldsymbol{E}(\boldsymbol{q})\boldsymbol{E}^{\mathrm{T}}(\boldsymbol{q})]} \tag{5-78}$$

$$\omega_2 = k[\boldsymbol{E}(\boldsymbol{q})] = \begin{cases} \|\boldsymbol{E}(\boldsymbol{q})\| \ \|\boldsymbol{E}^{-1}(\boldsymbol{q})\| & (\text{当 } m=n, \text{且非奇异时}) \\ \|\boldsymbol{E}(\boldsymbol{q})\| \ \|\boldsymbol{E}^{+}(\boldsymbol{q})\| & (\text{当 } m \neq n \text{ 时}) \end{cases} \tag{5-79}$$

ω_3 是 $\boldsymbol{E}(\boldsymbol{q})$ 的最小奇异值。ω_4 是动态可操作性椭球 DME 各主轴的几何均值。

基于条件数 $\omega_2 = k[\boldsymbol{E}(\boldsymbol{q})]$ 还可定义另一种动态各向同性。当 $\omega_2 = 1$ 时，操作臂的形位称为动态各向同性。在设计机器人的结构时，选择运动学和动力学参数尽量使最小条件数接近 1，在规划路径时，应优先考虑最小条件数接近 1 的形位。

5.6　动力学优化设计

就机器人技术而言，机器人设计是很重要的一个方面。目前，对于机器人结构设计，绝大多数是以运动学要求来确定，很少考虑机器人动力学性能。然而，随着机器人技术的发展，要求机器人有较高的操作速度、准确的定位及良好的控制性能。因此，在机器人设计中必须考虑其动力学性能的影响。

机器人动力学特性包括：各关节间的耦合作用，哥式力和离心力的非线性影响，以及取决于构形的变化惯量。从动力学角度看，以上诸因素直接影响着机器人操作性能。鉴于机器人机构参数对其动力学性能的影响，本节提出了一种从动力学观点出发对机器人进行优化综合的方法。这种方法的目的是获得优良的动力学性能，而其关键问题在于选择反映机器人动力学性能的评价函数。本节通过对机器人动力学的分析研究，并考虑控制上的要求，介绍三个评价函数：①驱动力波动函数；②惯性力函数；③能量函数。这三个评价函数从不同的侧面体现了机器人动力学特性。

从动力学观点对机器人进行优化综合的方法实际上是由一个优化程序来实现的。优化程序框图如图 5-5 所示。由图可知，优化程序包括三个功能程序块：①运动学模拟程序；②动力学模拟程序；③优化算法程序。

下面介绍各功能块结构。

1. 运动学部分

在研究运动学时，采用前面章节所述的 D-H 法建立机器人坐标系。

（1）典型轨迹的规划　一般来说，任何机器人总是针对某类具体工作而设计的。因此，选择一组常用的工作轨迹做典型轨迹。

典型轨迹可以表示为

$$x = x(\boldsymbol{T}_N^0, \boldsymbol{T}_N^f, v, \varphi, \delta) \tag{5-80}$$

其中，$\boldsymbol{T}_N^0$，$\boldsymbol{T}_N^f$ 代表初始点、端点的位置矩阵；v 代表手部在典型轨迹上的速度规律；φ 代表手部姿态变化规律；δ 代表离散点分布规律。

典型轨迹可以是直线也可以是曲线，通常可选择离散点数为 50～100 的典型轨迹。

（2）运动学方程与反向解　对于 N 自由度的机器人，每个构件位置姿态矩阵由下式决定：

$$\boldsymbol{T}_i = \boldsymbol{T}_{i-1}\boldsymbol{A}_i \tag{5-81}$$

其中，$\boldsymbol{T}_i$ 是标定 i 刚体位置姿态的 4×4 阶矩阵；$\boldsymbol{A}_i$ 是 $i-1$ 刚体与 i 刚体间的 4×4 阶位置变换矩阵。在基础坐标系中，手部的位置姿态矩阵为

$$\boldsymbol{T}_N = \boldsymbol{T}_0\boldsymbol{A}_1\boldsymbol{A}_2\cdots\boldsymbol{A}_N \tag{5-82}$$

按反向递推

$$\boldsymbol{T}_0\boldsymbol{A}_1\boldsymbol{A}_2\cdots\boldsymbol{A}_i = \boldsymbol{T}_N\boldsymbol{A}_N^{-1}\boldsymbol{A}_{N-1}^{-1}\cdots\boldsymbol{A}_{i+1}^{-1} \tag{5-83}$$

求出序列号尽可能小的构件的位置和姿态的某些参量，然后利用其中的特殊方程求出 $\boldsymbol{q}_1$，$\boldsymbol{q}_2$，…，$\boldsymbol{q}_N$。

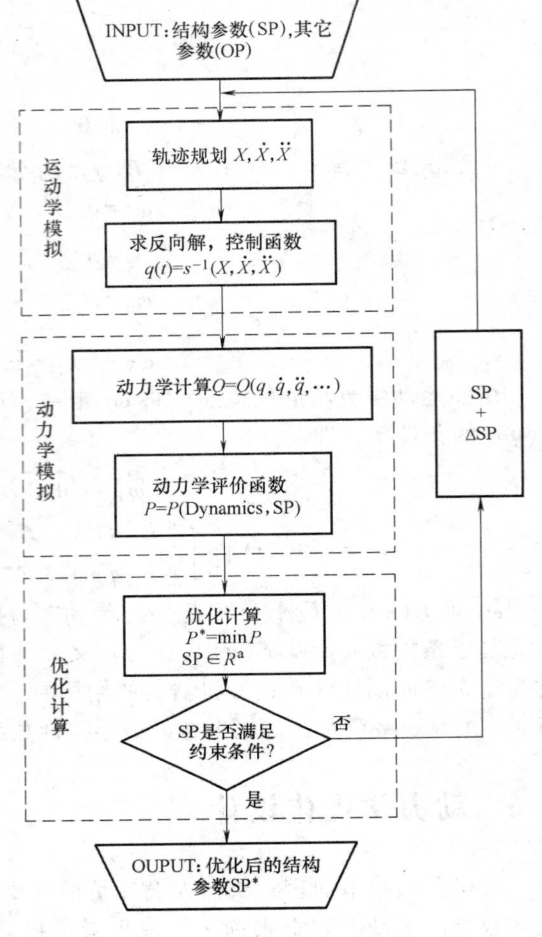

图 5-5　优化程序框图

将运动链拆开，求解阶数较低的方程组。

利用机构的特殊构型，用简单的几何条件，分别求出 $\boldsymbol{q}_1$，$\boldsymbol{q}_2$，…，$\boldsymbol{q}_N$。

鉴于反向解的多解性，需要对反向解进行选择。目前，常用的选取标准有：转角限制；工作过程中各关节转角之和最小的原则；工作过程中功耗最小的原则；工作过程中耗时最短的原则等。

（3）形成控制函数　通过运动学反解方程，即可得到各个关节广义坐标的离散值：

$$\boldsymbol{q}_i(t_j) = \boldsymbol{q}_i^j \quad j = 0,1,2,\cdots,M \tag{5-84}$$

其中，M 是典型轨迹上的离散点数。

然后，在这个离散区间上用样条函数插值就能形成控制函数。常用一次样条、二次样条、三次样条，或者更高次样条来做插值函数，将在第 6 章中详细介绍。其选用标准主要是插值精度、计算效率和曲线光滑程度。

从样条控制函数可得到各个离散点的 $\boldsymbol{q}_i^j$，$\dot{\boldsymbol{q}}_i^j$，$\ddot{\boldsymbol{q}}_i^j$，求出了 $\boldsymbol{q}_i^j$，$\dot{\boldsymbol{q}}_i^j$，$\ddot{\boldsymbol{q}}_i^j$，运动学模拟程

序的计算即完成。

2. 动力学部分

对机器人动力学进行分析和研究，建立反映机器人动力学特性的评价函数。

（1）机器人动力学模型及其描述方程的选取　机器人机构是一个多刚体、多关节的多自由度空间的开式链机构。目前常用的建立机器人动力学模型的方法主要有：拉格朗日法、高斯法、牛顿—欧拉法和凯恩法等。而确定在用哪一类方程来计算关节中广义力时，要考虑下面几个因素。

1）是否要求计算关节处支反力。上述几个方程均可计算各关节处的广义驱动力。但是，拉格朗日方程不能给出关节处的支反力。这在优化构件截面尺寸进行强度计算时，就不能应用。所以，选择方程时要针对优化对象看看是否需要计算支反力。

2）计算效率。当确定了是否计算支反力后，要选择能给出的计算效率高的方程和算法，以利于减少优化计算时的计算量。表 5-1 给出了当计算各关节中广义驱动力时的部分算法的计算效率对比数据。

表 5-1　计算效率对照表

算法	类型	运算次数		自由度数
		乘法	加法	
Hollerbach(1980)	拉格朗日方程	2195	1719	6
Walker,Orin(1982)	牛顿—欧拉方程	1541	1196	6
Silver(1982)	拉格朗日方程或牛顿—欧拉方程	852	738	6
Kane(1983)	凯恩方程	646	394	6
Popov(1978)	高斯方程	6662	5382	6

3）是否方便于编制程序以及程序中间输出参数物理意义是否明确。对于一种算法，要求它要便于编程，并且其中间输出参数物理意义要明确。高斯法的递推算法在编程方面较其他方法容易。而拉格朗日和牛顿—欧拉法中间参数物理意义明确，高斯法次之，凯恩法最差。

统筹考虑上述三个方面，可以选定一种较为便利的动力学模拟算法。

（2）动力学性能评价函数　进行动力学性能的比较必须要有一定的标准。因此，确定机器人动力学评价函数无疑是一项非常重要的工作。

下面给出三个反映机器人动力学性能的评价函数：驱动力波动函数 DR、惯性力函数 R 和能量函数 E。

1）驱动力波动函数。由机器人动力学方程 $\boldsymbol{F}_i=\sum_{i=1}^{N}\boldsymbol{J}_{ij}(\boldsymbol{q})\ddot{\boldsymbol{q}}_i+\sum_{j=1}^{N}\sum_{k=1}^{N}\boldsymbol{C}_{ijk}\dot{\boldsymbol{q}}_j\dot{\boldsymbol{q}}_k+\boldsymbol{G}_i(\boldsymbol{q})$ 可以求出对应的 $\boldsymbol{F}_i^j$ 值，即已知任意一个离散点处的 $\{q\}$，$\{\dot{q}\}$，$\{\ddot{q}\}$ 总可以求出离心力 $\{F\}$。定义函数 DR，并称之为驱动力函数：

$$DR=\sum_{i}^{N}\omega_i\left\{\sum_{j=1}^{M}[\boldsymbol{F}_i^j-\boldsymbol{F}_i^{j-1}]^2\right\} \tag{5-85}$$

式中　N——机器人自由度数；

M——典型轨迹上的离散点数；

$\boldsymbol{F}_i^j$——j 点上 i 关节的广义驱动力；

ω_i——i 关节加权因子。

对于机器人动力学控制来讲，每两个离散点之间，驱动力波动 $|\boldsymbol{F}_i^j - \boldsymbol{F}_i^{j-1}|$ 越小越好。否则就对机器人控制系统和驱动系统的稳定性、反应速度及驱动力大小有更高的要求。因此，将 DR 作为一个动力学评价函数，要求其越小越好。若对 i 关节无特殊要求可令 $\omega_i = 1$。

2）惯性力函数。为分析方便，将惯性力项与离心力、哥氏力项一起考虑，统称之为惯性力函数。惯性力函数 R 定义为

$$R = \sum_{i=1}^{N} v_i \left\{ \sum_{j=1}^{M} | \boldsymbol{F}_i^j - \boldsymbol{G}_i^j | \right\} \tag{5-86}$$

式中，各参数意义同前，v_i 为加权因子。

R 函数反映了各个关节中惯性力绝对值的加权和。R 越小则反映惯性力在各个关节处的响应值越小。因此，在同样的运动学条件下，R 越小，动力学性能越佳。

3）能量函数。这里所说的能量是指机器人在完成操作任务时所消耗的能量。一般表达式为

$$E = \sum_{i=1}^{N} \left(\int_0^T \boldsymbol{F}_i(\boldsymbol{q}) \dot{\boldsymbol{q}}_i \mathrm{d}t \right) \tag{5-87}$$

式中　E——能量消耗；

$F_i(\boldsymbol{q})$——i 关节中广义驱动力函数；

$\dot{q}_i$——i 关节中广义速度值；

T——完成所规定的轨迹所需时间。

能量函数的离散化公式可以表示为

$$E = \sum_{i=1}^{N} \sum_{j=2}^{N} \{ 1/2 \, | \, (\boldsymbol{F}_i^j - \boldsymbol{F}_i^{j-1}) \cdot (\boldsymbol{q}_i^j - \boldsymbol{q}_i^{j-1}) \, | \} \tag{5-88}$$

式中　$\boldsymbol{q}_i^j$——j 点上 i 关节的广义坐标值；

其余各参数意义同前。

从式（5-88）可知，能量函数是驱动力矩与关节转角的乘积。当运动参数不变时，E 越小，则 $\sum | \boldsymbol{F}_i |$ 越小。因此，能量函数 E 值越小，则机器人力学性能越好，经济效益也越好。

3. 确定优化方法

（1）目标函数　在进行动力学优化综合时，目标函数可根据设计要求选择三个评价函数中的任意一个或它们的线性组合。定义 ϕ 为目标函数

$$\phi = \lambda_1 \cdot DR + \lambda_2 \cdot R + \lambda_3 \cdot E$$

式中，λ_1，λ_2，λ_3 不同的取值即可得到不同的目标函数，见表 5-2。

表 5-2　目标函数表

ϕ	λ_1	λ_2	λ_3
DR	1	0	0
R	0	1	0
E	0	0	1
$DR+R+E$	1	1	1

这里，λ_1，λ_2，λ_3 作为加权因子，其作用在于消除各目标函数在数量级上的差异。

加权因子的选择要服从下面的两个原则：

1）使各评价函数与其加权因子的乘积不产生数量级上的差别。

2）根据不同的动力学性能要求确定加权因子间的比例关系。

针对以 ϕ 为目标的优化综合，设计一种 λ_1，λ_2，λ_3 的确定方法，步骤如下：

1）计算出 DR，R，E 的初始值 DR_0，R_0，E_0。

2）因为 E_0 值大小适中，故取 $\lambda_3=1$。

3）求 p_1，p_2 值，$p_1=E_0/DR_0$；$p_2=E_0/R_0$。

4）按 DR，R 相对 E 的设计要求，决定 s，t 值。

5）确定 λ_1，λ_2：$\lambda_1=s\cdot p_1$，$\lambda_2=t\cdot p_2$。

一般情况下单目标函数优化所得到的最优化设计变量因目标而异。因此，为了全局优化以 ϕ 作为目标函数较为适宜。

（2）设计变量　可以选择不同结构参数作为设计变量：①构件长度；②构件界面尺寸；③重心位置或质量分布。当然也可以是多个参数的同时优化。

设计变量的选取，决定了约束条件及优化方法的类型，也影响着动力学方程的选用。

（3）约束条件

1）空间可达性约束。保证优化设计后，工作空间不变或者改变不致影响设计操作任务的完成。

2）驱动力约束。保证优化设计后，各关节所需的驱动力值不超过驱动器的额定值。

3）应力约束。保证优化设计后，各物件中最大应力不超过其许用值。

4）弹性变形约束。保证优化设计后，构件在工作时弹性变形不超过许用值及运动精度要求。

上述三个方面确定后，即可选取合适的优化算法。

5.7 拉格朗日动力学

拉格朗日动力学是基于能量平衡方程，仅能量项对系统变量及时间的微分，只需求速度而无须求内力（系统各内力），因此，机器人的拉格朗日力学方程较为简洁，求解也比较容易。

1. 拉格朗日函数

拉格朗日函数 L 的定义是一个机械系统的动能 E_k 和势能 E_p 之差，即

$$L=E_k-E_p \tag{5-89}$$

令 q_i（$i=1,2,\cdots,n$）是使机器人系统具有完全确定位置的广义关节变量，$\dot{q}_i$ 是相应的广义关节速度。由于系统动能 E_k 是 q_i 和 $\dot{q}_i$ 的函数，系统势能 E_p 是 q_i 的函数，因此拉格朗日函数也是 q_i 和 $\dot{q}_i$ 的函数。

2. 拉格朗日方程

对于 n 个连杆组成的机器人系统，由拉格朗日函数描述的系统动力学方程为

$$F_i=\frac{\mathrm{d}}{\mathrm{d}t}\frac{\partial L}{\partial \dot{q}_i}-\frac{\partial L}{\partial q_i},\quad i=1,2,\cdots,n \tag{5-90}$$

其中，F_i 称为关节 i 的广义驱动力。如果是移动关节，则 F_i 为驱动力；如果是转动关节，则 F_i 为驱动力矩。

3. 用拉格朗日法建立机器人动力学方程的步骤

1）选取坐标系，选定完全而且独立的广义关节变量 q_i（$i=1, 2, \cdots, n$）。

2）选定相应的关节上的广义驱动力 F_i：当 q_i 是位移变量时，则 F_i 力；当 q_i 是角度变量时，则 F_i 为力矩。

3）求出机器人各构件的动能和势能，构造拉格朗日函数。

4）代入拉格朗日方程，求得机器人系统的动力学方程。

4. 方程简化措施

1）当杆件长度不太长，重量很轻时，重力矩项可以省略。

2）当关节速度不太大，机器人低速运行时，含有 $\dot{\theta}_1^2$，$\dot{\theta}_2^2$，$\dot{\theta}_1$，$\dot{\theta}_2$ 的项可以省略。

3）当关节加速度不太大，即关节电动机升、降速比较平稳时，含有 $\ddot{\theta}_1$，$\ddot{\theta}_2$ 的项有时可以省略。但关节加速度减小会引起速度升降的时间增加，延长机器人完成作业的时间。

5.8 操作臂的动力学建模和仿真

机器人动力学研究的是各杆件的运动和作用力之间的关系。机器人动力学分析是机器人设计、运动仿真和动态实时控制的基础。机器人动力学问题有两类：

动力学正问题——已知关节的驱动力矩，求机器人系统相应的运动参数（包括关节位移、速度和加速度）。

动力学逆问题——已知运动轨迹点上的关节位移、速度和加速度，求出所需要的关节驱动力矩。

机器人动力学问题的求解比较困难，而且需要较长的运算时间。拉格朗日方法不仅能以最简单的形式求得非常复杂的系统动力学方程，而且具有显式结构，物理意义比较明确，对理解机器人动力学比较方便。因此，简化求解的过程，最大限度地减少机器人动力学在线计算的时间是一个备受关注的研究课题。

下面以二自由度平面关节型机器人进行动力学实例分析，并利用拉格朗日方法建立动力学方程。

1. 广义关节变量及广义力的选定

选取笛卡儿坐标系如图 5-6 所示。连杆 1 和连杆 2 的质量分别为 m_1 和 m_2，杆长分别为 l_1 和 l_2，质心分别在 C_1 和 C_2 处，离相应关节中心的距离分别为 p_1 和 p_2。连杆 1 和连杆 2 的关节变量分别为转角 θ_1 和 θ_2，关节 1 和关节 2 相应的驱动力矩是 τ_1 和 τ_2。结合图 5-6 建立的坐标系，可得杆 1 质心 C_1 的位置坐标为

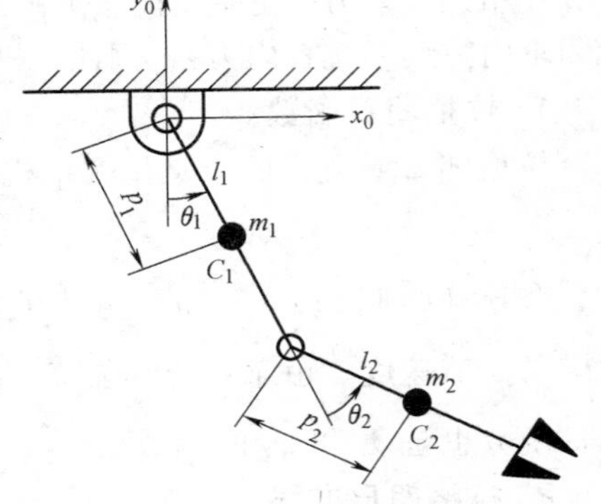

图 5-6 二自由度机器人动力学方程的建立

$$x_1 = p_1 \sin\theta_1$$

$$y_1 = -p_1 \cos\theta_1$$

杆 1 质心 C_1 的速度平方为

$$\dot{x}_1^2+\dot{y}_1^2=(p_1\dot{\theta}_1)^2$$

杆 2 质心 C_2 的位置坐标为

$$x_2=l_1\sin\theta_1+p_2\sin(\theta_1+\theta_2)$$
$$y_2=-l_1\cos\theta_1-p_2\cos(\theta_1+\theta_2)$$

杆 2 质心 C_2 的速度平方为

$$\dot{x}_2=l_1\cos\theta_1\dot{\theta}_1+p_2\cos(\theta_1+\theta_2)(\dot{\theta}_1+\dot{\theta}_2)$$
$$\dot{y}_2=l_1\sin\theta_1\dot{\theta}_1+p_2\sin(\theta_1+\theta_2)(\dot{\theta}_1+\dot{\theta}_2)$$
$$\dot{x}_2^2+\dot{y}_2^2=l_1^2\dot{\theta}_1^2+p_2^2(\dot{\theta}_1+\dot{\theta}_2)^2+2l_1p_2(\dot{\theta}_1^2+\dot{\theta}_1\dot{\theta}_2)\cos\theta_2$$

2. 系统动能

$$E_{k1}=\frac{1}{2}m_1p_1^2\dot{\theta}_1^2$$

$$E_{k2}=\frac{1}{2}m_2l_1^2\dot{\theta}_1^2+\frac{1}{2}m_2p_2^2(\dot{\theta}_1+\dot{\theta}_2)^2+m_2l_1p_2(\dot{\theta}_1^2+\dot{\theta}_1\dot{\theta}_2)\cos\theta_2$$

$$E_k=\sum_{i=1}^{2}E_{ki}=\frac{1}{2}(m_1p_1^2+m_2l_1^2)\dot{\theta}_1^2+\frac{1}{2}m_2p_2^2(\dot{\theta}_1+\dot{\theta}_2)^2+m_2l_1p_2(\dot{\theta}_1^2+\dot{\theta}_1\dot{\theta}_2)\cos\theta_2$$

3. 系统势能（以质心处于最低位置为势能零点）

$$E_{p1}=m_1gp_1(1-\cos\theta_1)$$
$$E_{p2}=m_2gl_1(1-\cos\theta_1)+m_2gp_2[1-\cos(\theta_1+\theta_2)]$$
$$E_p=\sum_{i=1}^{2}E_{pi}=(m_1p_1+m_2l_1)g(1-\cos\theta_1)+m_2gp_2[1-\cos(\theta_1+\theta_2)]$$

4. 拉格朗日函数

$$\begin{aligned}L&=E_k-E_p\\&=\frac{1}{2}(m_1p_1^2+m_2l_1^2)\dot{\theta}_1^2+\frac{1}{2}m_2p_2^2(\dot{\theta}_1+\dot{\theta}_2)^2+m_2l_1p_2(\dot{\theta}_1^2+\dot{\theta}_1\dot{\theta}_2)\cos\theta_2\\&\quad-(m_1p_1+m_2l_1)g(1-\cos\theta_1)-m_2gp_2[1-\cos(\theta_1+\theta_2)]\end{aligned}$$

5. 系统动力学方程

拉格朗日方程为

$$F_i=\frac{\mathrm{d}}{\mathrm{d}t}\frac{\partial L}{\partial\dot{q}_i}-\frac{\partial L}{\partial q_i},\quad i=1,2,\cdots,n$$

计算各关节上的力矩，可得到系统动力学方程。

计算关节 1 上的力矩 τ_1：

$$\frac{\partial L}{\partial\dot{\theta}_1}=(m_1p_1^2+m_2l_1^2)\dot{\theta}_1+m_2p_2^2(\dot{\theta}_1+\dot{\theta}_2)+m_2l_1p_2(2\dot{\theta}_1+\dot{\theta}_2)\cos\theta_2$$

$$\frac{\partial L}{\partial\theta_1}=-(m_1p_1+m_2l_1)g\sin\theta_1-m_2gp_2\sin(\theta_1+\theta_2)$$

根据拉格朗日方程可得

$$\tau_1=\frac{\mathrm{d}}{\mathrm{d}t}\frac{\partial L}{\partial\dot{\theta}_1}-\frac{\partial L}{\partial\theta_1}=$$

$$(m_1p_1^2+m_2p_2^2+m_2l_1^2+2m_2l_1p_2\cos\theta_2)\ddot{\theta}_1+(m_2p_2^2+m_2l_1p_2\cos\theta_2)\ddot{\theta}_2+$$

$$(-2m_2l_1p_2\sin\theta_2)\dot{\theta}_1\dot{\theta}_2+(-m_2l_1p_2\sin\theta_2)\dot{\theta}_2^2+(m_1p_1+m_2l_1)g\sin\theta_1+m_2gp_2\sin(\theta_1+\theta_2)$$

上式可简写为

$$\tau_1=D_{11}\ddot{\theta}_1+D_{12}\ddot{\theta}_2+D_{112}\dot{\theta}_1\dot{\theta}_2+D_{122}\dot{\theta}_2^2+D_1 \tag{5-91}$$

式中：

$$\begin{cases}D_{11}=m_1p_1^2+m_2p_2^2+m_2l_1^2+2m_2l_1p_2\cos\theta_2\\ D_{12}=m_2p_2^2+m_2l_1p_2\cos\theta_2\\ D_{112}=-2m_2l_1p_2\sin\theta_2\\ D_{122}=-m_2l_1p_2\sin\theta_2\\ D_1=(m_1p_1+m_2l_1)g\sin\theta_1+m_2gp_2\sin(\theta_1+\theta_2)\end{cases} \tag{5-92}$$

求关节 2 上的力矩 τ_2：

$$\frac{\partial L}{\partial\dot{\theta}_2}=m_2p_2^2(\dot{\theta}_1+\dot{\theta}_2)+m_2l_1p_2\dot{\theta}_1\cos\theta_2$$

$$\frac{\partial L}{\partial\dot{\theta}_2}=-m_2l_1p_2(\dot{\theta}_1^2+\dot{\theta}_1\dot{\theta}_2)\sin\theta_2-m_2gp_2\sin(\theta_1+\theta_2)$$

根据拉格朗日方程可得

$$\tau_2=\frac{\mathrm{d}}{\mathrm{d}t}\frac{\partial L}{\partial\theta_2}-\frac{\partial L}{\partial\theta_2}$$

$$=(m_2p_2^2+m_2l_1p_2\cos\theta_2)\ddot{\theta}_1+m_2p_2^2\ddot{\theta}_2+[(-m_2l_1p_2+m_2l_1p_2)\sin\theta_2]\dot{\theta}_1\dot{\theta}_2$$

$$+(m_2l_1p_2\sin\theta_2)\dot{\theta}_1^2+m_2gp_2\sin(\theta_1+\theta_2)$$

上式可简写为

$$\tau_2=D_{21}\ddot{\theta}_1+D_{22}\ddot{\theta}_2+D_{212}\dot{\theta}_1\dot{\theta}_2+D_{211}\dot{\theta}_1^2+D_2 \tag{5-93}$$

式中：

$$\begin{cases}D_{21}=m_2p_2^2+m_2l_1p_2\cos\theta_2\\ D_{22}=m_2p_2^2\\ D_{212}=(-m_2l_1p_2+m_2l_1p_2)\sin\theta_2\\ D_{211}=m_2l_1p_2\sin\theta_2\\ D_2=m_2gp_2\sin(\theta_1+\theta_2)\end{cases} \tag{5-94}$$

式（5-91）、式（5-92）及式（5-93）、式（5-94）分别表示了关节驱动力矩与关节位移、速度、加速度之间的关系，即力和运动之间的关系，称为图 5-6 所示二自由度机器人的动力学方程。对上述公式进行分析可知：

1）含有 $\ddot{\theta}_1$ 或 $\ddot{\theta}_2$ 的项表示由于加速度引起的关节力矩项，其中：

含有 D_{11} 和 D_{22} 的项分别表示由于关节 1 加速度和关节 2 加速度引起的惯性力矩项；
含有 D_{12} 的项表示关节 2 的加速度对关节 1 的耦合惯性力矩项；
含有 D_{21} 的项表示关节 1 的加速度对关节 2 的耦合惯性力矩项。

2）含有 $\dot{\theta}_1^2$ 和 $\dot{\theta}_2^2$ 的项表示由于向心力引起的关节力矩项，其中：
含有 D_{122} 的项表示关节 2 的速度引起的向心力对关节 1 的耦合力矩项；
含有 D_{211} 的项表示关节 1 的速度引起的向心力对关节 2 的耦合力矩项。

3）含有 $\dot{\theta}_1\dot{\theta}_2$ 的项表示由于哥氏力引起的关节力矩项，其中：
含有 D_{112} 的项表示哥氏力对关节 1 的耦合力矩项；
含有 D_{212} 的项表示哥氏力对关节 2 的耦合力矩项。

4）只含关节变量 θ_1、θ_2 的项表示重力引起的关节力矩项。其中：
含有 D_1 的项表示连杆 1、连杆 2 的质量对关节 1 引起的重力矩项；
含有 D_2 的项表示连杆 2 的质量对关节 2 引起的重力矩项。

从上面推导可以看出，结构简单的二自由度平面关节型机器人其动力学方程已经很复杂，包含很多因素，这些因素都影响机器人的动力学特性。对于复杂一些的多自由度机器人，动力学方程更庞杂了，推导过程也更为复杂。不仅如此，给机器人实时控制也带来不小的麻烦。通常，寻求一些简化问题的方法，内容详见 5.7 节部分所述。

5.9 本章小结

机器人动力学是机器人控制的基础。本章主要介绍了机器人动力学问题的两种常用方法：牛顿—欧拉法和拉格朗日法。在动力学分析的基础上，介绍了几种动力学性能指标，并介绍了三个评价函数：①驱动力波动函数；②惯性力函数；③能量函数。本章分析了机器人机构参数对其动力学特性的影响，介绍了一种适用于多自由度机器人的动力学优化综合方法。最后以二自由度平面关节型机器人为例进行动力学分析，并利用拉格朗日方法建立动力学方程。

习　　题

5-1 简述建立机器人运动学方程和动力学方程的方法和步骤。

5-2 简述拉格朗日方程的一般表示形式，以及各变量表示的含义。

第 6 章

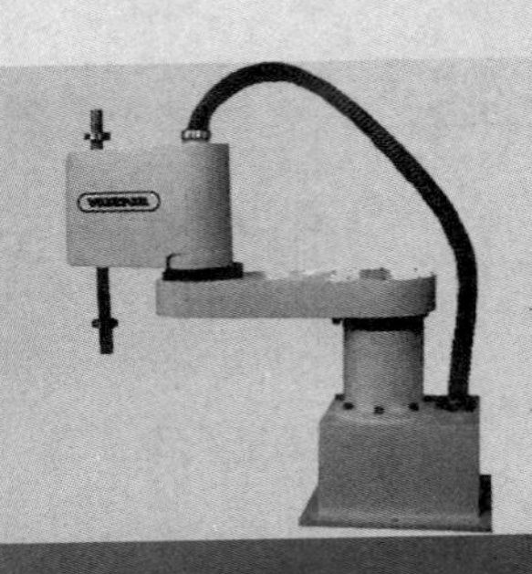

机器人控制系统

6.1 概述

机器人控制系统是根据指令以及传感信息控制机器人完成一定的动作或作业任务的装置，它是机器人的大脑，决定了机器人性能的优劣。机器人的控制系统与其设计目标和实现功能密切相关，不同类型的机器人，其控制系统可能差别很大，但它们也有一些共同的特点。

早期的机器人都用液压、气动方式来进行伺服驱动。随着大功率交流伺服驱动技术的发展，目前大部分被电气驱动方式所代替，只有在少数要求超大的输出功率、防爆、低运动精度的场合才考虑使用液压和气压驱动。电气驱动无环境污染，响应快，精度高，成本低，控制方便。电气驱动按照执行元件的不同又分为步进电动机驱动、直流伺服电动机驱动和交流伺服电动机驱动三种不同的方式；按照伺服控制方式分为开环、闭环和半闭环伺服控制系统。步进电动机驱动一般用在开环伺服系统中，这类系统没有位置反馈装置，控制精度相对较低，适用于位置精度要求不高的机器人；交、直流伺服电动机用于闭环和半闭环伺服系统中，这类系统可以精确测量机器人关节和末端执行器的实际位置信息，并与理论值进行比较，把比较后的插值反馈输入，校正输入指令值，所以这类系统具有很高的控制精度。

机器人的控制系统包含对机器人本体工作过程进行控制的控制机、机器人专用传感器和运动伺服驱动系统等。控制系统主要对机器人工作过程中的动作顺序、期望的位置及姿态、路径轨迹及规划、动作时间间隔及末端执行器施加在被作用物上的力和力矩等进行控制。控制系统中涉及传感技术、驱动技术、控制理论和控制算法。

对机器人而言，从控制算法的处理方式来看，可分为串行和并行两种结构。

1. 串行处理结构

所谓的串行处理结构是指机器人的控制算法是由串行处理机构来处理的。对于这种类型的控制器，从计算机结构、控制方式来划分，可分为以下几种：

(1) 单 CPU 结构、集中控制方式　用一台功能较强的计算机来实现全部控制功能。在早期的机器人中就采用这种结构，但控制过程中需要许多计算（如坐标变换），因此这种控制结构速度较慢。

(2) 二级 CPU 结构、主从控制方式　一级 CPU 为主机，完成系统管理、机器人语言编译和人机接口功能，同时也利用它的运算能力完成坐标变换、轨迹插补，并定时地把运算结果作为关节运动的增量送到公用内存，供二级 CPU 读取；二级 CPU 完成全部关节位置数字控制。这类系统的两个 CPU 总线之间基本没有联系，仅通过公用内存交换数据，是一个松耦合的关系，对采用更多的 CPU 进一步分散功能是很困难的。日本于 20 世纪 70 年代生产的 Motoman 机器人（5 关节，直流电动机驱动）的计算机系统就属于这种主从式结构。

（3）多 CPU 结构、分布控制方式　目前，普遍采用这种上、下位机二级分布式结构，上位机负责整个系统管理以及运动学计算、轨迹规划等；下位机由多 CPU 组成，每个 CPU 控制一个关节运动，这些 CPU 和主机的联系是通过总线形式的紧耦合。这种结构的控制器工作速度和控制性能明显提高。但这些多 CPU 系统共有的特征都是针对具体问题而采用的功能分布式结构，即每个处理器承担固定任务。目前世界上大多数商品化机器人控制都是这种结构。

上述串行控制系统存在一个共同的弱点：系统运算的实时性差。所以，大多采用离线规划和前馈补偿解耦等方法来减轻实时控制中的计算负担。当机器人在运行中受到干扰时其性能将受到影响，更难以保证高速运动中所要求的精度指标。

2. 并行处理结构

并行处理结构是提高计算机速度的一个重要而有效的手段，能满足机器人控制的实时性要求。构造并行处理结构的机器人控制系统一般采用以下方式：

（1）开发机器人控制专用 VSLI　设计专用 VSLI 能充分利用机器人控制算法的并行性，依靠芯片内的并行体系及结构易于解决机器人控制算法中出现的大量计算，能大大提高运动学、动力学方程的计算速度。但由于芯片是根据具体的算法来设计的，当算法改变时，芯片则不能使用，因此采用这种方式构造的控制器不通用，更不利于系统的维护与开发。

（2）用有并行处理能力的芯片式计算机构成并行处理网络　Tansputer 是一种典型的并行性处理器，它是 1985 年由英国 INMOS 公司首先研发成功的一种面向多机系统构造的新型处理器。它将中央处理器、存储器和高速通信接口等多种功能集成在一块硅片上。每个 Tansputer 含有高速读写存储器，并拥有 4 对通信链路接口和两个定时器。通信接口全双工异步通信，波特率最高可达 20M。定时器可用于并行任务的调度。默认的硬件连接拓扑结构是 Pipeline 型，用户也可用硬件连接构成其他多种形式的互联拓扑结构，或用支撑软件 S708 编程来设置软开关，重构拓扑结构。Transputer 处理器可利用 Occam 语言进行软件设计和硬件配置，为并行系统设计提供一种新的方法。

（3）利用通用的微处理器　利用通用微处理器构成并行处理结构，支持计算，可实现复杂控制策略在线实时计算。

目前广泛使用的机器人中，控制机多为微型计算机，外部有控制柜封装。如日本安川的 Motoman 机器人以及美国 AMF 公司的 Versatran 机器人等。这一类机器人一般采用示教—再现的工作方式，机器人的作业路径、运动参数由操作者手把手示教或通过程序设定，机器人重复再现示教的内容；机器人配有简单的内部传感器，用来感知运行速度、位置和姿态等；还可以配备视觉、力传感器感知外部环境。

近年来，智能机器人的研究成为热点。这类机器人具有自主感知、处理、决策、执行的能力，其控制信息量大，控制算法复杂。同时配备了多种内部、外部传感器，不但能感知内部关节运行速度及力的大小，还能对外部的环境信息进行感知、反馈和处理。

6.2 机器人信息检测装置

传感器好比人的五官，人通过五官：眼（视觉）、耳（听觉）、鼻（嗅觉）、舌（味觉）、四肢身体（触觉）感知和接收外界的信息，然后通过神经系统传输给大脑进行加工处理。传感器则是一个控制系统的“电五官”，它感测到外界的信息，然后反馈给系统的处理器即“电脑”进行加工处理。如果一个控制系统没有传感器，就像一个人没有五官，其结果是可想而知的。

传感器是借助检测元件将一种形式的信息转换成另一种信息的装置。根据一般传感器在系统中所发挥的作用，完整的传感器包括敏感元件、转换元件和基本转换电路三部分。敏感元件的基本功能是将某种不便测量的物理量转换为易于测量的物理量，转换元件与敏感元件一起构成传感器的结构部分，而基本转换电路是将敏感元件产生的易测量小信号进行变换，使传感器的输出符合具体工业系统的要求（如 4~20mA、-5~5V）。

6.2.1 传感器的要求和特点

为了让机器人工作，必须对机器人的手部位置、速度、姿态等进行测量和控制，还要了解操作对象所处的环境。当机器人直接对目标进行操作时，如果改变了外部环境，就可能进入到预料不到的工况，从而导致意外的结果。因此，必须掌握变化的动态环境，使机器人相应的工作顺序和操作内容自然地适应工况的变化。从而使机器人获取内部和外部有用信息，实现机器人信息检测和分析，对提高机器人的运动效率和工作效率，节省能源，防止危险的发生都是非常重要的。

机器人的信息检测是依靠各种传感器来完成的。机器人的信息检测分为两类，即内部感知和外部感知。因此，根据检测对象的不同可分为内部传感器和外部传感器。内部传感器用于检测和感知机器人本身的状态，如位置、速度、加速度等；外部传感器主要在识别环境、工件情况以及工件与机器人关系上起作用，见表 6-1 和表 6-2。使用外部传感器可以使机器人对外部环境具有一定的适应能力，并赋予机器人一定的智能。

表 6-1 内部传感器

传感器	检测功能
码盘、电位器光栅	角度、位移
速度传感器	速度、角速度
加速度传感器	加速度
倾斜仪	倾斜角度
陀螺仪	方位角
力/力矩传感器	力/力矩

表 6-2 外部传感器

传感器	感知	传感器	感知
视觉传感器	外部环境	嗅觉传感器	气味
触觉、滑觉传感器	接触、滑动	听觉传感器	声音
接近觉传感器	距离	味觉传感器	味道
热觉传感器	温度	角度觉传感器（陀螺仪、倾斜仪）	方位
力觉传感器	力和力矩		

内部传感器是测量机器人自身状态的传感器，可用于伺服控制中。具体检测对象有关节的线位移、角位移等几何量，速度、角速度、加速度等运动量，还有倾斜角、方位角、振动等物理量。对各种传感器的要求是精度高、响应速度快、测量范围宽。内部传感器中，位置传感器和速度传感器是机器人伺服控制中不可缺少的元件。

外部传感器通常用来构成机器人的感知系统，通过这些传感器，机器人获得其所处环境的相关信息。这类传感器通常有视觉传感器、触/滑觉传感器、力/力矩传感器、接近觉传感器和听觉传感器。

传感系统对于采集环境、工件和机器人状态信息是必不可少的。机器人传感器系统与其他系统不同，它不仅要有检测和测量状态信息的能力，而且要处理采集到的信息，并根据采集到的信息对外部采取行动，因此它应有很强的实时采集和处理信息的能力。如果获取的信息不够，传感器系统应主动地采集为达到目标所需的信息。

1. 传感器的定义

传感器是借助检测元件将一种形式的信息转换成另一种信息的装置。目前，传感器转换后的信号大多为电信号。因而从狭义上讲，传感器是把外界输入的非电信号转换成电信号的装置。事实上传感器是一种按一定的精确度、规律将被测量（物理的、化学的和生物的信息）转换成与之有确定关系的、便于应用的某种物理量（通常是电量）的测量装置。它是自动控制系统（机器人）必不可少的关键部分。

2. 传感器的构成

测试系统的组成如图 6-1 所示。主要由被测对象、传感器、中间变换装置和显示记录装置等组成。

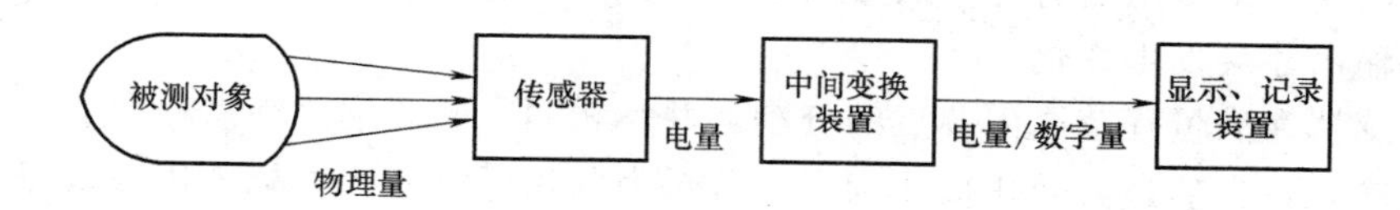

图 6-1　测试系统的组成

传感器的组成框图如图 6-2 所示。其中，敏感元件的作用是感受被测物理量，并对信号进行转换输出。辅助元件则是对敏感元件输出的电信号进行放大、阻抗匹配，以便于后续仪表接入。

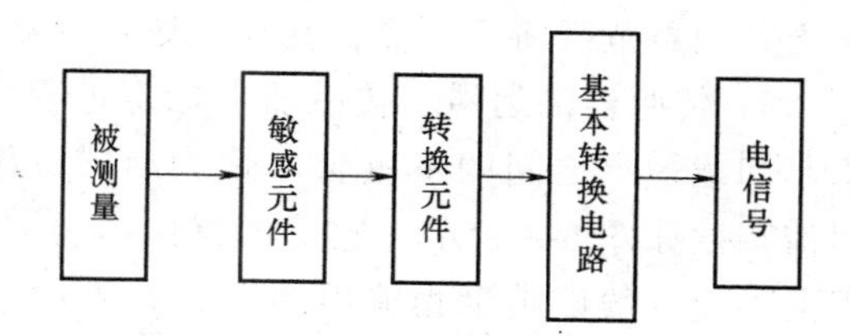

图 6-2　传感器的组成框图

3. 传感器的主要性能指标

为评价或选择传感器，通常需要确定传感器的性能指标，传感器的性能指标又分为静态特性与动态特性。

（1）传感器的静态特性　传感器的静态特性是指对静态的输入信号，传感器的输出量与输入量之间所具有的相互关系。因为这时输入量和输出量都和时间无关，所以它们之间的关系，即传感器的静态特性可用一个不含时间变量的代数方程，或以输入量做横坐标，把与其对应的输出量做纵坐标而画出的特性曲线来描述。表征传感器静态特性的主要参数有：线性度、灵敏度、分辨力、量程和迟滞等。

1）传感器的线性度。通常情况下，传感器的实际静态特性输出是条曲线而非直线。在实际工作中，为使仪表具有均匀刻度的读数，常用一条拟合直线近似地代表实际的特性曲线，线性度（非线性误差）就是这个近似程度的一个性能指标。拟合直线的选取有多种方法，如将零输入和满量程输出点相连的理论直线作为拟合直线；或将与特性曲线上各点偏差的平方和为最小的理论直线作为拟合直线，此拟合直线称为最小二乘法拟合直线。

2）传感器的灵敏度。灵敏度是指传感器在稳态工作情况下输出量变化 Δy 对输入量变化 Δx 的比值。它是输出—输入特性曲线的斜率。如果传感器的输出和输入之间呈线性关系，则灵敏度 S 是一个常数。否则，它将随输入量的变化而变化。

$$S=\frac{\Delta y}{\Delta x}$$

灵敏度的量纲是输出、输入量的量纲之比。例如，某位移传感器，在位移变化 1mm 时，输出电压变化为 200mV，则其灵敏度应表示为 200mV/mm。当传感器的输出、输入量的量纲相同时，灵敏度可理解为放大倍数。

如果传感器的输出和输入之间呈曲线关系，则灵敏度就是该静态特性曲线的导数：

$$S=\frac{\mathrm{d}y}{\mathrm{d}x}$$

提高灵敏度，可得到较高的测量精度。但灵敏度越高，测量范围越窄，稳定性也往往越差。

3）传感器的分辨力。分辨力是指传感器可能感受到的被测量的最小变化的能力。也就是说，如果输入量从某一非零值缓慢地变化，当输入变化值未超过某一数值时，传感器的输出不会发生变化，即传感器对此输入量的变化是分辨不出来的。只有当输入量的变化超过分辨力时，其输出才会发生变化。

通常传感器在满量程范围内各点的分辨力并不相同，因此常用满量程中能使输出量产生阶跃变化的输入量中的最大变化值作为衡量分辨力的指标。上述指标若用满量程的百分比表示，则称为分辨率。

4）传感器的量程。量程是指传感器适用的测量范围。每个传感器都有其测量范围，如超出其测量范围将不可靠，甚至损坏传感器。

5）传感器的迟滞。传感器在标定过程中加载输出与卸载输出之间的不重合性称为迟滞。传感器的迟滞特性如图 6-3 所示，它一般是由实验方法测得。迟滞误差一般以满量程输出的百分数表示，即 $\gamma_H=\pm(1/2)(\Delta_{Hmax}/y_{FS})\times100\%$。

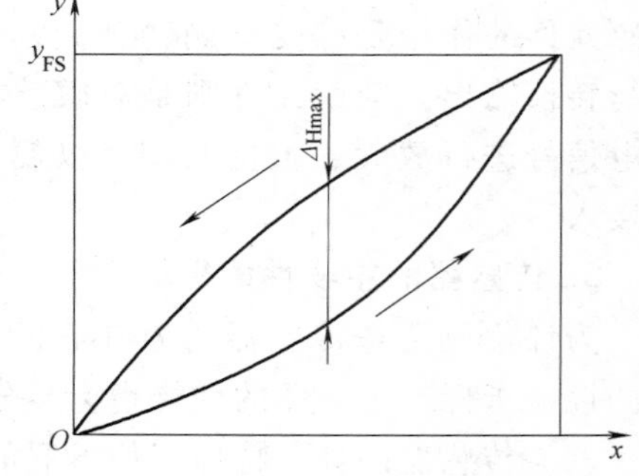

图 6-3　传感器的迟滞特性

（2）传感器的动态特性　所谓动态特性，是指传感器在输入变化时，它的输出的特性。在实际工作中，传感器的动态特性常用它对某些标准输入信号的响应来表示。这是因为传感器对标准输入信号的响应容易用实验方法求得，并且它对标准输入信号的响应与它对任意输入信号的响应之间存在一定的关系，往往知道了前者就能推定后者。最常用的标准输入信号有阶跃信号和正弦信号两种，所以传感器的动态特性也常用阶跃响应和频率响应来表示。

6.2.2　机器人内部传感器

内部传感器是用于测量机器人自身状态的功能元件。内部传感器的主要目的是对自身的运动状态进行检测，即检测机器人各个关节的位移、速度和加速度等运动参数，为机器人的控制提供反馈信号。机器人内部传感器主要测量运动学和力学参数，使机器人能够按照规定的位置、轨迹和速度等参数进行工作，感知自己的状态并加以调整和控制。内部传感器通常由位置传感器、角度传感器、速度传感器和加速度传感器等组成。

机器人使用的内部传感器主要包括位置、位移、速度和加速度等传感器。

1. 位置传感器

位置传感器主要是对机器人关节的位置和位移进行检测。

检测给定的位置，常用ON/OFF两个状态值。这种方法用于检测机器人的起始原点、终点位置或某个确定的位置。给定位置检测常用的检测元件有微型开关、光电开关等。

1）微型开关。规定的位移量或力作用在微型开关的可动部分上，开关的电气触点断开（常闭）或接通（常开）并向控制回路发出动作信号。

限位开关就是用以限定机械设备的运动极限位置的电气开关。这种开关有接触式和非接触式两种。

接触式的比较直观，在机械设备的运动部件上安装行程开关，与其相对运动的固定点上安装极限位置的挡块，或者是相反安装位置。当行程开关的机械触头碰上挡块时，切断了（或改变了）控制电路，机械就停止运行或改变运行。由于机械的惯性运动，这种行程开关有一定的“超行程”以保护开关不受损坏。

非接触式的形式很多，常见的有干簧管、光电式和感应式等，这几种形式在电梯中都能够见到。当然还有更多的先进形式。

2）光电开关。光电开关是通过把发光强度的变化转换成电信号的变化来实现控制的。光电开关在一般情况下，由发送器、接收器和检测电路三部分构成。

光电开关的原理是根据投光器发出的光束，被物体阻断或部分反射，受光器最终据此做出判断反应，起动开关作用。其原理图如图6-4所示。

光电开关主要用于非接触性检测，精度达0.5mm。

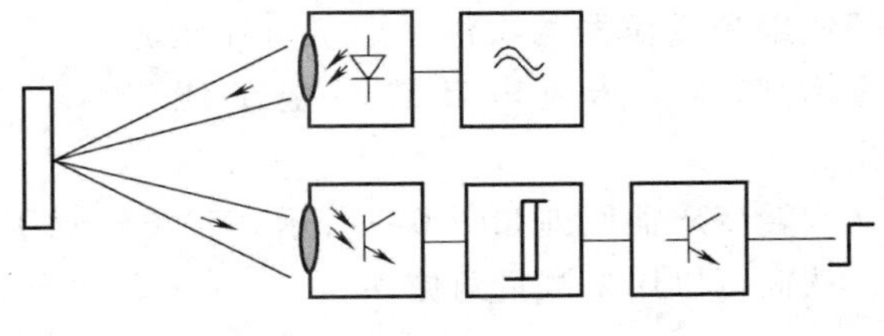

图6-4　光电开关的原理图

2. 位置、角度测量传感器

测量机器人关节线位移和角位移的传感器是机器人位置反馈控制中必不可少的元件。常用的有电位器、旋转变压器和编码器等。其中编码器既可以检测直线位移，又可以检测角位移。

（1）编码器　编码器是将信号或数据进行编制、转换为可用以通信、传输和存储的信号形式的设备，其测量输出的信号为数字脉冲，可以测量直线位移也可以测量角位移。编码器测量范围大，检测精度高，在机器人的位置检测及其他工业领域得到了广泛应用。机器人设计时，把该传感器安装在机器人各关节的转轴上，用来检测各关节转过的角度。按照读出方式编码器可分为接触式和非接触式两种；按照工作原理编码器可分为增量式和绝对式两类。增量式编码器是将位移转换成周期性的电信号，再把这个电信号转变成计数脉冲，用脉冲的个数表示位移的大小。绝对式编码器的每一个位置对应一个确定的数字码，因此它的示值只与测量的起始和终止位置有关，而与测量的中间过程无关。目前机器人较为常用的是光电式编码器。

光电编码器由发光元件、聚光镜、漏光盘、光栏板和光敏管等构成。灯泡发出的光线经过聚焦后变成平行光束，当漏光盘上的条纹与光栏板上的条纹重合时，光敏管便接收一次光的信号并计数，由此可以测试关节转过的角度，旋转式光电编码器的工作原理如图 6-5 所示。直线式增量编码器的工作原理与旋转式相同，其工作原理如图 6-6 所示。

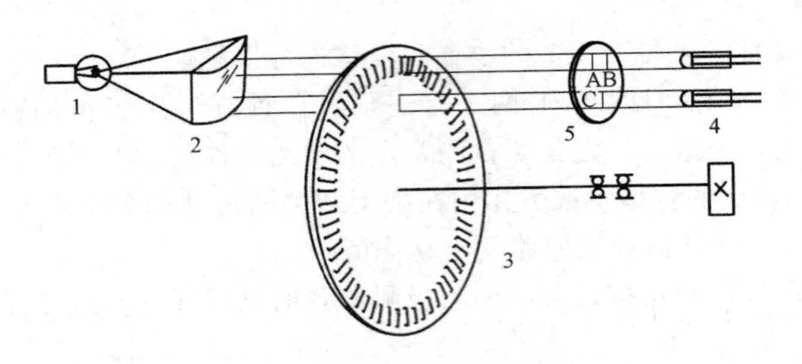

图 6-5　光电编码器工作原理图

1—光源　2—聚光镜　3—漏光盘　4—光敏管　5—光栏板

(2) 旋转变压器　旋转变压器又称为分解器，是一种控制用的微型电动机，它将机械转角变换成与该转角呈某一函数关系的电信号的一种间接测量装置。在结构上与二相线绕式异步电动机相似，由定子和转子组成。定子绕组为变压器的初级，转子绕组为变压器的次级。励磁电压接到转子绕组上，感应电动势由定子绕组输出。

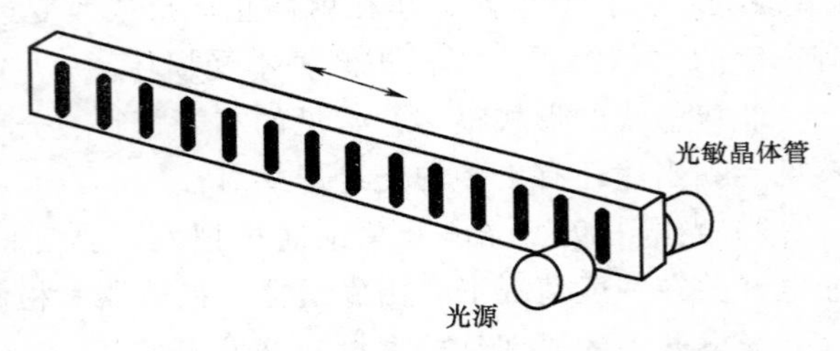

图 6-6　简单直线式增量编码器工作原理图

旋转变压器原理如图 6-7 所示。转子转动引起磁通量旋转，在二次绕组产生变化的电压，从而可以用来测量角位移。

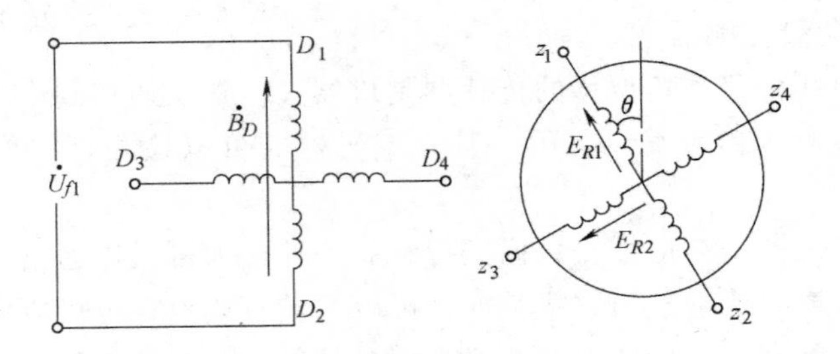

图 6-7　旋转变压器原理图

在图 6-7 中，设该旋转变压器空载，即转子输出绕组和定子交轴绕组开路，仅将定子绕组加交流励磁电压 $\dot{U}_{f1}$。那么气隙中将产生一个脉振磁感应强度 $\dot{B}_D$，其轴线在定子励磁绕组的轴线上。据自整角机的电磁理论，磁感应强度 $\dot{B}_D$将在二次即转子的两个输出绕组中感应出变压器电动势。

在余弦输出绕组 Z_1-Z_2 中感应的电动势为

$$E_{R1}=E_R\cos\theta \tag{6-1}$$

在正弦输出绕组 Z_3-Z_4 中感应的电动势为

$$E_{R2}=E_R\cos(\theta+90°)=-E_R\sin\theta \tag{6-2}$$

其中，E_R为转子输出绕组轴线与定子励磁绕组轴线重合时，磁通 Φ_D在输出绕组中感应的电动势。若假设 Φ_D在励磁绕组 D_1-D_2 中感应的电动势为 E_D，则旋转变压器的变比为

$$k_u=\frac{E_R}{E_D}=\frac{W_R}{W_D} \tag{6-3}$$

式中 W_R——输出绕组的有效匝数；

W_D——励磁绕组的有效匝数。

将式（6- 3）代入式（6-1）、式（6-2）得

$$\begin{cases}E_{R1}=k_uE_D\cos\theta\\E_{R2}=-k_uE_D\sin\theta\end{cases} \tag{6-4}$$

与变压器类似，可忽略定子励磁绕组的电阻和漏电抗，则 $E_D=U_{f1}$，空载时转子输出绕组电动势等于电压，于是式（6-4）可写成

$$\begin{cases}U_{R1}=k_uU_{f1}\cos\theta\\U_{R2}=k_uU_{f1}\sin\theta\end{cases} \tag{6-5}$$

上式表明当电源电压不变时，输出电动势与转子转角 θ 有严格的正、余弦关系，因此可用来测量角位移。旋转变压器结构简单，动作灵敏，对环境无特殊要求，维护方便，输出信号幅度大，抗干扰性强，工作可靠。

3. 速度传感器

速度传感器是机器人常用的内部传感器之一。速度、角速度的测量也是驱动器反馈控制中必不可少的环节。可利用前面所述的编码器测量，也可用测速发电机测量。

编码器测速原理：在机器人闭环伺服系统中，编码器的反馈脉冲个数和系统所走位置的多少成正比。对任意给定的角位移，编码器将产生确定数量的脉冲信号，通过统计指定时间内脉冲信号的数量，能计算出相应的角速度。

测速发电机是一种模拟式速度传感器，从工作原理上讲，它属于“发电机”的范畴。测速发电机是一种测量转速的微型发电机，它把输入的机械转速变换为电压信号输出，并要求输出的电压信号与转速成正比，即

$$U_Z=kn \tag{6-6}$$

式中 U_Z——测速发电机的输出电压（V）；

n——测速发电机的转速（r/min）；

k——比例系数。

测速发电机分为直流测速发电机和交流测速发电机两大类。

（1）直流测速发电机　直流测速发电机实际就是一种微型直流发电机，按定子磁极的励磁方式分为电磁式和永磁式。直流测速发电机的输出电压与转速要严格保持正比关系，这在实际中是难以做到的，直流测速发电机输出的是一个脉动电压，其交变分量对速度反馈控制系统、高精度的解算装置有较明显的影响。

（2）交流测速发电机　交流异步测速发电机与交流伺服电动机的结构相似，其转子结构有笼型的，也有杯型的，在自动控制系统中多用空心杯转子异步测速发电机。

交流同步测速发电机因感应电势频率随转速而变，致使发电机本身的阻抗及负载阻抗均随转速而变化，因此，输出电压不再与转速成正比关系。故同步测速发电机应用较少。

由测速发电机作为速度反馈元件构成的机器人速度闭环系统中，测速发电机的转子与机器人关节驱动电动机的尾轴相连，可以测出机器人运动过程中的关节转动速度。因此，测速发电机在机器人控制系统中得到了广泛应用。

6.2.3　机器人外部传感器

机器人要能在变化的作业环境中完成作业任务，就必须具备类似于人类对环境的感觉功能。将机器人用于对工作环境变化的检测的传感器称为外部传感器，有时也称为环境感觉传感器或环境感觉器官。外部传感器主要用来检测机器人所处环境及目标状况，如是什么物体，离物体的距离有多远，抓取的物体是否滑落等。从而使得机器人能够与环境发生交互作用，并对环境具有自我校正和适应能力。目前，机器人常用的环境感觉技术主要有视觉、听觉、触觉和力觉等。广义来讲，机器人外部传感器就是具有人类五官的感知能力的传感器。

外界检测传感器通常包括触觉、接近觉、视觉、听觉、嗅觉和味觉等传感器。

在工业应用中，控制机器人精确地去抓取在某一参考位置上的工件，并非一件容易的事，由于工件本身的变形及其他不确定的因素，最终将需要进行相对位置姿态的调整，通常情况下，移动机器人比移动工件更容易些，可以通过安装在机器人末端上的测距传感器来解决。测距传感器在移动机器人上应用较多。机器人测距传感器一般都采用主动法直接获取距离信息，用于对机器人进行实时的控制和规划。

机器人测距传感器大致可分为两种：其测量距离从几十厘米到数米远的称为距离觉传感器；探测距离为零点几毫米到几十毫米的称为接近觉传感器。测距传感器的作用如下：①发现前方障碍物，限制机器人的运动范围，以避免与障碍物发生碰撞；②在接触对象前得到必要的信息，如与物体的相对距离、相对倾角，以便为后续运动规划做准备；③获取对象表面各点间的距离，从而得到有关对象表面形状的信息。

按照测距的原理不同，机器人测距传感器可分为：接触式传感器、感应式测距传感器、电容式测距传感器、超声测距传感器、光电式测距传感器、气压式测距传感器、微波和无线电波测距传感器等类型。

（1）接触式传感器　测距传感器一般都采用非接触测量原理，而这里所考虑的机械的接触式传感器与触觉不同：它与昆虫的触须类似，在机器人上通过以微动开关和相应的机械装置（探头、探针等）相结合来实现一般接触测量距离的作用。这种触须式的传感器可以安装在移动机器人的四周，用以发现外界环境中的障碍物。图 6-8 所示为接触式传感器原理图。

（2）感应式测距传感器　感应式测距传感器主要有三种类型，它们分别基于电磁感应、霍尔效应和电涡流原理，仅对铁磁性材料起作用，用于近距离、小范围内的测量。

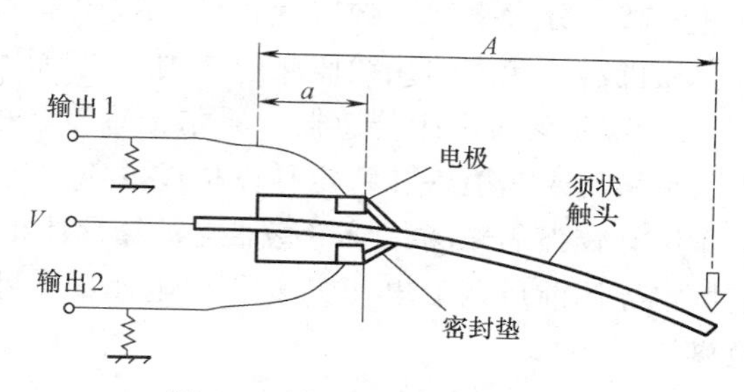

图 6-8　接触式传感器原理图

1）电磁感应测距传感器。这种传感器的核心由线圈和永久磁铁构成，如图 6-9 所示。当传感器远离铁磁性材料时，永久磁铁的磁力线如图 6-9a 所示；当传感器靠近铁磁性材料时，引起永久磁铁磁力线的变化，从而在线圈中产生电流，如图 6- 9b 所示。这种传感器在与被测物体相对静止的条件下，由于磁力线不发生变化，因而线圈中没有电流，因此这种传感器只是在外界物体与之产生相对运动时才能产生输出。由于随着距离的增大，输出信号明显减弱，因而这种类型的传感器只能用于短距离的测量，一般仅为零点几毫米。

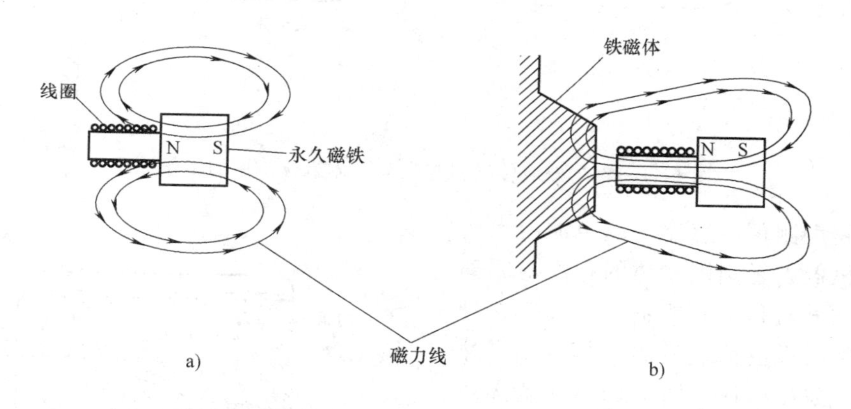

图 6-9　电磁感应测距传感器永久磁铁磁力线的变化

2）电涡流测距传感器。根据法拉第电磁感应原理，块状金属导体置于变化的磁场中或在磁场中做切割磁力线运动时（与金属是否块状无关，且切割不变化的磁场时无涡流），导体内将产生呈涡旋状的感应电流，此电流称为电涡流，以上现象称为电涡流效应。而根据电涡流效应制成的传感器称为电涡流式传感器。电涡流测距传感器的形式最简单，只包括一个线圈，如图 6-10 所示。线圈中通入交变电流，当传感器与外界导体接近时，导体中产生感应电流，传感器与外界导体的距离变化能够引起导体中所产生感应电流的变化，通过适当的检测电路，可从线圈中耗散功率的变化得出传感器与外界物体之间的距离。这类传感器的测距范围在零到十几毫米之间，分辨率可达满量程的 0.1%。

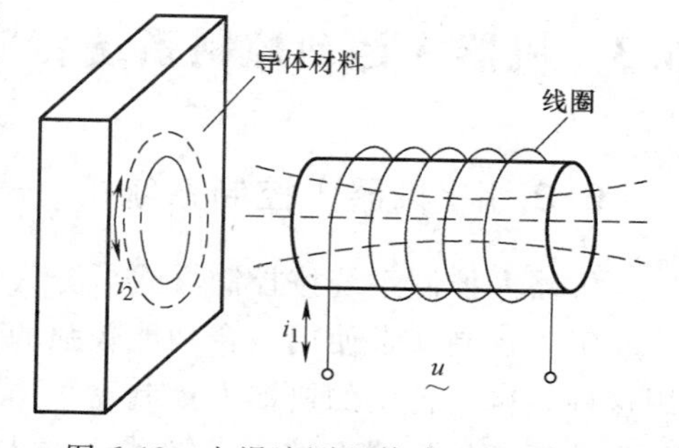

图 6-10　电涡流测距传感器工作原理

按照电涡流在导体内的贯穿情况，分为高频反射式电涡流传感器和低频透射式电涡流传感器。电涡流传感器具有可靠性好、测量范围宽、灵敏度高、分辨率高、响应速度快、抗干扰力强、不受油污等介质的影响、结构简单等优点，在机器人状态的在线监测中得到广泛应用。

3）霍尔效应测距传感器。霍尔传感器是根据霍尔效应制作的一种磁场传感器。图 6-11 所示是采用永久磁铁和特定导体构成的霍尔传感器，当传感器远离被测导体时，在特定导体上作用有较强的磁场；当传感器与被测导体很近时，特定导体上磁场变弱，磁场的变化将引起特定导体前后两端电压的变化，电压的大小与位移大小成正比，基于以上原理即可测量距离。

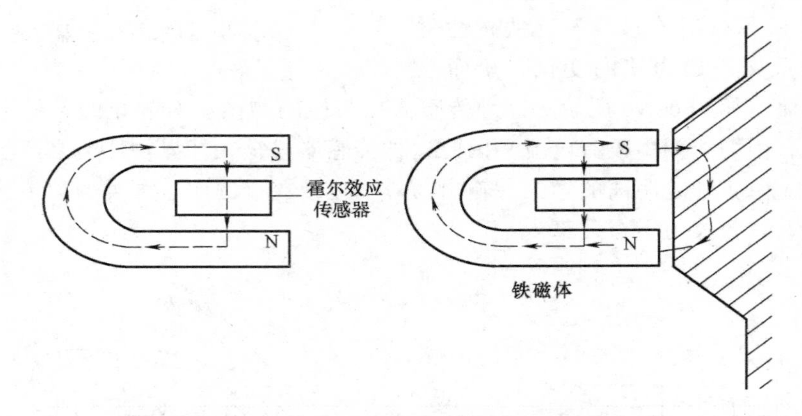

图 6-11　霍尔效应传感器与永久磁体组合使用的工作原理

（3）超声测距传感器　超声波距离传感器用于机器人对周围物体的存在与距离的探测。尤其对移动式机器人，安装这种传感器可随时探测前进道路上是否出现障碍物，以免发生碰撞。图 6-12 所示为超声接近觉传感器。

超声波发生器有压电式、电磁式及磁滞伸缩式等。在检测技术中最常用的是压电式。

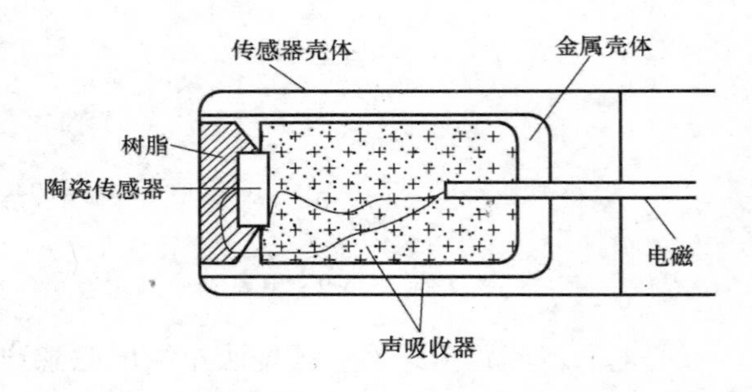

图 6-12　超声接近觉传感器

6.3　机器人运动控制系统

6.3.1　机器人控制系统

机器人控制系统按控制方式可分为三种结构：集中控制、主从控制和分布式控制。

集中控制就是使用一台功能较强的计算机实现全部控制功能，在早期的机器人中普遍采用这种结构。传统的机器人控制器采用 MCU 作为控制芯片，其运算速度和处理能力难以满足日益复杂的机器人控制。随着机器人功能的增加，其控制过程中也随之增加了许多计算（如坐标变换等），因此这种集中式控制结构已经不能满足需要，取而代之的是主从式控制和分布式控制结构。由于机器人的控制过程中涉及大量的坐标变换和插补运算以及较低层的实时控制，所以，目前的机器人控制系统在结构上大多数采用分层结构的微型计算机控制系统，通常采用的是两级计算机伺服控制系统。上一级主控制计算机负责整个系统管理以及坐标变换和轨迹、插补运算等；下一级由许多微处理器组成，每一个微处理器控制一个关节运动，它们并行地完成控制任务。因而能提高整个控制系统的工作速度和处理能力。这些微处理器和主控机联系是通过总线形式的紧耦合。分布式结构是开放性的，可以根据需要增加更多的处理器，以满足传感器处理和通信的需要。这种结构功能强、速度快，是当今机器人控制系统的主流。图 6-13 所示是机器人控制系统的工作过程：主控计算机接到工作人员输入的作业指令后，首先分析解释指令，确定机器人手部的运动参数，然后进行运动学、动力学和插补运算，最后得出机器人各个关节的协调运动参数。这些参数经过通信线路输出到伺服控制级，作为各个关节伺服控制系统的给定信号。关节驱动器将此信号 D-A 转换后驱动各个关节产生协调运动，并通过传感器将各个关节的运动输出信号反馈回伺服控制级计算机形成局部闭环控制，从而更加精确地控制机器人手部在空间的运动。

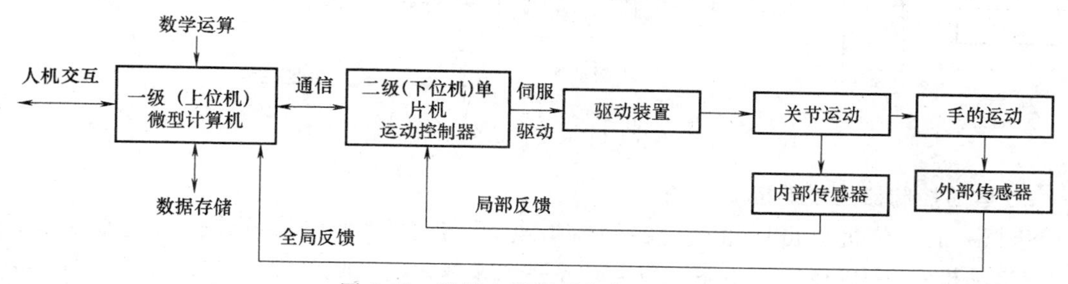

图 6-13　机器人控制系统的工作过程

在控制过程中，工作人员可直接监视机器人的运动状态，也可从显示器等输出装置上得到有关机器人运动的信息。下面从三个方面介绍机器人的控制系统。

1. 机器人控制系统的硬件组成

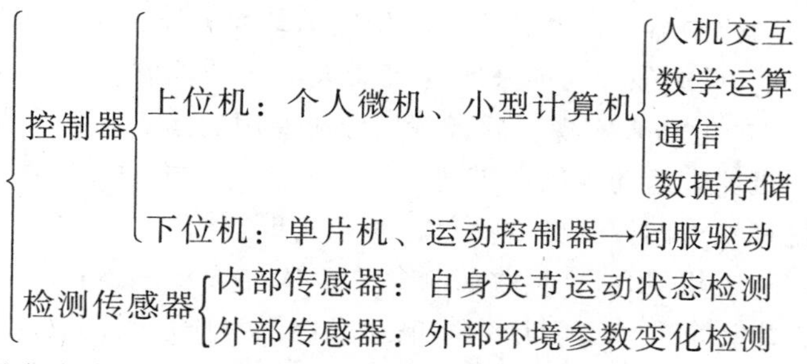

上位机通常采用个人微机或小型计算机，其具体功能如下：

人机交互功能：人通过上位机将作业任务给机器人，同时机器人将结果反馈回来，即人与机器人之间的交流。

数学运算：机器人运动学、动力学和数学插补运算。机器人运动学的正运算和逆运算是其中最基本的部分。对于具有连续轨迹控制功能的机器人来说，还需要有直角坐标轨迹插补功能和一些必要的函数运算功能。在一些高速度、高精度的机器人控制系统中，系统往往还要完成机器人动力学模型和复杂控制算法等运算功能。

通信功能：与下位机进行数据传送和相互交换。

数据存储：存储编制好的作业任务程序和中间数据。

系统的管理功能：具有对外部环境（包括作业条件）的检测和感觉功能，系统的监控与故障诊断功能。

下位机通常采用单片机或运动控制器，其具体功能为伺服驱动控制。接收上位机的关节运动参数信号和传感器的反馈信号，并对其进行比较，然后经过误差放大和各种补偿，最终输出关节运动所需的控制信号。

由单片机组成下位机的二级控制系统框图如图 6-14 所示。

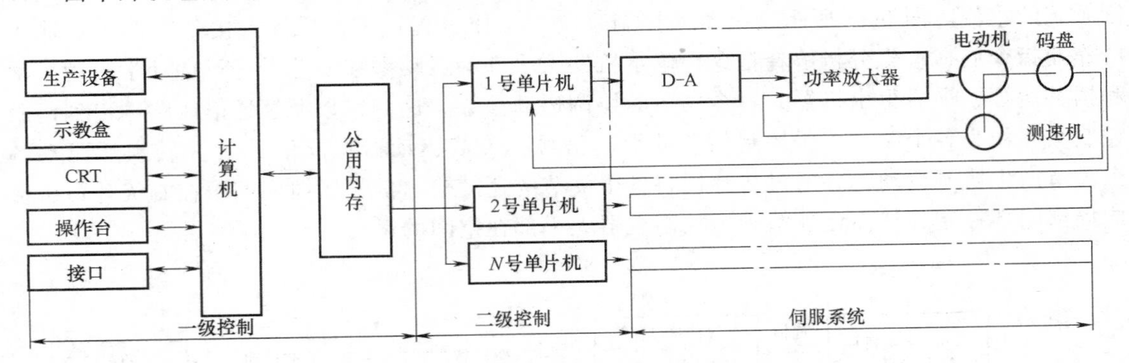

图 6-14　由单片机组成下位机的二级控制系统框图

2. 运动控制器构成的控制系统

机器人的下位机也可以由运动控制器组成。一般的伺服控制系统包括伺服执行元件（伺服电动机）、伺服运动控制器、功率放大器（又称为伺服驱动器）、位置检测元件等。伺服运动控制器的功能是实现对伺服电动机的运动控制，包括力、位置、速度等的控制。某些机器人系统把各个轴的伺服运动控制器和功率放大器集成组装在控制柜内，如 Motoman 机器人，这样实际上相当于由一台专用计算机控制。

然而，随着芯片集成技术和计算机技术的发展，专用运动控制芯片和运动控制卡越来越多地作为机器人的运动控制器。这两种形式的伺服运动控制器控制方便灵活，成本低，都以通用 PC 为平台，借助 PC 的强大功能来实现机器人的运动控制。前者利用专用运动控制芯片与 PC 总线组成简单的电路来实现；后者直接做成专用的运动控制卡。这两种形式的运动控制器内部都集成了机器人运动控制所需的许多功能，有专用的开发指令，所有的控制参数都可由程序设定，使机器人的控制变得简单，易于实现。

运动控制器都需从主机（PC）接收控制命令，从位置传感器接收位置信息，向伺服电动机功率驱动电路输出运动命令。对于伺服电动机位置闭环系统来说，运动控制器主要完成了位置环的作用，可称为数字伺服运动控制器，适用于包括机器人和数控机床在内的一切交、直流和步进电动机伺服控制系统。

专用运动控制器的使用使得原来由主机做的大部分计算工作由运动控制器内的芯片来完成，使控制系统硬件设计简单，与主机之间的数据通信量减少，解决了通信中的瓶颈问题，提高了系统效率。

运动控制器由专门厂家生产，其可靠性高。图 6-15 所示为 Delta Tau Data System 公司生产的一款运动控制器。核心由 ADSP2181 数字信号处理器及其外围部件组成，可以实现高性能的控制计算，同步控制多个运动轴，实现多轴协调运动。应用领域包括机器人、数控机床等。

运动控制器以 PC 为主机，提供标准的 ISA 、PCI 及通用的串口总线和数字 I/O 接口。运动控制器提供高级语言函数库和 Windows 动态链接库，可以实现复杂的控制功能。用户能够将这些控制函数与自己控制系统所需的数据处理、界面显示、用户接口等应用程序模块集成在一起，构建符合特定应用要求的控制系统，以适应各种应用领域的要求。运动控制器组成的控制系统框图如图6-16所示。

图 6-15 运动控制器

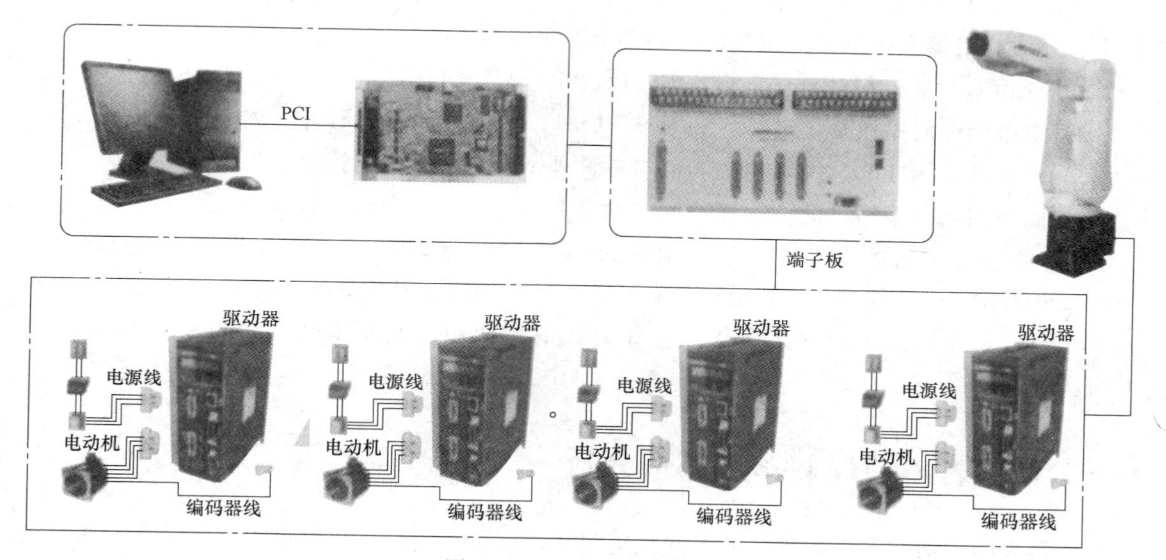

图 6-16 控制系统示意图

3. 机器人控制系统的软件组成

- 系统软件
  - 计算机操作系统→个人微机、小型计算机
  - 系统初始化程序→单片机、运动控制器
- 应用软件
  - 动作控制软件→实时动作解释执行程序
  - 运算软件→运动学、动力学和插补程序
  - 编程软件→作业任务程序、编制环境程序
  - 监控软件→实时监视、故障报警等程序

机器人中应用最为广泛的是机械手（manipulation robots），这种机器人能够模仿和再现人手的动作。机器人分为自动操作式、交互式、自主式三种。

目前的机器人大多属于自动操作机器人，这类机器人控制系统又可分为三种类型：

（1）固定程序（或编程）控制　机器人能按照预编的固定程序，实现机器人的运动。

（2）自适应控制　当外界条件变化时，为保证和改善控制质量，在机器人的操作过程中根据其状态和伺服误差的反馈，调整非线性的控制参数，从而以最大限度地减少控制误差。这种控制系统的结构和参数能随时间和条件自动改变，能够在不完全确定和局部变化的环境中，保持与环境的自动适应，实现对机器人的最佳控制。

(3) 人工智能控制　事先无法编制运动程序，而是要求在机器人运动过程中根据周围所获得的具体环境信息，实时确定控制策略。

6.3.2　开放式控制系统

现阶段机器人的控制体系结构有两种主要形式：一是像 Motoman 和 ABB 等比较大的机器人制造厂商继续使用自己开发的专有控制系统，持有他们专有的控制体系结构；二是开放式的通用控制体系结构（如现在普遍采用的基于 PC 机的运动控制结构）。由斯坦福人工智能实验室研发的机器人开放式控制系统获得了广泛应用。

开放式控制系统是一个动态发展的概念，不同的项目和组织对其定义也有差异，但总结起来，开放式机器人控制器的思想应具备如下的一些特点：

1）使用基于非专用计算机平台（如 SUN、PC 等）的开发系统。

2）使用标准的操作系统（如 Windows、Unix）和标准的控制语言（如 C、C++等）。

3）硬件基于标准的总线结构，能够与各种外围设备和传感器连接。

4）能使用网络策略，允许工作单元控制器共享数据库，允许远程操作。

基于以上思想构造的控制系统具有良好的互换性和可移植性，用户可以实现对控制器的修改、更换和改进；控制系统具有模块化特点，这能够降低开发成本，并提高系统的质量和安全性能；支持扩展功能等诸多优点。开放式的控制系统是机器人控制的一个重要发展方向。

6.4　机器人运动控制系统实例分析

机器人的运动控制是指机器人手部在空间从一点移动到另一点的过程中或沿某一轨迹运动时，对其位姿、速度和加速度等运动参数的控制。

由机器人运动学可知，机器人手部的运动是由各个关节的运动引起的，所以控制机器人手部的运动实际上是通过控制机器人各个关节的运动实现的。

机器人手部的控制过程框图如图 6-17 所示。根据机器人作业任务中要求的手部的运动，通过运动学逆解和数学插补运算得到机器人各个关节运动的位移、速度和加速度，再根据动力学正解得到各个关节的驱动力（矩）。机器人控制系统根据运算得到的关节运动状态参数控制驱动装置，驱动各个关节产生运动，从而合成手在空间的运动，由此完成要求的作业任务。

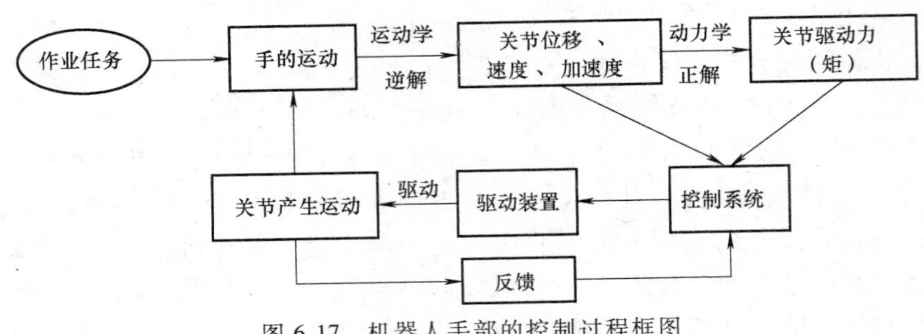

图 6-17　机器人手部的控制过程框图

控制过程可以进一步分解，如图 6-18 所示。其具体控制步骤为：

第一步：关节运动伺服指令的生成，即将机器人手部在空间的位姿变化转换为关节变量随时间按某一规律变化的函数。这一步一般可离线完成。

第二步：关节运动的伺服控制，即采用一定的控制算法跟踪执行第一步所生成的关节运动伺服指令，这是在线完成的。

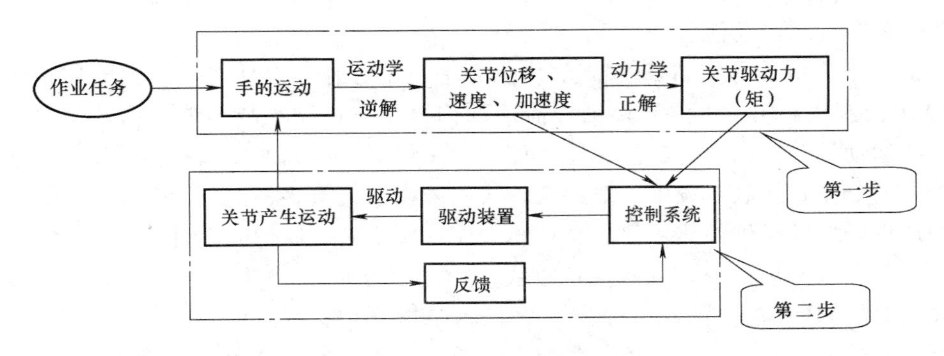

图 6-18 机器人的运动控制分解步骤

6.4.1 基于 PC 与单片机的机器人控制系统

考虑机器人的通用性，以及机器人的实际特点，设计的机器人控制系统应具有开放性，使操作者可以直接观察各个关节转动的运行情况，还可以嵌入自己设计的控制软件来验证算法的正确性和控制方式的有效性。所以设计的机器人实验平台的控制系统采用分布式控制结构形式；针对机器人的实际特点，并从经济方面考虑并不需要配备视觉等传感器，就能满足工业任务的要求。机器人控制系统框架如图 6-19 所示。此控制系统采用上位机（PC）与单片机控制器进行两级控制。

选取通用 PC 为主控制器，因为通用 PC 具有成本低廉、PC 技术成熟、可靠性高、具有

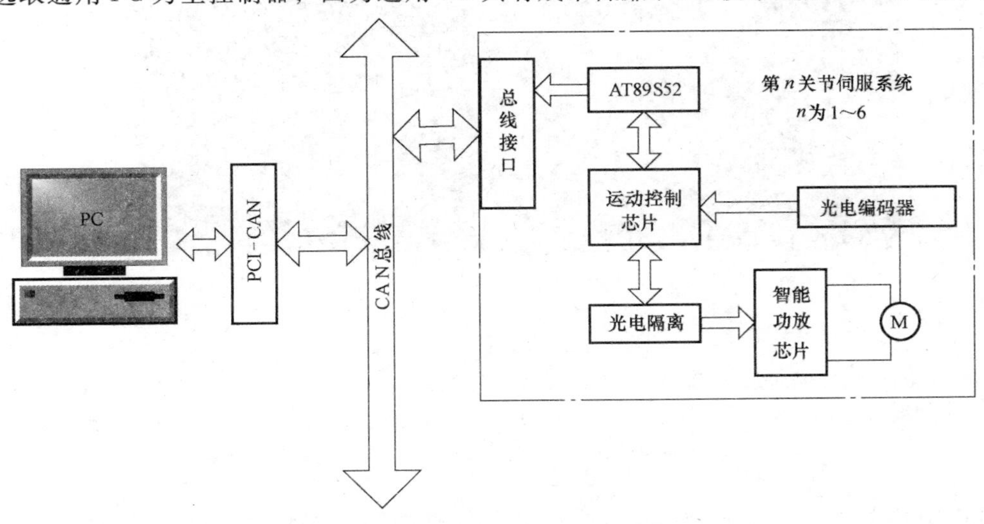

图 6-19 机器人控制系统框架

开放性等优点。开发人员可以选择合适的软件、硬件，以较低的成本组成较强性能的系统，而且方便进行二次开发。由于PC技术的飞速发展和其产品良好的兼容性，完全可以满足任务规划层和协调层的功能要求。

控制系统中上位机运行机器人控制主程序，该程序为采用高级语言（C++）编写的模块化的机器人控制系统。提供用户界面接口，完成作业任务规划、运动学正解、运动学逆解和坐标变换等，按规划解算出机器人关节目标轨迹，然后分配给单关节伺服控制模块，完成对机器人各个关节的控制功能。

二级机（下位机）是以AT89S52单片机为主控制芯片，以性能优越的专用运动控制芯片LM629为控制核心组成电路硬件结构简洁的伺服位置控制系统。该运动控制芯片内部集成了数字式运动控制器的全部功能，使得设计一个快速、准确的运动控制系统变得容易。

机器人的分布式控制系统中，对通信方式的选择至关重要，上位计算机和下位各关节控制器间的通信既要满足硬件连接简单、扩充方便，又要满足通信的高可靠性和实时性。本设计采用CAN（Controller Area Network）总线作为通信标准，CAN总线是一种有效支持分布式控制和实时控制的串行通信网络，与一般的通信网络相比具有可靠性高、实时性和灵活性好的优点，非常适合作为机器人控制系统中的通信方式。各关节控制系统和上位PC之间是各自独立的单元，各个单元之间基于CAN总线建立通信网络，每个单元作为网络的一个节点。

6.4.2 控制系统的硬件实现

根据对控制系统的主要功能进行分析，并对关键器件进行分析和选型，可针对所选的器件绘制电路原理图，加工PCB板，如图6-20所示。

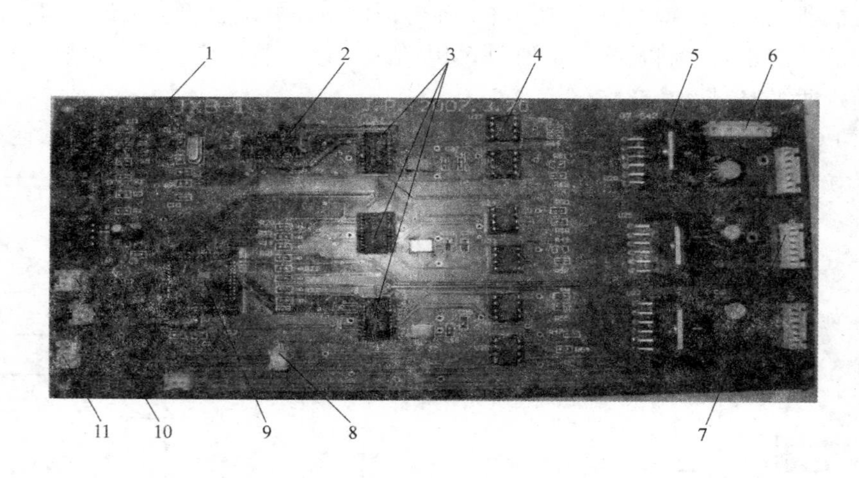

图6-20 控制系统硬件图

1—CAN驱动器82C250 2—CAN控制器SJA1000 3—运动控制芯片LM629 4—光耦合器6N137 5—功率驱动芯片LMD18200 6—电动机电源输入端子 7—电动机与编码器接线端子 8—5V电源输入端子 9—单片机AT89C52 10—CAN信号线端子 11—单片机测试点端子

图6-20中9为单片机AT89C52，是下位机控制系统的主控芯片，负责接收上位机传输来的控制命令和数据，将数据发送给LM629，并实时从LM629读取各关节位置信息，将位

置信息通过 CAN 总线传输给上位机显示。为了充分利用单片机的 I/O 口，每片 AT89C52 控制三个关节，也就是控制三片 LM629。LM629 根据单片机传输来的位置、速度、加速度、PID 参数，生成梯形轨迹图，并输出 PWM 信号，PWM 信号经光耦合器件 6N137 隔离后，传输给功率驱动芯片 LMD18200。LMD18200 根据输入 PWM 信号的方向和幅值，输出正向或反向电流，驱动电动机正向或反向运动。LM629 实时采集电动机尾轴的光电编码器信号，记录机器人关节的相对位置，当关节运动到预定的位置时，LM629 停止输出 PWM 信号，电动机停止运动。

为了便于对电路板进行测试，预留了单片机的 P2.5 和 P2.6 作为测试点，图 6-20 中，11 为预留的测试点端子。有了测试点，可以在软件设计遇到问题时，及时地判断出是硬件电路的问题还是软件信号的问题，从而可以节省调试时间。

6.4.3 LM629 运动控制处理器功能概述

运动控制模块是硬件控制系统的核心部分，它不但负责控制电动机的运行状态，通过传感器接收电动机的反馈数据；同时可以基于一定的软件计算或判断来减少干扰在有用信号中的比重，以达到减弱或消除干扰的目的。在所设计的硬件控制系统中，采用 LM629 作为运动控制模块的核心处理器。

LM629 是美国半导体公司生产的全数字专用运动控制处理器，用来控制以增量式编码器为位置反馈元件的各种直流或无刷直流电动机伺服系统或其他伺服系统，具有很强的实时运算能力；通过主处理器、一片 LM629、一片功率驱动器、一台直流电动机、一个增量式光电编码器即可构成一个伺服系统。LM629 伺服系统框图如图 6-21 所示。

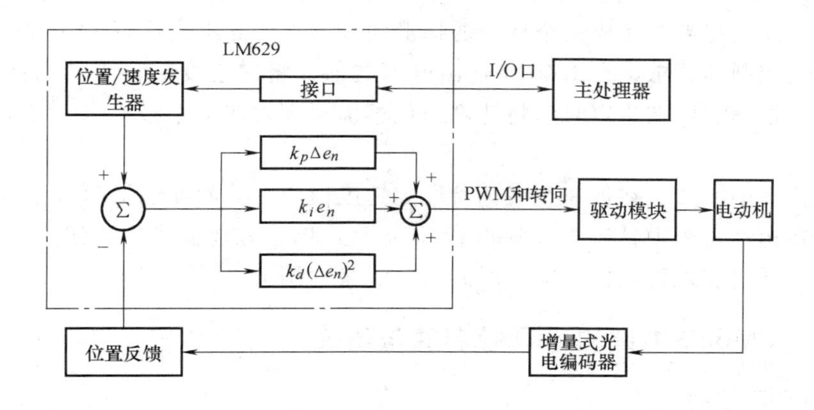

图 6-21　LM629 伺服系统框图

在控制系统运行时，由主处理器向 LM629 输出 PID 控制参数以及速度、加速度与目标位置值，每个采样周期都用这些值计算新的命令和位置并送入求和点，作为内部运算处理器的给定点；由编码器来反馈电动机的实际位置，其输出信号经过 LM629 内部的位置解码器解码后作为求和点的另一个输入点与给定点相减，得到的误差值作为数字 PID 校正环节的输入。主处理器可以在任何时刻读取 LM629 的运动状态，并根据实际需要调整相应的命令值以实现期望控制。当 LM629 控制电动机运行时，除了加速度参数外，所有参数值均可以随机改变。

6.4.4 LM629运动控制处理器原理介绍

LM629内置有梯形速度发生器，它可以用于计算所需的梯形速度分布图。在位置控制方式时，主处理器送来加速度、最高转速和目标位置数据，LM629利用这些数据计算运行轨迹，如图6-22a所示。在电动机运行时，上述参数可以修改，产生如图6-22b所示的运行轨迹。在速度控制方式时，电动机用规定的加速度加速到指定的速度，并一直保持这一速度，直到新的速度指令执行。

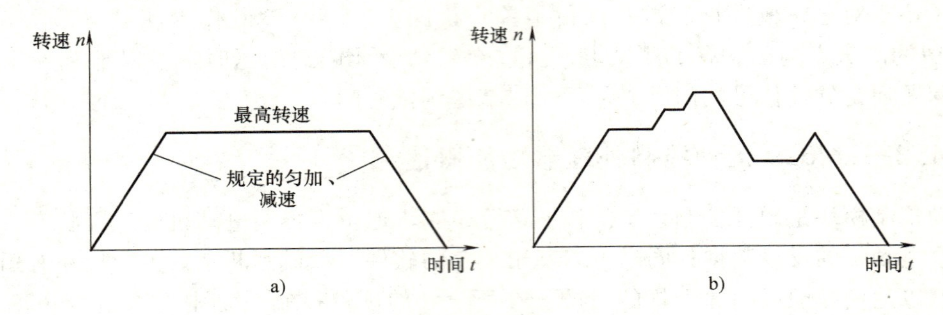

图6-22　LM629运行轨迹曲线图

a）运行中位置、速度不变　b）运行中位置、速度改变

LM629内部有数字PID控制器，可以实现闭环系统的控制。数字PID采用增量式PID控制算法，所需的k_p、k_i、k_d控制数据均由主处理器提供。

经实验研究得知，在运动控制过程中，LM629的运动加速度不可以随机更改，同时每一次发送加速度值都需要完成一个标准的梯形曲线图，因此不能达到图6-22b所示的改进图形。为了满足控制的要求，在LM629输出脉宽之前，将加速度值写入其内部寄存器中。在运动过程中，根据需要在指定时间将速度与位移值写入内部寄存器，即可实现改进梯形图的控制。

由曲线梯形图可知，在加速与减速阶段加速度恒定，从而保证了起始点与终止点速度的平滑过渡。在运动过程中，当存在速度扰动时，由PID实现补偿控制使其平均速度恒定在期望速度值，同时实现稳定性、响应时间、超调量的调节。

6.4.5 LM629内部的PID控制算法研究

1. 常规PID控制

在工程实际中，应用最为广泛的调节器控制规律为比例、积分和微分控制，简称为PID控制，又称为PID调节。

比例控制是一种最简单的控制方式，其控制器的输出信号与输入信号成比例关系，仅当有比例控制时系统输出存在稳态误差；积分控制中，控制器的输出与输入误差信号的积分成正比关系，其目的是使系统在进入稳态后无稳态误差；微分控制中，控制器的输出与输入误差信号的微分成正比关系，其作用是避免了被控量的严重超调。

2. LM629内部PID控制

LM629内部采用增量式PID控制算法，根据第k次采样时刻的输入偏差值e_k与$k-1$次采样时刻的输入偏差值 e_{k-1}，确定 Δe_k；根据实际系统的稳定性、响应时间与超调量的要求，将 k_p、k_i、k_d 写入 LM629 中。LM629 根据 Δe_k 与 k_p、k_i、k_d 确定 n 次采样时刻的控制量增量 Δu_k：

$$\Delta u_k = k_p \Delta e_k + k_i e_k + k_d \Delta^2 e_k \tag{6-7}$$

在 PID 控制过程中，引入积分 k_i 的作用是消除静态误差，提高控制精度。但却增加了系统的不稳定性与振荡性，尤其是在运动控制过程中，当六自由度机器人的外力矩存在着较小改变时，可以通过 LM629 内部的速度调整实现平滑的轨迹运动。

因此，在控制过程中采用积分分离的 PID 控制算法，即当偏差（被调量与给定值）大于某一预定门限值时，采用 PD 控制算法，这样可避免过大的超调，又使系统具有较快的响应；当偏差小于某一预定门限值时，采用 PID 控制算法，以实现位置精度的控制。在下位机软件中通过实时反馈位置数据与预定门限值的比较，从而决定控制系统的控制方案。

6.5　控制方式

根据不同的分类方法，机器人控制方式可以有不同的分类。从总体上，机器人的控制方式可以分为动作控制方式和示教控制方式。按照被控对象来分，可以分为位置控制、速度控制、加速度控制、力控制、力矩控制、力和位置混合控制等。

无论是位置控制或速度控制，从伺服反馈信号的形式来看，又可以分为基于关节空间的伺服控制和基于作业空间（手部坐标）的伺服控制。

机器人的控制方式主要有以下两种分类：

1. 按机器人手部在空间的运动方式分

（1）点位控制方式——PTP　点位控制又称为 PTP 控制，其特点是控制机器人手部在作业空间中某些规定的离散点上的位姿。

这种控制方式的主要技术指标是定位精度和运动所需的时间。常常被应用在上下料、搬运、点焊和在电路板上插接元器件等定位精度要求不高且只要求机器人在目标点处保持手部具有准确位姿的作业中。

（2）连续轨迹控制方式——CP　连续轨迹控制又称为 CP 控制，其特点是连续地控制机器人手部在作业空间中的位姿，要求其严格地按照预定的路径和速度在一定的精度范围内运动。

这种控制方式的主要技术指标是机器人手部位姿的轨迹跟踪精度及平稳性。

通常弧焊、喷涂、去飞边和检测作业的机器人都采用这种控制方式。有的机器人在设计控制系统时，上述两种控制方式都具有，如对进行装配作业的机器人的控制等。

2. 按机器人控制是否带反馈分

（1）非伺服型控制方式　非伺服型控制方式是指未采用反馈环节的开环控制方式。

在这种控制方式下，机器人作业时严格按照在进行作业之前预先编制的控制程序来控制机器人的动作顺序，在控制过程中没有反馈信号，不能对机器人的作业进展及作业的质量好坏进行监测，因此，这种控制方式只适用于作业相对固定、作业程序简单、运动精度要求不高的场合，它具有费用省，操作、安装、维护简单的优点。

（2）伺服型控制方式　伺服型控制方式是指采用了反馈环节的闭环控制方式。

这种控制方式的特点是在控制过程中采用内部传感器连续测量机器人的关节位移、速度和加速度等运动参数，并反馈到驱动单元构成闭环伺服控制。

如果是适应型或智能型机器人的伺服控制，则增加了机器人用外部传感器对外界环境的检测，使机器人对外界环境的变化具有适应能力，从而构成总体闭环反馈的伺服控制方式。

6.6 单关节线性模型和控制

6.6.1 开环控制系统和闭环控制系统

开环控制系统是最基本的，它是在手动控制基础上发展起来的控制系统。图 6-23 所示的电动机控制系统为开环控制系统的框图。

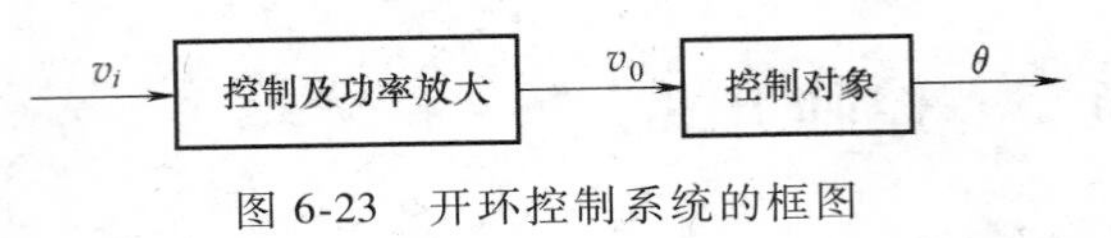

图 6-23 开环控制系统的框图

开环控制调速系统的输入量 v_i 由手动调节，也可以由上一级装置调节。系统的输出量是电动机的转角速度 θ。如图 6-23 所示，系统只有输入量的向前给定控制作用，输出量（或者被控量）没有反馈影响输入量，即输出量没有反馈到输入端参与控制作用。且输入量到输出量控制作用是单方向传递，所以称为开环控制系统。

将系统的输出量反馈到输入端参与控制，输出量通过检测装置与输入量联系在一起形成一个闭合回路的控制系统，称为闭环控制系统（也称为反馈控制系统）。如图 6-24 所示，转动角度 θ 通过位置检测装置和反馈电路得到检测信号，经放大转换后作为反馈信号 v_n 反馈到输入端，与给定信号 v_i 相比较，产生偏差信号 $\Delta v_i = v_i - v_n$，将 Δv_i 放大后作为控制信号经功率放大后对电动机实现控制。

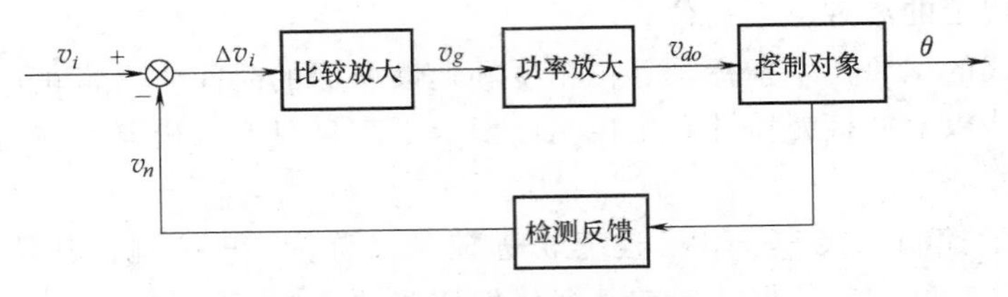

图 6-24 闭环控制系统的框图

6.6.2 模拟控制系统和数字控制系统

模拟控制是指控制系统中传递的信号是时间的连续信号。与模拟控制相对应的是数字控制，在这种系统中，除某些环节传递的仍是连续信号外，另一些环节传递的信号则是时间的断续信号，即离散脉冲序列或数字编码。这类系统又称为采样系统或计算机控制系统。

模拟控制是最早发展起来的控制系统，但当被控对象具有明显滞后特性时，这种控制不适用，因为它容易引起系统的不稳定，又难以选择时间常数很大的校正装置来解决系统的不稳定问题。采用数字控制，效果将会好得多。图 6-25 是采样控制原理图，采样开关周期性地接通和断开。S 接通时系统放大系数可以很大，进行调节和控制；S 断开时等待被控对象自身去运行，直到下一次接通采样开关时，才检测误差，并根据它来继续对被控对象进行控制。这样从控制过程的总体来看，系统的平均放大系数小，容易保证系统的稳定，但从开关接通的调节来看，系统的放大系数很大，可以保证稳态时的精度。

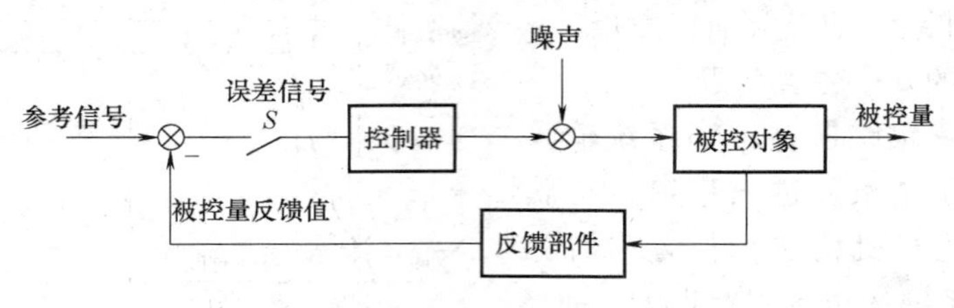

图 6-25　采样控制原理

采样开关将连续信号离散化后，便于用计算机控制，如图 6-26 所示，图中 A-D 为模数转换器，它具有采样开关可将模拟信号转换成离散信号；D-A 为数模转换器，将数字信号转换为模拟信号，计算机用来存储信息并进行信息处理，使系统达到预期性能。机器人的电动机控制系统均采用计算机控制方式。

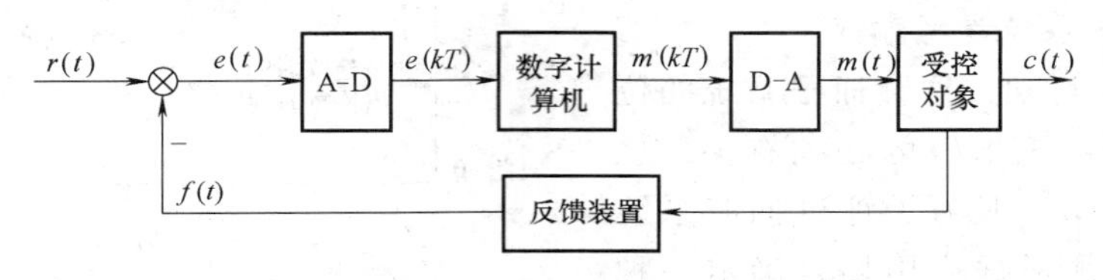

图 6-26　计算机控制原理

6.6.3　伺服系统的动态参数

在对机器人的伺服系统进行讨论之前，首先介绍伺服系统的几个动态参数和几个主要问题。

1. 伺服系统动态参数

（1）超调量　伺服系统输入单位信号，时间响应曲线上超出稳态转速的最大转速值（瞬态超调）对稳态转速（终值）的百分比称为转速上升时的超调量；伺服系统运行在稳态转速，输入信号阶跃至零，时间响应曲线上超出零转速的反向转速的最大转速值（瞬态超调）对稳态转速的百分比称为转速下降时的超调量。超调量应尽量减小。

（2）转矩变化的时间响应　如图 6-27 所示，伺服系统正常运行时，对电动机突然施加转矩负载或突然卸去转矩负载，电动机的转速随时间变化的曲线称为伺服系统对转矩变化的时间响应。

（3）阶跃输入的转速响应时间　伺服系统输入由零位到对应 ω_N 的阶跃信号，从阶跃信号开始至转速第一次达到 $0.9\omega_N$ 的时间称为阶跃输入的转速响应时间。

（4）建立时间　伺服系统输入由零位到对应 ω_N 的阶跃信号，从输入信号开始至转速达到稳态转速（终值），并不再超过稳态转速（终值）的±5%的范围，所经历的时间称为系统建立时间。

（5）频带宽度　伺服系统输入量为正弦波，随着正弦波信号频率逐渐升高，对应输出量相位滞后逐渐加大，同时幅值逐渐减小，相位滞后增大到 90°时或幅值减小至低频段幅值 $1/\sqrt{2}$ 时的频率称为伺服系统的频带宽度。

(6) 堵转电流　堵转电流也称为瞬时最大电流，它表示伺服电动机所允许承受的最大冲击负载和系统的最大加速力矩。

2. 伺服系统的几个主要问题

(1) 稳态位置跟踪误差　当系统输入信号瞬态响应过程结束，进入稳定运行状态时，伺服系统执行机构实际位置与目标值之间的误差为系统的位置跟踪误差。

在闭环全负反馈系统中，稳态误差为

$$e=\lim_{s\to\infty}\frac{1}{1+W_0(s)}U(s) \tag{6-8}$$

式中　$W_0(s)$——单位反馈系统的开环传递函数；

$U(s)$——系统参考输入。

由式 (6-8) 可知，位置伺服系统的位置跟踪误差既与系统本身的结构有关，也与系统输入有关，一般为了评价伺服系统的跟踪性能，必须根据应用场合确定一种标准的输入形式。在很多情况下，位置调节器多采用比例型，并采用斜坡函数输入信号确定系统的稳定跟踪误差，对单位斜坡函数输入，有

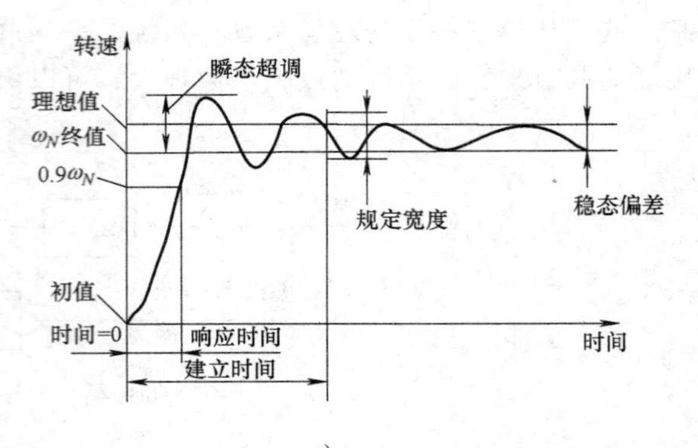

a)

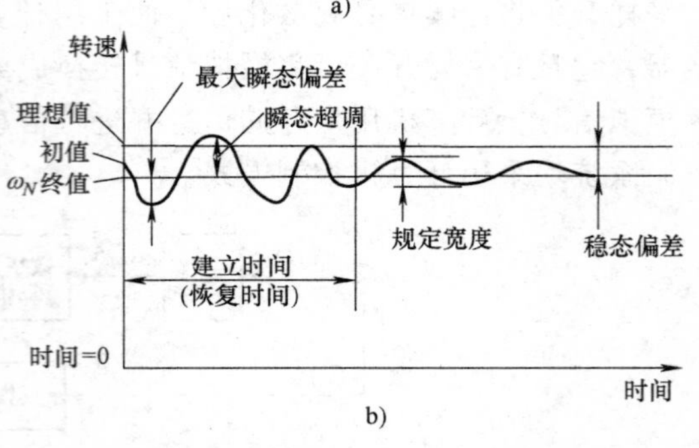

b)

图 6-27　电动机伺服系统的时间响应曲线

a) 转速初值为零　b) 转速初值不为零

$$e=\frac{1}{k_p} \tag{6-9}$$

式中　k_p——位置反馈增益。

(2) 定位精度问题　系统最终定位点与指令规定值之间的静态误差为系统的定位精度。这是评价位置伺服系统位置控制精度的重要性能指标。对于位置伺服系统，至少应能对指令输入的最小设定单位，即 1 个脉冲做出响应。为此必须选用分辨率足够高的位置检测器件。

定位精度是由应用要求来确定的，其表达式为

$$\Delta e\geqslant\frac{N_{\max}}{k_pD} \tag{6-10}$$

式中　Δe——位置伺服系统的定位精度；

$N_{\max}$——最高速度；

D——调速范围。

若最高速度为 9.6m/min，位置增益为 30V/rad，要求定位精度为 0.01mm，则调速范围应当达到 1∶400 以上，实际上为使系统定位精度在 0.01mm 以内，常选择 D 为 1∶1000 以上，若要求系统的位置定位精度达到 1μm 以内，应使 D 大于 1∶10000。

(3) 电动机的利用系数　现代伺服系统均采用电力电子器件以调制斩波形式对伺服电动机进行驱动，这时电枢电流中的交流分量使它的有效值大于平均值。为保证电动机运行温升不超过规定值，需要减小电动机的输出力矩。电动机减小输出力矩的程度用电动机的利用

系数（或称为额定率）来表示：

$$k_g=\frac{I_{av}}{I_{ef}} \tag{6-11}$$

式中　k_g——伺服电动机的利用系数；

I_{av}——电枢的电流平均值；

I_{ef}——电枢电流有效值。

6.6.4　机器人单关节伺服控制

1. 单关节的位置和速度控制

机器人单关节的位置控制是利用由电动机组成的伺服系统使关节的实际角位移跟踪预期的角位移，把伺服误差作为电动机输入信号，产生适当的电压，即

$$U_a(t)=\frac{k_p e(t)}{n}=\frac{k_p[\theta_L^d(t)-\theta_L(t)]}{n} \tag{6-12}$$

式中　k_p——位置反馈增益（V/rad）；

$e(t)=\theta_L^d(t)-\theta_L(t)$——系统误差；

n——传动比。

实际上“单位负反馈”把单关节机器人系统从开环系统转变为闭环系统，如图 6-28 所示。关节角度的实际值可用光电编码器或电位器测出。

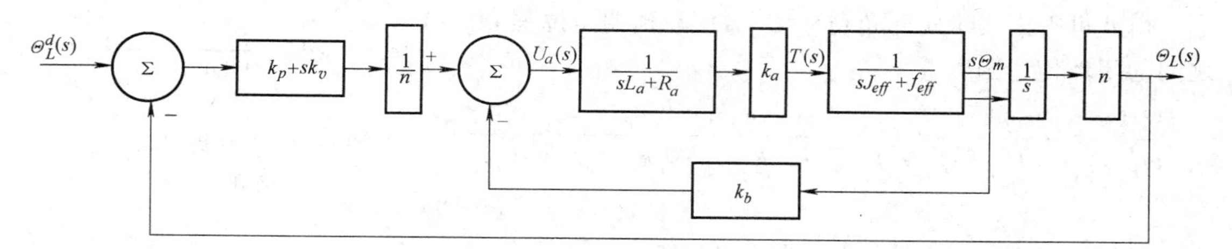

图 6-28　单关节反馈控制

对式（6-12）进行拉普拉斯变换，得

$$U_a(s)=\frac{k_p[\Theta_L^d(s)-\Theta_L(s)]}{n}=\frac{k_p E(s)}{n} \tag{6-13}$$

将式（6-13）代入$\frac{\Theta_L(s)}{U_a(s)}=\frac{nk_a}{s(sR_aJ_{eff}+R_af_{eff}+k_ak_b)}$中，得出由误差驱动信号［$E(s)$］与实际位移［$\Theta_L(s)$］之间的开环传递函数：

$$G(s)=\frac{\Theta_L(s)}{E(s)}=\frac{k_ak_p}{s(sR_aJ_{eff}+R_aJ_{eff}+k_ak_b)} \tag{6-14}$$

由此可以得出系统的闭环传递函数，它表示实际角位移 $\Theta_L(s)$ 与预期角位移 $\Theta_L^d(s)$ 之间的关系：

$$\frac{\Theta_L(s)}{\Theta_L^d(s)}=\frac{G(s)}{1+G(s)}=\frac{k_ak_p}{s^2R_aJ_{eff}+s(R_af_{eff}+k_ak_b)+k_ak_p}$$

$$=\frac{k_a k_p/R_a J_{eff}}{s^2+s(R_a f_{eff}+k_a k_b)/R_a J_{eff}+k_a k_p/R_a J_{eff}} \tag{6-15}$$

上式表明了单关节机器人的比例控制器是一个二阶系统。当系统参数均为正时，系统总是稳定的。为了改善系统的动态性能，减少静态误差，可以加大位置反馈增益 k_p 和增加阻尼，再引入位置误差的导数（角速度）作为反馈信号。关节角速度常用测速电动机测出，也可用两次采样周期内的位移数据来近似表示。加上位置反馈和速度反馈之后，关节电动机上所加的电压与位置误差和速度误差成正比，即

$$U_a(t)=\frac{k_p e(t)+k_v\dot{e}(t)}{n}=\frac{k_p[\Theta_L^d(t)-\Theta_L(t)]+k_v[\dot{\Theta}_L^d(t)-\dot{\Theta}_L(t)]}{n} \tag{6-16}$$

式中　k_v——速度反馈增益；

　　n——传动比。

这种闭环控制系统的框图如图 6-29 所示。

对式（6-16）进行拉普拉斯变换，再把 $U_a(s)$ 代入式（6-16）中，可得误差驱动信号 $E(s)$ 与实际位移之间的传递函数：

$$G_{PD}(s)=\frac{\Theta_L(s)}{E(s)}=\frac{k_a(k_p+sk_v)}{s(sR_aJ_{eff}+R_a f_{eff}+k_a k_b)}=\frac{k_a k_p s+k_a k_p}{s(sR_aJ_{eff}+R_a f_{eff}+k_a k_b)} \tag{6-17}$$

由此可得出表示实际角位移 $\Theta_L(s)$ 与预期角位移 $\Theta_L^d(s)$ 之间的闭环传递函数：

$$\frac{\Theta_L(s)}{\Theta_L^d(s)}=\frac{G_{PD}(s)}{1+G_{PD}(s)}=\frac{k_a k_v s+k_a k_p}{s^2R_aJ_{eff}+s(R_a f_{eff}+k_a k_b+k_a k_v)+k_a k_p} \tag{6-18}$$

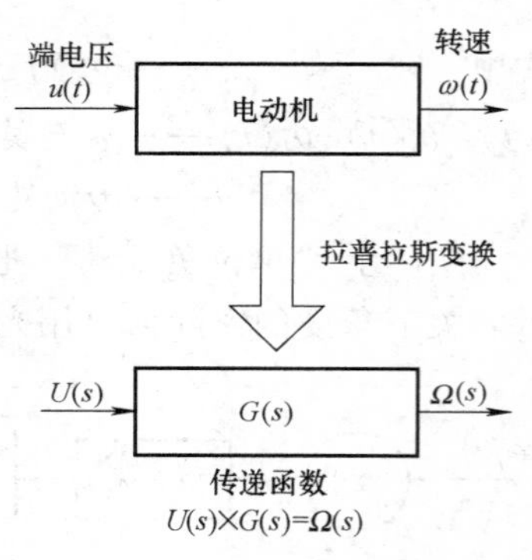

图 6-29　电动机的拉普拉斯变换和传递函数

显然，当 $k_v=0$ 时，上式变为式（6-15）。

式（6-17）所代表的是一个二阶系统，它具有一个有限零点 $s=-k_p k_v$，位于 s 平面的左半平面。系统可能有大的超调量和较长的稳定时间，随零点的位置而定。图 6-30 所示为操作臂的控制系统受到扰动 $D(s)$ 的影响。这些扰动是由重力负载和连杆的离心引力引起的。

由于这些扰动，电动机轴输出力矩的一部分被用于克服各种扰动力矩。由下式

$$\begin{cases} I_a(s)=\dfrac{U_a(s)-U_b(s)}{R_a+sL_a} \\ T(s)=s^2J_{eff}\Theta_m(s)+sf_{eff}\Theta_m(s) \\ T(s)=k_a I_a(s) \\ V_b(s)=sk_b\Theta_m(s) \end{cases}$$

得出

$$T(s)=(s^2J_{eff}+sf_{eff})\Theta_m(s)+D(s) \tag{6-19}$$

式中　$D(s)$——扰动的拉普拉斯变换。

扰动输入与实际关节角位移的传递函数为

$$\frac{\Theta_L(s)}{D(s)}\bigg|_{\theta_L^d=0}=\frac{-nR_a}{s^2R_aJ_{eff}+s(R_af_{eff}+k_ak_b+k_ak_v)+k_ak_p} \tag{6-20}$$

根据式（6-17）和式（6-19），运用叠加原理，从这两种输入可以得到关节的实际位移：

$$\Theta_L(s)=\frac{k_a(k_p+sk_v)\Theta_L^d(s)-nR_aD(s)}{s^2R_aJ_{eff}+s(R_af_{eff}+k_ak_b+k_ak_v)+k_ak_p} \tag{6-21}$$

需要注意的是上述闭环系统的特性，尤其是在阶跃输入和斜坡输入产生的系统稳态误差和位置与速度反馈增益的极限。

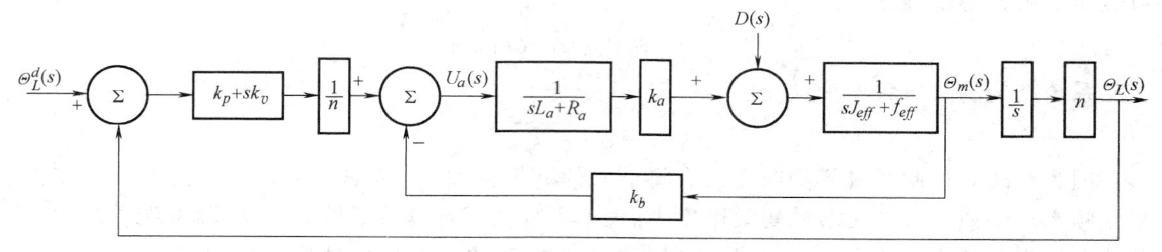

图 6-30　带干扰的反馈控制框图

2. 位置和速度反馈增益的确定

二阶闭环控制系统的性能指标有：上升时间、稳态误差、调整时间。这些都和位置反馈及速度反馈增益（k_v 和 k_p）有关。暂时假定系统所受的扰动为零，由式（6-17）和式（6-19）可知，该系统基本上是一个有限零点的二阶系统。这一有限零点的作用常常是使二阶系统提前到达峰值，并产生较大的超调量（与无有限零点的二阶系统相比）。因此，需要确定 k_v 和 k_p 的值，以便得到一个临界阻尼或过阻尼系统。

对于一个二阶系统的特征方程具有以下标准形式：

$$s^2+2\xi\omega_ns+\omega_n^2=0 \tag{6-22}$$

式中　ξ——系统的阻尼比；

ω_n——系统的无阻尼自然频率。

由闭环系统的特征方程式（6-19）可得出 ω_n 和 ξ 分别为

$$\omega_n^2=\frac{k_ak_p}{J_{eff}R_a} \tag{6-23}$$

$$2\xi\omega_n=\frac{R_af_{eff}+k_ak_b+k_ak_v}{J_{eff}R_a} \tag{6-24}$$

由此可知，二阶系统的特性取决于它的无阻尼自然频率 ω_n 和阻尼比 ξ。为了安全起见，希望系统具有临界阻尼或过阻尼，即要求系统的阻尼比 $\xi\geqslant1$（注意：系统的位置反馈增益 $k_p>0$ 表示负反馈）。将由式（6-23）所求得的 ω_n 代入式（6-24）可得

$$\xi=\frac{R_af_{eff}+k_ak_b+k_ak_v}{2\sqrt{k_ak_pJ_{eff}R_a}}\geqslant1 \tag{6-25}$$

因而速度反馈增益 k_v 为

$$k_v\geqslant\frac{2\sqrt{k_ak_pJ_{eff}R_a}-R_af_{eff}-k_ak_b}{k_a} \tag{6-26}$$

当式（6-25）取等号时，系统为临界阻尼系统；取不等号时，为过阻尼系统。

在确定位置反馈增益 k_p 时，必须考虑操作臂的结构刚性和共振频率，它与操作臂的结构、尺寸、质量分布和制造装配质量有关。在前面建立单关节控制系统模型时，忽略了齿轮轴、轴承和连杆等零件的变形，认为这些零件和传动系统都具有无限大的刚度。实际上并非如此。各关节的传动系统和有关零件以及配合衔接部分的刚度都是有限的。但是，如果在建立控制系统模型时，将这些变形和刚性的影响都考虑进去，则得到的模型是很高阶的，使得问题复杂化。因此，所建立的二阶简化模型式（6-22）只适用于机械传动系统刚度很高、共振频率很高的场合。令关节的等效刚度为 k_{eff}，则恢复力矩为 $k_{eff}\theta_m(t)$，它与电动机的惯性力矩相平衡，得微分方程

$$J_{eff}\ddot{\theta}_m(t)+k_{eff}\theta_m(t)=0 \tag{6-27}$$

系统结构的共振频率为

$$\omega_r=\sqrt{k_{eff}/J_{eff}} \tag{6-28}$$

因为在建立控制系统模型时，没有将结构的共振频率 ω_r 考虑进去，所以把它称为非模型化频率。一般来说，关节的等效刚度 k_{eff}大致不变，但是等效惯性力矩 J_{eff}随末端手爪中的负载和操作臂的姿态而变化。如果在已知的惯性矩 J_0 之下测出的结构共振频率为 ω_0，则在其他惯性矩 J_{eff}时的结构共振频率为

$$\omega_r=\omega_0\sqrt{J_0/J_{eff}} \tag{6-29}$$

为了不至于激起结构与系统频率耦合共振，Paul 于 1981 年建议：闭环系统无阻尼自然频率 ω_n 必须限制在关节结构共振频率的一半之内，即

$$\omega_n\leqslant 0.5\omega_r \tag{6-30}$$

根据这一要求来调整反馈增益 k_p，由于 $k_p>0$，从式（6-23）和式（6-30）可以求出

$$0<k_p<\frac{\omega_r^2 J_{eff}R_a}{4k_a} \tag{6-31}$$

由式（6-29），上式可写为

$$0<k_p<\frac{\omega_0^2 J_0 R_a}{4k_a} \tag{6-32}$$

k_p 求出后，相应的速度反馈增益 k_v 可从式（6-26）求得

$$k_v\geqslant\frac{R_a\omega_0\sqrt{J_0J_{eff}}-R_a f_{eff}-k_a k_b}{k_a} \tag{6-33}$$

3. 稳态误差及其补偿

系统误差定义为

$$e(t)=\theta_L^d(t)-\theta_L(t) \tag{6-34}$$

其拉普拉斯变换为

$$E(s)=\Theta_L^d(s)-\Theta_L(s) \tag{6-35}$$

从式（6-20），可以得到

$$E(s)=\frac{[s^2J_{eff}R_a+s(R_a f_{eff}+k_a k_b)]\Theta_L^d(s)+nR_aD(s)}{s^2R_aJ_{eff}+s(R_a f_{eff}+k_a k_b)+k_a k_v} \tag{6-36}$$

对于一个幅值为 A 的阶跃输入，即 $\theta_L^d(t)=A$，若扰动输入未知，则由这个阶跃输入产生

的系统稳态误差可从“终值定理”导出。在 $k_a k_p \neq 0$ 的条件下，可得稳态误差 e_{ssp}：

$$e_{ssp} = \lim_{t\to\infty} e(t) = \lim_{s\to 0} sE(s) =$$

$$\lim_{s\to 0} s \cdot \frac{[s^2 J_{eff} R_a + s(R_a f_{eff} + k_a k_b)]A/s + nR_a D(s)}{s^2 R_a J_{eff} + s(R_a f_{eff} + k_a k_b + k_a k_v) + k_a k_p} = \tag{6-37}$$

$$\lim_{s\to 0} s \frac{nR_a D(s)}{s^2 R_a J_{eff} + s(R_a f_{eff} + k_a k_b + k_a k_v) + k_a k_p}$$

因此 e_{ssp} 是扰动的函数。有些干扰如重力负载和关节速度产生的离心力可以确定，有些干扰如齿轮的啮合摩擦、轴承摩擦和系统噪声则无法直接确定。把这些干扰力矩分别表示为

$$\tau_D(t) = \tau_G(t) + \tau_C(t) + \tau_e \tag{6-38}$$

式中 $\tau_G(t)$——连杆重力产生的力矩；

$\tau_C(t)$——连杆离心力产生的力矩；

τ_e——除重力和离心力之外的扰动力矩。

式（6-38）的拉普拉斯变换为

$$D(s) = T_G(s) + T_C(s) + T_e/s \tag{6-39}$$

式中，T_e 为恒值干扰。

6.6.5 PID 控制

按照偏差的比例（P，proportion）、积分（I，integral）、微分（D，derivative）进行控制的 PID 控制到目前仍是机器人控制的一种基本的控制算法。它具有原理简单、易于实现、鲁棒性强和适用面广等优点。

1. 理想微分 PID 控制

理想 PID 控制的基本形式如图 6-31 所示，表达式为

$$u = k_p\left(e + \frac{1}{T_i}\int e\mathrm{d}t + T_d\frac{\mathrm{d}e}{\mathrm{d}t}\right) \tag{6-40}$$

PID 控制的拉普拉斯变换为

$$\frac{U(s)}{E(s)} = k_p\left(1 + \frac{1}{T_i s} + T_d s\right) \tag{6-41}$$

其中，k_p 为比例增益；T_i 为积分时间；T_d 为微分时间；u 为操作量；e 为控制输入量 y 和给定值之间的偏差。

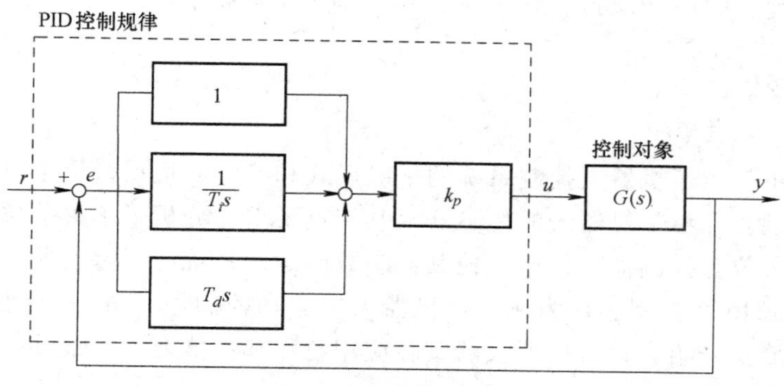

图 6-31 PID 控制的基本形式

由于机器人的控制系统采用的是计算机控制，因此以下着重讨论数字实现的算法。为了便于计算机实现，需要将积分式和微分式分离化，即

$$\int e\mathrm{d}t = \sum_{i=1}^{n} Te(i) \tag{6-42}$$

$$\frac{\mathrm{d}e}{\mathrm{d}t}=\frac{e(n)-e(n-1)}{T} \tag{6-43}$$

其中，T 为采样时间；n 采样序列；$e(n)$ 为第 n 次采样的偏差信号。

将式（6-42）和式（6-43）代入式（6-40）可得

$$u(n) = k_p\left\{e(n) + \frac{T}{T_i}\sum_{i=1}^{n} e(i) + \frac{T_d}{T}[e(n) - e(n-1)]\right\} \tag{6-44}$$

由于理想微分控制的实际控制效果并不理想，其微分作用只持续一个采样周期，而机器人的执行机构的调节速度受到限制，使得微分作用并不能充分发挥，因此常常采用实际微分PID 控制算法。

2. 实际微分 PID 控制

由于上述原因，以一惯性环节代替式（6-41）中的微分环节，即

$$\frac{U(s)}{E(s)}=k_p\left(1+\frac{1}{T_i s}+\frac{T_d s}{1+\frac{T_d}{k_d}s}\right) \tag{6-45}$$

分别将比例、积分和微分环节用差分方程离散化，得到实际编程用的增量形式：

$$\Delta u_p(n)=k_p[e(n)-e(n-1)] \tag{6-46}$$

$$\Delta u_i(n)=\frac{k_p T}{T_i}e(n) \tag{6-47}$$

$$u_d(n)=\frac{T_d}{k_d T-T_d}\{u_d(n-1)+k_p k_d[e(n)-e(n-1)]\} \tag{6-48}$$

$$\Delta u_d(n)=u_d(n)-u_d(n-1) \tag{6-49}$$

$$\Delta u(n)=\Delta u_p(n)+\Delta u_i(n)+\Delta u_d(n) \tag{6-50}$$

$$u(n)=u(n-1)+\Delta u(n) \tag{6-51}$$

实际微分 PID 控制的优点在于微分作用能持续多个周期，使一般工业机器人系统能够较好地跟踪微分作用的输出，并且其所含的一阶惯性环节具有数字滤波作用，使得控制系统的抗干扰能力较强，因而其控制品质较理想微分 PID 控制好。

6.7 本章小结

本章首先简单介绍了机器人控制系统的一般形式和特点，重点讨论了机器人控制中最基本的位置控制问题。介绍了机器人的传感器及其特点要求。分析了单关节位置控制的传递函数，建立了单关节位置控制器，讨论了控制器参数确定及系统的误差问题。在机器人运动控制系统一节，以 LM629 控制芯片为例，对机器人的运动控制做了进一步阐述。对机器人控制系统形式做了简要介绍，针对机器人的实际应用特点和性能要求，设计了机器人总体控制方案，并进行了实例分析。

习　题

6-1　机器人控制系统的组成分为哪四大部分？各有什么作用？
6-2　什么是机器人的二级控制系统？简述其工作原理。
6-3　机器人设计常用到的传感器类型主要包括哪些？
6-4　按照测距原理，机器人测距传感器分几种类型？各有什么特点？
6-5　简述机器人开放式控制系统的特点？
6-6　机器人的点位控制与连续轨迹控制各有什么特点？举例说明其应用场合。
6-7　机器人伺服系统的动态参数有哪些？

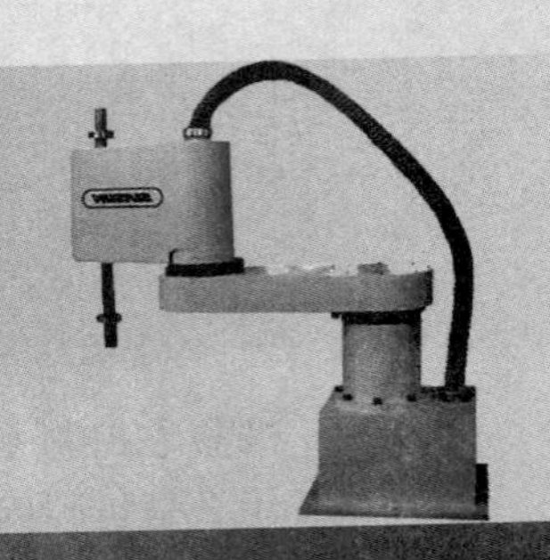

第 7 章

机器人轨迹规划

7.1 机器人轨迹规划的分析

轨迹规划方法一般是在机器人末端初始位置和目标位置之间用多项式函数来“内插”或“逼近”给定的路径，并沿时间轴产生一系列“控制设定点”，供机器人控制之用。路径端点既可以用关节坐标给定，也可以用笛卡儿坐标给定，通常是在笛卡儿坐标中给出的。因为，在笛卡儿坐标中比在关节坐标中更容易正确地观察末端执行器的形态。此外，关节坐标并不适于作为工作坐标系，因为，大多数机器人的关节坐标并不正交，它们也不能把位置和姿态分开。如果需要某些位置的关节坐标，则可调用运动学逆问题求解程序，进行必要的转换。

在给定的两端点之间，常有多条可能的轨迹。例如，可以要求机器人沿连接端点的直线运动（直线轨迹）；也可以要求它沿一条光滑的多项式轨迹运动，在两端点处满足位置和姿态约束（关节变量插值轨迹）。本章中，将讨论插值的方法，讨论满足路径约束的轨迹规划方法。

轨迹规划问题的通常处理方法是将轨迹规划器看成“黑箱”，如图 7-1 所示。

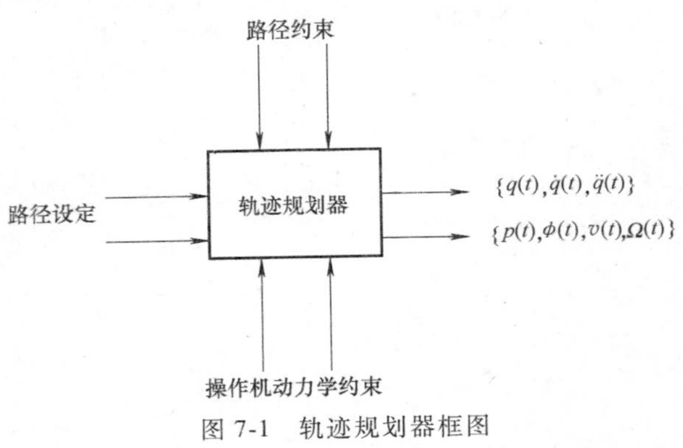

图 7-1 轨迹规划器框图

轨迹规划器接收表示路径约束的输入变量，输出起点和终点之间按时间排列的机器人末端执行器中间形态（位置和姿态、速度、加速度）序列，它们可用关节坐标或笛卡儿坐标表示。规划机器人末端执行器轨迹，有两种常用的方法。第一种方法要求使用者在沿轨迹选定的位置（称为结点或插值点）上显式地给定广义坐标位置、速度和加速度的一组约束（如连续性的光滑程度等）。然后，轨迹规划器从插值和满足插值点约束的函数（通常是在时间间隔 $[t_0, t_f]$ 内的 n 次或小于 n 次的多项式函数）中选定参数化轨迹。第二种方法要求使用者以解析函数显式地给定机器人必经的路径，如笛卡儿坐标中的直线路径。然后，轨迹规划器在关节坐标或笛卡儿坐标中确定一条与给定路径近似的轨迹。在第一种方法中，约束的给定和机器人轨迹规划是在关节坐标系中进行的。由于对机器人手部没有约束，使用者难以跟踪机器人手部运行的路径。因此，机器人手部可能在没有事先警告的情况下与障碍物相碰。在第二种方法中，路径约束是在笛卡儿坐标中给定的，而关节驱动器是在关节坐标中受控制的。因此，为了求得一条逼近给定路径的轨迹，必须用函数近似把笛卡儿坐标中的路径约束变换为关节坐标中的路径约束，再确定满足关节坐标路径约束的参数化轨迹。

上述两种规划机器人轨迹的方法应能产生简单的轨迹。要沿机器人预定轨迹高效、光滑、准确地生成一系列控制设定点，计算要快速（接近实时）。可是，产生关节变量空间位移、速度、加速度矢量 $\{\boldsymbol{q}(t), \dot{\boldsymbol{q}}(t), \ddot{\boldsymbol{q}}(t)\}$ 序列，并未考虑机器人的动力学特性，因此，在机器人伺服控制中可能形成较大的跟踪误差。

轨迹规划既可以在关节变量空间中进行，也可以在笛卡儿空间中进行。对于关节变量空间的轨迹规划来说，要规划关节变量的时间函数及其前二阶时间导数，以便描述机器人的预期运动。在笛卡儿空间规划中，要规划机器人手部位置、速度和加速度的时间函数，而相应的关节位置、速度和加速度可根据手部信息导出。在关节变量空间的规划有三个优点：①直接用运动时间的受控变量规划轨迹；②轨迹规划可实时地进行；③关节轨迹易于规划。在关节变量空间进行规划的缺点是难以确定运动中各杆件和手的位置，但是，为了避开轨迹上的障碍，常常又要知道末端执行器当前的实际位置。

生成关节轨迹设定点的基本算法的程序流程如图 7-2 所示。

其中，Δt 是机器人控制的采样周期。

从上述算法可以看出，要计算的是在每个控制间隔中必须更新的轨迹函数（或轨迹规划器）$h(t)$。因此，对规划的轨迹要提出四个要求：①应便于用迭代方式计算轨迹设定点；②必须求出并明确给定中间位置；③应保证关节变量及其前二阶时间导数的连续性，使得规划的关节轨迹是光滑的；④应减少额外的运动。

对于笛卡儿路径控制，上述算法可修改为如图 7-3 所示的流程。

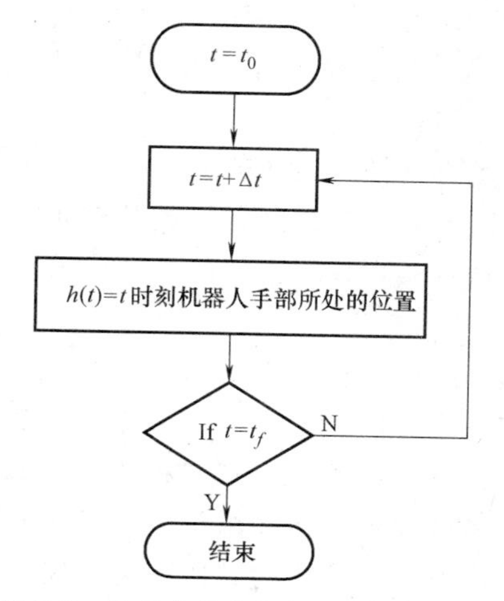

图 7-2 关节变量空间轨迹设定点算法

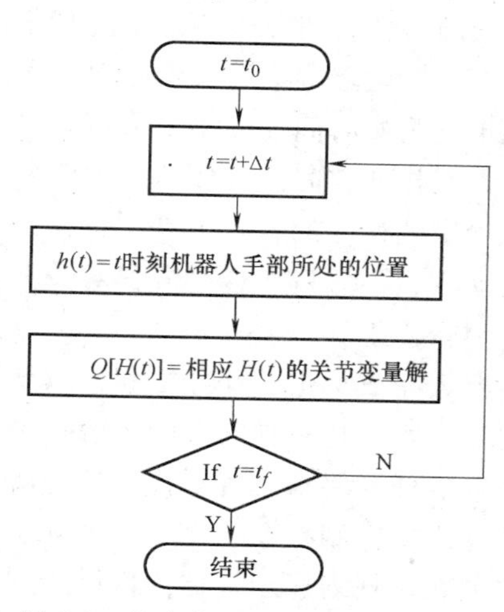

图 7-3 笛卡儿空间轨迹设定点算法

对于笛卡儿路径控制，除了要计算每一控制间隔中机器人手部轨迹函数 $H(t)$ 外，还需把笛卡儿位置变换为相应的关节变量 $Q[H(t)]$。矩阵函数 $\boldsymbol{H}(t)$ 表示机器人手部在 t 时刻的预定位置，可用 4×4 的齐次变换矩阵表示。

一般来说，实现笛卡儿路径规划可采用下述两个步骤：①沿笛卡儿路径，按照某种规则以笛卡儿坐标生成或选择一组结点或插值点；②规定一种函数，按某些准则连接这些结点（或逼近分段的路径）。所选用的准则常常取决于采用的控制算法，以保证跟踪给定的路径。有两种主要的控制方法：①面向笛卡儿空间的方法。在此方法中，大部分计算和优化是在笛卡儿坐标系中完成的，对机器人进行控制。按固定的取样间隔在预定路径上选择伺服取样点，在控制机器人时实时地把它们转换为与之相对应的关节变量，所得到的轨迹是分段直线。②面向关节空间的方法。这种方法用关节变量空间中的低次多项式函数逼近直线路径上的两相邻结点间的一段路径，而控制是在关节这一级上进行的。所得到的笛卡儿路径是不分段的直线。可用限定关节路径偏差法和三次多项式法来逼近直线路径。

面向笛卡儿空间方法的优点是概念直观，而且沿预定直线路径可达到相当的准确性。可是由于目前还没有用笛卡儿坐标测量机器人手部位置的传感器，所有可用的控制算法都是建立在关节坐标基础上的。因此，笛卡儿空间路径规划就需要在笛卡儿坐标与关节坐标之间进行实时变换，计算任务量大，控制实时性较差。此外，由笛卡儿坐标向关节坐标的变换是病态的，因为它不是一对一的映射。如果在轨迹规划阶段考虑机器人的动力学特性，就要以笛卡儿坐标给定路径约束，同时以关节坐标给定物理约束（如每个关节电动机的力和力矩、速度和加速度极限）。这就会使最后的优化问题具有在两个不同坐标系中的混合约束。

由于面向笛卡儿空间的方法有上述种种缺点，使得面向关节空间的方法被广泛采用，它把笛卡儿结点变换为相应的关节坐标，并用低次多项式内插这些关节结点。这种方法的优点是计算较快，而且易于处理机器人的动力学约束。但是，当取样点落在拟合的光滑多项式曲线上时，面向关节空间的方法沿笛卡儿路径的准确性会有损失。

7.1.1 机器人轨迹的概念

机器人轨迹泛指机器人在运动过程中的运动轨迹，即运动点的位移、速度和加速度。

机器人运动轨迹的描述一般是对其手部位姿的描述，此位置值可与关节变量相互转换。控制轨迹也就是按时间控制手部或工具中心走过的空间路径。

机器人在作业空间要完成给定的任务，其手部运动必须按一定的轨迹进行。轨迹的生成一般是先给定轨迹上的若干个点，将其经运动学反解映射到关节空间，对关节空间中的相应点建立运动方程，然后按这些方程对关节进行插值，从而实现作业空间的运动要求，这一过程通常称为轨迹规划。

在机器人完成给定的任务之前，应该规定它的操作顺序、行动步骤和作业进程，即任务规划。规划实际上是一种问题的求解技术，涉及的范围十分广泛。如图 7-4 所示，任务规划器根据输入的任务要求，规划执行任务所需的运动，根据环境的内部模型和外部传感器在线采集的数据产生控制指令。而轨迹规划是根据作业任务的要求，计算出预期的运动轨迹。

机器人轨迹规划属于机器人低层规划，基本上不涉及人工智能的问题，本章仅讨论在关节空间或笛卡儿空间中机器人运动轨迹规划和轨迹生成方法。

7.1.2 轨迹规划的基本问题

机器人的作业可以描述成工具坐标系 $\{T\}$ 相对于工件坐标系 $\{S\}$ 的一系列运动。例

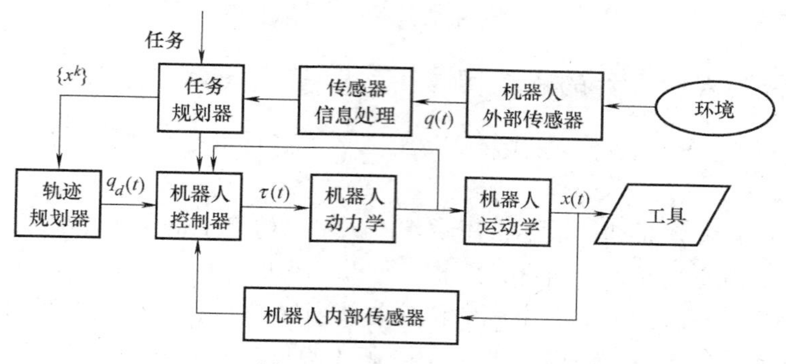

图 7-4 机器人任务规划

如，图 7-5 所示将销插入工件孔中的作业可以借助工具坐标系的一系列位姿 P_i（$i=1, 2, \cdots, n$）来描述。这种描述方法不仅符合机器人用户的思路，而且有利于描述和生成机器人的运动轨迹。

用工具坐标系相对于工件坐标系的运动来描述作业路径是一种通用的作业描述方法。它把作业路径描述与具体的机器人、手爪或工具分离开来，形成了模型化的作业描述方法，从而使这种描述既适用于不同的机器人，也适用于在同一机器人上装夹不同规格的工具。有了这种描述方法就可以把图 7-6 所示的机器人从初始状态运动到终止状态的作业看作是工具坐标系 $\{T_0\}$ 变化到终止位置 $\{T_f\}$ 的坐标变换。显然，这种变换与具体机器人无关。一般情况下，这种变换包含了工具坐标系位置和姿态的变化。

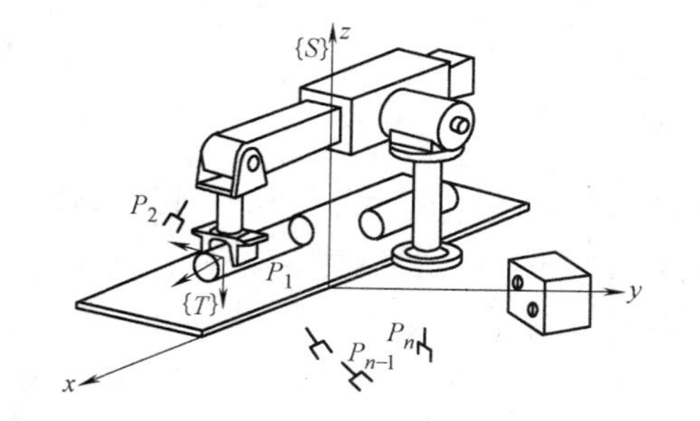

图 7-5 机器人将销插入工件孔中的作业描述

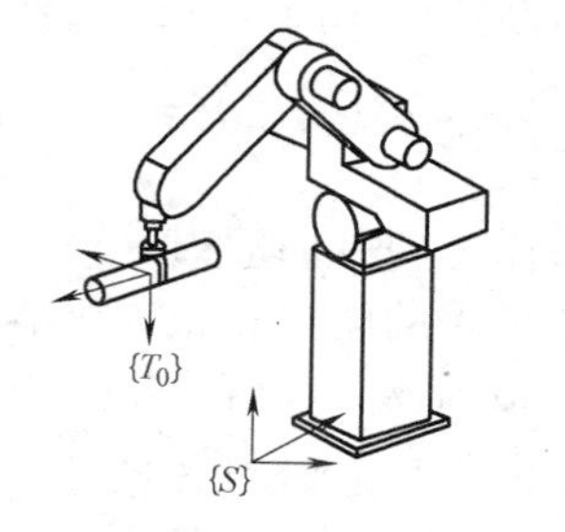

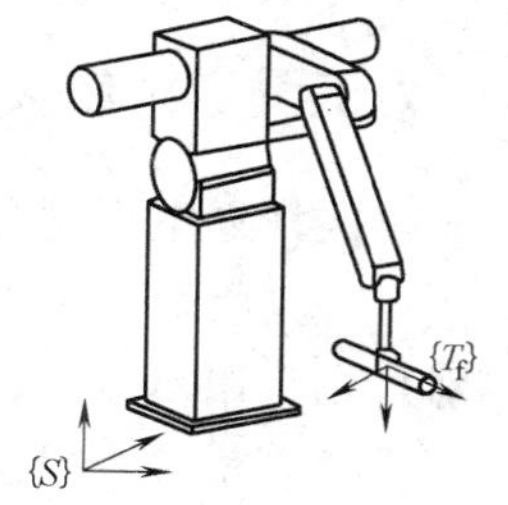

图 7-6 机器人的初始状态和终止状态

在轨迹规划中，为叙述方便，也常用点来表示机器人的状态，或用它来表示工具坐标系的位姿，如起始点、终止点就分别表示工具坐标系的起始位姿及终止位姿。

更详细地描述运动时不仅要规定机器人的起始点和终止点，而且要给出介于起始点和终止点之间的中间点，也称为路径点。这时，运动轨迹除了位姿约束外，还存在着各路径点之间的时间分配问题。例如，在规定路径的同时，必须给出两个路径点之间的运动时间。

机器人的运动应当平稳，不平稳的运动将加剧机械部件的磨损，并导致机器人的振动和冲击。为此，要求所选择的运动轨迹描述函数必须连续，而且它的一阶导数（速度），有时甚至二阶导数（加速度）也应该连续。

轨迹规划既可以在关节空间中进行，也可以在直角坐标空间中进行。在关节空间中进行轨迹规划是指将所有关节变量表示为时间的函数，用这些关节函数及其一阶、二阶导数描述机器人预期的运动；在直角坐标空间中进行轨迹规划是指将手爪位姿、速度和加速度表示为时间的函数，而相应的关节位置、速度和加速度由手爪位姿信息导出。

7.1.3 轨迹规划设计的主要问题

为了描述一个完整的作业，往往需要将上述运动进行组合。通常这种规划涉及以下几个方面的问题：

1）对工作对象及作业进行描述，用示教方法给出轨迹上的若干个结点。

2）用一条轨迹通过或逼近结点，此轨迹可按一定的原则优化，如加速度平滑得到直角空间的位移时间函数 $x(t)$ 或关节空间的位移时间函数 $q(t)$；在结点之间如何进行插补，即根据轨迹表达式在每一个采样周期实时计算轨迹上点的位姿和各关节变量值。

3）以上生成的轨迹是机器人位置控制的给定值，可以据此并根据机器人的动态参数设计一定的控制规律。

4）规划机器人的运动轨迹时，尚需明确其路径上是否存在障碍约束的组合。一般将机器人的规划与控制方式分为四种情况，见表 7-1。

表 7-1 机器人的规划与控制方式

		障碍约束	
		有	无
路径约束	有	离线无碰撞路径规划+在线路径跟踪	离线路径规划+在线路径跟踪
	无	位置控制+在线障碍探测和避障	位置控制

本章主要讨论连续路径的无障碍轨迹规划方法。

7.1.4 机器人的轨迹规划内容

轨迹规划至少包括以下两方面的内容：一是对机器人的任务、运动路径和轨迹进行数学描述；二是将数学描述出来的轨迹转化为机器人控制器能够接收的控制序列。对于机器人，特别是在采用示教—再现工作方式时，第一方面的内容更多情况下是由人工来完成的，通过主从示教、示教盒示教或虚拟示教对轨迹进行示教或描述，而由轨迹规划器自动完成将轨迹转化为控制器可以接收的控制序列。对于机器人轨迹规划器，通常要求能够实现以下基本插补运算：在关节空间实现点到点的插补，在笛卡儿空间实现直线、圆弧的插补。有了这些基本的插补算法就可以拟合出所需要的复杂空间轨迹，配合运动学正、反解算法就可以生成控制器所需要的控制序列。

7.2 关节运动轨迹的插值

为了控制机器人，在规划运动轨迹之前，需要给定机器人在初始点和终止点的手臂形态。在规划机器人关节插值运动轨迹时，需要注意下述几点：

1）抓住一个物体时，手的运动方向应该指向离开物体支承表面的方向，否则，手可能与支承面相碰。

2）若沿支持面的法线方向从初始点向外给定一个离开位置（提升点），并要求手（即手部坐标系的原点）经过此位置，这种离开运动是允许的。如果还给定由初始点运动到离开位置的时间，就可以控制提起物体运动的速度。

3）对于手臂运动提升点的要求同样也适用于终止位置运动的下放点（即必须先运动到支承表面外法线方向上的某点，再慢慢下移至终止点）。这样，可获得和控制正确的接近方向。

4）综合起来，对手臂的每一次运动，都是四个点：初始点、提升点、下放点和终止点（见图 7-7）。

5）位置约束。

① 初始点：给定速度和加速度（一般为零）。

② 提升点：中间点运动的连续。

③ 下放点：同提升点。

④ 终止点：给定速度和加速度（一般为零）。

6）除上述约束外，所有关节轨迹的极值不得超出每个关节变量的物理和几何极限。

7）时间的考虑。

① 轨迹的初始阶段和终止段：时间由手接近和离开支承表面的速率决定；也是由关节电动机特性决定的某个常数。

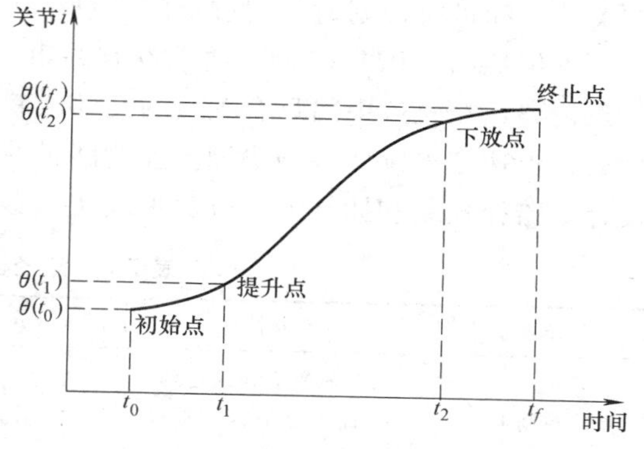

图 7-7　关节轨迹的位置条件

② 轨迹的中间点或中间段：时间由各关节的最大速度和加速度决定，将使用这些时间中的一个最长的时间（即用最低速关节确定的最长时间来归一化）。

规划关节插值轨迹的约束条件见表 7-2。在这些约束之下，所要研究的是选择一种 n 次（或小于 n 次）的多项式函数，使得在各结点（初始点、提升点、下放点和终止点）上满足对位置、速度和加速度的要求，并使关节位置、速度和加速度在整个时间间隔［t_0，t_f］中保持连续。一种方法是为每个关节规定一个七次多项式函数，即

$$q_i(t)=a_7t^7+a_6t^6+a_5t^5+a_4t^4+a_3t^3+a_2t^2+a_1t+a_0 \tag{7-1}$$

其中，未知系数 a_j 可由已知的位置和连续条件确定。可是，用这种高次多项式内插给定的结点也许不能令人满意。它的极值难求，而且容易产生额外的运动。另一种方法是将整个关节空间轨迹分割成几段，在每段轨迹中用不同的低次多项式来插值，有几种分割轨迹的方法，每种方法的特性各不相同。常用的有 4-3-4 关节轨迹（4 次多项式-3 次多项式-4 次多项式）、3-5-3 关节轨迹和五段三次关节轨迹。

表 7-2　规划关节插值轨迹的约束条件

初始位置	1)位置(给定) 2)速度(给定,通常为零) 3)加速度(给定,通常为零)
中间位置	1)提升位置(给定) 2)提升点位置(与前一段轨迹连续) 3)速度(与前一段轨迹连续) 4)加速度(与前一段轨迹连续) 5)下放点位置(给定) 6)下放点位置(与前一段轨迹连续) 7)速度(与前一段轨迹连续) 8)加速度(与前一段轨迹连续)
终止位置	1)位置(给定) 2)速度(给定,通常为零) 3)加速度(给定,通常为零)

7.2.1 插补方式及分类

轨迹规划技术有两种典型的作业：①点位（Point to Point，PTP）控制；②连续路径（Continuous Path，CP）控制。

给出各个路径结点后，轨迹规划的任务包含解变换方程、进行运动学反解和插值计算。在关节空间进行规划时，需进行的大量工作是对关节变量的插值计算。

点位控制（PTP 控制）通常没有约束，多以关节坐标运动表示。点位控制只要满足起终点位姿，在轨迹中间只有关节的几何限制、最大速度和加速度约束；为了保证运动的连续性，要求速度连续、各轴协调。连续路径控制（CP 控制）有路径约束，因此要对路径进行设计。路径控制和插补方式分类见表 7-3。

表 7-3 路径控制和插补方式分类

路径控制	不插补	关节插补（平滑）	空间插补
点位控制 PTP	1）各轴独立快速达到 2）各关节最大加速度限制	1）各轴协调运动定时插补 2）各关节最大加速度限制	
连续路径控制 CP		1）在空间插补点间进行关节定时插补 2）用关节的低阶多项式拟合空间直线使各轴协调运动 3）各关节最大加速度限制	1）直线、圆弧、曲线等距插补 2）起停线速度、线加速度给定，各关节速度、加速度限制

7.2.2 机器人轨迹控制过程

机器人的基本操作方式是示教—再现，操作过程中，不可能把空间轨迹的所有点都示教一遍使机器人记住，对于有规律的轨迹，仅示教几个特征点，计算机就能利用插补算法获得中间点的坐标，如直线需要示教两点，圆弧需要示教三点，通过机器人逆向运动学算法由这些点的坐标求出机器人各关节的位置和角度（q_1，…，q_n），然后由后面的角位置闭环控制系统实现要求的轨迹上的一点。继续插补并重复上述过程，从而实现要求的轨迹。轨迹插补的基本方法是直线插补和圆弧插补，这是机器人系统中的基本插补算法。非直线和圆弧轨迹可以用直线或圆弧逼近，以实现这些轨迹。机器人轨迹控制过程如图 7-8 所示。

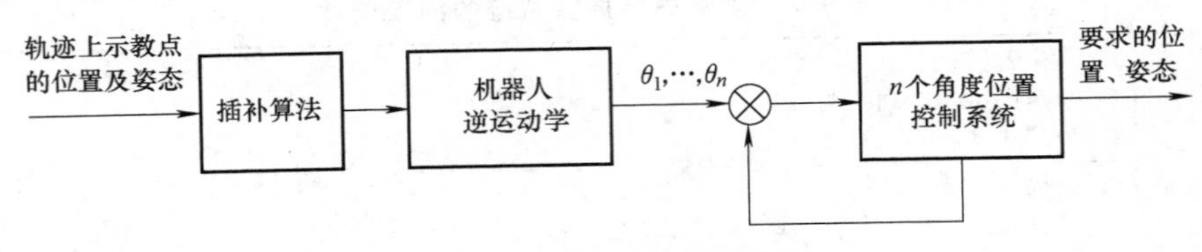

图 7-8 机器人轨迹控制过程

7.2.3 关节空间插补算法

机器人实现一个空间轨迹的过程即是实现轨迹离散的过程，如果这些离散点间隔很大，则机器人运动轨迹与要求轨迹可能有较大误差。只有这些插补得到的离散点彼此距离很近，才有可能使机器人轨迹以足够的精确度逼近要求的轨迹。模拟 CP 控制实际上是多次执行插补点的 PTP 控制，插补点越密集，越能逼近要求的轨迹曲线。

插补点要多么密集才能保证轨迹不失真和运动连续平滑呢？可采用定时插补和定距插补方法来解决。

1. 定时插补

由轨迹控制过程可知，每插补出一轨迹点的坐标值，就要转换成相应的关节角度值并加到位置伺服系统以实现这个位置，这个过程每隔一个时间间隔 t_s 完成一次。为保证运动的平稳，显然 t_s 不能太长。

当然 t_s 越小越好，但它的下限值受到计算量限制，即对于机器人的控制，计算机要在 t_s 时间里完成一次插补运算和一次逆向运动学计算。对于目前的大多数机器人控制器，完成这样一次计算约需几毫秒。这样产生了 t_s 的下限值。当然，应当选择 t_s 接近或等于它的下限值，这样可保证较高的轨迹精度和平滑的运动过程。

设机器人需要的运动轨迹为直线，运动速度为 v（mm/s），时间间隔为 t_s（ms），则每个 t_s 间隔内机器人应走过的距离为

$$P_iP_{i+1}=vt_s \tag{7-2}$$

可见两个插补点之间的距离正比于要求的运动速度，两点之间的轨迹不受控制，只有插补点之间的距离足够小，才能满足一定的轨迹精度要求。

采用定时中断方式每隔 t_s 中断一次进行一次插补，计算一次逆向运动学，输出一次给定值。由于 t_s 仅为几毫秒，机器人沿着要求轨迹的速度一般不会很高，且机器人总的运动精度不如数控机床、加工中心高，故大多数机器人采用定时插补方式。

当要求以更高的精度实现运动轨迹时，可采用定距插补。

2. 定距插补

v 是要求的运动速度，它是可以变化的，如果要求两插补点的距离 P_iP_{i+1} 恒为一个足够小的值，以保证轨迹精度，t_s 就要变化。也就是在此方式下，插补点距离不变，但 t_s 要随着不同工作速度 v 的变化而变化。

这两种插补方式的基本算法相同，只是定时插补固定 t_s，易于实现，定距插补保证轨迹插补精度，但 t_s 要随之变化，实现起来比前者困难。

3. 三次多项式插值

现在考虑机械手末端在一定时间内从初始位置和方位移动到目标位置和方位的普遍性问题。利用逆运动学计算，可以首先求出一组起始和终止的关节位置。因此，运动轨迹的描述可用起始点关节角度与终止点关节角度的一个平滑函数 $q(t)$ 来表示，$q(t)$ 在 $t_0=0$ 时刻的值是起始关节角度 q_0，在终端时刻 t_f 的值是终止关节角度 q_f。显然满足这个条件的光滑函数可以有许多条，如图 7-9 所示。现在的问题是求出一组通过起始点和终点的光滑函数。

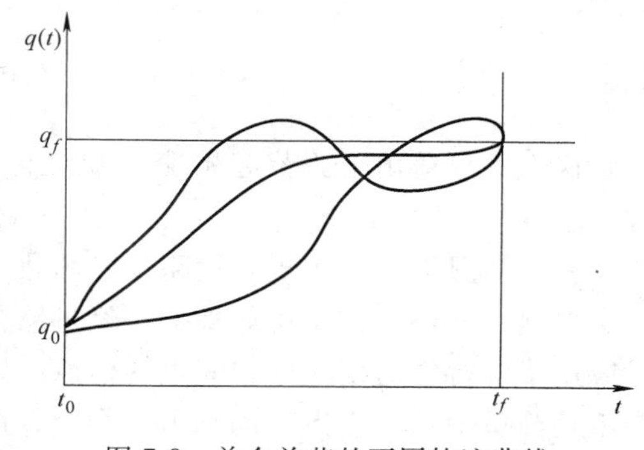

图 7-9　单个关节的不同轨迹曲线

机器人控制的目的就是按预定性能要求保持机械手的动态响应，但是由于机器人机械手的惯性力、耦合反应力和重力负载等都随运动空间的变化而变化，因此要对它进行高精度、

高速、高动态品质的控制是相当复杂而困难的。目前机器人上采用的控制方法是把机械手上的每一个关节都当作一个单独的伺服机构，即把一个非线性的、关节间耦合的变负载系统，简化为线性的非耦合单独系统，并且对每一个单独的系统采用 PID 闭环控制，这种方法对于像机器人这样速度要求不是太高、负荷也不大的系统来说基本满足实际要求了。

为了实现单个关节的平稳运动，轨迹函数 $q(t)$ 至少需要满足四个约束条件。其中两个约束条件是起始点和终止点对应的关节角度：

$$\begin{cases} q(0)=q_0 \\ q(t_f)=q_f \end{cases} \tag{7-3}$$

为了满足关节运动速度的连续性要求，另外还有两个约束条件，即在起始点和终止点的关节速度要求。在当前情况下，规定：

$$\begin{cases} \dot{q}(0)=0 \\ \dot{q}(t_f)=0 \end{cases} \tag{7-4}$$

上述四个边界约束条件式（7-3）和式（7-4）唯一地确定了一个三次多项式：

$$q(t)=a_0+a_1t+a_2t^2+a_3t^3 \tag{7-5}$$

运动轨迹上的关节速度和加速度则为

$$\begin{cases} \dot{q}(t)=a_1+2a_2t+3a_3t^2 \\ \ddot{q}(t)=2a_2+6a_3t \end{cases} \tag{7-6}$$

将式（7-5）和式（7-6）代入相应的约束条件，得到有关系数 a_0、a_1、a_2 和 a_3 的四个线性方程：

$$\begin{cases} q_0=0 \\ q_f=a_0+a_1t_f+a_2t_f^2+a_3t_f^3 \\ 0=a_1 \\ 0=a_1+2a_2t_f+3a_3t_f^2 \end{cases} \tag{7-7}$$

求解上述方程组可得

$$\begin{cases} a_0=q_0 \\ a_1=0 \\ a_2=\dfrac{3}{t_f^2}(q_f-q_0) \\ a_3=-\dfrac{2}{t_f^3}(q_f-q_0) \end{cases} \tag{7-8}$$

这组解只适用于关节起始速度和终止速度为零的运动情况。对于其他情况，后面另行讨论。

一般情况下，要求规划过路径点的轨迹。如果机械手在路径点停留，则可直接使用前面三次多项式插值的方法；如果只是经过路径点，并不停留，则需要推广上述方法。然而在实际应用中，常常需要考虑中间点的信息，即使对于点位控制的机器人，机械手末端的运动也并不是简单地从一个点运动到另一个点，而对中间点的运动轨迹无任何要求。例如，机械手将物体从一处搬到另一处时，通常将物体垂直进行由上放下的操作。因此操作人员除了给定起始点和终止点外，还将给出几个中间的经过点。在利用关节空间的规划时，也是首先在工具空间规划出光滑的曲线，以使它能通过这些路径点，一个最简单的方法是将轨迹分成几段，而每一段则直接采用上面介绍的三次多项式方法连接相邻的两个点。但是这个方法规划出的结果使得中间点产生停顿，而常常不希望在中间点出现停顿。

实际上，可以把所有路径点也看作是“起始点”或“终止点”，求解逆运动，得到相应的关节矢量值。然后确定所要求的三次多项式插值函数，把路径点平滑地连接起来。但是，在这些“起始点”或“终止点”不再是零，也即不使中间点产生停顿，可以在中间点上指定期望的速度，而仍采用前面介绍的三次多项式的规划方法。一般情况下可将式（7-4）的约束条件改为

$$\begin{cases}\dot{q}(0)=\dot{q}_0\\ \dot{q}(t_f)=\dot{q}_f\end{cases} \tag{7-9}$$

确定三次多项式的四个方程为

$$\begin{cases}q_0=0\\ q_f=a_0+a_1t_f+a_2t_f^2+a_3t_f^3\\ \dot{q}_0=a_1\\ \dot{q}_f=a_1+2a_2t_f+3a_3t_f^2\end{cases} \tag{7-10}$$

求解以上方程组，可求得三次多项式的系数为

$$\begin{cases}a_0=q_0\\ a_1=\dot{q}_0\\ a_2=\dfrac{3}{t_f^2}(q_f-q_0)-\dfrac{2}{t_f}-\dfrac{1}{t_f}\dot{q}_f\\ a_3=-\dfrac{2}{t_f^3}(q_f-q_0)+\dfrac{1}{t_f}(\dot{q}_0+\dot{q}_f)\end{cases} \tag{7-11}$$

实际上，由式（7-9）确定的三次多项式描述了起始点和终止点具有任意给定位置和速度的运动轨迹，是式（7-4）的推广。当规划下一段时，可将该段的终点速度作为下一段的起始速度。剩下的问题就是如何确定路径点上的关节速度。通常可由以下三种方法规定这个速度：

1）在直角坐标空间中指定机械手末端的线速度和速度，这对用户来说要相对容易些，然后再将这些速度转换到相应的关节空间。但是如果中间点对于机械手来说是一个奇异点，那么用户便不能在这一点任意指定速度。这对用户来说也很不方便。因此指定中间点速度的工作最好由系统来完成，以尽量减轻用户的负担。下面的两种方法可做到这一点。

2）运用知觉知识，由系统本身来合理地给定中间点的速度。这个选择是基于如下的想法：将中间点首先用直线连接起来，如果这些线在中间点处的斜率改变正负号，则选该点处的速度为零；如果这些线的斜率不改变符号，则选两边斜率的平均值作为该点的速度。然后，按照这样知觉的想法来给定中间点的速度是合理的。利用这个方法，用户可以不需要输入中间点的速度，而只需要输入一系列的路径点以及每两点之间的运动持续时间。

3）通过要求在中间点处的加速度连续而自动选择中间点的速度。为了实现这一点，实

际上，相当于求解一个新的样条函数解。

给出各个路径结点后，轨迹规划的任务包含解变换方程，进行运动学反解和插值计算。在关节空间进行规划时，需进行的大量工作是对关节变量的插值计算。

关节空间的插值采用过路径点的三次多项式插值法。其原理是利用已知某一关节运动初始时刻 t_i 的位置 $\theta(t_i)$、速度 $\dot{\theta}(t_i)$ 和期望 t_f 时刻的位置 $\theta(t_f)$、速度 $\dot{\theta}(t_f)$，确定一个三次多项式 $\theta(t)=c_0+c_1t+c_2t^2+c_3t^3$ 的四个系数 c_0、c_1、c_2、c_3。然后利用得到的多项式，基于时间的变化，产生一系列地包含位置、速度信息的点序列 $(\theta(t_1),\dot{\theta}(t_1))$，$(\theta(t_2),\dot{\theta}(t_2))$，…，$(\theta(t_n),\dot{\theta}(t_n))$。关节空间插补软件设计流程如图 7-10 所示。

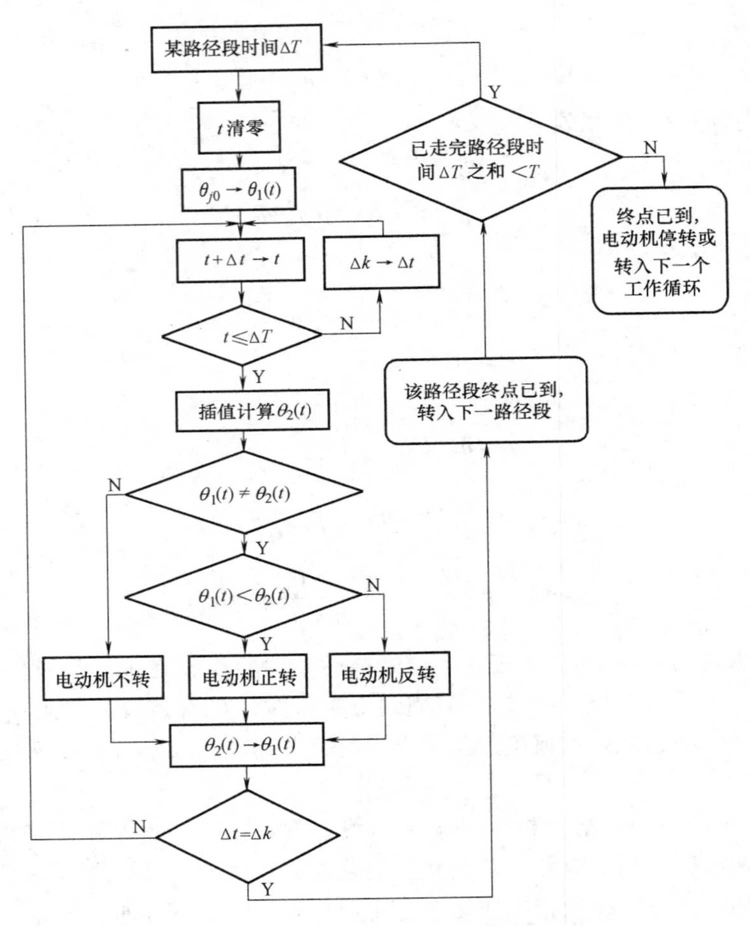

图 7-10　关节空间插补软件设计流程

流程图中 T 为走完整段轨迹的时间，ΔT 为各个路径段的运行时间，t 为实际运行时间，其步长 Δt 可根据机器人作业的具体情况进行调整，$\Delta k=\Delta T-t$ 为最后一步的修正量，其初值为 0，θ_{j0} 为第 j 关节在各个路径段的起始关节角，$\theta_2(t)$ 为 t 时刻的关节变量插值。

4. 用抛物线过渡的线性插值

在关节空间轨迹规划中，对于给定起始点和终止点的情况选择线性函数插值较为简单，如图 7-11 所示。然而，单纯线性插值会导致起始点和终止点的关节运动速度不连续，且加速度无穷大，显然，在两端点会造成刚性冲击。

为此应对线性函数插值方案进行修正，在线性插值两端点的邻域内设置一段抛物线形缓冲区段。由于抛物线函数对于时间的二阶导数为常数，即相应区段内的加速度恒定，这样保证起始点和终止点的速度平滑过渡，从而使整个轨迹上的位置和速度连续。带有抛物线过渡的线性轨迹如图 7-12 所示。

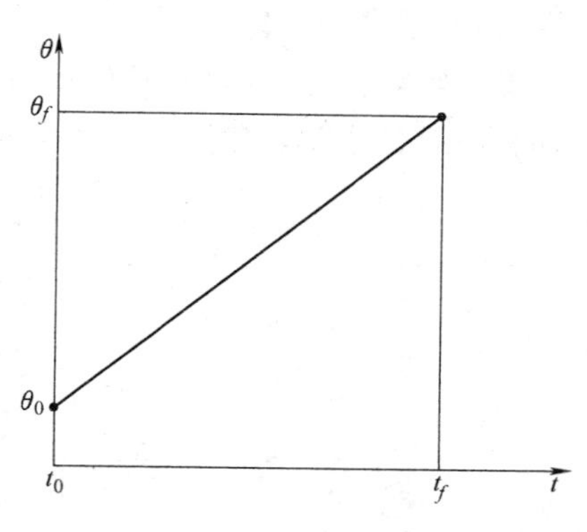

图 7-11 两点间的线性插值

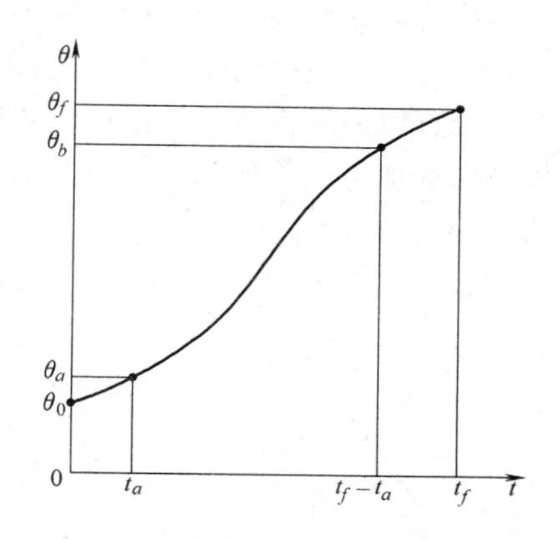

图 7-12 带有抛物线过渡的线性轨迹

设两端的抛物线具有相同的持续时间 t_a，具有大小相同而符号相反的恒加速度 $\ddot{\theta}$。对于这种路径规划存在有多个解，其轨迹不唯一，如图 7-13 所示。假设每条路径都对称于时间中点 t_h 和位置中点 θ_h。

要保证路径轨迹的连续、光滑，即要求抛物线轨迹的终点速度必须等于线性段的速度，故有下列关系

$$\dot{\theta}_a=\frac{\theta_h-\theta_a}{t_h-t_a} \tag{7-12}$$

其中，θ_a 为对应于抛物线持续时间 t_a 的关节角度。θ_a 的值为

$$\theta_a=\theta_0+\frac{1}{2}\ddot{\theta}\, t_a^2 \tag{7-13}$$

设关节从起始点到终止点的总运动时间为 t_f，则 $t_f=2t_h$，并注意到

$$\theta_h=\frac{1}{2}(\theta_f+\theta_0) \tag{7-14}$$

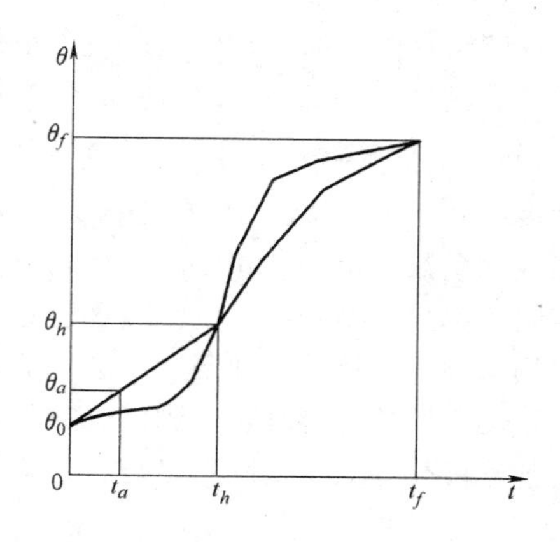

图 7-13 轨迹的多解性与对称性

则由式（7-12）~式（7-14）得

$$\ddot{\theta}\, t_a^2-\ddot{\theta}\, t_f t_a+(\theta_f-\theta_0)=0 \tag{7-15}$$

一般情况下，θ_0、θ_f、t_f 是已知条件，这样，根据式（7-12）可以选择相应的 $\ddot{\theta}$ 和 t_a，得到相应的轨迹。通常的做法是先选定加速度 $\ddot{\theta}$ 的值，然后按照式（7-15）求出相应的 t_a：

$$t_a=\frac{t_f}{2}-\frac{\sqrt{\ddot{\theta}^2 t_f^2-4\ddot{\theta}(\theta_f-\theta_0)}}{2\ddot{\theta}} \tag{7-16}$$

由式（7-16）可知，为保证 t_a 有解，加速度值 $\ddot{\theta}$ 必须选得足够大，即

$$\ddot{\theta} \geqslant \frac{4(\theta_f-\theta_0)}{t_f^{\ 2}} \tag{7-17}$$

当式（7-17）中的等号成立时，轨迹线性段的长度缩减为零，整个轨迹由两个过渡域组成，这两个过渡域在衔接处的斜率（关节速度）相等；加速度 $\ddot{\theta}$ 的取值越大，过渡域的长度就变得越短，若加速度趋于无穷大，轨迹又复归到简单的线性插值情况。

用抛物线过渡的线性函数插值进行轨迹规划的物理概念非常清楚，即如果机器人每一关节电动机采用等加速、等速和等减速运动规律，则关节的位置、速度、加速度随时间变化的曲线如图 7-14 所示。

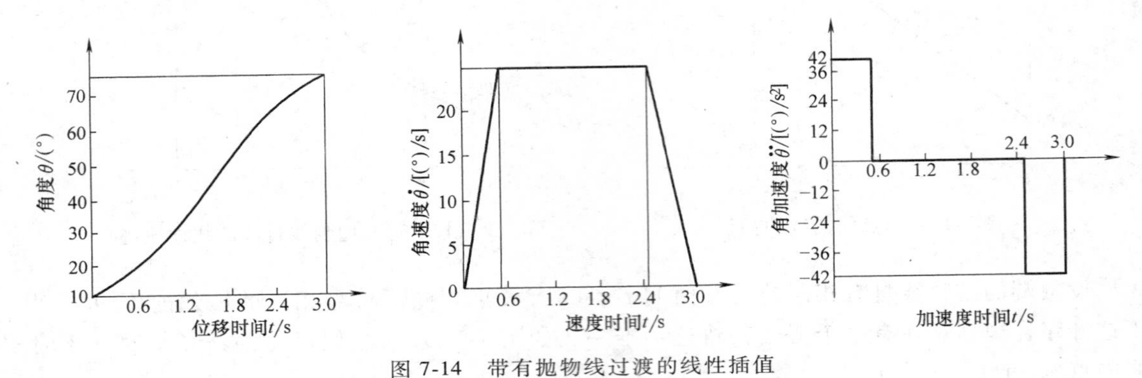

图 7-14　带有抛物线过渡的线性插值

若某个关节的运动要经过一个路径点，则可采用带有抛物线过渡域的线性路径方案。如图 7-15 所示，关节的运动要经过一组路径点，用关节角加速度 $\{\ddot{\theta}_1 \quad \ddot{\theta}_2 \quad \ddot{\theta}_3\}$ 表示其中三个相邻的路径点，以线性函数将每两个相邻路径点相连，而所有路径点附近都采用抛物线过渡。应该注意到：各路径段采用抛物线过渡域线性函数所进行的规划，机器人的运动关节并不能真正达到那些路径点。即使选取的加速度充分大，实际路径也只是十分接近理想路径点。

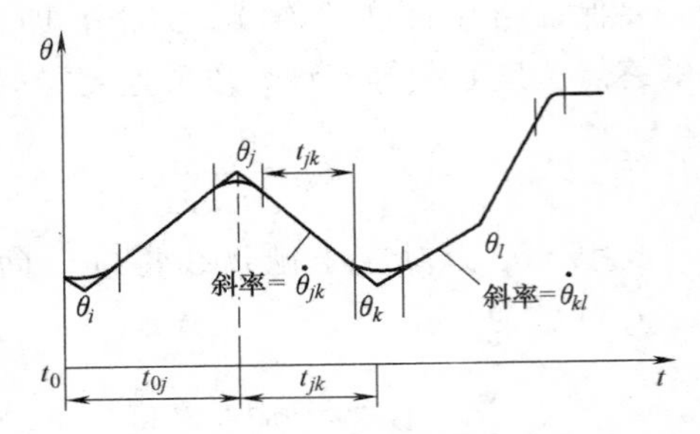

图 7-15　多段带有抛物线过渡域的线性轨迹

7.3　笛卡儿空间规划方法

7.3.1　笛卡儿空间的直线插补算法

直线插补和圆弧插补是机器人系统中的基本插补算法。对于非直线和圆弧轨迹，可以采用直线或圆弧逼近，以实现这些轨迹。

空间直线插补是给定直线始末两点的位姿，求轨迹中间点（插补点）的位姿。直线插补时，机器人的姿态变化按照给定的步长从初始姿态均匀向末端点姿态变化。当然在有些情

况下要求变化姿态，这就需要姿态插补，可仿照下面介绍的位置插补原理处理，也可参照圆弧的姿态插补方式解决，如图 7-16 所示。已知直线始末两点的坐标值 $P_1(x_1, y_1, z_1)$ 和 $P_2(x_2, y_2, z_2)$，其中 P_1、P_2 是相对于基坐标系的位置。这些已知的位置和姿态通常是通过示教方式得到的。设 v 为要求的沿直线运动的速度；t_s 为插补时间间隔。这些坐标点从对话框的编辑框获取或是示教记录的点位姿，可以通过以下步骤进行直线轨迹的定步长插补：

1）给定步长参数 ΔL。在程序中，步长参数可以由操作者输入或使用默认值，它在某种意义上反映了要求的直线精度。

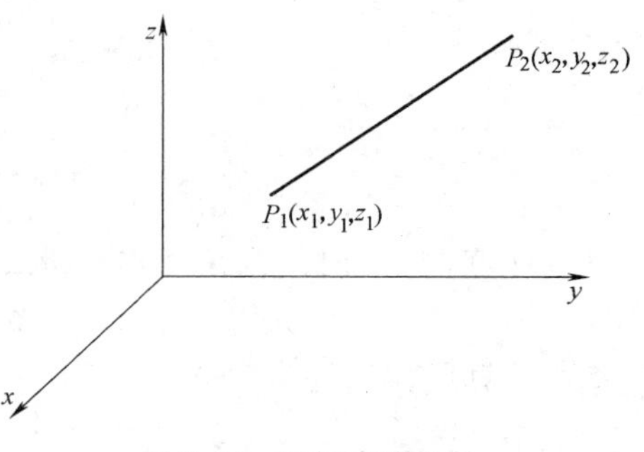

图 7-16　空间直线插补

2）为减少实时计算，示教完成后，可求出直线的长度：

$$L=\sqrt{(x_2-x_1)^2+(y_2-y_1)^2+(z_2-z_1)^2}$$

t_s 间隔内行程为　　$d=vt_s$

3）计算插补总步数 N。N 等于直线长度 L 除以步长 ΔL 的整数部分：

$$N=L/\Delta L$$

4）计算插补增量：

$$\Delta x=(x_2-x_1)/N$$
$$\Delta y=(y_2-y_1)/N$$
$$\Delta z=(z_2-z_1)/N$$

5）计算第 i 个插补点的坐标值：

$$x_i=x_1+i\times\Delta x$$
$$y_i=y_1+i\times\Delta y$$
$$z_i=z_1+i\times\Delta z$$

其中，$i=1, 2, \cdots, N-1$。

7.3.2　笛卡儿空间的平面圆弧插补算法

此处的平面圆弧是指圆弧平面与基础坐标系的三大平面之一重合，以 xOy 平面圆弧为例。

已知不在同一直线上的三点坐标 $P_1(x_1, y_1, z_1)$，$P_2(x_2, y_2, z_2)$，$P_3(x_3, y_3, z_3)$ 及这三点对应的末端的姿态，如图 7-17 所示。其插补算法如下：

1）由 P_1、P_2、P_3 确定圆心坐标 (x_0, y_0)。由等式：

$$(x_1-x_0)^2+(y_1-y_0)^2=(x_2-x_0)^2+(y_2-y_0)^2$$
$$=(x_3-x_0)^2+(y_3-y_0)^2$$

得出圆弧圆心点 (x_0, y_0)。

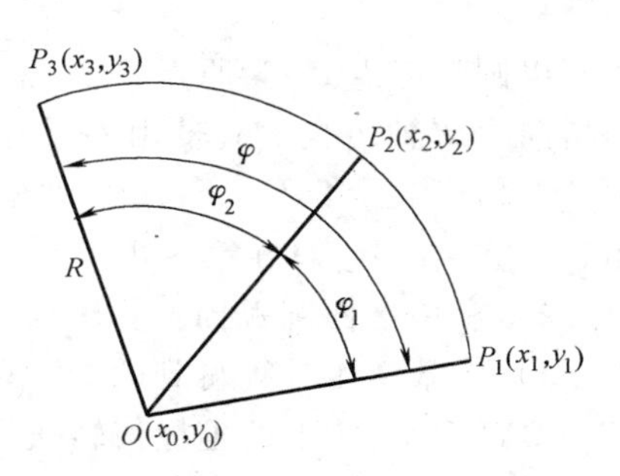

图 7-17　平面圆弧插补

2）求圆弧半径 R 和始末角位置 θ_1，θ_3。

$$R=\sqrt{(x_1-x_0)^2+(y_1-y_0)^2}$$

$$\theta_1=\arctan\frac{y_1-y_0}{x_1-x_0}$$

$$\theta_3=\arctan\frac{y_3-y_0}{x_3-x_0}$$

3）总的圆心角 $\varphi=\varphi_1+\varphi_2$。

$$\varphi_1=\arccos\frac{2R^2-[(x_2-x_1)^2+(y_2-y_1)^2]}{2R^2}$$

$$\varphi_2=\arccos\frac{2R^2-[(x_3-x_2)^2+(y_3-y_2)^2]}{2R^2}$$

4）计算在 ΔT 时间内角位移增量 $\Delta\varphi$。

$$\Delta\varphi=(\Delta T\cdot v)/R$$

5）计算所需插补步数 N。

$$N=\varphi/\Delta\varphi-1\qquad(N\text{ 为整数})$$

6）计算插补点位置。圆弧方程为

$$\begin{cases}x=x_0+R\cos\theta_1\\y=y_0+R\sin\theta_1\end{cases}$$

第 i 个插补点坐标为

$$\begin{cases}x_i=x_0+R\cos(\theta_1+i\times\Delta\varphi)\\y_i=y_0+R\sin(\theta_1+i\times\Delta\varphi)\end{cases}\qquad(i=1,2,\cdots,N)$$

7.3.3 笛卡儿空间的空间圆弧插补算法

这里的空间圆弧是指三维空间中任意一个平面里的圆弧。可以分三步来实现空间圆弧的插补计算：第一步建立新坐标系将空间圆弧转化为平面圆弧；第二步利用平面圆弧插补算法，求出平面圆弧插补点的坐标值；第三步将这些点的坐标值转换为基础坐标系下的坐标值。

如图 7-18 所示，已知不共线的空间三点坐标 $P_1(x_1,\ y_1,\ z_1)$，$P_2(x_2,\ y_2,\ z_2)$，$P_3(x_3,\ y_3,\ z_3)$，由它们可以确定一个圆弧。

1）首先建立一个新的坐标系 $O'x'y'z'$将空间圆弧转化为平面圆弧。

以圆弧起点 P_1 为原点 O'，$\overrightarrow{P_1P_3}$ 为 x'轴，$\overrightarrow{P_1P_3}\times\overrightarrow{P_1P_2}$ 叉积的指向为 z'轴方向，y'轴由右手法则确定。这样圆弧就落在 $O'x'y'$平面内。将 P_1，P_2，P_3 在坐标系 $O'x'y'z'$内表示。需要用到的齐次变换${}_{O}^{O'}\boldsymbol{T}$在第 3 步中给出。

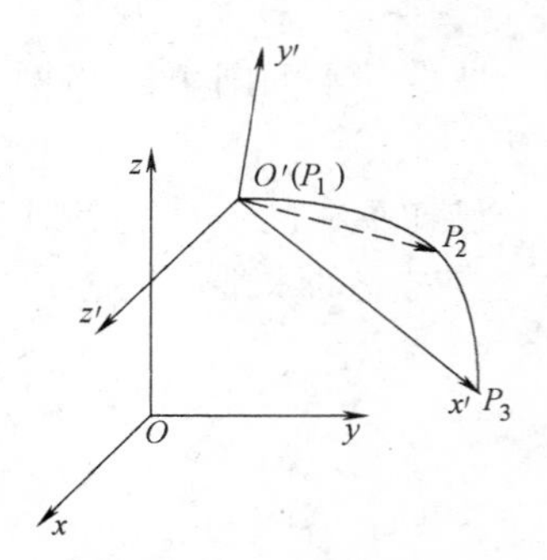

图 7-18　空间圆弧插补

2）利用平面圆弧插补算法求解插补点的坐标值。

3）将第 2 步计算得到的 $O'x'y'z'$下的坐标值转换为基础坐标系 $Oxyz$ 下的坐标值。

要将 $O'x'y'z'$下的坐标值转换为基础坐标系 $Oxyz$ 下的坐标值，首先就要求解 $O'x'y'z'$到 $Oxyz$ 的齐次变换。它由各轴的方向余弦以及原点坐标平移确定。

x'轴正向与$\overrightarrow{P_1P_3}$矢量方向一致：

$$\overrightarrow{P_1P_3}=\{x_3-x_1,y_3-y_1,z_3-z_1\}$$

z'轴正向与$\overrightarrow{P_1P_3}\times\overrightarrow{P_1P_2}$矢量方向一致：

$$\overrightarrow{P_1P_2}=\{x_2-x_1,y_2-y_1,z_2-z_1\}$$

进而可求得$\overrightarrow{P_1P_3}\times\overrightarrow{P_1P_2}$

y'轴由右手法则确定。

将矢量单位化后可得到x'、y'、z'的单位矢量：

$$\{n_x,n_y,n_z\},\{o_x,o_y,o_z\},\{a_x,a_y,a_z\}$$

那么，从$Oxyz$坐标系到$O'x'y'z'$坐标系的齐次变换可表示为

$$^{O}_{O'}\boldsymbol{T}=\begin{bmatrix} n_x & o_x & a_x & x_1 \\ n_y & o_y & a_y & y_1 \\ n_z & o_z & a_z & z_1 \\ 0 & 0 & 0 & 1 \end{bmatrix}$$

从$O'x'y'z'$坐标系到$Oxyz$坐标系的齐次变换是$^{O}_{O'}\boldsymbol{T}$的逆变换，即

$$^{O'}_{O}\boldsymbol{T}=\begin{bmatrix} n_x & n_y & n_z & -(n_x\cdot x_1+n_y\cdot y_1+n_z\cdot z_1) \\ o_x & o_y & o_z & -(o_x\cdot x_1+o_y\cdot y_1+o_z\cdot z_1) \\ a_x & a_y & a_z & -(a_x\cdot x_1+a_y\cdot y_1+a_z\cdot z_1) \\ 0 & 0 & 0 & 1 \end{bmatrix}$$

空间圆弧插补流程如图7-19所示。

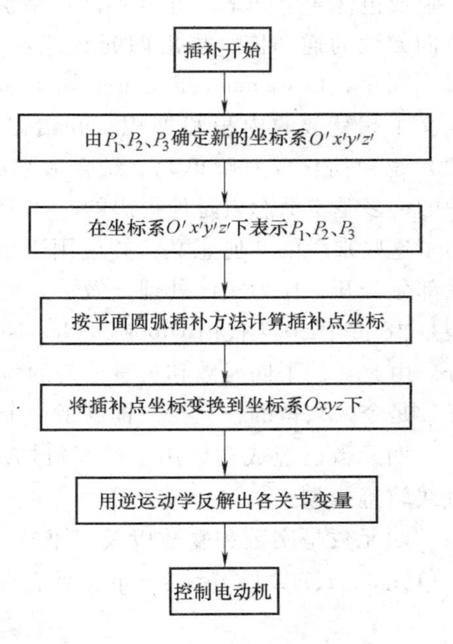

图7-19 空间圆弧插补流程

7.3.4 笛卡儿空间插补算法的补充说明

应当指出前面所表述的笛卡儿空间插补算法实际上是维持姿态不变对位置进行插补。它在实际情况中也用得非常广泛，如插销装配、直线弧焊、在笛卡儿空间相对于世界坐标系的平移、相对于工具坐标系的平移等。但有时也会用到在插补过程中要求姿态也发生变化的情况，这时，至少有三种插补方案可供选择：第一，可以先保持位置不变，对姿态进行插补，调整好姿态后，再对位置进行插补；第二，先对位置进行插补，到达末端位置时，再对姿态进行插补；第三，位置和姿态同时进行插补。具体使用哪一种，由工作任务要求来确定。

7.4 四元数与直线轨迹规划

二维平面上的旋转可以用复数来表达，三维空间中的旋转则可以用四元数来表达。用四元数表达三维的旋转与使用矩阵相比具有两个优点：第一，几何意义明确；第二，计算简

单。此外，四元数代数还涵盖了矢量代数，实数、复数和矢量都可以看作是四元数的特例，可以在一个统一的体系中进行运算。Paul 提出利用齐次变换矩阵表示目标位置，生成直线运动轨迹。这种描述方法易于理解和使用。可是矩阵需要较大的存储空间，需要较多的运算量。而且，矩阵法表示转动是高度冗余的，这可能引起数值上的不一致。Taylor 等指出，利用四元数表示转动将会使运动更均匀和有效。他对结点间的直线运动规划问题提出了两种方法。第一种方法称为直角坐标路径控制法，是 Paul 方法的改进，但使用四元数表示转动。这种方法简便，并且给出更均匀的旋转运动。但是，它需要大量的运算，且易使操作臂产生退化形位。第二种方法称为有界偏差关节路径法，此法在动作规划阶段，选取足够多的结点，用关节变量的线性插值控制操作臂，使之与直线路径的偏差不超过预定值。这种方法大大减少了在每个采样间隔中需做的计算量。

1. 四元数的基本概念

四元数起源于寻找复数的三维对应物。复数可以表达一个二维矢量，当处理不共面的多个矢量时，需要用新的数来表达一个三维矢量。1843 年 Hamilton 发明了四元数，这是一种形如 $A=a_0+a_1i+a_2j+a_3k$ 的数，i，j，k 满足 $i^2=j^2=k^2=-1$，$ij=-ji=k$，$jk=-kj=i$，$ik=-ki=-j$。这一新数包含 4 个分量，并且不满足乘法的交换律。哈密顿给出了四元数的加法、乘法规则以及四元数的逆和模，指出四元数能通过旋转、伸长或缩短将一个给定的矢量变成另一个矢量。同年，Grassmann 定义了形如 $a=a_1e_1+a_2e_2+a_3e_3$ 的超复数，并研究了它的 n 维情形。他定义了超复数的内积和外积，并给出几何意义，但在乘积中二阶单元 e_ie_j（一阶单元的乘积）未被简化成一阶单元。结合后来的著述可以看出他的研究思路还是线性代数，线性代数中的许多基本概念就是他提出的。在 1855 年的一篇文章中他定义了 16 种不同类型的乘积，给出了这些乘积的几何意义，并应用于力学、磁学、晶体学。Maxwell 将四元数的数量部分和矢量部分分开，作为实体处理，做了大量的矢量分析。三维矢量分析的建立及同四元数的正式分裂是 18 世纪 80 年代由 Gibbs 和 Heaviside 独立完成的。矢量代数被推广到矢量函数和矢量微积分。由此开始了四元数和矢量分析的争论，最终矢量分析占了上风。从纯粹代数的观点看，四元数是令人兴奋的，因为它提供了一个除了乘法的交换律外，具有实数和复数性质的例子。

四元数已经成功地用于空间机构的分析。在此应用四元数表示机器人手部的姿态，进行直线轨迹规划。

四元数是实数和复数以及三维空间矢量的扩充。复数仅有两个单元 1 和 i，四元数有四个单元 1，i，j，k。后三个单元具有循环置换的性质：

$$i^2=j^2=k^2=-1$$

$$ij=k, jk=i, ki=j$$

$$ji=-k, kj=-i, ik=-j$$

这样的三个单元 i，j，k 可看成直角坐标系的三个基本矢量。于是，一般四元数 Q 的形式为

$$Q=[s+v]=s+ai+bj+ck=(s,a,b,c)$$

因此它表示为一个标量部分 s 和一个矢量部分 v。其中 s，a，b，c 都是常数。

四元数具有以下基本性质：

Q 的标量部分：s

Q 的矢量部分：$v=ai+bj+ck$

Q 的共轭：$s-(ai+bj+ck)$

Q 的范数：$s^2+a^2+b^2+c^2$

Q 的倒数：$\dfrac{s-(ai+bj+ck)}{s^2+a^2+b^2+c^2}$

单位四元数：$s+ai+bj+ck$，其中 $s^2+a^2+b^2+c^2=1$。显然，实数（s，0，0，0），复数（s，a，0，0），三维空间矢量（0，a，b，c）都是四元数（s，a，b，c）的特殊情况。实数只有一个单元 1，复数含有两个单元 1 和 i，三维空间矢量含有三个单元 i，j，k。

四元数的代数运算规划如下。

加（减）法运算规则：两四元数的和（差）等于两者对应元素的和（差）。

乘法规则：两四元数相乘，即

$$\begin{aligned} Q_1Q_2 &= (s_1+a_1i+b_1j+c_1k)(s_2+a_2i+b_2j+c_2k) \\ &= (s_1s_2-{}_1\cdot{}_2+s_1{}_2+s_2{}_1+{}_1\times{}_2) \end{aligned} \tag{7-18}$$

注意：四元数的加法满足交换律和结合律。但是，乘法只满足结合律，并不满足交换律。因此，进行乘法运算时，等式右边按初等代数配项，但要保持各单元的次序，一般不能交换。另外，两个三维矢量表示成四元数再相乘，得到的不是一个矢量，而是一个四元数。例如，$Q_1=[0+{}_1]=(0,a_1,b_1,c_1)$，$Q_2=[0+{}_2]=(0,a_2,b_2,c_2)$，由式(7-18)得

$$Q_1Q_2=-{}_1\cdot{}_2+{}_1\times{}_2 \tag{7-19}$$

利用四元数代数，可以简单而有效地处理空间有限转动问题。把绕 $\boldsymbol{n}$ 轴转 θ 角的旋转 **Rot**（$\boldsymbol{n}$，θ）用一个四元数表示为

$$\mathbf{Rot}(\boldsymbol{n},\theta)=\left[\cos\left(\frac{\theta}{2}\right)+\sin\left(\frac{\theta}{2}\right)\cdot\boldsymbol{n}\right] \tag{7-20}$$

例 7-1 绕 $\boldsymbol{k}$ 轴旋转 90°可用四元数乘积来表示：

$$\begin{aligned} &(\cos45^\circ+\boldsymbol{j}\sin45^\circ)(\cos45^\circ+\boldsymbol{k}\sin45^\circ) \\ &=\left(\frac{1}{2}+\boldsymbol{j}\frac{1}{2}+\boldsymbol{k}\frac{1}{2}+\boldsymbol{i}\frac{1}{2}\right) \\ &=\left[\frac{1}{2}+\frac{\boldsymbol{i}+\boldsymbol{j}+\boldsymbol{k}}{\sqrt{3}}\cdot\frac{\sqrt{3}}{2}\right]=\left[\cos60^\circ+\sin60^\circ\frac{\boldsymbol{i}+\boldsymbol{j}+\boldsymbol{k}}{\sqrt{3}}\right] \\ &=\mathbf{Rot}\left(\frac{\boldsymbol{i}+\boldsymbol{j}+\boldsymbol{k}}{\sqrt{3}},\ 120^\circ\right) \end{aligned}$$

其合成转动是绕与 $\boldsymbol{i}$，$\boldsymbol{j}$，$\boldsymbol{k}$ 轴等倾角的轴转动 120°。这与前面所讲的用旋转矩阵所得到的结果完全相同，但是用四元数方法更为简单。可以用两种方法表示同一转动，这两种方法可以相互转化。表 7-4 列出了使用四元数和矩阵表示常用的旋转运算的计算量。

表 7-4 使用四元数和矩阵的计算量

运　算	四元数表示	矩阵表示
$\boldsymbol{R}_1\boldsymbol{R}_2$	9 次加法，16 次乘法	15 次加法，24 次乘法
$\boldsymbol{R}$	12 次加法，22 次乘法	6 次加法，9 次乘法
$\boldsymbol{R}\to\mathbf{Rot}(\boldsymbol{n},\theta)$	4 次乘法	8 次加法，10 次乘法
	1 次求平方根	2 次求平方根
	1 次调用反正切函数	1 次调用反正切函数

2. 直角坐标路径控制法

将操作臂工具坐标系沿直线路径在时间 T 内由结点 P_0 运动到 P_1 的规划方法如下：手部坐标系的每一结点用齐次变换矩阵表示为

$$\boldsymbol{P}_i=\begin{bmatrix} R_i & P_i \\ 0 & 1 \end{bmatrix}$$

运动包括两部分：工具坐标系的原点从 P_0 移动到 P_1，坐标系的姿态由 $\boldsymbol{R}_0$ 转到 $\boldsymbol{R}_1$。令 $\lambda(t)$ 为在时刻 t 还要进行剩余运动所需的时间与总时间 T 之比。那么对于匀速运动，有

$$\lambda(t)=\frac{T-t}{T} \tag{7-21}$$

其中，T 是该段轨迹所需时间；t 是由这段轨迹起点算起的时间，工具坐标系在时间 t 的位置和姿态分别用下面两式表达：

$$p(t)=p_1-\lambda(t)(p_1-p_0) \tag{7-22}$$

$$\boldsymbol{R}(t)=\boldsymbol{R}_1\mathbf{Rot}[\boldsymbol{n},-\theta\lambda(t)] \tag{7-23}$$

其中，$\mathbf{Rot}(\boldsymbol{n},\ \theta)$ 是将工具姿态由 $\boldsymbol{R}_0$ 转为 $\boldsymbol{R}_1$ 而绕轴 $\boldsymbol{n}$ 转 θ 角的旋转，即

$$\mathbf{Rot}(\boldsymbol{n},\theta)=\boldsymbol{R}_0^{-1}\boldsymbol{R}_1 \tag{7-24}$$

其中，$\mathbf{Rot}$（$\boldsymbol{n}$，θ）代表以四元数表示的合成转动 $\boldsymbol{R}_0^{-1}\boldsymbol{R}_1$。值得注意的是，如果坐标系 P_1 固定不变，则式（7-22）中的 p_1-p_0 及式（7-23）中的 $\boldsymbol{n}$ 和 θ 对于每段轨迹只需计算一次。若目标结点在变化，则 P_1 也要改变。在此情况下，对 p_1-p_0 和 $\boldsymbol{n}$，θ 应每步计算一次。可用 Taylor 提出的追踪公式来处理这一问题。

若要求操作臂工具由一段轨迹运动到另一段，且维持等加速度，则在两段之间必须加速或减速。为此在两段轨迹的交点前的 τ 时刻开始过渡，而在交点后的 τ 时刻来完成过渡，两段轨迹的边界条件为

$$\begin{cases} p(T_1-\tau)=p_1-\dfrac{\tau\Delta p_1}{T_1} \\ p(T_1+\tau)=p_1+\dfrac{\tau\Delta p_2}{T_2} \\ \dfrac{\mathrm{d}}{\mathrm{d}t}p(t)\Big|_{t=T_1-\tau}=\dfrac{\Delta p_1}{T_1} \\ \dfrac{\mathrm{d}}{\mathrm{d}t}p(t)\Big|_{t=T_1+\tau}=\dfrac{\Delta p_2}{T_2} \end{cases} \tag{7-25}$$

其中，$\Delta p_1=p_1-p_0$；$\Delta p_2=p_2-p_1$；T_1 和 T_2 分别为通过这两段轨迹的时间。如果用等加速度过渡，则

$$\frac{\mathrm{d}^2}{\mathrm{d}t^2}p(t)=a_p \tag{7-26}$$

将上式积分两次，并代入相应的边界条件，便可求出手部（工具）坐标系的位置，即

$$p(t')=p_1-\frac{(\tau-t')^2}{4\tau T_1}\Delta p_1+\frac{(\tau+t')^2}{4\tau T_2}\Delta p_2 \tag{7-27}$$

其中，$t'=T_1-t$ 是从两段交点算起的时间。同样可求得工具坐标系的姿态

$$\boldsymbol{R}(t')=\boldsymbol{R}_1\mathbf{Rot}\left[\boldsymbol{n}_1,-\frac{(\tau-t')^2}{4\tau T_1}\theta_1\right]\mathbf{Rot}\left[\boldsymbol{n}_2,-\frac{(\tau+t')^2}{4\tau T_2}\theta_2\right] \tag{7-28}$$

其中，$\mathbf{Rot}(\boldsymbol{n}_1, \theta_1)=\boldsymbol{R}_0^{-1}\boldsymbol{R}_1$ 和 $\mathbf{Rot}(\boldsymbol{n}_2, \theta_2)=\boldsymbol{R}_1^{-1}\boldsymbol{R}_2$ 是四元数表示的旋转矩阵。上面得出工具坐标系沿直线路径，并在两段轨迹之间平滑渡过的位置和姿态的表达式。应该指出，角加速度并不是恒定的，除非 $\boldsymbol{n}_1$ 和 $\boldsymbol{n}_2$ 平行或下列两个转速之一为零：

$$\phi_1=\frac{\theta_1}{T_1} \quad 或 \quad \phi_2=\frac{\theta_2}{T_2}$$

7.5　轨迹的实时生成

运动轨迹的描述或生成有以下几种方式：

1）示教—再现运动。这种运动由人手把手示教机器人，定时记录各关节变量，得到沿路径运动时各关节的位移时间函数 $q(t)$；再现时，按内存中记录的各点的值产生序列动作。

2）关节空间运动。这种运动直接在关节空间里进行。由于动力学参数及其极限值直接在关节空间里描述，所以用这种方式求最短时间运动很方便。

3）空间直线运动。这是一种直角空间里的运动，它便于描述空间操作，计算量小，适宜简单的作业。

4）空间曲线运动。这是一种在直角空间中用明确的函数表达的运动，如圆周运动、螺旋运动等。

前面轨迹规划的任务，是根据给定的路径点规划出运动轨迹的所有参数。

例如，在用三次多项式函数插值时，便产生出多项式系数 a_0，a_1，a_2，a_3，从而得到整个轨迹的运动方程：

$$q(t)=a_{i0}+a_{i1}t+a_{i2}t^2+a_{i3}t^3 \tag{7-29}$$

对式（7-29）进行求导，可以得到速度和加速度

$$\dot{q}(t)=a_{i1}+2a_{i2}t+3a_{i3}t^2$$
$$\ddot{q}(t)=2a_{i2}+6a_{i3}t \tag{7-30}$$

7.6　基于动力学模型的轨迹规划

前面所述轨迹规划所生成的关节矢量 $q(t)$，关节速度 $\dot{q}(t)$ 和关节加速度 $\ddot{q}(t)$ 没有考虑操作臂的动力学特性。实际上，操作臂所能达到的加速度与其动力学性能、驱动电动机的输出力矩等因素有关。并且，多数电动机的特性并不是由它的最大力矩或最大加速度所规定的，而是由它的力矩—速度关系曲线（机械特性）决定的。

在进行轨迹规划规定各个关节或各个自由度的最大加速度时，通常取比较保守的值，以免超过驱动装置的实际负载能力。显然，采用上述轨迹规划方法不能充分利用操作臂的加速度性能。因而，自然会提出最优规划问题：根据给定的空间路径、操作臂动力学和驱动电动机的速度-力矩约束曲线，求机械手的最佳轨迹，使它达到目标点的时间最短。

采用笛卡儿空间轨迹规划，路径约束是笛卡儿坐标表示的，而驱动力矩约束是以关节坐

标的形式给出的。因此该优化问题是带有坐标系混合约束的问题。必须将路径用低阶多项式函数逼近方法将路径约束从笛卡儿空间转化为关节空间，或将关节力矩和关节力约束转化到笛卡儿空间，然后进行轨迹优化和控制。

时间最短的优化问题则归结为：如何调整各路径段的持续时间，使总的时间最短，并满足速度、加速度、加速度变化和力矩约束。与之相对应的问题是，在给定的时间允许的范围内，选择最优轨迹，使最大驱动力矩（力）、最大加速度、最大速度为最小。前面提过的高性能指标、加速度性能指标和综合性能指标可以作为相应的目标函数。

7.7 本章小结

本章讲述了关于轨迹规划的一般性问题，并且对关节轨迹规划的插值和笛卡儿空间的规划方法做了较为详细的介绍。要重点掌握关节轨迹的插补算法以及笛卡儿空间的规划方法，对于四元数要有基本的认识。

习　题

7-1　什么是轨迹规划？试阐述一下 PTP 控制下的轨迹规划步骤，CP 控制下的轨迹规划步骤。简述轨迹规划的方法并说明其特点。

7-2　设一机器人具有 6 个转动关节，其关节运动均按三次多项式规划，要求经过两个中间路径点后停在一个目标位置。试问欲描述该机器人关节的运动，共需要多少个独立的三次多项式？要确定这些三次多项式，需要多少个系数？

7-3　插补有哪些分类方式？什么是定时插补和定距插补？分别在什么场合下应用？简述插补的轨迹控制过程和笛卡儿空间的规划方法。

7-4　单连杆机器人的转动关节，从 $\theta=-5°$静止开始运动，要想在 4s 内使该关节平滑地运动到 $\theta=+80°$的位置停止。试按下述要求确定运动轨迹：

（1）关节运动按三次多项式插值方式规划。

（2）关节运动按抛物线过渡的线性插值方式规划。

7-5　平面 2R 机械手的两连杆长为 1m，要求从 $(x_0,\ y_0)=(1.96,\ 0.50)$ 移到 $(x_f,\ y_f)=(1.00,\ 0.75)$，起始和终止位置、速度、加速度均为零，求出每个关节的三次多项式的系数。可将关节分成几段路径？

7-6　假设关节路径点序列为：10°、35°、25°、10°，三个轨迹段的持续时间分别为 2s、1s、3s。各过渡域的隐含加速度绝对值不超过 $50°/s^2$。计算各段的速度、过渡持续时间和线性持续时间。

7-7　机器人从点 A 沿直线运动到点 B，其坐标分别为

$$\boldsymbol{A}=\begin{bmatrix}-1 & 0 & 0 & 10\\ 0 & 1 & 0 & 10\\ 0 & 0 & -1 & 10\\ 0 & 0 & 0 & 1\end{bmatrix};\boldsymbol{B}=\begin{bmatrix}0 & -1 & 0 & 10\\ 0 & 0 & 1 & 10\\ -1 & 0 & 0 & 10\\ 0 & 0 & 0 & 1\end{bmatrix}$$

且绕等效转轴 $\boldsymbol{k}$ 匀速回转等效角 θ，求矢量 $\boldsymbol{k}$ 和转角 θ，并求三个中间变换。

7-8　初始状态下运动坐标系（x'，y'，z'）与固定参考坐标系（x，y，z）一致，求固定在运动坐标系上的点 P（2，7，5）依次经过下列变换后相对于固定参考坐标系的坐标。

（1）绕 y 轴旋转 90°。

（2）绕 x 轴旋转 90°。

（3）再平移［1　2　-1］。

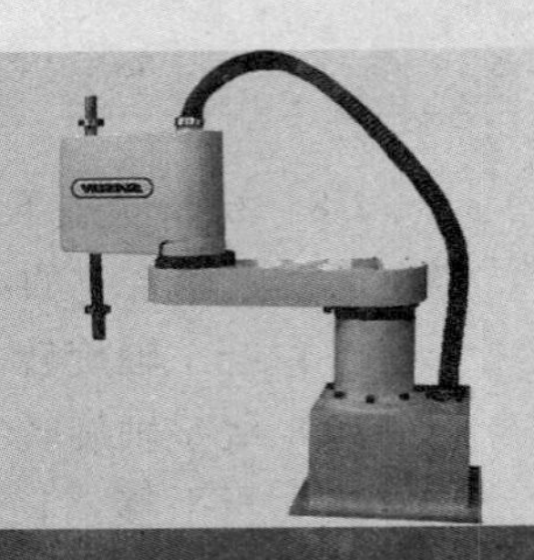

第 8 章

机器人设计方法和应用及其发展

本章主要介绍机器人的设计方法、原则和系统设计，分析了机器人在焊接、搬运、喷涂和装配上的应用，介绍了机器人发展现状及发展趋势。通过本章的学习，使读者掌握机器人一般设计方法和步骤，重点了解机器人的应用及发展。

8.1 机器人一般设计原则、步骤和方法

8.1.1 机器人设计原则和步骤

机器人设计是一个比较完整的机电一体化整机设计。在设计过程中，要坚持两个原则：①整体性原则；②控制系统设计优先于机械结构设计原则。

机器人是集机械、电子、控制等于一体的机电系统，所以设计机器人是一个系统性的工作。机器人系统内任何一个部件或者零件设计有缺陷，都会影响机器人的整体功能和性能。为此，需首先设计机器人的整体功能和参数，然后设计各个局部的部件和零件。

在设计过程中，可能的设计缺陷是机器人的机械本体加工完成之后，安装驱动器、控制器和传感器时，发现预留的空间不够。这样的设计错误有点荒唐，但对于初学者而言却是很可能犯的错误。对于比较有经验的设计者，可能在机器人加工调试之后才发现有设计缺陷，如样机的控制精度不够，或者快速响应达不到要求。为了达到技术要求，修改控制程序或者改变控制方法并不能解决问题，而需要修改机械结构或者控制硬件。有时候会出现要么重新选择电动机，要么重新设计机械结构，出现“鱼与熊掌不可兼得”的情况，这反映了机器人设计整体性原则考虑不足。为了在原有的样机上增加一个小的功能，往往会牵一发而动全身，机器人的机械结构和控制系统等全部需要修改或者重新设计，这也是体现了机器人设计整体性原则。所以说，设计机器人时要充分考虑各方面因素，而不只是进行简单的机械结构设计，要遵循整体性原则。

控制系统设计优先于机械结构设计原则。机器人的设计，首先应该是功能设计，根据功能要求提出机器人的性能参数，围绕性能参数选择控制方案，确定控制系统的类型，设计并选购计算机控制硬件，最后才是机械结构设计。现代设计和传统设计的概念不一样，不是每一个部件都需要机器人设计者自己详细的设计，更多的时候是对现有资源和技术的整合和集成。例如，控制系统的设计，机器人设计者没有必要从基本电路和器件开始自己去设计控制器，现在市场上有各种各样的控制器件和模块及其控制集成。设计者需要做的是，从众多方

案中选择一种优化方案，然后通过集成设计开发出需要的控制器及系统。这样既能大大缩短机器人研制的周期，又能取长补短。由于科学技术的发展，社会分工的细化，设计者不可能对所有与机器人相关的技术和产品都很熟悉。为了快速研制出一台机器人，设计者需要充分利用社会资源。除了需要丰富的设计经验外，还需要熟悉市场上的现有技术和相关产品。在机器人设计的过程中，基本控制硬件大多采用直接购买的方式。控制方案确定之后，选择电动机、驱动器、控制板卡或者控制计算机，虽然产品有成千上万种，但考虑到成本、体积、重量、性能和功能要求，最终适合的产品并不多，可能较优的方案只有一种。对于机械部分，只要不违背机械设计原则，设计者可以随心所欲地设计。因此，机器人设计时，需按照控制系统设计优先于机械结构设计原则。在总体方案设计完成后，先确定控制系统的子方案，调研甚至购买控制硬件之后才能进行机械设计。控制硬件都是镶嵌在机械结构上的，如果控制硬件的尺寸不知道，就谈不上设计出精致、巧妙的机械结构。如果时间和经费允许，可以对控制硬件进行调试实验，验证选择的控制方案是否满足设计要求后再进行机械设计。但这样做的缺点就是，机械加工的周期往往比较长，把机械设计放在最后会影响机器人总体的研制进度。因此，在基本控制方案确定之后，一般采用并行方式展开机电设计工作。对于一些机器人设计，可购买厂家的移动载体，如移动小车和机械臂等，那么设计者要做的是将机械部分和控制部分集成为一个具有实体功能的机器人即可。随着计算机技术（如CAD/CAM/CAPP）的快速发展，为机器人的设计提供了方便条件，这样大大缩短了设计周期并降低了成本，很多设计者在进行具体设计之前，进行了计算机仿真设计，开发出虚拟样机，为机器人后续的设计、加工和制造提供了条件和保障，提高了设计效率，减少了加工和制造费用。

通常来说，机器人的设计步骤一般可分为总体方案设计，子系统详细设计，机器人制造、安装和调试，以及编写机器人设计文档等。

1. 总体方案设计

1）机器人的应用和可行性分析。分析现有同类机器人的产品性能和特点，进行可行性调查。论证技术上是否先进，是否可行；核算经济上的成本和效益；评估市场开发的前景。对于企业来说，设计机器人之前，应该明确设计的机器人适用于什么样的客户，机器人应用在什么领域，实现什么样的功能。对于高校或者研究所等科研单位来说，设计机器人之前，也需要明确设计机器人的目的，是用来展示成果和进行科学实验，还是进行理论验证等。因为目的不一样，对样机要求的功能就不一样。不能希望设计的机器人尽善尽美，具有所有机器人的功能。例如，设计一台搬运机器人，不能要求该搬运机器人具有所有的搬运功能，只要能满足用户的某一要求即可。

2）明确机器人的设计要求。确定工艺过程、动作要求和有关参数，并对机器人的工作环境进行分析。对于机器人，分析其工作环境，确定工作空间和自由度等。

3）明确机器人的功能要求、性能指标和技术要求。通过查阅国内外文献和市场调研分析，了解国内外同类机器人发展的水平和研制的技术难点，结合机器人的工作条件和功能要求，明确提出设计的机器人具有的功能、性能指标和技术参数。这一步至关重要，因为后面的一切设计工作都是围绕这项要求和指标来做的。

4）方案论证比较。根据上述分析，初步提出若干总体设计方案，通过对工艺生产、技术和价值分析选择最佳方案。例如，选择传动方案、机器人运动载体的移动方式、传感器的种类和数目、控制策略等。

2. 子系统详细设计

机器人总体方案确定后，要进行机器人的详细设计。也就是要进行各个子系统、部件及零件的设计。机器人包括控制系统、机械系统和机器人检测系统等。

（1）机器人机械系统设计　机器人的机械系统设计，包括末端执行器、臂部、腕部、机座和行走机构等的设计。机器人机械系统的设计不但要实现一定的机械功能，还应该具有一定的“人”的智能。人的智能是多少年来科学家们一直追求的目标。但是，不能忽视人的美感：匀称、和谐和线条美，这些也是设计者所追求的。在机械强度、刚度和成本允许的情况下，应尽可能使机器人美观大方。

机器人的机械系统设计与一般传统的机械设计相比，具有许多类似的方面，但是也有不少特殊之处，其特点如下。

首先，从机构学的角度来分析，机器人的机械结构可以是由一系列连杆通过旋转关节（或移动关节）连接起来的开式空间运动链，也可以是类似并联机器人的闭式或混联空间运动链。

其次，机器人的链结构形式比起一般机构来说，虽在灵巧性和空间可达性等方面要好得多，但是由于链结构相当于一系列悬挂杆件串接或并接在一起，机械误差和弹性变形的累积，使机器人的刚度和精度大受影响，也就是说，这种形式的机器人在运动的传递上存在先天性的不足。一般机械设计主要是强度设计，机器人的机械设计既要满足强度要求，还要考虑刚度和精度设计。

再次，机器人的机械结构，特别是关节传动系统，是整个机器人伺服系统中的一个组成环节，因此，机器人的机械设计具有机电一体化的特点。例如，一般机械对于运动部件的惯量控制只是从减少驱动功率来着眼分析的，而机器人的机械设计需要同时从机电时间常数、提高机器人快速响应能力这一角度来控制惯量。再如，一般的机械设计中控制机械谐振频率是为了保证不破坏系统，而在机器人设计上，是从运动的稳定性、快速性和轨迹精度等伺服性能角度来控制机械谐振频率的。

此外，与一般机械相比，机器人的机械设计在结构的紧凑性、灵巧性以及特殊要求等方面具有较高的要求。

在详细设计机械系统的零件图和装配图时，可以使用Pro/E、UG或者SolidWork等软件建立三维实体模型，在计算机上进行虚拟装配，然后进行运动学仿真，检查是否存在运动干涉和外观的不足。在加工制造之前，可使用Adams等软件进行动力学仿真，能够发现更深层次的问题，然后进行修正，从而进一步完善机器人机械系统的设计。

（2）机器人控制系统设计　首先根据总体的功能要求选择合适的机器人控制方案。然后根据控制方案选择和设计机器人控制硬件和软件。

在机器人控制系统设计中，选择驱动方式很重要。通常，根据机器人负载要求选择液压驱动、气动还是电动作为机器人的驱动方式，这主要取决于机器人工作现场条件和机器人上能提供的动力源类型。

3. 机器人制造、安装和调试

首先，筛选标准元器件，对自制的零部件进行检查，对外购的设备器件进行验收；然后，对各子系统经调试后进行总体安装，整机联调。对于传动系统，特别是谐波传动，安装在机器人上之前一定要调试，检查传动精度以及噪声是否满足要求。对于机器人，通常先空载调试，然后带负载调试。

4. 编写机器人设计文档

设计文档并不是机器人设计的最后任务，而是贯穿于其设计的全过程。编写设计文档的过程，是对机器人技术进行总结、分析和积累的过程。这些文档是对机器人技术的积累，对企业或者科研机构是一笔宝贵的财富。

设计机器人不应该有一个严格的步骤和设计程序，一定先做什么，然后做什么。中间有许多反馈的过程，很可能开始的设计不能满足后来设计的要求，或者后来发现，最初的设计中有些不是最佳的方案或者是多余的，这时需要重新修改前面的设计，有可能造成一连串的改动。所以作为一名设计者，开始总体方案设计时尽可能考虑全面，论证充分，这样才不会出现很多不必要的返工。

8.1.2　机器人设计方法

机器人的设计方法通常与计算机技术的发展是紧密相关的。目前，机器人设计通常采用计算机辅助设计法、仿真与虚拟设计法、仿生设计法等。

1. 计算机辅助设计法

计算机辅助设计（CAD）法，是通过向计算机输入设计资料，由计算机自动地编制程序，优化设计方案，并绘制出产品或零件图的过程。CAD 技术的应用，把人们从过去繁琐的绘图中解放出来，它不仅带给人们绘图的便利，而且改变了整个设计过程。这方面的知识比较多，这里不再赘述，可参考计算机辅助设计方面的文献。

2. 仿真与虚拟设计法

在计算机技术快速发展的今天，机器人的设计也发生了很大的变化，出现了仿真与虚拟设计。对于特种机器人，很多特殊环境，如深水中、核反应堆强辐射区等，只能借助计算机来模拟实际的环境。Pro/E，UG，SolidWork，Adams 等计算机软件的应用，已经使设计者不需要制造出实际的样机，就能够虚拟仿真机器人，从而研究机器人的运动学和动力学等特性，以及在计算机环境下开发虚拟数字化样机。计算机仿真与虚拟研究，使机器人的设计时间大大缩短，使设计者在设计阶段就能发现以后有可能出现的一些问题，而此时更改设计方案是比较容易的。如果等到样机已经制造出来再更改图样，就会花费更多的人力和物力。

3. 仿生设计法

仿生设计学也可称之为设计仿生学（Design Bionics），它是在仿生学和设计学的基础上发展起来的一门新兴边缘学科。仿生设计，不仅是一种设计方法和工具的突破，而且是一种概念上的创新，是一种设计思想。仿生设计最早出现在军工产品上，如雷达、类人机器人等。由于机器人的特殊功能要求和趋向智能化，仿生设计越来越多地应用在机器人的设计上。

目前，仿生设计主要采用结构仿生和功能仿生两种主要方法。

（1）结构仿生　现代机器人的结构仿生中比较常见有海洋动物仿生、蛇类仿生、变形虫仿生和人体仿生等。

（2）功能仿生　机器人仿生研究的目的之一是实现功能仿生，使人造的机械能完成或部分实现高级生物丰富的功能，如思维、感知、运动和操作等。功能仿生包括大脑功能仿生、感知仿生和运动仿生等。

8.2 工业机器人系统设计

8.2.1 系统技术指标、总体功能和结构方案设计

1. 机器人技术参数与指标

在设计机器人之前，首先要确定机器人技术参数和指标。表示机器人特性的基本参数主要有工作空间、自由度、有效负载、运动精度、运动特性、动态特性和经济性指标。

2. 机器人系统总体功能和结构方案设计

机器人的设计涉及机械设计、传感技术、计算机应用和自动控制，是跨学科的综合设计。机器人应作为一个系统进行研究，从总体出发研究其系统内部各组成部分之间，以及外部环境与系统之间的相互关系。作为一个系统，机器人应具备如下要求。

(1) 整体性　由几个不同性能的子系统构成的机器人，应作为一个整体来分析，应具有其特定功能。

(2) 相关性　各子系统之间相互依存，相互联系。

(3) 目的性　每个子系统都有明确的功能，各子系统的组合方式由整个系统的功能决定。

(4) 环境适应性　机器人作为一个系统，要适应外部环境的变化。

在详细设计之前，要明确所设计的机器人应该具有哪些功能。系统总体功能设计是结构设计的最终目的。只有确定了系统的功能，后面的设计才能有的放矢。

实现既定的功能，可能有很多种结构方案，应优先选择简单可靠的结构方案。通过市场调研和对现有同类机器人的技术分析，研究所要设计的机器人技术难点和关键技术。开始时，可以提出几种不同的方案；通过讨论对比分析，经过充分论证后，选择一种优化的结构方案。

8.2.2 机器人分系统设计及实现

1. 机器人机械结构分系统

由于应用场合的不同，机器人的结构形式多种多样，各组成部分的驱动方式、传动原理和机械结构也有各种不同的类型。通常根据机器人各部分的功能，其机械部分主要由下列各部分组成。

(1) 手部结构　指机器人为了进行作业，在手腕上配置的操作机构，有时也称为手爪部分或末端执行器。如抓取工件的各种抓手、取料器、专用工具的夹持器等，还包括部分专用工具，如拧螺钉螺母机、喷枪、焊枪、切割头和测量头等。

(2) 手腕结构　连接手部和手臂的部分，其主要作用是改变手部的空间方向和将作用载荷传递到手臂。

(3) 手臂结构　连接机座和手腕的部分，其主要作用是改变手部的空间位置，满足机器人的作业空间，将各种载荷传递到机座。

(4) 机座结构　机器人的基础部分，起支承作用。对固定式机器人，直接连接在地面

基础上；对移动式机器人，则安装在移动机构上。

2. 机器人控制分系统

机器人控制分系统，是机器人的重要组成部分。它的机能类似于人的大脑。要与外围设备协调动作，共同完成作业任务，就必须具备一个功能完善、灵敏可靠的控制系统。机器人的控制分系统总的可以分为两大部分，一部分是对其自身的控制，另一部分是机器人与周边设备的协调控制。

控制分系统一般由控制计算机和驱动装置伺服控制器组成。后者控制各关节的驱动器，使各关节按一定的速度、加速度和位置要求进行运动；前者则要根据作业要求完成编程，并发出指令控制各伺服驱动装置使各关节协调工作，同时还要完成环境状况、周边设备之间的信息传递和协调工作。

（1）机器人控制分系统的特点　机器人控制分系统的主要任务是，控制机器人在工作空间中的运动位置、姿态和轨迹、操作顺序及动作的时间等，其中有些项目的控制是非常复杂的，这就决定了机器人的控制分系统应具有以下特点：

1）机器人的控制与其机构运动学和动力学具有密不可分的关系，因此，要使机器人的手臂、手腕及末端执行器等部位在空间具有准确的位姿，就必须在不同的坐标系中描述它们，并且随着基准坐标系的不同而做适当的坐标变换，要经常求解运动学和动力学问题。

2）描述机器人状态和运动的数学模型是一个非线性模型，因此，随着机器人的运动及环境的改变，其参数也在改变。又因为机器人往往具有多个自由度，所以引起其运动变化的变量不止一个，而且各个变量之间一般都存在耦合问题，这就使得机器人的控制分系统不仅是一个非线性系统，而且是一个多变量系统。

3）对机器人的任一位姿，都可以通过不同的方式和路径达到，因此，机器人的控制分系统还必须解决优化的问题。

（2）机器人控制分系统的基本功能　机器人控制分系统必须具备示教再现和运动控制两个基本功能。

1）示教再现功能。示教再现功能，是指在执行新的任务之前，预先将作业的操作过程示教给机器人，然后让机器人再现示教的内容，以完成作业任务。

2）运动控制功能。运动控制功能，是指机器人对其末端执行器的位姿、速度、加速度等项的控制。

（3）机器人控制方式　机器人的控制方式有多种多样，根据作业任务的不同，主要可分为点位控制和连续轨迹控制。

（4）机器人控制系统组成　机器人的控制系统，主要包括硬件和软件两个方面。

1）硬件。机器人控制系统的硬件，主要由以下几个部分组成：

① 传感装置。机器人可感知内部和外部的信息。其中，用以检测机器人各关节的位置、速度和加速度等，即感知其本身状态信息，该类传感器称为内部传感器；而外部传感器，就是所谓的视觉、力觉、触觉、听觉和滑觉等传感器，它们可使机器人感知外部工作环境和工作对象状态信息。

② 控制装置。控制装置用来处理各种感觉信息、执行控制软件、产生控制命令。一般由一台微型或小型计算机及相应的接口组成。

③ 关节伺服驱动部分。这部分主要是根据控制装置的指令，按作业任务的要求驱动各关节运动。

2）软件。这里所说的软件主要是控制软件，它包括运动轨迹算法和关节伺服控制算法及相应的动作程序。控制软件可以用计算机语言来编制，由通用语言模块化编制形成的专业机器人语言越来越成为机器人控制软件的主流。

3. 机器人智能分系统

智能分系统，是目前机器人系统中研究的热点。它主要由两个部分组成：一个为感知系统，另一个为“分析—决策—规划”系统。前者主要靠硬件（各类传感器）来实现；后者主要靠软件（如专家系统）来实现。至今已开发出各种各样的传感器，而且已经实用化，如测量接触、压力、力、位置、角度、速度、加速度、距离及物体特性（形状、大小、姿态、凹凸、表面粗糙度、质量）的传感器。这些传感器可以分为两大类：用于控制机器人自身的内部传感器和安装在机械手或外围设备进行某种操作所需要的外部传感器。真正意义上的智能机器人系统应具有解决问题的能力和理解知觉信息的机能，能适应外界的条件和环境，并可根据人的指示地进行必要作业的系统。

8.2.3 机器人系统内外部接口的设计

1. 机械接口设计

机器人系统内部和外部的机械结构，主要采用螺栓、螺钉等连接件紧定连接，对于易损和需要经常更换的外部设备，通常采用卡口式设计，方便操作者对外部设备的快速装卸。

2. 通信接口设计

机器人的通信接口，随着计算机、控制器和驱动器的接口标准发展而改变。机器人与计算机相连接时，如果通信距离较远采用串行 RS232C 通信接口；如果通信距离较近，采用并行通信接口。也有一些机器人采用总线接口，如 Can 总线、Fire Wire 总线（IEEE1394 总线）。机器人与各种传感器之间主要采用模拟量的 I/O 和数字量的 I/O 接口，也有采用串行 RS232C 接口的。

8.3 特种机器人系统设计

特种机器人，是指在非制造环境下应用的机器人。它和工业机器人的区别主要是功能和环境的不同。工业机器人是在一定的结构化环境下完成一定的制造或者制造辅助功能；而特种机器人一般都是在非结构化或者动态环境中完成某种特定的非制造性功能。下面以水下船体表面清刷机器人和仿生机器人作为特种机器人的典型案例，以此来介绍特种机器人的设计。

8.3.1 仿生机器人设计

1. 仿生机器人的特点、发展及关键技术问题

（1）仿生机器人的特点　仿生机器人是近十几年来出现的新型机器人，它的思想来源于仿生学，其目的是研制出具有生物某些特征的机器人。该机器人是仿生学的先进技术与机器人领域的各种应用的较佳结合，是机器人发展的较高阶段。

（2）仿生机器人的研究现状

1）飞行机器人。飞行机器人，即具有自主导航能力的无人驾驶飞行器。其飞行原理分为：固定翼飞行、旋翼飞行和扑翼飞行。固定翼技术已经成熟，但其翼展在 200mm 以下时不足以产生足够的升力。目前国内外广泛关注的微型飞行器侧重于扑翼机的研究。它模仿鸟类或昆虫的扑翼飞行原理，故被称为“人工昆虫”。

目前对飞行运动进行仿生研究的国家主要是美国，英国剑桥大学和加拿大多伦多大学也在开展相关方面的研究工作。美国加州大学伯克利分校的研究小组用了 4 年的时间，基于仿生学原理制造出了世界上第一只能飞翔的“机器苍蝇”。

2）陆地仿生机器人。美国宇航局（NASA）喷气推进实验室于 2002 年 12 月研制成功的机器蜘蛛（Spider-pot），装有一对可以用来探测障碍的天线，且拥有异常灵活的腿。它们能跨越障碍，攀登岩石，探究靠轮子滚动前进的机器人无法抵达的区域。

目前世界上关于仿壁虎机器人的研制还处在起步阶段，真正能实现类似壁虎的全空间无障碍运动的机器人还需要一些时间。

3）水下仿生机器人。水下机器人又称为水下无人潜器，分为遥控、半自治及自治型。水下机器人是典型的军民两用技术，不仅可用于海上资源的勘探和开发，而且在海战中也有不可替代的作用。鱼类的高效、快速、机动灵活的水下推进方式吸引了国内外的科学家们从事仿生机器鱼的研究。美国、日本等国的科学家们研制出了各种类型的仿生机器鱼实验平台和原理样机。国内的中科院自动化研究所、北京航空航天大学和哈尔滨工程大学等单位已研制了机器鱼样机。

（3）研究仿生机器人的关键技术问题

1）建模问题。仿生机器人的运动具有高度的灵活性和适应性，其一般都是冗余度或超冗余度机器人，结构复杂，运动学和动力学模型与常规机器人有很大差别，且复杂程度更大。

2）控制优化问题。机器人的自由度越多，机构越复杂，必将导致控制系统的复杂化。复杂大系统的实现不能全靠子系统的堆积，要做到“整体大于组分之和”，同时要研究高效优化的控制算法才能使系统具有实时处理能力。

3）信息融合问题。信息融合技术把分布在不同位置的多个同类或不同类的传感器所提供的局部环境的不完整信息加以综合，消除多传感器信息之间可能存在的冗余和矛盾，从而提高系统决策、规划、反应的快速性和正确性。

4）机构设计问题。生物的形态经过千百万年的进化，其结构特征极具合理性，而要用机械来完全仿制生物体几乎是不可能的，只有在充分研究生物肌体结构和运动特性的基础上提取其精髓进行简化，才能开发全方位关节机构和简单关节组成高灵活性的机器人机构。

5）微传感和微驱动问题。微型仿生机器人的开发涉及电磁、机械、热、光、化学、生物等多学科。对于微型仿生机器人的制造，需要解决一些工程上的问题。如动力源、驱动方式、传感集成控制以及同外界的通信等。

2. 四足仿生机器人的设计

仿生机器人的种类很多，在此仅以四足仿生机器人设计为例进行介绍。

（1）样机设计概况　样机采用仿四足哺乳类动物——狗的生理结构，并对其关节进行了简化，如图 8-1 所示。

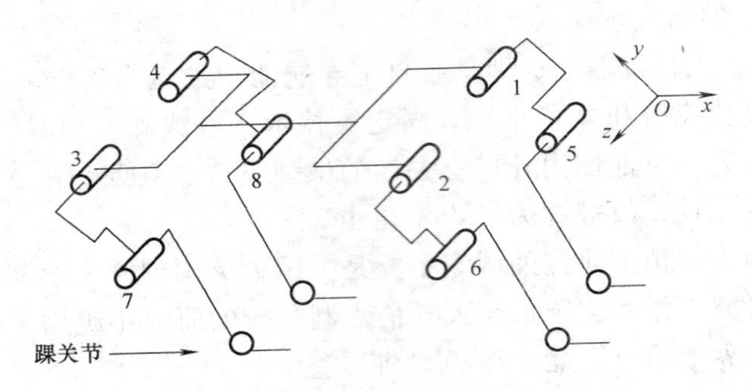

图 8-1 四足仿生机器狗关节分布图

1~4—髋关节 5~8—膝（肘）关节

（2）机器狗运动控制算法 算法是机器狗控制系统的重要组成部分之一，目前机器狗的运动控制算法大致可分为两类：

1）传统规划算法。传统规划算法先对机器狗本体建模，运动中确定目标位置和运行速度后需实时地再建立精确的环境模型，在这基础上通过动力学及运动学方程的数值求解，获得各关节在下一时刻的位置信息。该方法适合机器狗在结构化环境下的运动控制，具有算法成熟、控制精度高等优点。其缺点是对移动机器狗系统建模复杂、计算量大、实时性难以保证，同时在非结构化环境中，很难对环境精确建模。

2）仿生控制算法。仿生控制算法，是模仿生物的运动机理来实现对机器狗的运动控制，常见的有仿生 CPG 算法、遗传算法、基于行为的控制方法等。仿生 CPG 算法能够产生稳定的相位关系，实现步态的协调，不需要对环境精确建模，具有算法简单、易于计算机程序化、对地形的适应性强等特点。目前该算法已应用于四足机器人"Tekken"和"Biosbot"，同时在仿生机器鱼、机器蛇和双足机器人中已初见成效。遗传算法是对生物进化机制的仿生，其特点是具有高度的并行处理能力，鲁棒性强，易于实现全局优化，特别适用于非线性复杂大系统的优化。基于行为控制的机器人运动由一系列同时发生的简单动作或"能力"组成，通过自组织实现系统的复杂行为，具有即时性和自组织的特点，在非结构化环境中具有良好的适应性。

（3）机器狗结构设计 该四足仿生机器狗试验样机，采用仿四足动物狗的生理结构，如图 8-2 所示。狗的每条腿由 5 段组成，共有 5 个关节，每个关节有 1~3 个自由度。狗腿的结构冗余自由度多，在现阶段四足机器人要完全模仿这种结构几乎不可能，只能通过合理的简化，尽量让它接近这种结构。目前研制的四足仿生机器狗试验样机每条腿具有 3 个关节，分别是髓关节、膝肘关节和踩关节。其中髓关节、膝肘关节为主动关节，采用直流电动机驱动；踩关节为从动关节，关节上装有弹簧。

机器狗试验样机如图 8-3 所示，由躯干和 4 条腿组成。材质主要采用铝型材，部分要求强度高的部件（如轴套）采用钢结构。机器狗机械本体质量约为 10kg（含电动机、减速机构），控制系统质量约为 1.5kg。躯干主体是一根横梁，两端装有机架，用于髓关节电动机的固定。四条腿采用相同的结构，髓关节采用直流减速电动机直接驱动。为了尽量让每条腿上的惯量匹配，膝关节电动机没有直接安装在膝关节上，而是安装在机器狗大腿的另一侧，距离骸关节 9cm 处，电动机经齿轮式减速器减速后通过带轮传动。踩关节是一个从动关节，

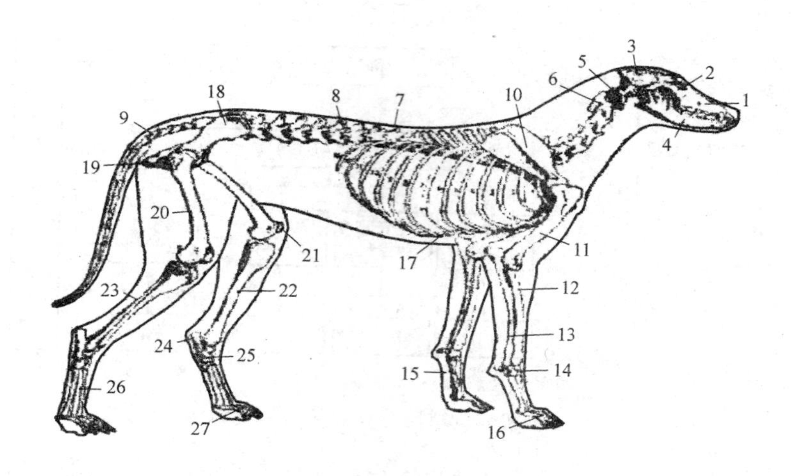

图 8-2　狗的骨骼示意图

1—上颌骨　2—颧骨　3—顶骨　4—下颌骨　5—第一颈椎（寰椎）　6—第二颈椎（枢椎）　7—胸椎　8—腰椎　9—尾椎　10—肩胛骨　11—肱骨　12—桡骨　13—尺骨　14—腕骨　15—掌骨　16—指骨　17—胸骨　18—骼骨　19—坐骨　20—股骨　21—髌骨　22—胫骨　23—腓骨　24—跟突　25—跗骨　26—蹠骨　27—趾骨

没有用电动机驱动，而是通过扭簧连接。采用硫化方法，在机器狗足底安装有橡胶块，以减小地面对机器狗的冲击，提高机器狗的柔性。

（4）机器狗控制系统设计

1）机器狗控制系统由以下三大功能模块组成。

① 机器狗规划、决策模块。根据外部给定的目标任务，借助各类传感器，确定机器狗的行走路线。

② 多关节协调控制模块。将机器狗的任务分解到各个关节，通过多关节的协调运动来完成具体的行走任务。

③ 单关节运动控制模块。通过对机器狗驱动器的伺服控制，驱动关节完成运动。

这三大功能模块分别完成不同的任务，模块间相互联系，需要交换数据。整个控制系统是一个多层次、多级别的复杂系统。为了实现对多个层次的单独控制以及不同层次的协调管理，将控制系统分解为多个子系统，不同层次上用单独的控制器控制，各层次间通过通信来交换数据，即采用递阶分布式控制系统结构，如图 8-4 所示。

图 8-3　机器狗的结构示意图

2）控制系统共分为三层：导航和路径规划层、关节运动规划层和运动执行层。导航和路径规划层是任务规划层，根据高层的命令，结合传感器对环境的感知信息生成机器狗的行走路线；关节运动规划层将上层的任务转化为多关节的协调步态，将步态

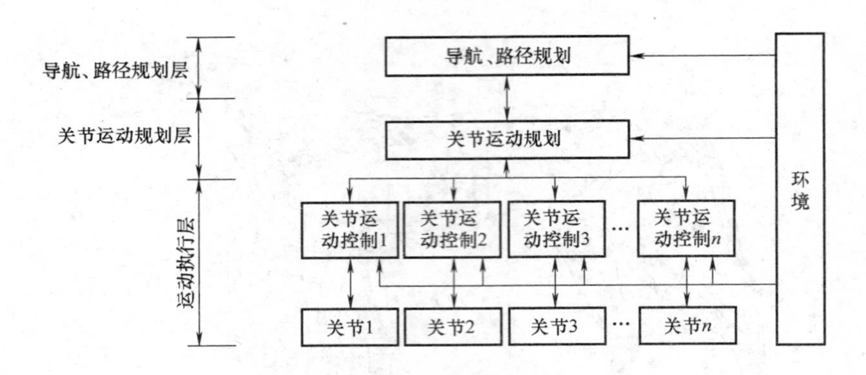

图 8-4　机器狗递阶分布式控制系统结构

信息细分到各个关节伺服控制器，在机器狗运行过程中通过对环境的感知，对步态做出适当的调整；运动执行层是控制系统的底层，负责执行具体的动作命令。

8.3.2　水下船体表面清刷机器人设计

水下船体表面清刷机器人是用于水下 10m 以浅船体表面自动清刷的，这对于延长船舶的使用寿命、提高航速、节省燃油消耗和降低潜水员的劳动强度具有重要的作用。根据该机器人的技术指标和作业环境的要求，以及国内外水下清刷技术发展情况，设计了水下船体表面清刷机器人。

1. 水下船体表面清刷机器人的技术要求、组成和工作原理

（1）水下船体表面清刷机器人的技术要求

1）工作环境：水下 10m 以浅船体表面。

2）负重能力：不小于 300N。

3）移动速度：0～8m/min。

4）控制方式：有线遥控。

（2）水下船体表面清刷机器人的组成及工作原理　水下船体表面清刷机器人主要由交流伺服电动机驱动系统、磁吸附系统、控制系统和清刷作业装置等组成，如图 8-5 所示。

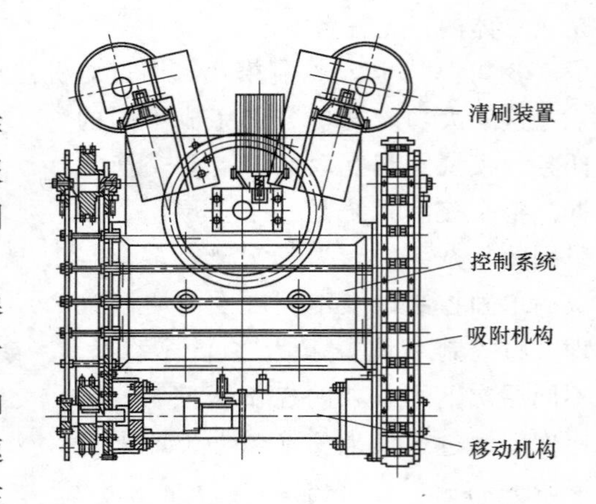

图 8-5　水下船体表面清刷机器人示意图

水下船体表面清刷机器人的工作原理：机器人在船体表面的运动由两个伺服电机驱动，具有两个自由度。其中，一个自由度是沿机器人中轴线的移动，另一个是靠这两个伺服电动机的转速差实现的转弯运动。机器人通过吸附装置吸附在船体。机器人按照预定的轨迹携带清刷作业装置，一边移动一边清刷，直至完成清刷作业任务。

2. 机械本体方案设计

（1）机器人吸附方式的选择　水下船体表面清刷机器人按吸附功能来分有真空吸附、磁吸附和推力吸附三类。真空吸附法有单吸盘和多吸盘两种。它是通过真空泵装置，使吸盘内腔产生负压或由喷射器经喷嘴将压缩空气喷出，在其周围形成真空，使机器人吸附在壁面上。它不受壁面材料的限制，但当壁面凹凸不平时，吸盘容易漏气，降低了吸附力和承载力。磁吸附法分永磁体和电磁体两种，它要求壁面必须是导磁材料，对壁面的凹凸适应性强，不存在漏气问题且结构简单。当壁面是导磁材料时优先考虑选用磁吸附。推力吸附法是一种新型的吸附方式，与真空吸附和磁吸附相比，在爬壁机器人的载体方面有了很大的创新。它不是依靠吸力而是借鉴了航空技术，使用螺旋桨或涵道风扇产生合适的推力，使机器人稳定可靠地吸附在壁面上，由于推力能始终指向壁面，机器人可容易地实现越障而适应于各种情况的壁面。考虑到船体表面是导磁性材料，且附着海生物的船体表面凹凸不平，为了提高吸附力，选用磁吸附法。由于用永磁体维持吸附力不需要外加能量，也不会因控制部件发生故障而脱离壁面，所以采用永磁体吸附。

（2）机器人移动方式的选择　对于壁面爬行机器人，其移动方式有车轮式、履带式和步行式三种方式。其中，步行式机器人，重心比较高，动作较慢，而且水阻力较大。

轮式机器人虽然具有运动灵活性的特点，但永磁轮与船体表面的接触为线接触，相对于面接触的磁吸盘而言，产生的磁吸附力较小。

履带的移动方式与轮式相比，虽然结构上比较复杂，但其接触面大、重心低、稳定、可增加负重，而且便于携带作业工具。将永磁块镶在链条上形成磁性履带，通过合理的设计履带结构，可以使履带负重的大小与其上所镶嵌的磁块数量近似成正比，这样可保证在增加吸附力的同时，又可灵活地适应壁面。由于履带是铰链连接的，具有一定的柔性，能够适应船体表面的曲率变化，而且可越过焊缝等存在于船体表面的障碍，所以机器人采用履带的移动方式。

（3）机器人驱动方式的选择　机器人按驱动方式可分为液压驱动、气压驱动和电动驱动等。对于高速重载的机器人，采用液压驱动比较合理，其运动平稳，而且负载能力大。但液压油源及油箱结构较为复杂，而且需要拖着又长、又沉的液压管路，限制了水下船体表面清刷机器人的活动空间。气动的特点是因其具有可压缩性，通常用于机器人手爪的驱动。电动驱动主要有步进电动机、直流伺服电动机和交流伺服电动机。考虑水下船体表面清刷机器人的特殊作业环境，驱动机构选用交流伺服电动机驱动。该电动机具有全封闭结构，而且具有可靠性高、转子的转动惯量小、系统的快速性好、同功率下质量和体积均较小等优点。

交流伺服电动机是高转速、低转矩的驱动部件，电动机的输出轴要经过减速器进行减速，才能得到所需的转速和转矩。可选用精密行星齿轮箱作为减速器。

（4）机器人密封及防腐方案的选择　水下船体表面清刷机器人工作在海水里，必须对机器人采取一定的保护措施，防止海水的渗入和抵抗海水的侵蚀。由于海风、海浪、潮汐激起海水不断流动，构成力学和电化学因素共同作用的腐蚀环境，机器人在海水中容易发生应力腐蚀、疲劳腐蚀、冲蚀和空蚀等。在选用材料时，要优先考虑选用耐海水腐蚀的材料，如不锈钢、防腐铝合金等，还有非金属耐海水腐蚀材料，如特种尼龙、丁腈橡胶等。整机装配后，喷涂防腐涂料和防止海洋生物吸附的防污漆，以防止海水腐蚀和附着海洋生物。

密封是指能阻止泄漏的方法。它的原理是采用某种特制的机构，以彻底切断泄漏通道的方法，达到阻止泄漏的目的。密封分静密封和动密封。机器人工作在海水里，静密封可采用以丁腈橡胶为材质的O形圈进行密封。O形圈密封具有结构紧凑、寿命长、装拆方便、密封性能好的特点。

在设计水下船体清刷机器人动密封结构时，遇到了一个技术难题：机器人所用的伺服电动机的控制元件为光感元件，不能采用压力补偿式密封；伺服电动机输出轴的轴向密封尺寸较小时，也不能采用机械密封；要更换水下电动机，会使制造成本大幅度地增加。经过分析研究，决定在电动机的输出轴端加一个轴套，然后再采用 O 形圈和特康 T40 材质滑环组合密封的形式——特康旋转格莱圈进行密封，这种结构具有结构简单、轴向尺寸小和抗磨损性强的特点。

（5）机器人清刷装置的方案　水下清刷装置是水下船体表面清刷机器人的执行机构。机器人携带三把刷具同时工作，清刷效率较高。每把刷具由水下电动机、减速器、轴、滑动轴承、联轴器、刷具及支架等组成。刷盘选用铝合金制作，由锁紧螺母固定在轴上。支架采用铝合金制成。为达到高效率的清刷效果，要求刷丝具有合理的硬度和弹性。

3. 机器人控制系统方案

水下船体表面清刷机器人的控制系统采用二级计算机控制方案，如图 8-6 所示。上位机位于船甲板的运载小车上，完成人机界面的交互、环境初始值的输入、作业任务的指定、路径的规划和机器人的状态显示等。下位机位于机器人的载体上，接收来自上位机的指令，控制移动机构和清刷作业装置的工作等。控制器内部由两个伺服电动机驱动器、直流电源模块、倾角传感器和控制电路板等组成。

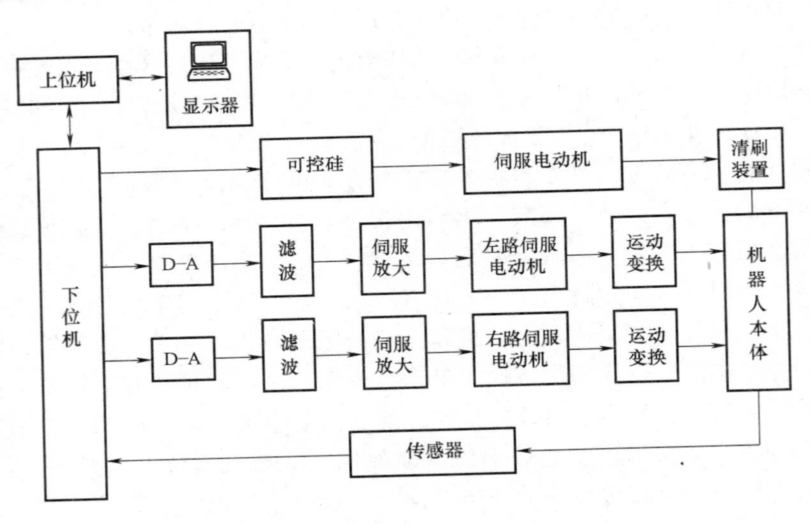

图 8-6　机器人控制系统示意图

综上所述，根据陆地上壁面移动机器人的发展状况和在海洋中作业的这一特殊环境，设计了水下船体表面清刷机器人的总体方案，为该机器人详细设计、制造提供了保障。

8.4　机器人的应用

8.4.1　机器人应用准则及步骤

机器人的应用准则为：

1）应当从恶劣环境和工种开始执行机器人计划。

2）考虑在生产率落后的部门应用机器人。

3）要估计长远发展需要。

4）使用费用与机器人不成正比。

5）力求简单实效准则。

6）确保人员和设备安全准则。

7）不要期望卖主提供全套承包服务准则。

8）不要忘记机器人需要人准则。

机器人的应用步骤为：

1）全面考虑并明确自动化要求。

2）制订机器人化技术。

3）探讨采用机器人的条件。

4）对辅助作业和机器人性能进行标准化。

5）设计机器人化作业系统方案。

6）选择适宜的机器人系统评价指标。

7）详细设计和具体实施。

机器人技术作为21世纪人类伟大的发明之一。自20世纪60年代初问世以来，经历40多年的发展已取得长足的进步。机器人在经历了诞生—成长—成熟期后，已成为制造业中不可少的核心装备，世界上约有近百万台机器人正与工人并肩工作在各条战线上。并且数量还在飞速增长中。

下面主要介绍典型的焊接机器人、搬运机器人、喷涂机器人和装配机器人等的应用。

8.4.2　焊接机器人系统组成及应用

焊接机器人是在机器人的末轴法兰上装接焊钳或焊（割）枪，使之能进行焊接、切割或热喷涂的机器人。目前焊接机器人是机器人应用领域中较大的范畴之一，占机器人总数的25%左右。焊接机器人具有焊接性能可靠、焊缝质量优良、焊接参数调整方便、生产率高、柔性好等特点，可焊接多种多样的产品，能灵活调整生产安排。

在工业发达国家，焊接机器人已获得广泛应用，如汽车工业、航天、船舶、机械加工行业、电子电气行业及其他相关制造业等诸多领域，是制造业中无可替代的先进装备和手段，并成为衡量一个国家制造水平和科技水平的重要标志之一。

我国的焊接机器人起步较晚，于20世纪70年代末才刚起步研究焊接机器人，在80年代研制出了我国第一台弧焊焊接机器人和点焊机器人，经过二十多年机器人焊接技术的应用实践，国内焊接机器人应用已初具规模。

1. 焊接机器人系统组成

完整的焊接机器人系统如图8-7所示，一般由以下几部分组成：机械手、变位机、控制器、焊接系统（专用焊接电源、焊枪或焊钳等）、焊接传感器、中央控制计算机和相应的安全设备等。

2. 焊接机器人的主要结构形式及性能

焊接用机器人基本上都属于关节式机器人，绝大部分有6个轴。其中，1、2、3轴可将末端工具送到不同的空间位置，而4、5、6轴解决工具姿态的不同要求。焊接机器人本体的机械结构主要有两种形式：一种为平行杆型机构，一种为多关节型机构，如图 8-8 所示。

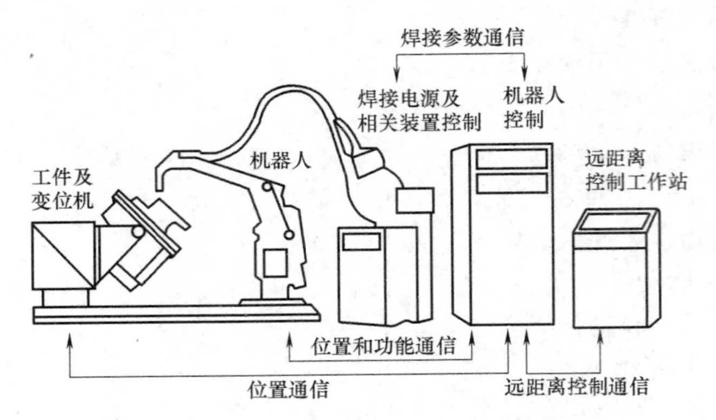

图 8-7　焊接机器人系统组成示意图

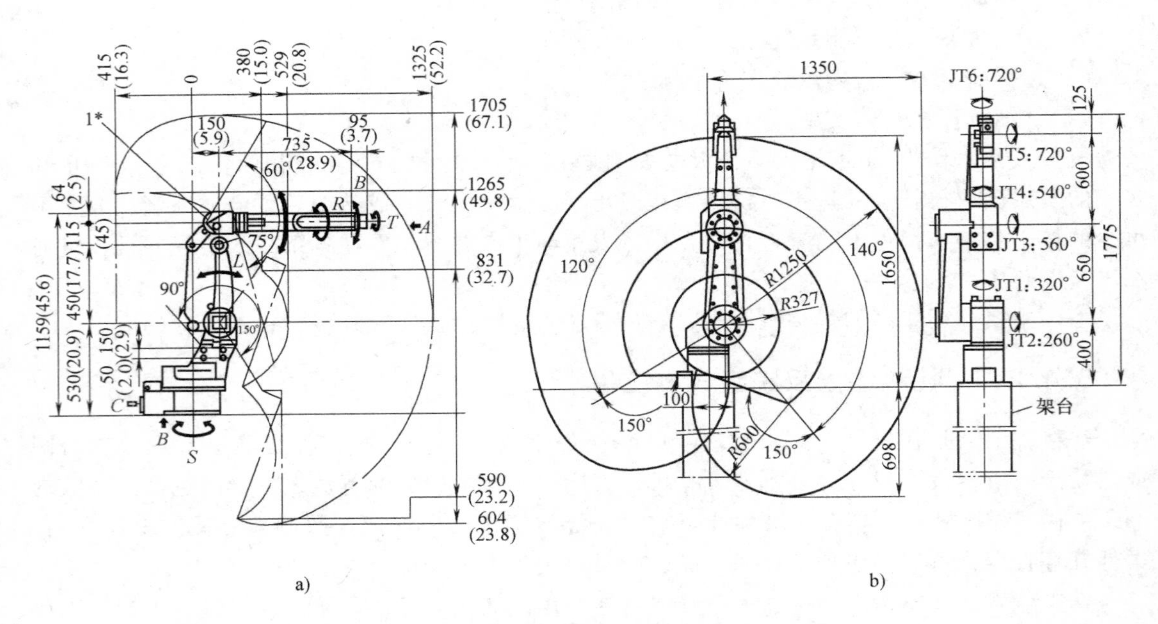

图 8-8　焊接机器人基本结构形式

a）平行杆型机构　b）多关节型机构

多关节型机构的主要优点是，上、下臂的活动范围大，使机器人的工作空间几乎能达一个球体。因此，这种机器人可倒挂在机架上工作，以节省占地面积，方便地面物件的流动。但是这种结构形式的机器人，2、3 轴为悬臂结构，降低了机器人的刚度，一般适用于负载较小的机器人，用于电弧焊、切割或喷涂。

平行杆型机器人的工作空间能达到机器人的顶部、背部及底部，又没有多关节型机器人的刚度问题，从而得到普遍的重视，不仅适合于轻型机器人，也适合于重型机器人。

3. 点焊机器人

点焊机器人（Spot Welding Robot）是用于点焊自动作业的机器人。该机器人由机器人本体、计算机控制系统、示教盒和点焊焊接系统几部分组成，如图 8-9 所示。点焊机器人机械本体一般具有六个自由度：腰转、大臂转、小臂转、腕转、腕摆及腕俯仰运动。其驱动方式有液压驱动和电气驱动及气压驱动，其中电气驱动应用更为广泛。

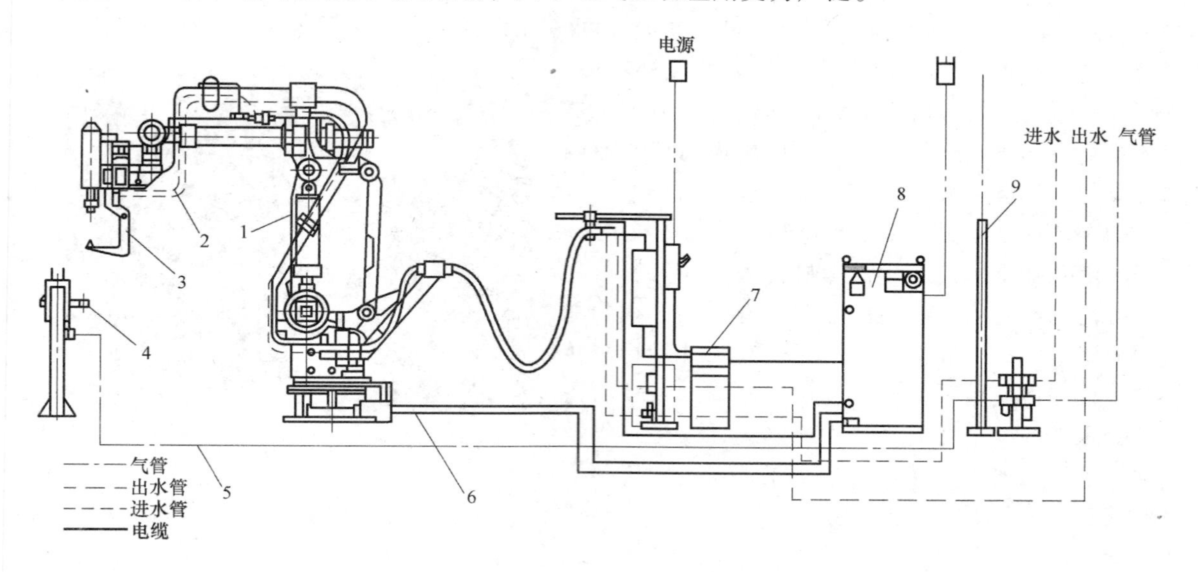

图 8-9　点焊机器人的组成示意图

1—机械臂　2—进水、出水管线　3—焊钳　4—电极修整装置　5—气管　6—控制电缆　7—点焊定时器　8—机器人控制柜　9—安全围栏

点焊作业对所用机器人的要求不是很高。因为点焊只需点位控制，至于焊钳在点与点之间的移动轨迹没有严格要求，这也是机器人最早只能用于点焊的原因。点焊机器人需要有足够的负载能力，而且在点与点之间移位时速度要快捷，动作要平稳，定位要准确，以减少移位的时间，提高工作效率。

工业领域引入点焊机器人可以取代笨重、单调、重复的体力劳动；能更好地保证焊点质量；可长时间重复工作，提高工作效率 30%以上；可以组成柔性自动生产系统，特别适合新产品开发和多品种生产，增强企业应变能力。

在我国，电焊机器人约占焊接机器人的 46%，主要应用在汽车、农机、摩托车等行业。通常，装配一台汽车车身需要完成 4000~5000 个焊点，机器人可完成 90%以上的焊点，仅少数焊点因机器人无法深入机体内部而需手工完成。

随着汽车工业的发展，焊接生产线要求焊钳一体化，其质量越来越大，165kg 点焊机器人是目前汽车焊接中最常用的一种机器人，国外点焊机器人已经有 200kg、甚至负载更大的机器人。2008 年 9 月，哈工大机器人研究所研制完成国内首台 165kg 级点焊机器人，并成功应用于奇瑞汽车焊接车间。经过优化和性能提升的第二台机器人研制成功并顺利通过验收，该机器人整体技术指标已经达到国外同类机器人水平，如图 8-10 所示。

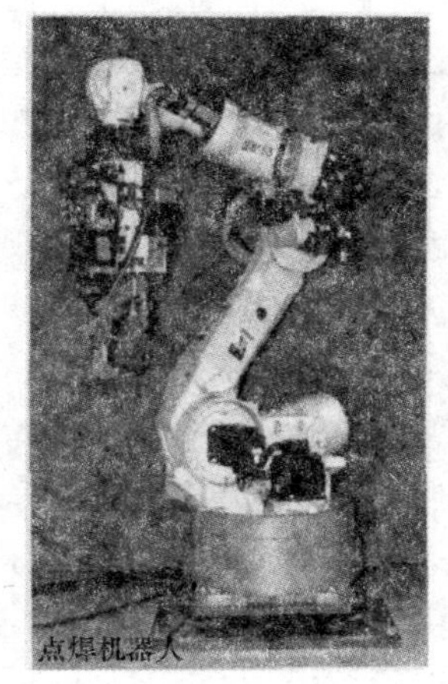

图 8-10　点焊机器人示意图

4. 弧焊机器人

弧焊机器人是可以进行自动弧焊的机器人。中国在 20 世

纪 80 年代中期研制出华宇-Ⅰ型弧焊机器人。一般的弧焊机器人由示教盒、控制器、机器人本体及自动送丝装置、焊接电源等部分组成，可以在计算机的控制下实现连续轨迹控制和点位控制，还可以利用直线插补和圆弧插补功能，焊接由直线及圆弧所组成的空间焊缝。弧焊机器人主要有熔化极焊接作业和非熔化极焊接作业两种类型，具有可长期进行焊接作业，保证焊接作业的生产率、质量和稳定性等特点。

图 8-11　弧焊机器人示意图

随着技术的发展，弧焊机器人正向着智能化的方向发展，采用激光传感器实现焊接过程中的焊缝跟踪，提升焊接机器人对复杂工件进行焊接的柔性和适应性，结合视觉传感器离线观察获得焊缝跟踪的残余偏差，基于偏差统计获得补偿数据并进行机器人运动轨迹的修正，在各种工况下都能获得最佳的焊接质量。国内新松机器人公司已经开发出 RH6 弧焊机器人，并进行了小批量生产，焊接质量达到了国外同类机器人产品的水平，如图 8-11 所示。

5. 焊接机器人技术发展趋势

（1）多传感器信息智能融合技术　近年来，随着机器人系统中使用的传感器种类和数量越来越多，各种新型传感器不断出现。例如，超声波触觉传感器、静电电容式距离传感器、基于光纤陀螺惯性测量的三维运动传感器，以及具有焊接工件检测、识别和定位功能的视觉系统等。但是，单一传感信号难以保证输入信息的准确性和可靠性，不能满足智能机器人系统获取环境信息和系统决策能力的要求。为了有效利用这些传感器的信息，需要对不同信息进行综合处理，从多种传感器信息中获取单一传感器不具备的新功能和新特点，即多传感器智能信息融合技术。利用各种传感信息，获得对环境的正确理解，使机器人系统具有容错性，保证系统信息处理的快速性和正确性。

（2）虚拟现实技术　虚拟现实技术，是一种对事件的现实性从时间和空间上进行分解后重新组合的技术。这一技术包括三维计算机图形学技术、多功能传感器的交互接口技术以及高清晰度的显示技术。虚拟现实技术可应用于遥控机器人和临场感通信等。基于多传感器、多媒体和虚拟现实以及临场感技术，实现机器人的虚拟遥操作和人机交互。虚拟现实技术可以模拟焊接过程。先在计算机上完成焊接过程，然后将工艺过程转化为数字化操作，再由数字化操作指导实际生产。通过建立生产加工的仿真模型研究制造活动，使用户在设计阶段就能够了解产品未来的焊接过程，从而实现对生产系统性能的有效预测评价。在仿真环境下的试运行，有利于进行多工艺方案比较，更有利于多机器人焊接轨迹的选取与优化。

（3）多智能焊接机器人系统　多智能机器人系统（MARS），是近年来开始探索的又一项智能技术，它是在单体智能机器发展到需要协调作业的条件下产生的。多个机器人主体具有共同的目标，完成相互关联的动作或作业。在构建系统时，不追求单个、庞大、复杂的体系，而是按控制应用的要求，从功能、物理或时间上划分成多个具有一定自主能力的智能体，各智能体之间相互通信，彼此协调，共同完成复杂系统的控制作业任务，解决一个全局性问题。MARS 的作业目标一致，信息资源共享，各个局部（分散）运动的主体在全局前提下感知、行动、受控和协调，是群控机器人系统的发展。其目标是将大的、复杂的硬件或软件系统构造成相对较小的、独立的、彼此相互通信及协调的、易于管理的多个智能体系统。MARS系统在制造业中的应用研究正不断成熟，这种趋势表明了多种智能自治主体间的相互协调、合作的分布式制造系统最有希望成为下一代制造业的生产模式。

（4）智能化控制技术　随着人工智能技术的发展，神经网络和模糊逻辑技术的融合已成为当前人们的研究热点。神经网络具有很强的自学习、自适应、大规模并行运算和精确计算的能力；而模糊逻辑在专家可预见的论域上有良好的收敛性，在进行模糊量的运算上有优势。因此，两者结合可以优势互补，从而大大提高综合性能。在国内，借助于神经网络构成自学习模糊控制器，已成功地实现脉冲GTAW焊的正面熔宽控制和TIG焊的熔宽控制。

（5）焊接机器人控制系统　机器人控制系统将重点研究开放式、模块化控制系统。计算机语言、图形编程与人的交流界面更加友好。机器人控制器的标准化和网络化，以及基于PC网络式控制器已成为研究热点。编程技术除进一步提高在线编程的可操作性之外，离线编程的实用化将成为研究重点。此外，焊接机器人的遥控及监控技术、机器人半自主和自主技术、多机器人和操作者之间的协调控制，通过网络建立大范围内的机器人遥控系统，在有时延的情况下，建立预先显示进行遥控等方面，都是未来焊接机器人的发展方向。

8.4.3　搬运机器人系统组成及应用

搬运机器人（Transfer Robot），是主要从事自动化搬运作业的机器人。所谓搬运作业是指用一种设备握持工件，从一个位置移到另一个位置。工件搬运和机床上下料是机器人的一个重要应用领域，在机器人的构成比例中占有较大的比重。

1. 搬运机器人系统组成

搬运机器人系统由搬运机械手和周边设备组成。搬运机械手可用于搬运重达几千克至1吨以上的负载。微型机械手可搬运轻至几克甚至几毫克的样品，用于传送超净实验室内的样品。周边设备包括工件自动识别装置、自动起动和自动传输装置等。搬运机器人可安装不同的末端执行器（如机械手爪、真空吸盘及电磁吸盘等）以完成各种不同形状和状态的工件搬运工作。

2. 搬运机器人的应用

最早的搬运机器人出现在1960年的美国，Versatran和Unimate两种机器人首次用于搬运作业。20世纪80年代以来，工业发达国家在推广搬运码垛的自动化、机器人化方面得到了显著的进展。日本、德国等国家在大批量生产，如机械、家电、食品、水泥、化肥等行业广泛使用搬运机器人。搬运机器人的应用如图8-12所示。

图8-12　FUJIACE搬运机器人应用

8.4.4　喷涂机器人系统组成及应用

喷涂机器人是用于喷漆或喷涂其他涂料等的机器人。

1. 喷涂机器人系统组成

喷涂机器人主要由机器人本体、计算机和相应的控制系统组成，配有自动喷枪、供漆装置、变更颜色装置等喷涂设备。

喷涂机器人采用液压驱动较多。液压驱动的喷涂机器人还包括液压源，如液压泵、油箱和电动机等，如图 8-13 所示。机器人多采用 5~6 个自由度关节式结构，手臂有较大的运动空间，并可做复杂的轨迹运动。其腕部一般有 2~3 个自由度，可灵活运动。较先进的喷涂机器人腕部采用柔性手腕，既可向各个方向弯曲，又可转动，其动作类似人的手腕，能方便地通过较小的孔伸入工件内部，喷涂其内表面。动作速度快、有良好的防爆性能，其示教方式以连续轨迹示教为主，也可做点位示教。

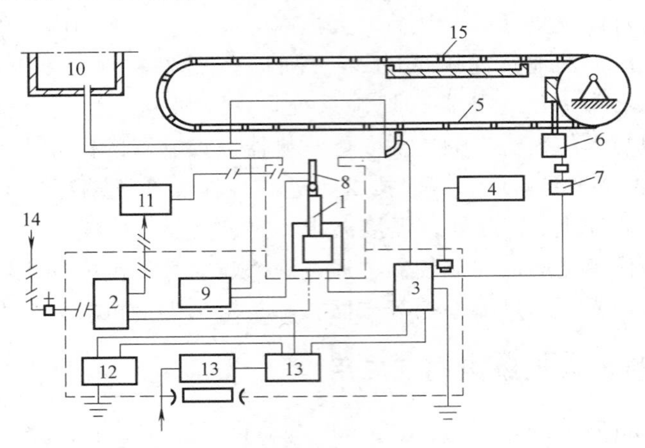

图 8-13　喷涂机器人系统组成图

1—机械手　2—液压站　3—机器人控制柜　4、12—防爆器　5—传送带　6—电动机　7—测速发电机　8—喷枪　9—高压静电发生器　10—塑粉回收装置　11—粉桶/高压静电发生器　13—电源　14—气源　15—烘道

2. 防爆功能的实现

喷涂机器人的电动机、电器接线盒、电缆线等都应密封在壳体内，使它们与危险的易燃气体隔离，同时配备一套空气净化系统，用供气管向这些密封的壳体内不断地运送清洁的、不可燃的、高于周围大气压的保护气体，以防止外界易燃气体的进入。机器人按此方法设计的结构称为通风式正压防爆结构。

3. 应用实例

计算机控制的喷涂机器人早在 1975 年就投入运用。由于能够代替人在危险和恶劣环境下进行喷涂作业，所以喷涂机器人日益广泛应用于汽车车体、仪表、家电产品、陶瓷和各种塑料制品的喷涂作业。图 8-14 所示为 Motoman 喷涂机器人在喷涂的示意图。

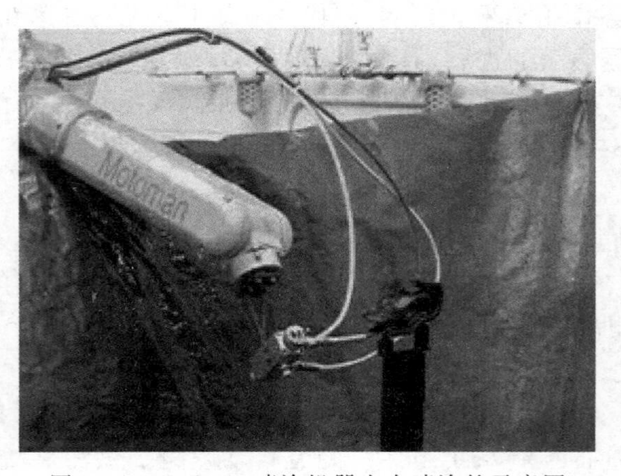

图 8-14　Motoman 喷涂机器人在喷涂的示意图

8.4.5　装配机器人系统组成及应用

装配机器人（Assembly Robot），是为完成装配作业而设计的机器人。装配作业的主要操作是：垂直向上抓起零部件，水平移动

它，然后垂直放下插入。通常要求这些操作进行得既快又平稳，因此，一种能够沿着水平和垂直方向移动，并能对工作平面施加压力的机器人是最适于装配作业的。

1. 装配机器人的组成

装配机器人是柔性自动化装配系统的核心设备，由机器人操作机、控制器、末端执行器和传感系统组成。

2. 装配机器人的种类和特点

水平多关节装配机器人是由连接在机座上的两个水平旋转关节（即大小臂）、沿升降方向运动的直线移动关节、末端手部旋转轴共 4 个自由度构成。它是特别为装配而开发的专用机器人，其结构特点表现为沿升降方向的刚度高，水平旋转方向的刚度低，因此称之为平面双关节型机器人（SCARA：Selective Compliance Assembly Robot Arm）。它的作业空间与占地面积比很大。

直角坐标装配机器人，具有 3 个直线移动关节。空间定位只需要 3 轴运动，末端姿态不发生变化。该机器人的种类繁多，从小型、廉价的桌面型到较大型应有尽有，而且可以设计成模块化结构以便加以组合，是一种很方便的机器人。它的缺点是尽管结构简单，便于与其他设备组合，但与其占地面积相比，工作空间较小。

垂直多关节装配机器人，通常由转动和旋转轴构成六自由度机器人，它的工作空间与占地面积之比是所有机器人中最大的，控制六自由度就可以实现位置和姿态的定位，即在工作空间内可以实现任何姿态的动作。因此，它通常用于多方向的复杂装配作业，以及有三维轨迹要求的特种作业场合。

3. 装配机器人的应用

装配机器人的大量工作是轴与孔的装配。为了在轴与孔存在误差的情况下进行装配，应使机器人具有柔顺性，即自动对准中心孔的能力。与一般机器人相比，装配机器人具有精度高、柔顺性好、工作范围小、能与其他系统配套使用等特点，主要用于各种电器制造（包括家用电器，如电视机、录音机、洗衣机、电冰箱、吸尘器）、小型电动机、汽车及其零部件、计算机、玩具、机电产品及其组件的装配等方面。图 8-15 所示为精密装配机器人在装配作业。

下面以精密装配机器人应用为例进行介绍。机构零部件的较好装配，尤其是带有配合要求的精密插入装配，对于人工装配来说，需要相当熟练的经验才能进行，且主要靠的是手指精细感觉，进行修正和插入动作；对于精密装配机器人而言，需要具有感觉功能和柔性机构，才能使得孔轴间隙为 10μm 的精密装配由机器人来实现。因此，精密插入装配机器人需要具有确定位置、一定的感觉和机构的柔性功能。

图 8-15 所示机器人为带有力反馈机构的精密插入装配机器人，该机器人将 3 个零件基座、连接套和小轴组装起来，它的视觉是采用电视摄像机。主、辅机器人各抓取所需组装的零件，两者互相配合，使零件尽量接近，由主机器人向孔的中心方向移动。由于手腕的柔性，所抓取的小轴会产生稍微的倾斜；当小轴端部到达孔的位置附近，由于弹簧力的作用，轴端会落入孔内。柔性机构在 z 方向的位移变化可以检测，使主机器人控制装置获得探索阶段已完成的信息。进入插入阶段，由触觉传感器检测轴对中心线的倾斜方向；一边对轴的姿态进行修正，一边进行插入，完成装配作业。因此，此种机器人的技术关键，就是手爪的触觉和手腕的顺应性。解决该关键技术的方法是：主机器人的柔性手腕的触觉用几个应变片触

觉传感器制成力反馈手爪，用弹簧片制成柔性手腕；手抓取轴类零件后，逐渐接触到带孔的轴套，施以微小的作用力，使其两者进行装配；在装配作业中，x、y、z 方向的力传感器输出的力变化信号，就成为装配过程的控制信号：该机器人能把直径为 20mm 的小轴插入间隙量为 7~32μm 的孔内，插入深度为 10mm。插入时间为 1s 左右，比人工插得快；插入完毕后，由行程开关发出结束信号。图 8-15 所示的精密装配机器人，不仅可以用于轴套类机构零件的装配，也可用于自动化生产线上电子元器件、集成电路板上芯片、家用电器零部件及汽车发动机等的在线组装工作。

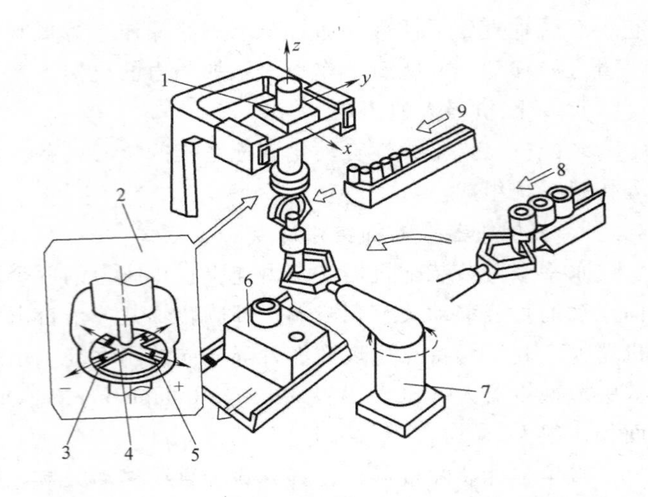

图 8-15　精密装配机器人在装配示意图
1—主机器人　2—柔性手腕　3、5—触觉传感器　4—弹簧片　6—基座零件的传送与定位　7—辅助机器人　8—连套供料系统　9—小轴供料系统

8.5　机器人的发展趋势

目前，根据社会的发展和科学技术的进步，机器人将向智能化、模块化、微型化、系统化、网络化、多样化等方向发展，其发展趋势如下。

1. 传感型智能化机器人发展迅速

1）作为传感机器人基础的传感技术将不断发展，各种新型传感器不断出现。

2）多传感器集成和融合技术在智能机器人上将获得应用。由于单一传感信号难以保证输入信息的准确性和可靠性，不能满足智能机器人系统获取环境信息以及系统决策能力。采用多传感器集成和融合技术，利用各种传感信息，获得对环境的正确理解，使机器人系统具有容错性，保证系统信息处理的快速性和正确性。

3）在多传感器集成和融合技术研究方面，人工神经网络的应用特别引人注目，成为一个研究热点。

2. 开发新型智能技术

1）虚拟现实技术是新近研究的智能技术，它是一种对事件的现实性从时间和空间上进行分析后重新组合的技术。这一技术包括三维计算机图形学技术、多功能传感器的交互接口技术以及高清晰度的显示技术。虚拟现实技术可应用于遥控机器人和临场感通信等。

2）形状记忆合金（SMA）被誉为“智能材料”。SMA 的电阻随温度变化而变化，导致合金形变，可用来执行驱动动作，完成传感和驱动功能。

3）多智能机器人系统（MARS）是近年来开始探索的又一项智能技术，它是在单体智能发展到需要协调作业的条件下产生的。多个机器人系统具有共同的目标，完成相互关联的动作或作业。

4）在诸多新型智能技术当中，基于人工神经网络的识别、检测、控制和规划方法的开发和应用占着重要位置。基于专家系统的机器人规划获得新的发展，除了应用于任务规划、装配规划、搬运规划和路径规划外，又被用于自动抓取规划等。

3. 采用模块化的设计技术

智能机器人和高级机器人的结构要力求简单紧凑，其高智能部件甚至全部机构的设计已向模块化方向发展；其驱动采用交流伺服电动机，向小型和高输出方向发展；其控制装置向小型化和智能化发展，采用高速 CPU 和 32 位芯片、多处理器和多功能操作系统，提高机器人的实时和快速适应能力。机器人软件的模块化则简化了编程，发展了离线编程技术，提高了机器人的控制系统的适应性。

4. 微型机器人的研究有所突破

1）微型机器和微型机器人为 21 世纪的尖端技术之一。微型驱动器是开发微型机器人的基础和关键技术之一。

2）在大中型机器人和微型机器人系列之间，还有小型机器人。小型化也是机器人发展的一个趋势。

5. 机器人的应用领域向非制造业和服务业扩展

机器人的应用领域不断向非制造业和服务业扩展，下面为非制造业应用智能机器人技术的一些典型例子。

（1）太空领域　空间站服务机器人（装配、检查和修理），机器人卫星（空间会合、对接与轨道作业），飞行机器人（人员和材料运送及通信），空间探索（星球探测等）和资源收集，太空基地建筑，卫星回收以及地面实验平台等。

（2）海洋领域　海底普查和采矿机器人，海上建筑的建设与维护，海滩救援机器人，海况检测与预报系统。

（3）建筑领域　钢结构自动加工系统，防火层喷涂机器人，混凝土地板研磨机器人，外墙装修机器人，顶棚和灯具安装机器人，外墙清洗、喷涂、检测和瓷砖铺设机器人，钢筋混凝土结构检测机器人，桥梁自动喷涂、小管道和电缆地下铺设机器人，混凝土预制板自动安装机器人等。

（4）采矿领域　金属和煤炭自动采掘机器人，矿井安全监督机器人。

（5）电力领域　配电线带电作业机器人，绝缘子自动清洗，变电所自动巡视机器人，核电站反应堆检查与维护机器人，核反应堆拆卸机器人等。

（6）煤气及供水领域　管道安装、检查和修理机器人，容器检查、修理和喷涂机器人。

（7）农林渔业领域　剪羊毛机器人，森林自动修剪和砍伐机器人，鱼肉自动去骨、切片、分选和包装机器人。

（8）医疗领域　神经外科感知机器人，胸部肿瘤自动诊断机器人，体内器官和脉管检查及手术微型机器人，用于外科手术的多只手机器人等。

（9）社会福利领域　老年人和卧床不起的病人护理机器人，残疾人员支援系统，人工假肢等。

6. 开发敏捷的制造生产系统

1）机器人必须改变过去那种“部件发展方式”，而优先考虑“系统发展方式”。机器人作为高精度、高柔性的敏捷性加工设备的时代必将到来。不论机器人在生产线上起什么样的作用，它总是作为系统中的一员而生存。

2）通用的机器人编程语言仍是动作级语言，虽然开发了很多任务级语言，但大多不实用。随着面向对象技术的发展以及离线编程技术的成熟，任务级语言可能会日趋成熟。但现在可以预见未来，由于任务的复杂性，实用的语言仍将是动作级语言。

3）机器人的编程与机床的数控设备一样，完全可以实现离线编程，再加上易于大规模安全修改的软件，就可实现“敏捷制造生产线”。

8.6 机器人与人类社会

随着机器人技术的发展，未来机器人与人类社会将会产生更加紧密的关系。因此，机器人的“人性化”是当代科技的主题。作为一个特殊的领域，科学家对机器人的“人性化”还有一个专门的注解。“类人化”是指未来的机器人能和人一样进行“人—机”和“机—机”的交流，以及在各种复杂或者危险的工作中用机器人替代人来进行实际操作。虽然许多发达国家已经有了某些智能化机器人，但是这些机器人的“智能”都是通过预置的计算机程序获取的。科学家指出，灵活的机械构造和具有“自主性”的软件系统是造出真正“类人化”机器人的关键。预计未来机器人将在以下几个研究领域中显现出来。

（1）机器人医生　在未来，如果你要接受手术，给你开刀的也许不是外科医生，而是机器人。例如，美国内布拉斯加医学中心的研究人员研发了一种微型的“手术机器人”。该机器人用于协助外科医生实施手术。它由两个旋转探头组成，其总直径只有1mm。虽然操刀的是医生，但是它在手术中扮演着很重要的角色。它不仅承担了所有的信息任务，而且具有高灵敏度的探头，能在腹腔中自由游走，为医生提供细致入微的病人体内图像；机身上带有可回收的探头，能为医生带去切片检查的样本。此外，平滑的外形设计使它不会对体内的器官和组织造成伤害。小巧轻盈的机身，只需要很小的创口便能放入体内，给病人造成的痛苦远小于内窥镜。

（2）太空机器人　虽然“载人航天”的技术已经实现，但是人所能达到的太空范围是很有限的，更大范围的太空探测，将由机器人先行一步——“宇航员机器人”是未来太空探测的首选，如美国太空总署设计了太空机器人。

（3）救灾机器人　如果在救援中使用机器人，那么救援工作的效率将大大提高。首先，带摄像头和气体探测器的机器人能凿洞进入地下，以最短的时间获取地下的情况。在获得有关数据之后，机器人能迅速制订最有效的救援方案。当机器人找到被救者，它能与被救者进行交流，以判断被救者的状态。由此可见，机器人在救灾中是极其实用的。

随着社会的发展，社会分工越来越细，于是人们研制出了机器人，代替人完成那些枯燥、单调和危险的工作。但机器人的问世带来了一定的社会问题，有人对机器人产生了敌意。任何新事物的出现都有利有弊，只不过利大于弊，很快就得到了人们的认可。

美国是机器人的发源地，但其发展远没有日本迅速，其中部分原因就是因为美国不欢迎机器人，日本之所以能迅速成为机器人大国，其中很重要的一条就是当时日本劳动力短缺，政府、企业和国民都希望发展机器人。由于使用了机器人，它的汽车、电子工业迅速崛起，很快占领了世界市场。从现在世界工业发展的潮流看，发展机器人是一条必由之路。没有机器人，人将变为机器；有了机器人，人仍然是主人。

不论是工业机器人，还是特种机器人，都存在一个与人相处的问题，最重要的是不能伤害人。然而由于某些机器人系统的不完善，在机器人使用的前期，引发了一系列意想不到的事故。专家认为，机器人发生事故的原因主要有三种：①硬件系统故障；②软件系统故障；③电磁波的干扰。

这种意外伤人事件是偶然也是必然的，因为任何一个新生事物的出现总有其不完善的一面。随着机器人技术的不断发展与进步，这种意外伤人事件会越来越少。正是由于机器人安全、可靠地完成了人类交给的各项任务，使人们使用机器人的热情才越来越高。

“工欲善其事，必先利其器”。人类在认识自然、改造自然、推动社会进步的过程中，不断地创造出各种各样为人类服务的工具，其中许多具有划时代的意义。作为20世纪自动化领域的重大成就，机器人已经和人类社会的生产、生活密不可分。世间万物，人力是第一资源，这是任何其他物质不能替代的。尽管人类社会本身还存在着不文明、不平等的现象，甚至还存在着战争，但是，社会的进步是历史的必然，所以，我们完全有理由相信，像其他许多科学技术的发明发现一样，机器人也应该成为人类的好助手、好朋友。

我们坚信，作为人类创造的产物——机器人，无论发展到何种阶段，它永远是人的附属品，它们的大脑再发达，也必须有人去创造。例如，我们可为高级机器人安上一个“关闭键”，如果它们因“发疯”而攻击人类，那么装在它们身上的那个“关闭键”就可以自动关闭电源。因此，人们大可不必对机器人的进化感到危机和恐惧，大胆地研究、开发和使用机器人吧！

8.7　本章小结

本章主要介绍了机器人设计的一般原则、方法和步骤，分析了工业机器人和特种机器人的设计实例。简要地介绍了机器人的应用和发展现状，分析了机器人与人类之间的关系。本章的目的在于使读者对机器人的应用和发展有一个整体的了解，为应用和研究机器人提供理论支撑。

习　　题

8-1　简述工业机器人与特种机器人的区别。

8-2　论述机器人与人类社会之间的关系。

8-3　简述机器人发展趋势。

8-4　应用工业机器人时，必须考虑哪些因素？

参考文献

[1] 李云江. 机器人概论 [M]. 2版. 北京: 机械工业出版社, 2016.

[2] 于靖军, 刘辛军, 丁希仑. 机器人机构学的数学基础 [M]. 2版. 北京: 机械工业出版社, 2016.

[3] 张玫, 邱钊鹏, 诸刚. 机器人技术 [M]. 2版. 北京: 机械工业出版社, 2016.

[4] 蔡自兴. 机器人学基础 [M]. 2版. 北京: 机械工业出版社, 2015.

[5] 谢存禧, 张铁. 机器人技术及其应用 [M]. 北京: 机械工业出版社, 2012.

[6] 张涛. 机器人引论 [M]. 北京: 机械工业出版社, 2010.

[7] 戈登·麦库姆. 机器人本体制作指南 [M]. 原魁, 房立新, 等译. 北京: 机械工业出版社, 2006.

[8] 安杰利斯. 机器人机械系统原理: 理论、方法和算法 [M]. 宋伟刚, 译. 北京: 机械工业出版社, 2004.

[9] 张玉茹, 李继婷, 李剑锋. 机器人灵巧手: 建模、规划与仿真 [M]. 北京: 机械工业出版社, 2007.

[10] 吴振彪, 王正家. 工业机器人 [M]. 武汉: 华中科技大学出版社, 1997.

[11] 徐元昌. 工业机器人 [M]. 北京: 中国轻工业出版社, 1999.

[12] 罗志增. 机器人感觉与多信息融合 [M]. 北京: 机械工业出版社, 2003.

[13] 王天然. 机器人 [M]. 北京: 化学工业出版社, 2002.

[14] 张铁, 谢存禧. 机器人学 [M]. 广州: 华南理工大学出版社, 2005.

[15] 李团结. 机器人技术 [M]. 北京: 电子工业出版社, 2009.

[16] 徐德. 机器人视觉测量与控制 [M]. 北京: 国防工业出版社, 2011.

[17] 杨廷力. 机器人机构拓扑结构学 [M]. 北京: 机械工业出版社, 2004.

[18] 布鲁诺·西西利亚诺, 欧沙玛·哈提卜. 机器人手册 [M].《机器人手册》翻译委员会, 译. 北京: 机械工业出版社, 2013.

[19] 孟庆鑫, 王丽慧, 王立权, 等. 水下船体表面清刷机器人方案研究 [J]. 船舶工程, 2002 (1): 44-46.

[20] 王丽慧. 水下船体表面清刷机器人及相关技术研究 [D]. 哈尔滨: 哈尔滨工程大学, 2002.

[21] 金海涛. 水下船体表面清刷机器人控制系统的研究 [D]. 哈尔滨: 哈尔滨工程大学, 2003.

[22] 徐殿国, 王卫. 日本壁面移动机器人技术发展概况及我们的几点建议 [J]. 机器人, 1989 (3): 53-58.

[23] 王峰. 水下船体表面清刷机器人磁吸附驱动装置的研究 [D]. 哈尔滨: 哈尔滨工程大学, 2003.

[24] 潘沛霖, 韩秀琴, 赵言正, 等. 日本磁吸附爬壁机器人的研究现状 [J]. 机器人, 1994 (6): 379-382.

[25] 刘淑霞, 王炎. 爬壁机器人技术的应用 [J]. 机器人, 1999, 21 (2): 148-155.

[26] 宗光华. 高层建筑擦窗机器人 [J]. 机器人技术与应用, 1998 (2): 15-20.

[27] 刘淑霞, 赵言正. 高楼壁面清洗机器人及相关技术的研究 [J]. 自动化博览, 1999 (5): 22-25.

[28] 広瀬茂男. 壁面移動ロボット用吸着機構の開発 [J]. ロボット, 1986 (4): 53-57.

[29] 刘海波, 武学民. 国外建筑业的机器人化——国外建筑机器人发展概述 [J]. 机器人, 1994, 16 (2): 119-128.

[30] 尹龙. 船体表面水下清刷机器人关键技术研究 [D]. 哈尔滨: 哈尔滨工程大学, 2004.

[31] 広瀬茂男. 内部力補償型磁気吸着ュニット [J]. 日本ロボット学会誌, 1985 (1): 10-18.

[32] 马培荪, 陈佳品. 油罐容积检测用爬壁机器人的研制 [J]. 机器人, 1996 (11): 159-164.

[33] 姜洪源, 李曙生. 磁吸附检测爬壁机器人的研究 [J]. 哈尔滨工业大学学报. 1998 (2): 80-84.

[34] 沈为民, 潘涣涣. 水冷壁清扫检测爬壁机器人 [J]. 机器人, 1999 (5): 375-378.

[35] 张福学. 机器人技术及其应用 [M]. 北京: 电子工业出版社, 2000.

[36] W MERHOF, E M HACKBARTH. 履带车辆行驶力学 [M]. 韩雪海，等译. 北京：国防工业出版社，1989.
[37] 孟庆鑫，金海涛，王峰，等. 水下船体表面清刷作业机器人的控制系统 [J]. 船舶工程，2003，25 (4)：64-67.
[38] 王丽慧，孟庆鑫. 水下机器人清刷作业装置研究 [J]. 机械制造，2005，43 (8)：20-22.
[39] 韩春生，何江青，王峰，等. 水下船体表面清刷机器人磁吸附系统的研究 [J]. 应用科技，2003，30 (8)：1-3.
[40] 杜宏旺. 船体表面清刷机器人原理样机的研究 [D]. 哈尔滨：哈尔滨工程大学，2005.
[41] 吕长生. 水下船体表面清刷机器人工程样机的研究 [D]. 哈尔滨：哈尔滨工程大学，2006.
[42] 王军波，陈强，孙振国. 一种磁吸附式爬壁机器人履带：中国，02117080. 8 [P]. 2002-04-29.
[43] 谈士力，沈林勇. 垂直壁面行走机器人系统研制 [J]. 机器人，1996，18 (4)：232-237.
[44] 潘沛霖，廖国水. 单吸盘真空吸附式爬壁机器人密封性能的分析 [J]. 机器人，1996 (4)：217-220.
[45] 赵言正. 全方位壁面移动机器人姿态控制的研究 [J]. 哈尔滨工业大学学报，1997 (6)：116-122.
[46] 陈建平. 水下机器人液压系统密封技术研究 [J]. 机器人技术与应用，1998 (1)：19-20.
[47] 赵洪江. 一种用于水下小机器人的新型喷水推进装置 [J]. 中外船舶科技，1995 (1)：25-27.
[48] 陈厉仁. 日本 UTEC 公司的自动清洗机器人 [J]. 机器人技术与应用，1995 (4)：10-11.
[49] 唐世明，张启先. 又一种擦窗机器人问世 [J]. 机器人技术与应用，1999 (1)：24.
[50] 丁俊武. 磁性爬壁喷涂机器人 [J]. 机器人技术与应用. 1998 (3)：31.
[51] 赵言正，门广亮. 爬壁机器人全方位移动机构的研究 [J]. 机器人，1995 (2)：102-107.
[52] 邵浩，赵言正. 爬壁机器人在弧面上爬行时的吸附稳定性分析 [J]. 机器人，2000，22 (1)：60-63.
[53] 马培荪，刘臻. 油罐容积检测爬壁机器人的动态路径规划 [J]. 上海交通大学学报，1997 (3)：28-32.
[54] 仝建刚，马培荪. 履带式磁吸附爬壁机器人壁面适应能力的研究 [J]. 上海交通大学学报. 1999，33 (7)：851-854.
[55] Hollingum. Hazardous climb to industrial recognition [J] . Industrial Robot，1997，24 (2)：135-139.
[56] A Gimenez，C Balagure. An adaptive controller of a climbing robot. The 2nd International Conference on Climbing and Walking Robots (CLAWAR 99) [C] . Portsmouth. UK，1999：151-159.
[57] JC Grieco，G Fernadez. Optimal foot trajectory for a climbing robot. The 2nd International Conference on Climbing and Walking Robots (CLAWAR 99) [C] . Portsmouth. UK，1999：181-192.
[58] R Saltaren，R Aracii. Modelling，simulation and conception of parallel climbing robots for construction and service. The 2nd International Conference on Climbing and Walking Robots (CLAWAR 99) [C] . Portsmouth. UK，1999：253-265.
[59] N Elkmann，T Felsch，M Sack. Modular climbing robot for outdoor operations. The 2nd International Conference on Climbing and Walking Robots (CLAWAR 99) [C] . Portsmouth. UK，1999：413-419.
[60] R Aracii，R Saltaren，JM Sabater. Treoaa，parallel climbing robot for maintenance of palm trees and large structures. The 2nd International Conference on Climbing and Walking Robots (CLAWAR 99) [C] . Portsmouth. UK，1999：453-461.
[61] 王兴波，李卫民. 履带传动机构运动稳定性的研究 [J]. 中南工业大学学报，2000，31 (10)：62-64.
[62] 王雄耀. 近代气动机器人（气动机械手）的发展及应用 [J]. 液压气动与密封，1999 (5)：13-16.
[63] 张也影. 流体力学 [M]. 北京：高等教育出版社，1999.
[64] 李士勇. 模糊控制、神经控制和智能控制论 [M]. 哈尔滨：哈尔滨工业大学出版社，1998.
[65] 符曦. 系统最优化及控制 [M]. 北京：机械工业出版社，1995.

[66] 郭锁凤. 计算机控制系统——设计与实现 [M]. 北京：航空工业出版社，1987.
[67] 潘焕焕，赵言正. 水冷壁爬壁机器人的本体结构设计 [J]. 机械设计与制造工程，2000，29（5）：7-8.
[68] 刘曙光. 模糊控制技术 [M]. 北京：中国纺织出版社，2001.
[69] 胡祐德. 伺服系统原理与设计 [M]. 北京：北京理工大学出版社，1999.
[70] 冯东青，谢宋和. 模糊智能控制 [M]. 北京：化学工业出版社，1998.
[71] 樊晓平，徐建闽，毛宗源. 受限柔性机器人基于遗传算法的自适应模糊控制 [J]. 自动化学报，2000，26（1）：61-67.
[72] 张春梅，尔桂花. 自适应模糊控制器在模糊直接转矩中的应用 [J]. 电机与控制应用，2001，28（2）：5-8.
[73] 白井良明. 机器人工程 [M]. 王棣棠，译. 北京：科学出版社，2001.
[74] 邹继斌，刘宝廷. 磁路与磁场 [M]. 哈尔滨：哈尔滨工业大学出版社，1998.
[75] 宋后定，陈培林. 永磁材料及其应用 [M]. 北京：机械工业出版社，1984.
[76] 林其壬，赵佑民. 磁路设计原理 [M]. 北京：机械工业出版社，1987.
[77] 田民波. 磁性材料 [M]. 北京：清华大学出版社，2001.
[78] 王军波. 具有自动排道功能的爬壁式球罐焊接机器人关键技术 [D]. 北京：清华大学. 2002.
[79] 孙迪生，王炎. 机器人控制技术 [M]. 北京：机械工业出版社，1998.
[80] 熊有伦. 机器人技术基础 [M]. 武汉：华中科技大学出版社，1996.
[81] 孙靖民. 机械优化设计 [M]. 6 版. 北京：机械工业出版社，2017.
[82] O Adria，H Streich，J Hertzberg. Dynamic replanning in uncertain environmentsfor a sewer inspection robot [J]. Inernational Journal of Advanced Robotic Systems，2008（1）：33-38.
[83] 王国强. 实用工程数值模拟技术及其在 ANSYS 上的实践 [M]. 西安：西北工业大学出版社，1999.
[84] 康守权，王棣棠. 机械密封在水下机器人中的应用 [J]. 机器人，1993，15（5）：50-51.
[85] 孟明辉，周传德，等. 工业机器人的研发及应用综述 [J]. 上海交通大学学报，2016，50（SI）：98-101.
[86] 刘鑫宇，李一平，封锡盛. 万米级水下机器人浮动实时测量方法 [J]. 机器人，2018（02）：216-221.
[87] 徐建明，吕汉秦，张辉，等. 基于 Web 的工业机器人 3D 虚拟动态监控系统 [J]. 高技术通讯，2017，27（03）：254-260.
[88] 王田苗，郝雨飞，杨兴帮，等. 软体机器人：结构、驱动、传感与控制 [J]. 机械工程学报，2017，53（13）：1-13.
[89] 郭良康，黄宇申. 机器人动力学优化综合的研究 [J]. 机器人，1987（02）：1-6.
[90] 王才东. 六自由度教学机器人控制系统设计及实验研究 [D]. 哈尔滨工程大学，2008.
[91] 袁夫彩，陆念力，曲秀全. 水下船体清刷机器人磁吸附机构的设计与研究 [J]. 中国机械工程，2008（04）：388-391.
[92] 袁夫彩，樊亚磊. 润麦仓清扫机器人的设计 [J]. 粮食与饲料工业，2015（01）：10-12.